高等职业教育机电类专业系列教材

数字建模与制造技术应用

主　编◎郭　晟
副主编◎郭　容
参　编◎杨　越　宋　宁

中国轻工业出版社

图书在版编目（CIP）数据

数字建模与制造技术应用/郭晟主编．—北京：中国轻工业出版社，2021. 3
高等职业教育机电类专业系列教材
ISBN 978-7-5184-3030-7

Ⅰ．①数…　Ⅱ．①郭…　Ⅲ．①数字技术—应用—机械制造工艺—职业教育—教材　Ⅳ．①TH16-39

中国版本图书馆 CIP 数据核字（2020）第 095597 号

策划编辑：张文佳
责任编辑：张文佳　宋　博　　责任终审：张乃柬　　封面设计：锋尚设计
版式设计：砚祥志远　　　　　责任校对：方　敏　　责任监印：张　可

出版发行：中国轻工业出版社（北京东长安街 6 号，邮编：100740）
印　　刷：三河市国英印务有限公司
经　　销：各地新华书店
版　　次：2021 年 3 月第 1 版第 1 次印刷
开　　本：787×1092　1/16　印张：16. 5
字　　数：380 千字
书　　号：ISBN 978-7-5184-3030-7　定价：49. 80 元
邮购电话：010-65241695
发行电话：010-85119835　传真：85113293
网　　址：http：//www. chlip. com. cn
Email：club@ chlip. com. cn
如发现图书残缺请与我社邮购联系调换
200291J2X101ZBW

前 言

随着中国CAD/CAM/CAE技术的迅速发展，CAD/CAM/CAE技术应用日趋成熟，范围不断拓宽，水平不断提高，应用领域几乎渗透到所有制造工程，尤其是机械、电子、建筑、造船、轻工等。三维建模与制造技术已经是当代制造业工程师的必备技能之一，并将替代传统的工程制图技术，成为工程师的日常设计和交流的重要工具。

本书是为全面推进中等和高等职业教育人才培养，拓宽技术技能人才成长通道，为学生多样化选择、多路径成才搭建“立交桥”而编制的中高职衔接教材。本书主要介绍了在中高职中应用非常广泛的CAXA和UG软件，充分统筹中高职的课程知识体系，内容设计上既避免了简单的重复，又保证了教材的合理延伸。

本书以三维数字化设计与制造的过程为主线，以典型生产性产品为载体，系统性讲解数字化设计与制造技能，将二维绘图、三维建模、仿真加工等知识与技能模块融入设计与制造过程中来，强调CAD/CAM技术的综合应用技能。

本书以“项目”式结构进行组织，紧密结合数字化设计与制造相关专业的技能要求与发展需要实施案例教学，包含有“认识CAXA、绘制基本图形、图形编辑、绘制零件图、UG NX建模、NX CAM”等项目，从易到难进行层次性案例解说。项目设计了“项目导读”—“知识链接”—“项目实施”—“项目总结”—“项目作业与技能考评”—“拓展训练”学习环节，知识层次循序渐进，突出了对职业能力的训练，把知识与技能的培养有机地融入工作任务过程中，能更好地激发学习兴趣，也可帮助读者轻松、高效地学习。

本书由宜宾职业技术学院的郭晟主编、统稿，并完成项目5、项目6的编写。副主编郭容编写了项目1、项目2和项目3。参编杨越完成了项目4的编写。参加编写的还有宋宁。本书最后由阳彦雄教授、袁永富教授等审核定稿，在此表示深切的感谢！

本书主要面向中高职数字化设计与制造专业的教学，也可供机械设计、制造等专业的相关本、专科院校教学使用或参考，对于其他机械类专业的数字化设计及CAD/CAM教学也有较好的参考价值。另外，还可以供工程技术人员参考及数字化设计与制造技术爱好者自学使用。

编者

目　录

CONTENTS

项目 1

认识 CAXA CAD 电子图板 2018

1.1 项目导读

(1) 项目摘要

CAXA CAD 电子图板是国内广泛采用的二维绘图和辅助设计的软件，是我国拥有完全自主知识产权的，集绘图、设计、工程分析、管理、数据集成于一体的多功能的 CAD 软件系统，具有功能强大、易学易用、稳定高效和兼容性好等特点。CAXA CAD 软件的应用极大地提高了机械产品设计的效率和质量，已广泛应用于机械、电子、航空、汽车、船舶、轻工、建筑等领域。本项目主要介绍 CAXA CAD 电子图板 2018 版的主要功能和特点，电子图板的安装和启动，电子图板的选项卡模式界面、基本操作方法、绘图工作环境的设置、视图显示与精确捕捉等基础知识；然后通过项目的练习，使学生掌握基本的操作技能，为工程绘图做准备。

(2) 学习目标

通过项目的练习，达到熟悉 CAXA CAD2018 软件的用户界面、能掌握基本的软件操作、会设置 CAXA 绘图环境、会操作软件的视图显示与精确捕捉等学习目标。

(3) 知识目标

学习的主要知识点包括：CAXA CAD2018 软件用户界面、文件管理、系统设置、样式管理、视图显示、对象捕捉与导航等。通过学习，能较好地认识软件的组成、特点以及操作方法。

(4) 能力目标

了解 CAXA2018 软件的用途，认识软件的工作界面及功能；掌握软件的基本操作方法；能进行文件管理；会设置绘图的环境和样式；能掌握精确捕捉的方法。

(5) 素质目标

培养学生具备严谨务实、认真负责、刻苦钻研的良好品质。通过学习、弘扬民族软件，增强学生的爱国热情。

1.2 知识技能链接

1.2.1 工作界面

1.2.1.1 启动软件

CAXA 电子图板 2018 安装完成后，双击桌面图标【CAXA CAD 电子图板 2018】，或选择电脑里的“【开始】—【所有程序】—【CAXA CAD】—【CAXA CAD 电子图板 2018】”命令等，均可启动 CAXA CAD 电子图板。

1.2.1.2 界面风格切换

首次启动 CAXA 时，会弹出如图 1-1 所示的【选择配置风格】对话框，CAXA 的用户界面主要有经典模式界面和选项卡模式界面（也称为 Fluent 时尚界面）两种风格。经典风格界面与 AutoCAD 的用户界面类似。Fluent 时尚界面较简洁，使用方便，界面可显示“使用功能区”“快速启动工具栏”和“菜单常访问命令”。本书以选项卡模式界面（时尚风格界面）为主，介绍 CAXA CAD 电子图板 2018 的使用。

图 1-1　选择配置风格

如图 1-1 所示，用户可自定义界面风格，可对交互习惯、鼠标右键功能和界面样式进行设置。点击【日积月累】，用户可查看软件的新增功能介绍内容，若不需要随电子图板的启动而启动，可不选【启动时显示】。

想要切换至经典风格界面，可在 Fluent 风格界面下选择“菜单”—“工具”—“界

面操作”命令，或者按下“F9”功能键，如图 1-2 所示。

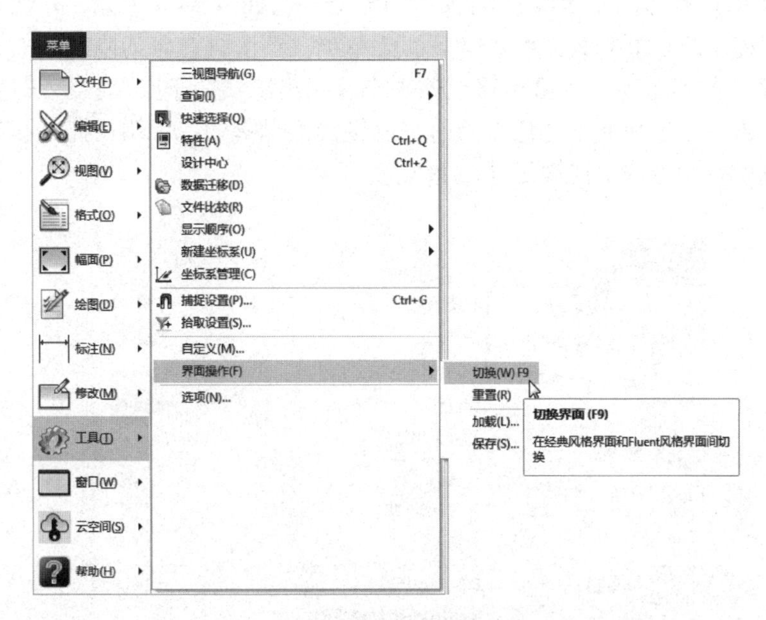

图 1-2 切换界面

1.2.1.3 界面介绍

软件的用户界面采用交互技术，通过界面反映出当前的绘图信息状态和即将执行的操作，界面提供的信息可帮助和提示用户进行下一步的操作。读懂界面信息，能更高效地完成命令操作。CAXA CAD 电子图板 2018 时尚风格用户界面如图 1-3 所示。

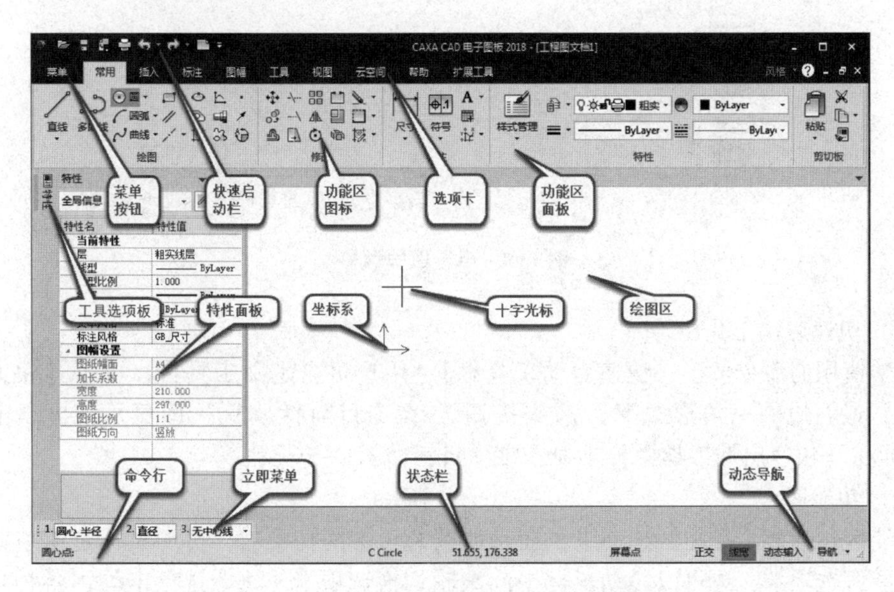

图 1-3 电子图板 2018 的 Fluent 界面

（1）菜单按钮

点击【菜单】可访问主菜单下的各项功能命令，如图 1-4 所示。CAXA 的菜单与 Windows 应用程序的菜单类似，带省略号的菜单项，点击时会启动隐藏的对话框；带三角形箭头“▼”的菜单项，将鼠标移至该项会显示出隐藏的子菜单；呈灰色的菜单项，说明在当前条件下该项功能不能用；带有控制键加字母键的，可用快捷键执行相应的命令，例如新建文件命令的快捷键是【Ctrl+N】。

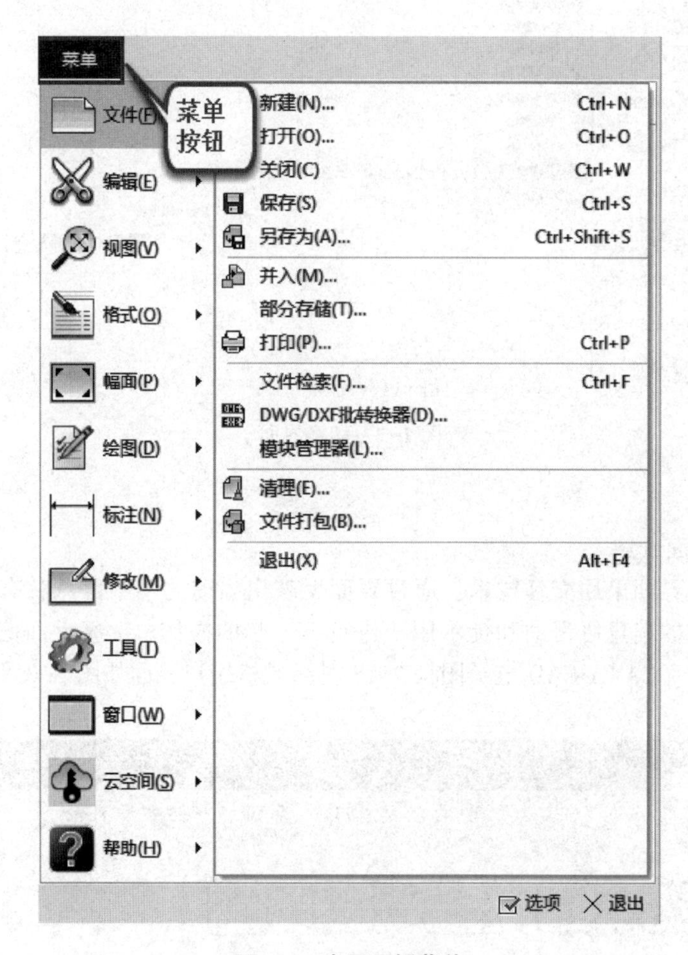

图 1-4　电子图板菜单

（2）快速启动工具栏

经常使用的命令位于【快速启动工具栏】，用户可自定义工具栏。单击【快速启动工具栏】最右边的三角形“▼”箭头按钮，在项目前打“√”即显示，再点击无打“√”即在【快速启动工具栏】不显示该项目，如图 1-5 所示。

（3）功能区

功能区包括多个功能区选项卡，在功能区选项卡间切换时，可用鼠标左键单击要使用的功能区选项卡，也可以滚动鼠标中间滚轮切换选项卡。每个选项卡均由各种功能区面板组成，每个面板上安排数量不等的功能图标，点击图标可直接调用命令。例如【常

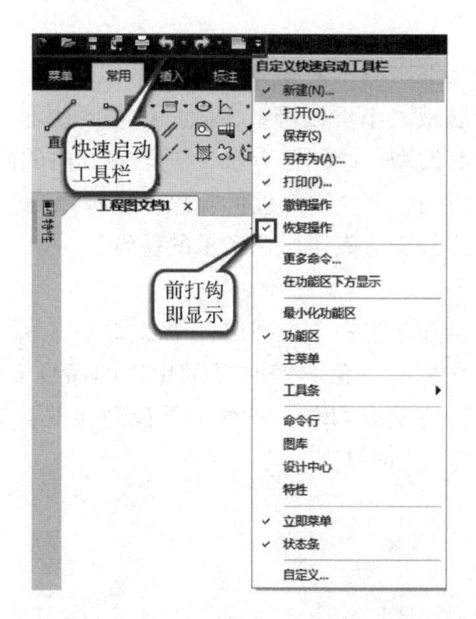

图 1–5　快速启动工具栏

用】选项卡由【基本绘图】【高级绘图】【修改】【标注】和【属性】等功能区面板组成。

（4）工具选项板

工具选项板是用来组织和放置【图库】【特性】【设计中心】等的选项板。默认状态下工具选项板会隐藏在界面左侧的【工具选项板】工具条内，将鼠标移动到该工具条的工具选项板按钮上，对应的工具选项板就会弹出，如图 1–6 所示。

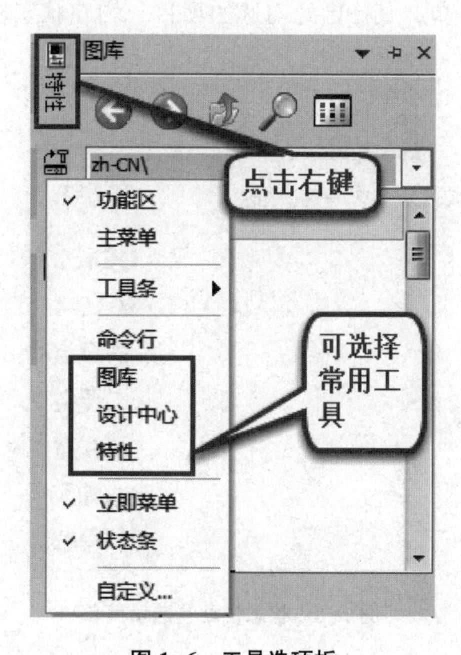

图 1–6　工具选项板

（5）绘图区

绘图区是显示、绘制和编辑图形对象的区域，可以将整个绘图区域比作一张图纸，将鼠标比作绘图笔。绘图区域大小可以调整，图形的显示大小可以滚动鼠标中键进行缩放，但图形实际大小并没有改变。绘图区有水平、垂直方向的两个箭头表示 X 轴和 Y 轴坐标系，箭头方向表示正方向，两个箭头线的交点是坐标原点，坐标为（0，0）。十字线交叉线表示鼠标指针，十字线交点表示鼠标指示的位置。

（6）立即菜单

在调用命令后，系统会在状态栏上方弹出一个如图 1-7 所示的选项菜单，称为立即菜单，命令执行操作过程中，状态条会实时显示相应的命令操作提示和命令执行状态。在立即菜单中，设置参数的方式有两种：一种是下拉列表框；一种是数值输入框。隐藏或显示立即菜单的快捷键是【Ctrl+I】。

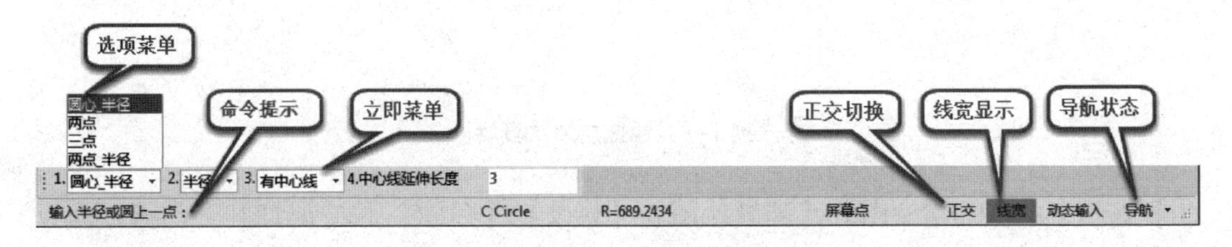

图 1-7　电子图板立即菜单和状态条

（7）状态栏

状态栏包括：命令提示、坐标提示、正交切换、线宽显示和导航状态。用户可自定义状态栏的显示内容，具体操作是：在状态栏的空白位置单击鼠标右键，弹出如图 1-8 所示的【状态栏配置】菜单，凡是已经勾选的项目，均在状态栏显示，不勾选则不显示出来。

状态栏配置		
✓	命令输入区	圆心点:
✓		C Circle
✓		-1429.395, -903.594
✓		屏幕点
✓		正交
✓		线宽
✓		动态输入
✓		导航

图 1-8　状态栏配置选项菜单

①命令操作信息提示区。在该区可输入命令时，启用命令后该区就会提示下一步的操作信息或提示输入数据，如图 1-7 所示，调用画【圆】命令后，提示区就依次提示下一步的操作。

②命令提示区。在该区会显示出当前使用命令的英文全称及英文缩写，可帮助初学者熟悉和记忆命令。如图 1-8 所示，画圆时该区提示“C Circle”，表示绘制圆的命令是 Circle 和英文缩写 C。

③当前坐标点提示区。该区显示当前点的坐标位置，坐标位置随鼠标指针的移动而动态变化。在执行命令的过程中，会根据命令执行状态显示点的绝对坐标、相对坐标或命令相关数值，例如画直线命令，第一个端点显示点的绝对坐标值，在拾取第二个端点时显示相对于第一个端点的相对坐标值。在输入圆（Circle）的命令时，会显示出圆的半径或直径等信息。

④【正交】模式开关。点击【正交】按钮，按钮呈灰色是开启状态，再点击即关闭。开启【正交】，画线的时候可以绘制垂直直线或水平直线，按“F8”功能键可以切换正交模式的开闭状态。

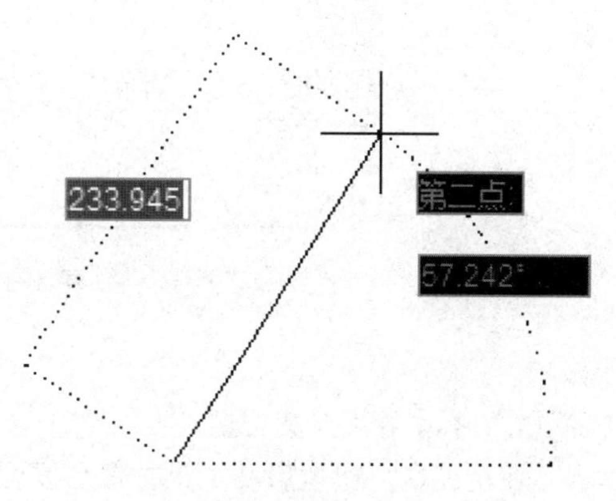

图 1-9　动态输入

⑤【线宽】显示开关。点击【线宽】按钮，按钮呈灰色是开启状态，反之即关闭。【线宽】开启后，屏幕显示的线条宽度是实际设置线宽，【线宽】按钮关闭后，所有线条，无论粗细都以细线方式显示。

⑥【动态输入】显示开关。点击【动态输入】按钮，按钮呈灰色是开启状态，反之即关闭。若开启，屏幕上将显示绘图时的相关参数信息。如图 1-9 所示，绘制直线过程中，显示了直线的长度和与水平轴之间的角度，按“Tab”键可对输入框数据进行修改。

⑦ 对象捕捉设置。对象捕捉状态分为【自由】【智能】【栅格】和【导航】，点击小三角形“▼”可展开选项进行选择，每按一次“F6”功能键可在各状态间切换。若在【智能】或【导航】状态下，可自动捕捉到对象上的特征点。特征点的种类可使用“Potset”命令进行设置和修改，也可在此处单击鼠标右键，选择【设置】命令设置。

⑧ 命令行窗口。命令行窗口默认是不会显示在界面中的，若要查看命令行，可在【功能区面板】任意位置单击鼠标右键，从弹出的【界面元素配置】中点击【命令行】，即可控制命令行窗口的显示；也可按功能键“F11”控制显示命令行窗口，如图 1-10 所示。

自定义快速启动工具栏...
在功能区下方放置快速启动工具栏
自定义功能区...
最小化功能区
✓ 功能区
主菜单
工具条 ▸
命令行
图库
设计中心
特性
✓ 立即菜单
✓ 状态条
自定义...

图 1-10　界面元素配置菜单

命令行窗口可查看操作过程信息、数据信息、提示信息和出错信息等。如图 1-11 所示，用鼠标拖动可以任意移动窗口的显示位置，按着窗口的四个角可拖动和改变其窗口的大小。

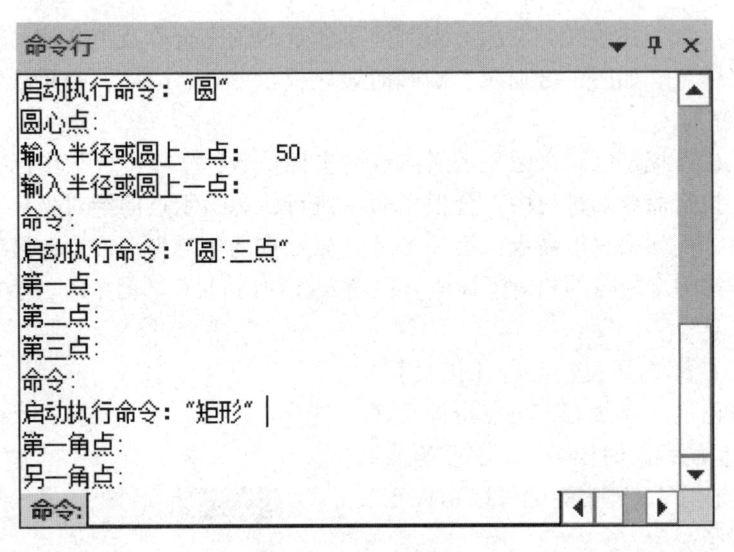

图 1-11　命令行窗口

1.2.1.4 界面元素配置

在功能区、快速启动工具栏等位置单击鼠标右键，在弹出的菜单中可自定义界面显示元素。点击对应元素可选择显示或隐藏，凡是在相应项目前打钩的，就会在工作界面中显示出来，反之不显示。还可以选择【自定义快速启动工具栏】或者【自定义功能区】会弹出如图 1-12 所示的对话框，用户可定制工作界面的元素配置。

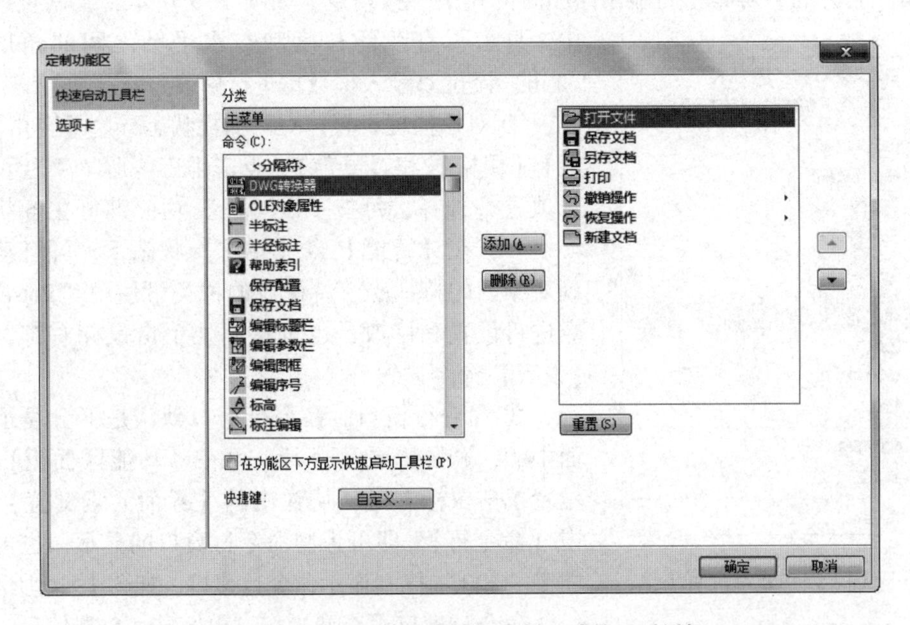

图 1-12　自定义快速启动工具栏、功能区对话框

【最小化功能区】：选择该项后，功能区将被全部隐藏，双击任一选项卡可重新打开功能区面板。

【主菜单】：主菜单常在经典界面显示，Fluent 界面通常不显示主菜单。

【工具条】：电子图板 2018 可提供 32 个工具条，用户也可以自定义显示并使用这些工具条，点击【工具条】，在弹出的菜单框中选择需要显示的工具条即可。

【命令行】：启用了【立即菜单】显示，【命令行】就默认不显示了。用户可单击【命令行】所在位置，命令行窗口就会弹出并显示。

【图库】：勾选该项即在界面中显示，否则不显示。

【特性】：勾选该项即在界面中显示，否则不显示。按【Ctrl+Q】或在命令行输入 CH 命令也可打开特性选项板。

【设计中心】：控制是否显示【设计中心】选项板。

【立即菜单】：勾选该项，在界面上显示立即菜单，否则不显示。

【状态条】：勾选该项，在界面上显示状态条，否则不显示。

【自定义】：选择该项，打开自定义对话框，可自定义键盘命令、快捷键等。

1.2.2 文件管理

1.2.2.1 新建文件

方法一：软件在启动时会自动打开新建文件对话框，使用默认模板建立图形文件，如图 1-13 所示，选择一个模板，单击【确定】可建立一个新文件。方法二：在启动软件后，可通过选择“【菜单】—【文件】—【新建】”创建新文件。方法三：通过新建文件的快捷键【Ctrl+N】执行新建命令；方法四：点击【快速启动工具栏】上的图标创建文件。方法五：在命令行直接输入新建文件命名的英文字母“New”来创建新文件。

图 1-13　新建文件对话框

1.2.2.2 打开文件

打开文件命令用于打开存储设备上存放的图形文件。

（1）打开 dwg/dxf 格式的文件

在【打开文件】对话框中，在【查找范围】中选择图形文件所在目录文件，选中的文件会在对话框右侧“预览”显示图形的缩略图，单击【打开】可打开相应的文件，如图 1-14 所示。

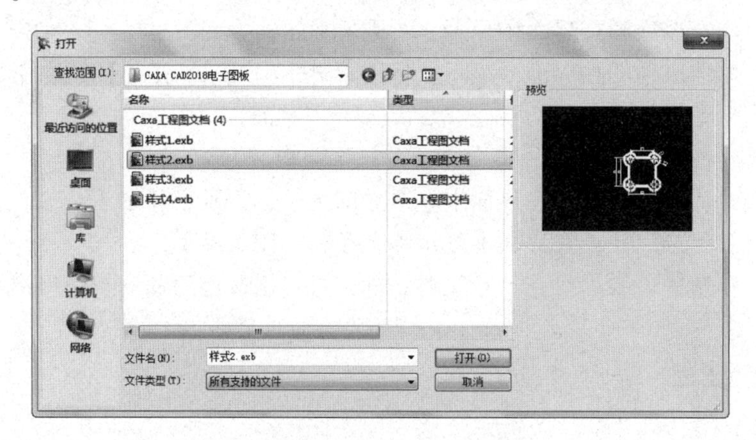

图 1-14　打开文件对话框

电子图板 2018 可以打开 exb、dwg、dfx、wmf、igs 等多种格式的图形文件，单击【文件类型】列表框右侧的三角形“▼”按钮，可选择打开文件的类型，默认的文件类型为 exb。

（2）打开文件的方式

打开文件的方式主要有 4 步，执行操作如图 1-15 所示。

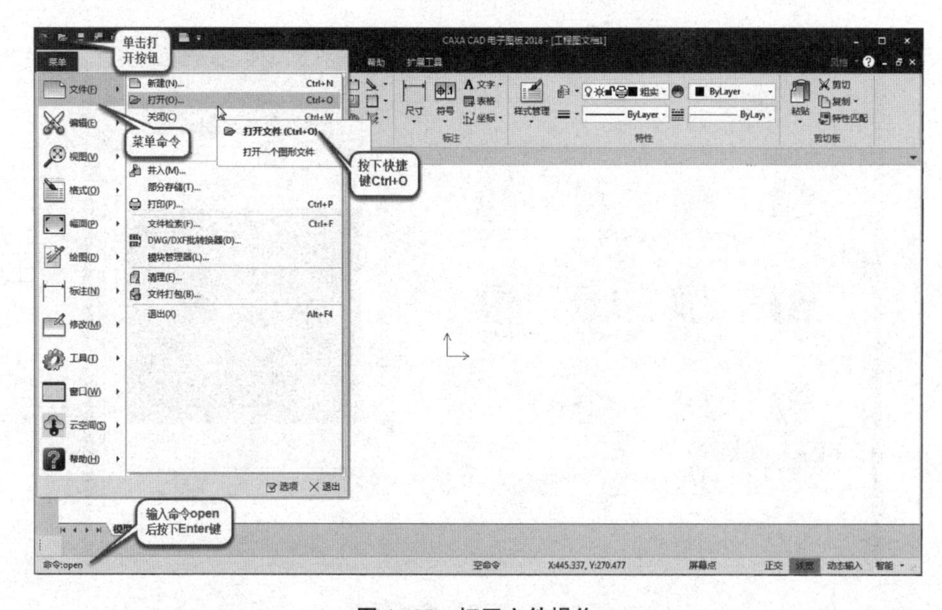

图 1-15　打开文件操作

1.2.2.3 保存文件

将当前绘制的图形保存到存储设备中，保存文件的方式常用的有四种：单击保存按钮、点击菜单里的保存、快捷键 Ctrl+S 和输入命令 Save，执行操作如图 1-16 所示。执行保存命令后，系统弹出对话框，单击【保存类型】列表框右侧的“▼”按钮，即可选择保存格式。如图 1-17 所示，电子图板 2018 可以将图形文件以多种格式保存，默认保存为 exb 格式，也可保存为电子图板较早版本的 exb 格式或 AutoCAD 2000 至 AutoCAD 2013 各个版本的 dwg、dxf 格式，还可以存储成模板图形 tpl 格式等，单击对话框中的 密码(P) 按钮，弹出【设置文件密码】对话框，可以对文件进行加密存储。

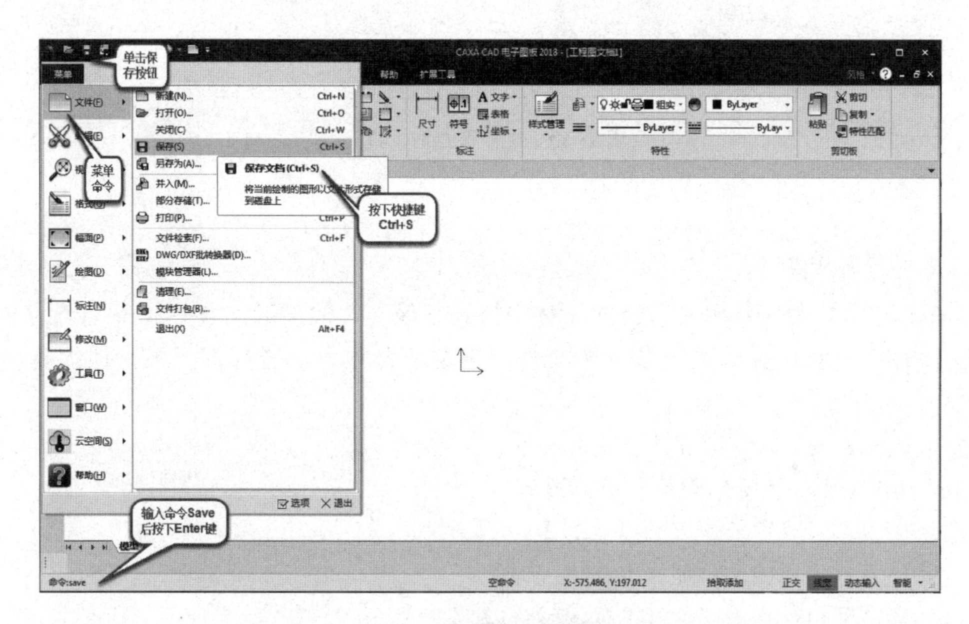

图 1-16　保存文件操作

1.2.3 另存文件

与保存文件的操作相似，另存文件是将当前编辑修改的图形以其他的文件名或格式进行保存。

1.2.3.1 另存文件的方式

①菜单方式：选择菜单栏【文件】—【另存文件】。

②命令方式：命令行输入 Save。

③快捷键方式：使用快捷键【Ctrl+Shift+S】。

1.2.3.2 执行操作

调用命令后，在如图 1-17 所示的【另存文件】对话框，重新输入一个文件名，可把当前编辑的文件以这个指定的文件名重新保存一份，而原名文件保存的是修改前的内容。

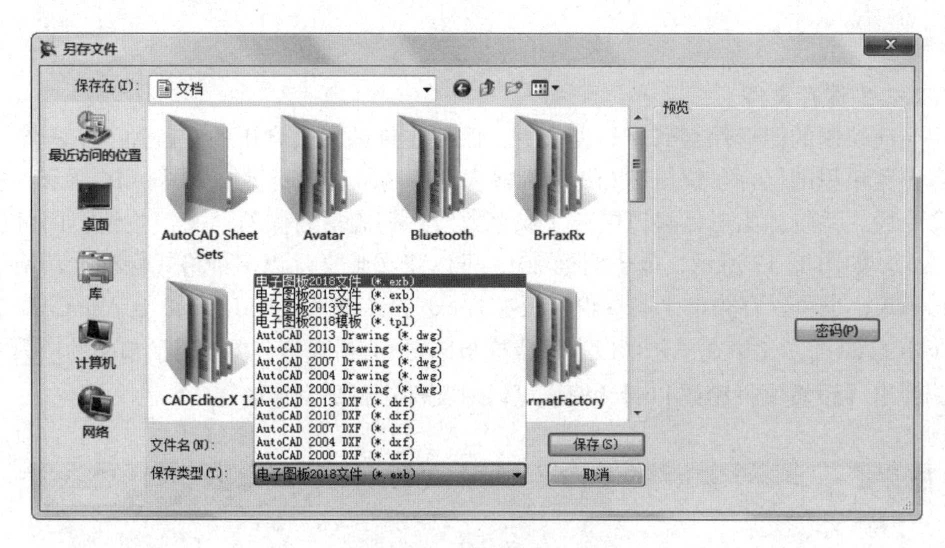

图 1-17　文件保存对话框

1.2.4 并入文件

【并入文件】命令是在当前绘图文件中插入其他文件的图形，合并成一个新的文件图形。利用并入文件功能可将若干个零件图方便地合并生成装配图，极大地提高绘图效率。

1.2.4.1【并入文件】的命令访问方式

①菜单方式：选择菜单里的【文件】—【并入】。

②命令方式：在命令行输入 Merge。

③功能区图标：点击【常用】面板上的图标。

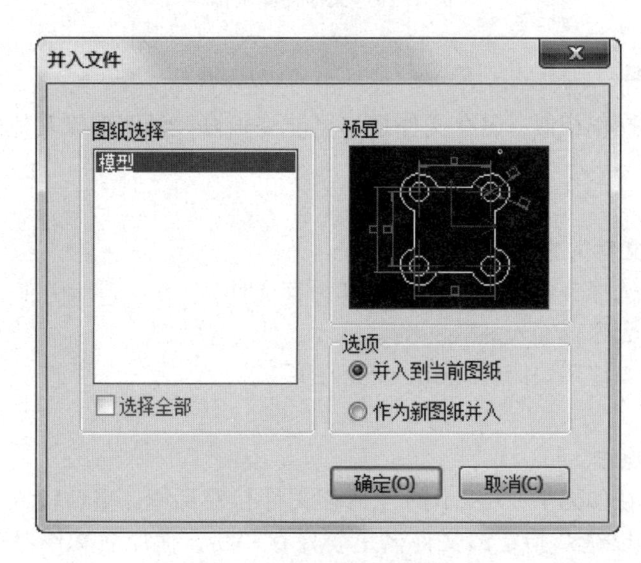

图 1-18　并入文件对话框

1.2.4.2 执行操作

启动了命令后，系统会弹出【并入文件】对话框，选择需要并入的文件，单击【打开】按钮后弹出【并入文件】选项对话框，如图 1-18 所示。在【图纸选择】列表框中选择要并入的【模型】，在【选项】中选择【并入到当前图纸】，被选中的模型将直接插入到当前图纸中，选择【作为新图纸并入】，则将图纸并入到新布局中。

（1）选择【并入到当前图纸】

单击【确定】按钮后系统将返回绘图区，并弹出并入文件的立即菜单，如图 1-19 所示。在立即菜单中若选择【定点】并入方式，可确定图形并入的位置和角度，在比例框可以输入插入图形的比例。

图 1-19　并入文件立即菜单

（2）选择【定区域】并入方式

在绘图区拾取一个封闭区域，并入的图形文件将自动缩放后插入到选定的这个区域内。

（3）选择【作为新图纸插入】

系统弹出【图纸重命名】对话框，输入新名称后，则可在当前文件中插入一个新布局。

1.2.5 部分存储

部分存储指的是将图形中的部分内容单独存储成一个图形文件。

1.2.5.1 部分存储的命令访问方式

①菜单方式：选择菜单里的【文件】—【部分存储】。

②命令方式：命令行输入 PartSave。

1.2.5.2 执行操作

启动【部分存储】命令后，状态行命令提示“拾取元素”，拾取选择需要存储的图形元素后，状态行命令提示【请给定图形基点】，拾取一点作为基点，在【部分存储】对话框，输入文件名，单击【保存】按钮即可将选中的部分单独进行保存。也可先选取需要存储的图形等元素，再单击鼠标右键，可在弹出的快捷菜单中选择【部分存储】。

1.2.6 退出电子图板 2018

退出电子图板的方式有：

①菜单方式：选择菜单里的【文件】—【退出】或【菜单按钮】—【退出】。

②命令方式：命令行输入 Quit 或 Exit。

③快捷键方式：键盘按下【Alt+F4】。

用户若对文件进行编辑修改后没有进行保存，退出电子图板时，系统会提醒用户保存文件。

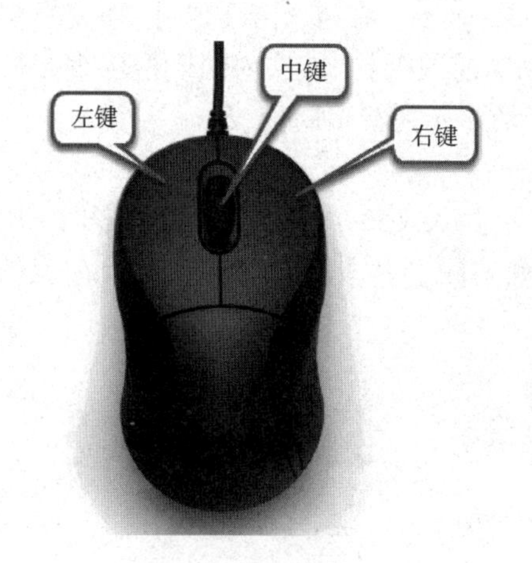

图1-20　鼠标键组成

1.2.7 基本操作

本节介绍包括鼠标的使用、命令的执行、常用键的功能和拾取对象的基本操作，掌握这些知识将为绘制和图形编辑打下坚实的基础。鼠标键的组成包括：左键、右键和中键，如图1-20所示，文后叙述的点击或单击鼠标操作，在没有说明的情况下，皆指单击鼠标的左键操作。

1.2.7.1 鼠标的使用

（1）鼠标左键的主要功能

点取菜单和工具栏等、拾取对象、确认命令的执行等。

（2）鼠标右键的主要功能

①结束命令。对于连续执行的命令要终止命令的执行，可以按鼠标右键结束命令。

②重复上一条命令。在【选项】的【交互】项中勾选【右键重复上次操作】，需要重复上一条命令，可单击鼠标右键。

③激活快捷菜单。可在“用户系统配置”中设置“自定义右键菜单”，若设置单击右键显示，在单击右键时就可激活快捷菜单。

④结束拾取对象。在拾取的命令执行过程中，当单击鼠标右键就可结束拾取状态，命令执行进入下一步。

⑤确认命令的执行。当在命令行输入完一条命令，单击鼠标右键就可开始执行命令。

（3）鼠标中键的功能

滚动鼠标滚轮（中键）可以实现图形的显示缩放，按住滚轮拖动鼠标可以实现图形的显示移动，双击滚轮可以实现【显示全部】功能。

1.2.7.2 命令的操作

（1）执行命令

电子图板主要有两种命令执行方式：

①鼠标选择方式。在菜单栏、工具栏和功能区面板上单击相应功能图标，适用于初学者。

②键盘输入方式。有在命令行直接输入命令和使用快捷键两种方式，适合于习惯键盘操作且对命令比较熟悉的用户。

（2）中止与撤销命令

中止与撤销命令的执行方式有：

①键盘输入。按【Enter】键或【Esc】键。

②单击图标。单击快速启动栏上的【取消操作】命令按钮图标“”，每单击一次即逐个撤销以往执行的命令。

③命令输入。命令行输入撤销“Undo”。

④撤销快捷键。【Ctrl+Z】。

（3）恢复命令

在执行过撤销命令后若发现撤销错误，均可执行该命令的方法有：可单击快速启动栏上的恢复命令按钮“”，或选择【菜单】—【编辑】—【恢复】，或在命令行输入恢复命令“Redo”，或使用快捷键【Ctrl+Y】。

（4）重复执行命令

在系统的默认状态下，要调用上一次使用过的命令，可按空格键、【Enter】键或点击右键即可再调用，而不用重新输入命令，从而提高制图的效率。

1.2.7.3 拾取对象

在电子图板中，拾取已经生成的对象的方法有：点选、框选和全选。被选中的对象会被加亮显示。

（1）点选

将光标移动到要选取的对象上单击左键，如线条、文字、符号和实体等对象，该对象会直接处于被选中状态。

（2）框选

框选可分为正选和反选两种形式。框选的方法是：用鼠标点左键不放，在绘图区选择两个对角点形成选择框拾取对象。正选是指在选择过程中，点击鼠标左键第一角点在对象左侧，按住鼠标不松手，在对象右侧点击第二角点，形成一个选择框。在正选时，只有对象上的所有点都在选择框内时，对象才会被选中。反选则反之，是从右向左点击角点，只需选中对象一部分即可选中该对象。

（3）全选

全选表示一次性将绘图区所有对象全部拾取，全选的快捷键是Ctrl+A。

1.2.7.4 功能键

电子图板2018的功能键共有11个，其功能如表1-1所示。

表1-1　电子图板2018功能键介绍

F1	电子图板的帮助，执行“Help”命令
F2	切换状态栏的【动态拖动值】或【坐标值】显示
F3	在窗口内显示全部图形
F4	指定一个当前点作为参考点，多用于输入相对坐标时
F5	当定义有用户坐标系时，在多个坐标系之间切换

续表

F6	进行捕捉方式的切换，可以切换为【自由】【栅格】【智能】和【导航】方式
F7	右移图形
F8	三视图导航开关
F9	Fluent 界面与经典界面之间的切换
F10	用键盘在各功能之间切换
F11	切换交互风格，可以在【关键字风格】和【立即菜单风格】之间进行切换

1.2.8 精确捕捉

图形元素大都可通过输入点的坐标来确定位置和大小，点的输入是电子图板各种精确绘图操作的基础。点的输入方式主要有：键盘输入、鼠标点取和工具点捕捉等。

1.2.8.1 键盘输入点坐标

默认情况下，屏幕上已有的点或操作者将要输入的点都是以当前坐标系的原点为基准进行定位的。点在屏幕上的坐标分为绝对坐标和相对坐标。

（1）绝对坐标

以原点作为基准点，绝对坐标值直接键入（*X*，*Y*）即可，输入时不包括括号，*X* 坐标和 *Y* 坐标之间必须用半角逗号分隔，如（25，50）。在坐标中也可包括表达式，例如（10+45×3，100/20）。

（2）相对坐标

相对坐标是相对于指定的参考点的，这个参考点可以是任意的点，这个参考点一般是绘图的当前点，按功能键“F4”可指定参考点。绘制的当前点的坐标值是相对参考点的 *X* 和 *Y* 值，输入相对坐标时必须在坐标前加“@”以示和绝对坐标的区别。例如(@50，80)，输入时不包括括号，表示相对于指定的参考点 *X* 正方向增加 50，*Y* 正方向增加 80。如果数值前加负号，例如(@ －50，－80)，表示相对于指定的参考点 *X* 反方向增加 50，*Y* 反方向增加 80。

（3）直角坐标和极坐标

点的坐标大多采用直角坐标方式，表示方法见以上的绝对坐标和相对坐标。极坐标的表示方式为“距离<角度”，例如（100<20），输入时不包括括号，表示该点距离坐标原点的距离为 100，该点与原点的连线与 *X* 轴的夹角为 20°。极坐标的相对坐标表示法如（@100 < 20）输入时不包括括号，表示该点与参考点的距离为 100，该点与参考点的连线与 *X* 轴的夹角为 20°。若以 *X* 轴到连线是沿着逆时针的方向，角度为正值；若以 *X* 轴到连线是沿着顺时针的方向，角度为负值。

【例 1-1】使用绘制直线命令，利用点的直角坐标，画一长为 80，宽为 40 的矩形。利用绝对坐标方式，以下点的坐标输入均不带引号，画好的矩形如图 1-21 所示（不包括坐标点标注）。操作步骤如下：

①点击功能区面板直线命令图标，查看立即菜单，默认的画线方式为【两点线】画直线。

②查看立即菜单，若立即菜单选项为【单根】方式，切换为【连续】方式。

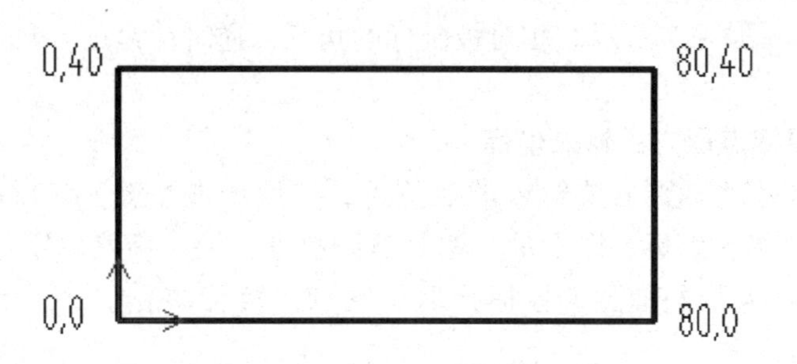

图1-21　用直线命令绘制矩形

③命令行提示【第一点】：输入“0，0”。

④命令行提示【第二点】：输入“80，0”。

⑤命令行提示【第二点】：输入“80，40”。

⑥命令行提示【第二点】：输入“0，40”。

⑦命令行提示【第二点】：输入“0，0”。

⑧单击鼠标右键确认，命令结束。

• 利用相对坐标方式，操作步骤为：

①点击功能区面板直线命令图标，查看立即菜单，默认的画线方式为【两点线】画直线。

②查看立即菜单，若立即菜单选项为【单根】方式，切换为【连续】方式。

③命令行提示【第一点】：在屏幕上任意点击一点。

④命令行提示【第二点】：输入“@80，0”。

⑤命令行提示【第二点】：输入“@0，40”。

⑥命令行提示【第二点】：输入“@-80，0”。

⑦命令行提示【第二点】：输入“@0，-40”。

⑧单击鼠标右键确认，命令结束。

【例1-2】利用极坐标方式，使用直线命令绘制边长为80的等边三角形。

步骤如下：

①点击功能区面板直线命令图标，查看立即菜单，默认的画线方式为【两点线】画直线。

②若立即菜单选项为【单根】方式，切换为【连续】方式。

③命令行提示【第一点】：输入“0，0”。

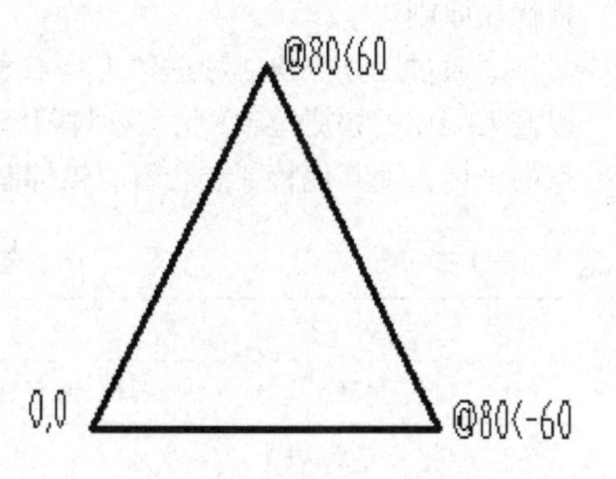

图1-22　用极坐标绘制的正三边形

④命令行提示【第二点】：输入“@80<60”。

⑤命令行提示【第二点】：输入“@80<-60”。

⑥命令行提示【第二点】：输入“0，0”。

⑦单击鼠标右键确认，命令结束。

画好的图形如图1-22所示。相对极坐标的角度，逆时针为正，顺时针为负。

1.2.8.2 用鼠标点取方式输入坐标

移动鼠标的十字光标到需要输入的点位置，然后单击左键，该点的坐标即被输入，这时输入的坐标是绝对坐标。以上的方法具有随机性，缺乏精确的定位。要精确地拾取点，可使用【工具点】的捕捉，鼠标拾取特殊点，然后单击左键，即把该点的坐标输入了。

1.2.8.3 工具点捕捉

（1）工具点

工具点就是在作图过程中具有几何特征的点，电子图板中工具点也称为特征点，如圆心点、中点、切点、端点等。点的捕捉方式主要有4种：自由捕捉、智能捕捉、栅格捕捉和导航捕捉。在【导航】和【智能】状态下可以捕捉到部分系统默认的一些工具点。在【栅格】及【自由】状态下也可以使用工具点菜单、对象捕捉工具栏、特征点快捷键等方式捕捉特征点。

（2）工具点类型

工具点（特征点）的类型如表1-2所示，表中的名称是工具点在菜单中的名称和快捷键，对象捕捉工具条如图1-23所示。

（3）捕捉工具点操作执行方法

①通过工具点菜单选取工具点的方法：在拾取工具点时，不直接输入点的坐标值，可按下空格键系统就会弹出工具点菜单，或按住【Shift】键同时单击鼠标右键也可弹出工具点菜单，如图1-23所示，从中勾选要拾取的工具点的类型。那么在移动鼠标到直线或圆弧上可显示出这些工具点的对应的符号，快速地找到需要拾取的点。在工具点菜单里选择了捕捉某些类型的特征点，其他设置的捕捉方式会被暂时抑制，这称为工具点捕捉优先原则。

②通过工具点快捷键选取工具点种类：例如在绘图过程中，如果需要拾取端点，可以按下端点的快捷键“E”，这时候移动鼠标到需要的端点对象上点击一下，即输入了该点的坐标，而其他特征点会暂时被抑制捕捉。

表1-2　　电子图板的特征点

序号	名称	含义	对象捕捉工具栏图标
1	屏幕点（S）	屏幕上的任意位置点，即无捕捉	
2	端点（E）	曲线两端的点	
3	中点（M）	曲线的中点	

续表

序号	名称	含义	对象捕捉工具栏图标
4	圆心（C）	圆或圆弧、椭圆或椭圆弧的中心	
5	孤立点（L）	屏幕上已经存在的单点	
6	象限点（Q）	圆或圆弧的象限点	
7	交点（I）	两曲线的交点	
8	插入点（R）	属性、块或文字的插入点	
9	垂足点（P）	曲线的垂足点	
10	切点（T）	曲线的切点	
11	最近点（N）	曲线上距离捕捉光标最近的点	
12		捕捉到平行线	
13		捕捉直线方向的延伸点	

③通过对象捕捉工具条选取工具点类型：对象捕捉工具条如图1-23所示，需要拾取某种类型的工具点，点击工具条上对应图标即可。在软件任意界面元素上单击鼠标右键，

图1-23　对象捕捉工具条

从弹出的快捷菜单中选择【工具条】中的【对象捕捉】，即可打开【对象捕捉】工具条，单击工具条不放可以移动工具条在界面中的位置。单击其上的按钮也可捕捉相应的特征点。【对象捕捉】工具栏除了捕捉特征点外，还能捕捉平行线和曲线的延伸点。

④通过对象捕捉设置对话框选取工具点类型：点击菜单按钮选中【工具】—【捕捉设置】，系统会弹出对象捕捉设置的对话框，如图1-24所示，可以勾选各类需要捕捉的工具点类型，也可以取消勾选。

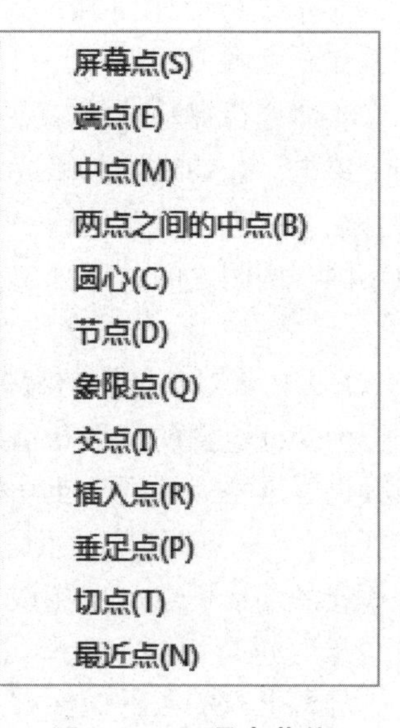

图1-24　工具点菜单

【例1-3】绘制如图1-25所示的任意圆的内接六边形。

①点击功能区面板绘图上的画圆命令图标，查看立即菜单，默认采用【圆心_半径】方式绘制圆。

②命令行提示【圆心点】：鼠标在屏幕上拾取点单击，确定圆心点。

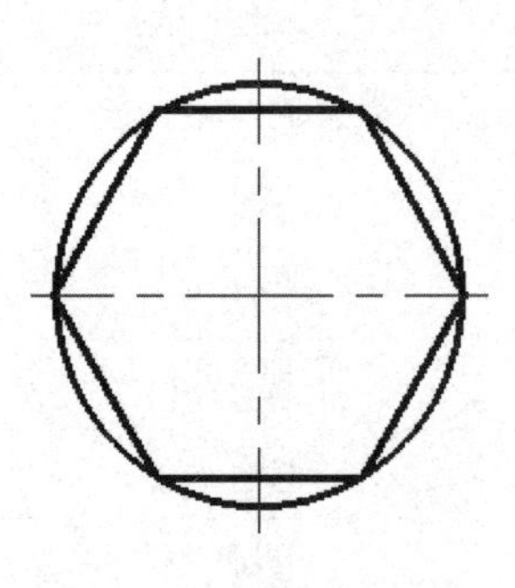

图 1-25　内接六边形

③命令行提示【输入直径或圆上一点】：输入直径数值或拖动鼠标到合适大小后，单击鼠标左键，完成圆的绘制。

④按【Enter】键或按【ESC】键结束画圆命令。

⑤点击功能区面板绘图上的画多边形图标，启动【多边形】命令，立即菜单按照如图 1-26 所示设置。

⑥【中心点】：按“C”键或单击【对象捕捉】工具栏上的图标，鼠标移动到圆周或圆心附近，系统会自动拾取圆心，单击鼠标左键确认，将圆心作为六边形的中心点。

图 1-26　多边形命令的立即菜单

⑦【圆上点或内接圆的半径】：按“Q”选择象限点，拖动十字光标到圆周上，会自动选上象限点，然后单击鼠标左键确认，一个内接六边形绘制完成。

【例 1-4】画两圆的公切线，如图 1-27 所示。

①点击功能区面板绘图上画圆命令图标，查看立即菜单，默认采用【圆心_半径】方式绘制圆。

②点击功能区面板上直线命令图标，查看立即菜单，默认的画线方式为【两点线】画直线。

③命令行提示【第一点】：按“T”键选择切点，在左侧圆上单击。

④命令行提示【第二点】：按“T”键，在右侧圆上单击，公切线绘制完成。

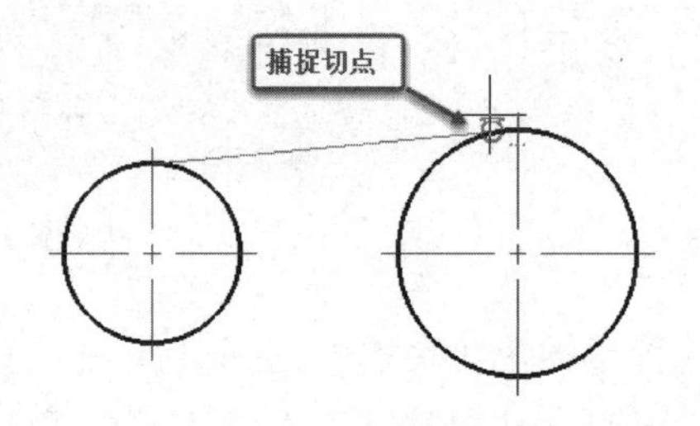

图 1-27　画圆的公切线

绘制过程中需要估计一下切点的大概位置，因为拾取的位置不同，画出的切线位置也不同，两圆之间共可画出 4 条公切线。

1. 2. 8. 4 对象捕捉与导航

为保证绘图的效率和精确度，对端点、中点、交点、圆心等特殊的几何点，电子图板提供了屏幕点捕捉功能。捕捉的方法有四种：【自由点捕捉】【栅格点捕捉】【智能点捕捉】【导航点捕捉】。系统对以上的四种模式设置了默认模式，用户也可进行设置。四种模式的切换可点击功能键“F6”，也可在状态行最右侧的点捕捉选项中点击三角形符号“▼”进行切换和选择。

屏幕上点的 4 种捕捉方式的主要含义是：

①自由：点的输入由光标当前的实际位置确定。

②智能：光标自动捕捉一些特征点。

③栅格：光标可捕捉栅格点。

④导航：随着光标的移动，屏幕上将显示出不同的虚点辅助线和相应的提示框，可对若干特征点进行导航。

（1）捕捉和栅格设置

【捕捉和栅格】选项卡的各个控件功能如图 1–28 所示。

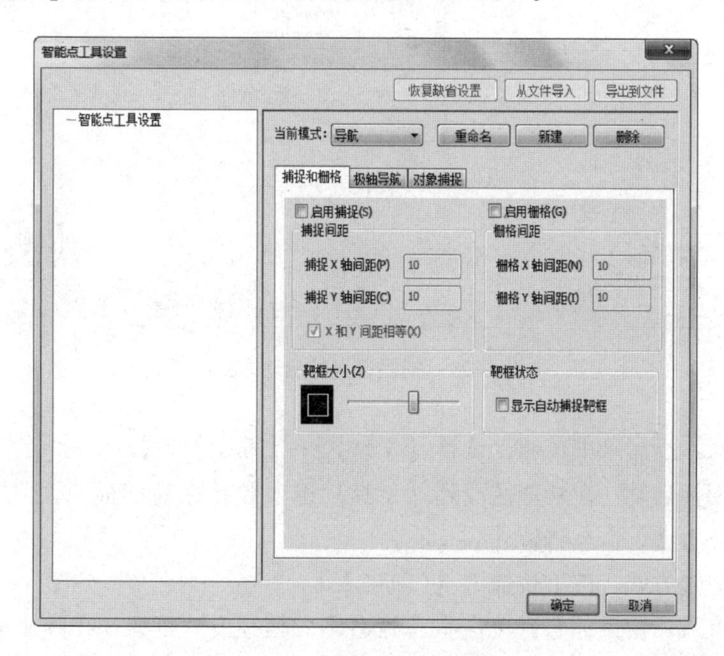

图 1–28　智能点工具设置对话框

【启用捕捉】点击前方的小方块，打钩“√”即启动了栅格点捕捉方式，再点击小方块“√”消失即取消。栅格点指的是在屏幕的绘图区在 *X* 轴方向和 *Y* 轴方向按照一定距离间隔排列的点。

【启用栅格】选择启动栅格，那么在绘图区会显示出栅格点，反之，栅格点将不显示。

【捕捉间距】捕捉的间距可以和栅格的间距相等或者不相等。若“√”选了【*X* 和 *Y* 间距相等】的复选框，那么捕捉间距与栅格间距相等，距离只需在【捕捉 *X* 轴间距】设置。若捕捉距离和栅格距离不同，可在【捕捉 *X* 轴间距】和【捕捉 *Y* 轴间距】数值框设置。

【栅格间距】栅格距离，可在【栅格 *X* 轴间距】和【栅格 *Y* 轴间距】数值框设置。

栅格点的捕捉启动后，当鼠标在绘图区内移动时会自动地吸附到距离最近的栅格点上，此时点的坐标为吸附上的栅格点坐标。只要启动了栅格点捕捉方式，无论栅格点是否显示，依然会吸附到栅格点。

【靶框大小】可设置靶框的大小。

【靶框状态】可设置是否在绘图区显示靶框。

（2）对象捕捉设置

【捕捉设置】命令的启动方法如图 1–29 所示：

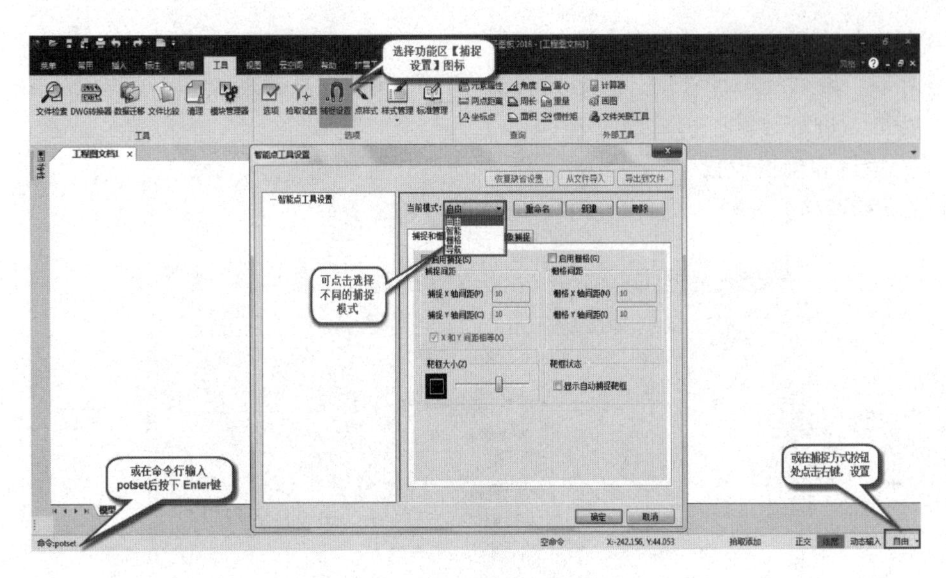

图 1-29 捕捉设置的启动方式

①菜单方式：点击菜单按钮，选择【工具】—【捕捉设置】。

②功能区图标启动：在功能区找到【工具】选项卡下的 图标。

③输入命令方式：命令行输入 potset。

④使用快捷键方式：按下快捷键【Ctrl+G】。

⑤状态行方式：用鼠标右键单击状态行右侧的捕捉方式按钮，在弹出的快捷菜单中单击【设置】，系统会弹出对象捕捉设置对话框，如图 1-30 所示。

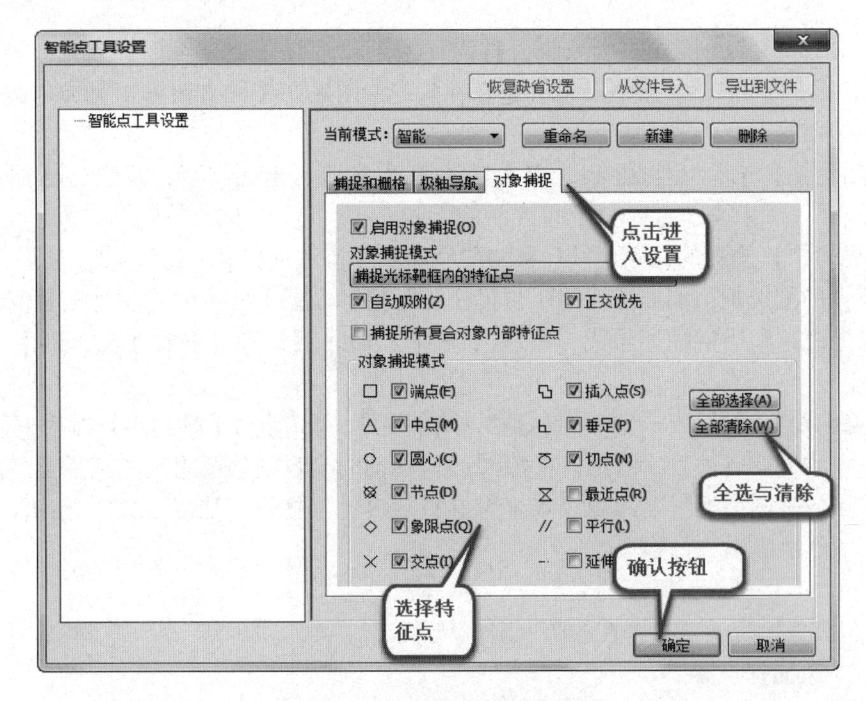

图 1-30 对象捕捉设置对话框

对象捕捉对话框选项卡下各控件的功能如下：

①【启用对象捕捉】"√"选了复选框开启智能点捕捉。

②【对象捕捉模式】设置【捕捉光标靶框内的特征点】还是【捕捉最近的特征点】。

③【自动吸附】"√"选了复选框开启，光标会自动吸附到特征点上。

④【正交优先】"√"选了复选框开启，正交模式的优先导航，然后才是特征点的导航。

⑤【全部选择】若"√"选了复选框，可捕捉所有的特征点。

⑥【全部清除】单击该按钮取消所有特征点的选择捕捉。

⑦【捕捉所有复合对象内部特征点】勾选该项，才能捕捉到复合对象内的特征点。

在使用智能或导航方式捕捉特征点时，不同的特征点显示不同的捕捉靶框形状以便用户区分，如图 1-31 所示。

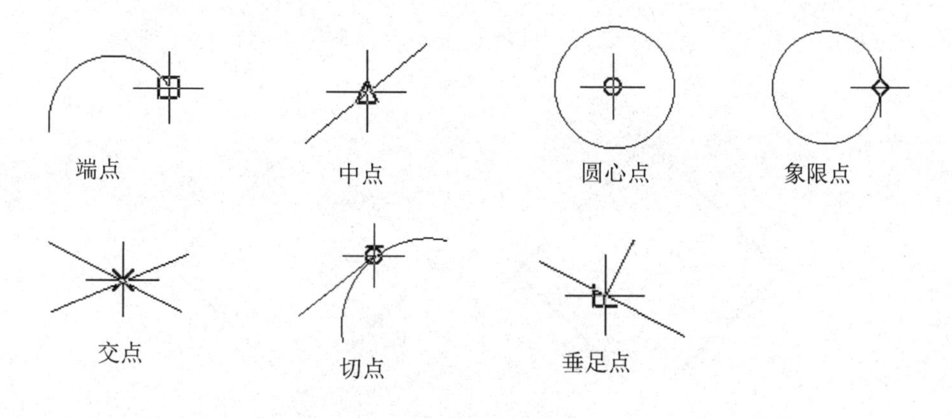

图 1-31　各种特征点

【例 1-5】如图 1-32 所示，使用导航点捕捉画出正方形的内切圆。

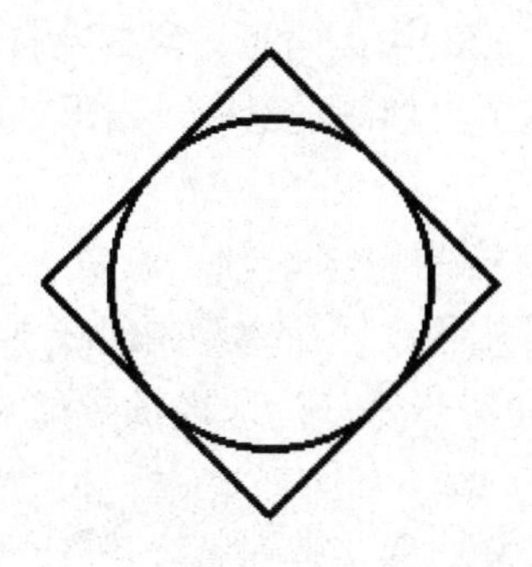

图 1-32　正方形内切圆

①点击功能区选项卡画矩形的图标，调用命令后，设置立即菜单的参数，如图 1-33所示，除了长度和宽度的尺寸，角度设置为 45°，矩形将沿着逆时针方向旋转 45°。用鼠标左键在绘图区任意位置单击选择定位点，正方形绘制完成。

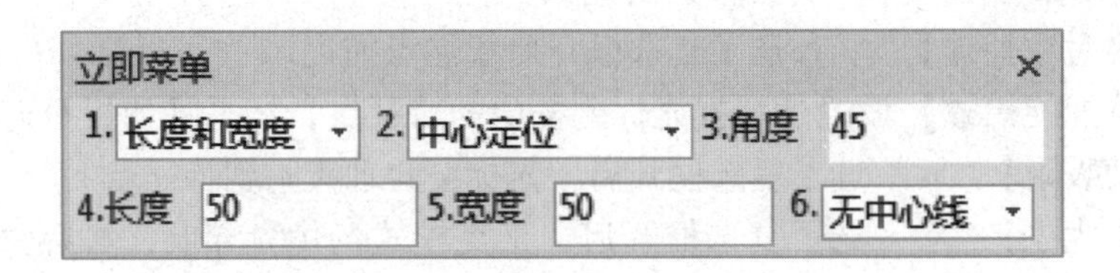

图 1-33　画旋转 45°正方形的立即菜单

②可捕捉的特征点可选择端点、中点、交点。

③按“F6”键切换捕捉方式为【导航】方式。

④点击功能区面板绘图，画圆命令图标，查看立即菜单，默认采用【圆心_半径】方式绘制圆。

⑤状态行提示【圆心点】，先移动鼠标到正方形的两个端点，确定导航点，再移动鼠标到正方形的中心附近，鼠标会自动捕捉到中心点，如图 1-34（a）所示。

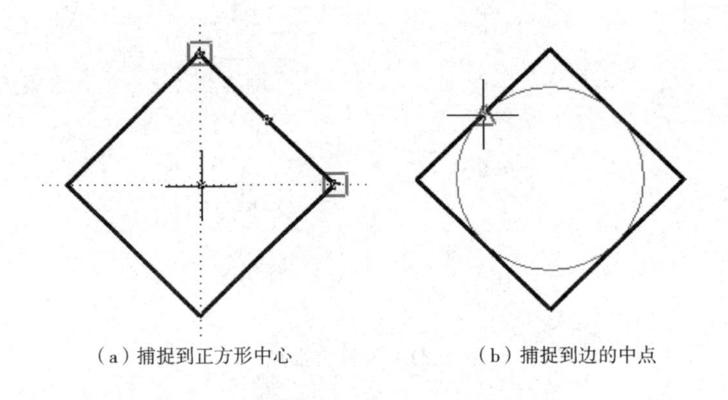

（a）捕捉到正方形中心　　（b）捕捉到边的中点

图 1-34　利用特征点捕捉绘制正方形内切圆

⑥ 移动鼠标到正方形的一个边的中点附近，鼠标会自动捕捉到边的中点，如图 1-34（b）所示，单击鼠标左键即完成了内切圆的绘制，结果如图 1-32 所示。

（3）极轴导航设置

在绘图的过程中经常会遇到绘制与水平轴，或者与某条线段有夹角的倾斜线。在 CAXA 电子图板 2018 中，除了可用角度线命令绘制斜线外，也可使用极轴导航功能来辅助绘制角度线。单击【极轴导航】按钮，打开极轴导航设置选项卡，如图 1-35 所示，该选项卡下各控件的功能如下：

①【启用极轴导航】勾选该复选框，极轴导航开启。

②【极轴角设置】设置导航的角度，在【增量角】列表框中可选择系统已有的导航角度，但只能选择一个，如需其他的角度导航，勾选【附加角】复选框，单击【新建】按钮增加其他的导航角度，不需要导航的角度，可单击【删除】按钮清除。

③【极轴角测量方式】其中【绝对】方式指导航的角度是相对于 *X* 轴正方向的角度，【相对上一段】方式指的是导航角度是相对刚刚绘制的上一段直线的。

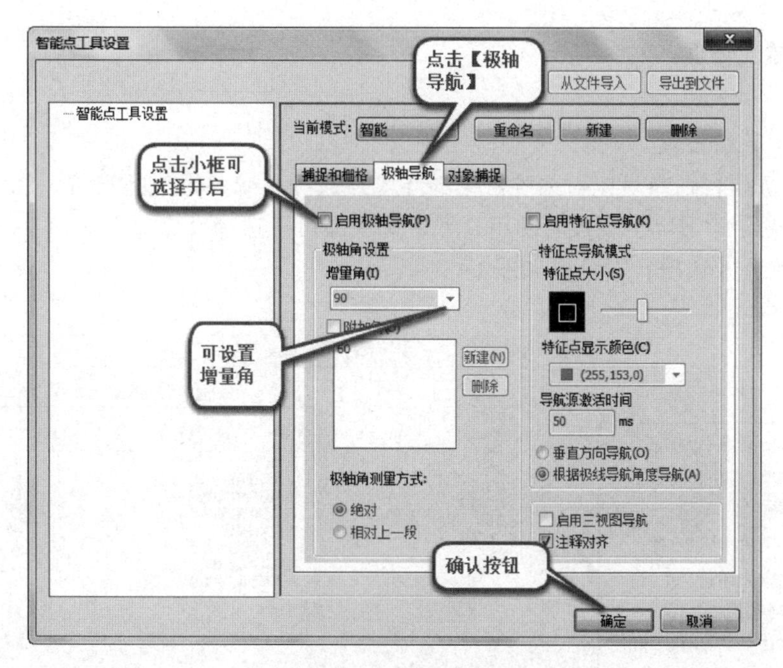

图 1-35　极轴导航设置

④【启用特征点导航】勾选该复选框，特征点导航开启，在拾取点的时候可以捕捉到特征点。

⑤【特征点导航模式】启用特征点导航后，拖动【特征点大小】的滑块可设置特征点大小，点击【特征点显示颜色】列表框可选择特征点的显示颜色，在【导航源激活时间】数值框中可输入导航源的激活时间。用户可以选择是用【垂直方向导航】还是【根据极轴导航角度导航】。

⑥【启用三视图导航】勾选该复选框，启动的三视图导航可帮助用户绘制长对正、高平齐、宽相等的三视图。绘图过程中可通过按功能键“F7”启动【三视图导航】功能。

如图 1-36 所示，要画一条 60°的斜线。打开极轴导航，选择 60°的导航角或者是 30°，导航拾取的角度线是导航角的倍角，所以设置 30°、15°等均可拾取到 60°。当光标移动到 60°方向附近时，屏幕上会显示一条虚点辅助线，说明已经导航到了 60°的方向，单击鼠标左键即可确定 60°的斜线。在打开【动态输入】的情况下还会显示提示框，可在确定完成斜线之前输入线条长度，光标远离此位置时，辅助线消失。

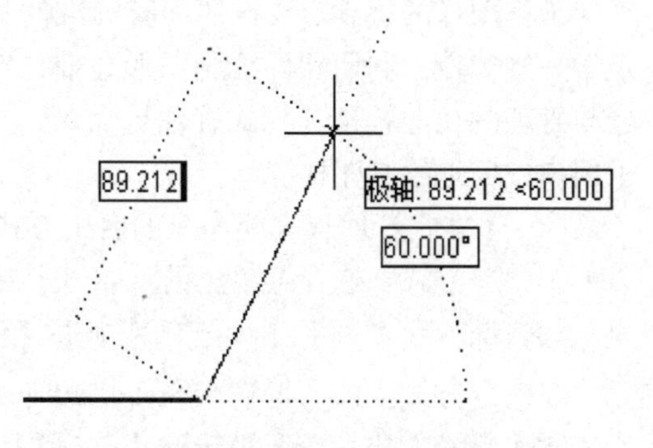

图 1-36　利用极轴导航功能绘制角度线

1.2.9 绘图环境

1.2.9.1 系统设置

通过【选项】命令可以对系统常用的环境参数和系统参数进行设置，以满足不同用户的需要。开始学习电子图板时使用其默认选项即可。选择【菜单】—【工具】—【选项】，打开系统【选项】对话框如图 1-37 所示。

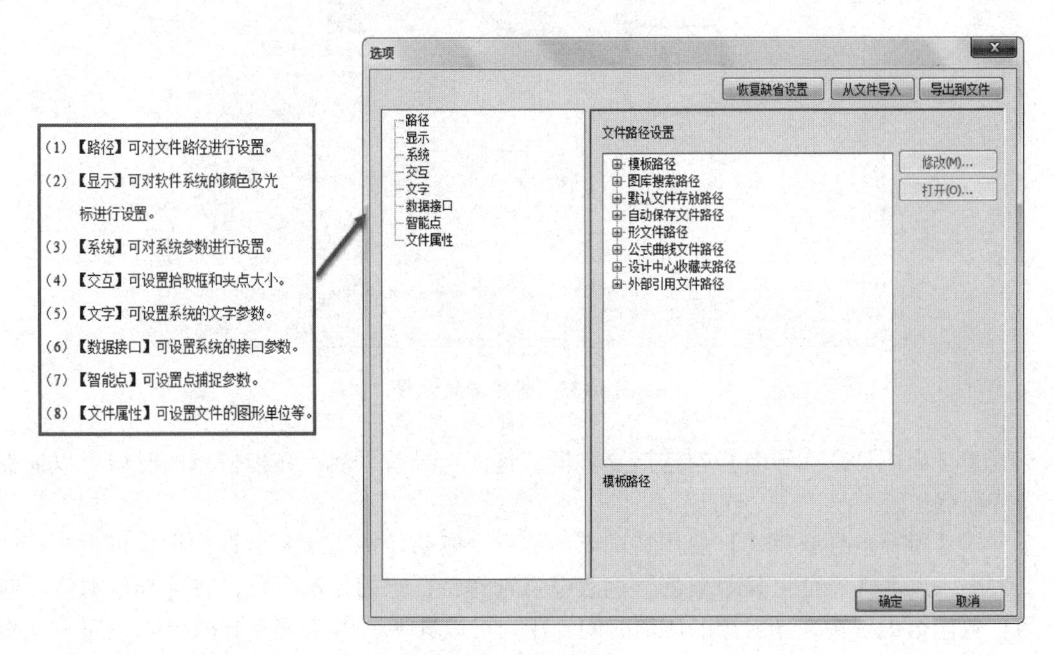

图 1-37　选项对话框

1.2.9.2 样式管理

工程图样的绘制需要按照国家标准的规定来绘制，有时行业和企业也会对图样的制定做一些规范，利用软件绘制图形之前，对图层、线型、标注样式、文字样式等进行设置与管理的功能就是【样式管理】命令。电子图板对样式的模式做了统一的管理，方便了用户快捷地绘制图样。

(1)【样式管理】功能命令的启用方式

①菜单方式：选择菜单里的【格式】—【样式管理】。

②图标方式：点击【常用】选项卡【标注】面板上的图标。

③命令方式：命令行输入 Style 或 Type 或 ST。

④快捷键方式：按下快捷键【Ctrl+T】。

(2)【样式管理】设置

启动【样式管理】命令后，系统会弹出【样式管理】对话框，可以设置各种样式的参数，对样式进行管理操作。各种参数公共的操作包括新建样式、设为当前、删除样式、

过滤、导入、合并、导出和样式替代。对话框中左侧显示可以管理的样式，单击【+】可以展开某类样式，然后单击其中的某种样式，在右侧的样式属性框中显示样式信息，可以对这些样式信息进行修改，然后单击【确定】按钮，修改的样式生效。

（3）新建样式

样式管理有许多的共性操作，以新建图层样式为例，介绍一些基本的操作方法，但是电子图板 2018 的自动分层功能，可以将不同的对象自动放入不同的层中，如尺寸线自动放入尺寸线层，剖面线自动放入剖面线层等，极大地提高了绘图效率，只有在系统提供的图层和线型不能满足需要时，才需要用户设置。如果需要新建一个图层样式，操作如图 1-38 所示。

在【新建风格】对话框中可以在【风格名称】文本框中输入新建风格的名称，应注意风格名称不得与已有风格名称相同，每种样式项目内不得有重名风格。

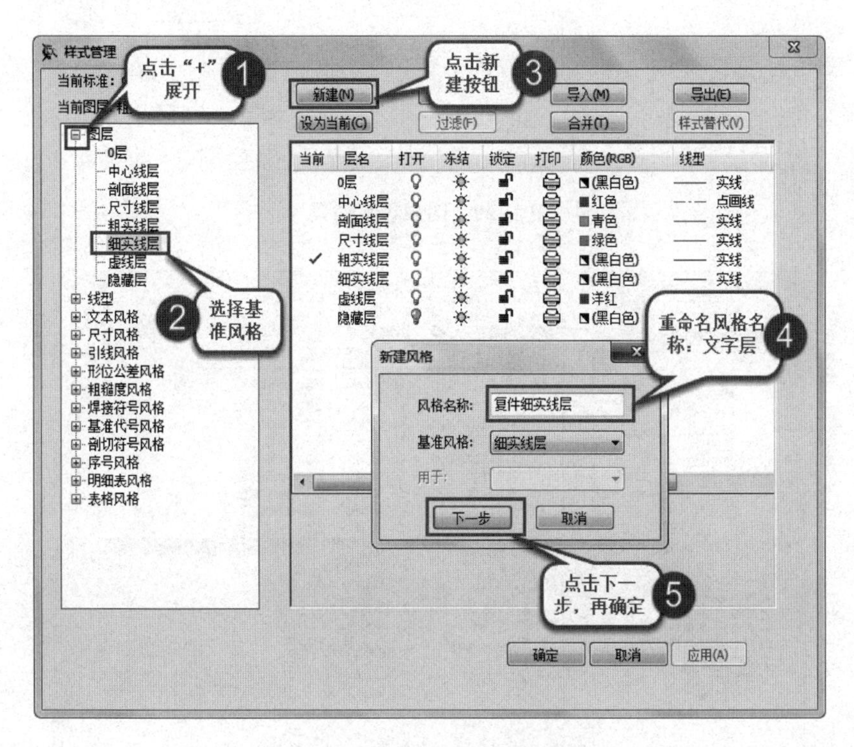

图 1-38　新建图层样式对话框

在【基准风格】下拉列表中显示当前已有的风格，可从中选择新建风格的数据以哪个已有风格为基准。新建好后可对相应参数进行修改，如图 1-39 所示。

（4）设为当前

选中需要样式，选中后呈蓝色条，单击【设为当前】按钮，再确认。或者单击右键设为【当前风格】，如图 1-40 所示。

（5）删除样式

选中需要删除的风格，选中后呈蓝色条，单击【删除】按钮，再确认。电子图板的默认风格是当前风格，在绘图中被对象或其他风格引用的风格不能被删除，若删除这些

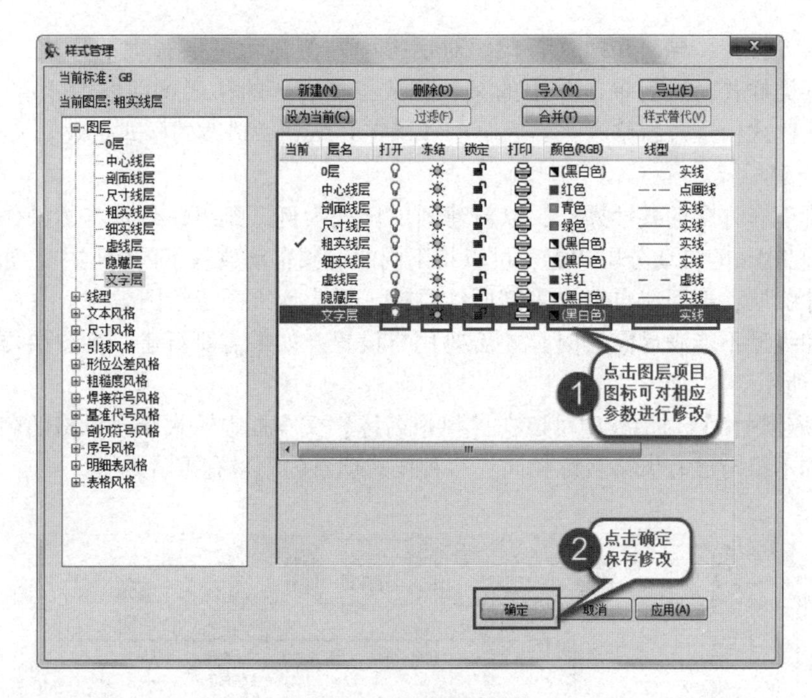

图 1-39　图层参数设置

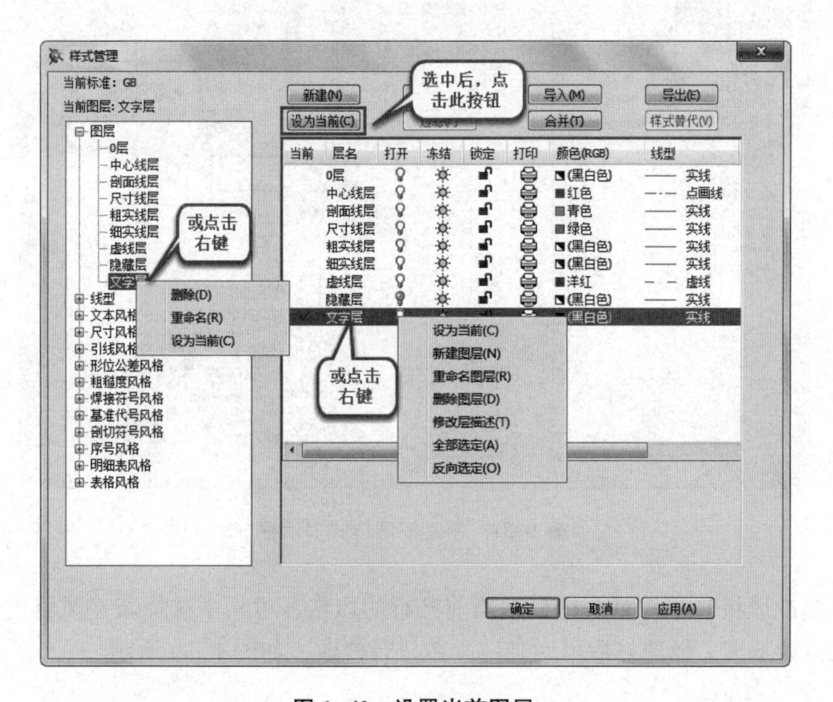

图 1-40　设置当前图层

风格，电子图板会弹出相应的无法删除的提示对话框。

（6）导出样式

通过【导出】功能可以将当前系统中的风格导出为模板文件或图纸文件。单击【导出】按钮，弹出【导出样式】对话框，输入文件名，单击【保存】按钮将保存一个包含

当前风格与设置的空白文档，以后即可采用保存的风格进行绘图。

（7）导入样式

通过【导入】功能可以将已经保存的模板或图纸文件中的风格导入到当前的图纸中。单击【导入】按钮将弹出如图 1-41 所示的对话框。

勾选【覆盖同名样式】复选框，导入样式时如有同名样式则以导入文件为准，否则导入样式时如有同名样式则不作处理，以当前文档中的样式为准。选择完毕后单击【打开】按钮完成风格导入。

图 1-41　导入样式对话框

（8）过滤样式

选中风格类型，如【尺寸风格】，单击【过滤】按钮将系统中未被引用的样式过滤出来。

（9）合并样式

选择一种样式后单击【合并按钮】，弹出如图 1-42 所示的对话框。在【原始风格】列表框中选中一种风格，在【合并到】列表框中选中一种风格，单击【合并】按钮，原来使用样式的对象将改为新使用样式。

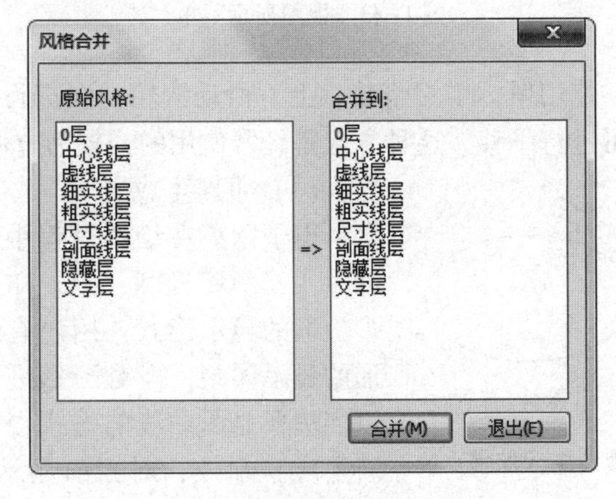

图 1-42　合并样式对话框

1.2.10 视图显示

● 视图显示控制

受到绘图区屏幕大小的限制，对于复杂图形，很难清楚地显示出全部图形和图形细节，通过电子图板的视图显示控制命令，可以动态地显示图形不同的部位和不同的细节，还能规定显示的位置、比例和范围等条件。视图显示控制的图形缩放等功能，只是视觉上的显示变化，图形实际的大小没有发生变化。命令操作方式主要有：

①通过菜单方式：选择【菜单】—【视图】。

②功能面板方式：选择功能区【视图】—【显示】，在功能面板中均有显示控制命令图标，图 1-43 所示为【视图】选项卡【显示】面板上的显示工具。

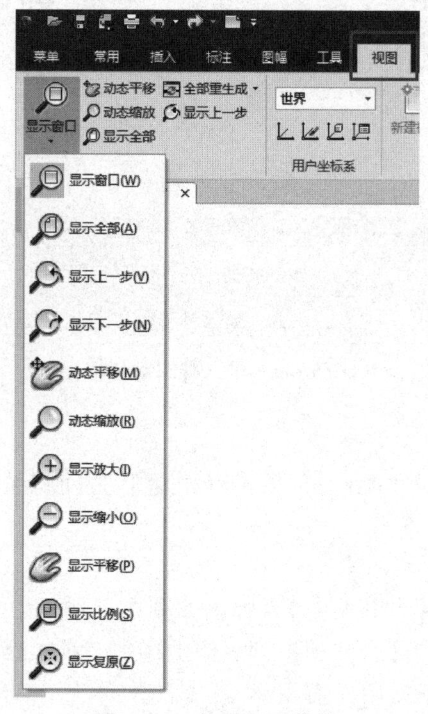

图 1-43　视图显示菜单

③使用鼠标方式：使用鼠标中键滚轮，上下滑动滚轮视图进行动态缩放；按住滚轮不动，移动鼠标视图可进行平移。这种方式是经常使用的，较为方便快捷。

（1）重新生成

电子图板在绘图过程中，由于系统的显示速度过快，一些椭圆、圆、样条曲线等曲线的呈现多边形的显示形式，用户有时也不易察觉这种图形的显示误差，当对图形进行放大的时候，这种以多边形显示曲线的方式会比较明显。使用【重新生成】命令，对当前显示效果重新生成图形，使显示误差减小，如图 1-44 所示。

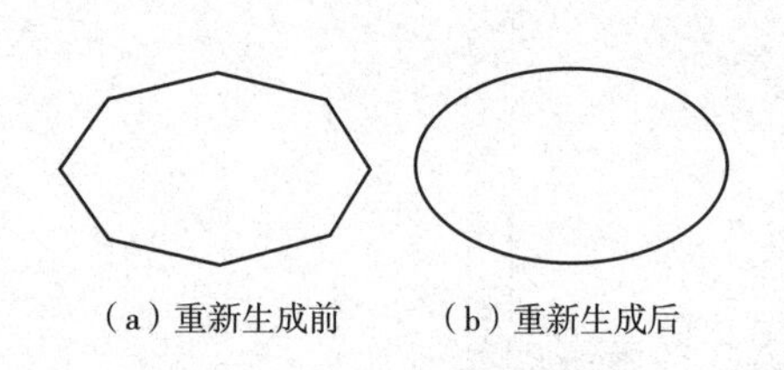

图 1-44　椭圆的重新生成效果

（2）显示窗口

点击【显示窗口】命令，鼠标拖动两个角点形成一个窗口选择模式，系统将两角点之间窗口所包含的图形充满绘图区加以显示，此即显示窗口的功能。窗口选定的对象将被放大显示，窗口的中心即为新的屏幕显示中心。图1-45为窗口显示前后的效果对比。

（3）显示全部

执行【显示全部】命令，将当前绘图区绘制的所有图形全部显示在绘图区内，电子图板系统按尽量将图形充满屏幕。

（4）显示复原

在绘图过程中，经常需要对图形进行各种显示变换，为了返回初始状态，执行该命令后系统立即将屏幕内容恢复到初始显示状态。

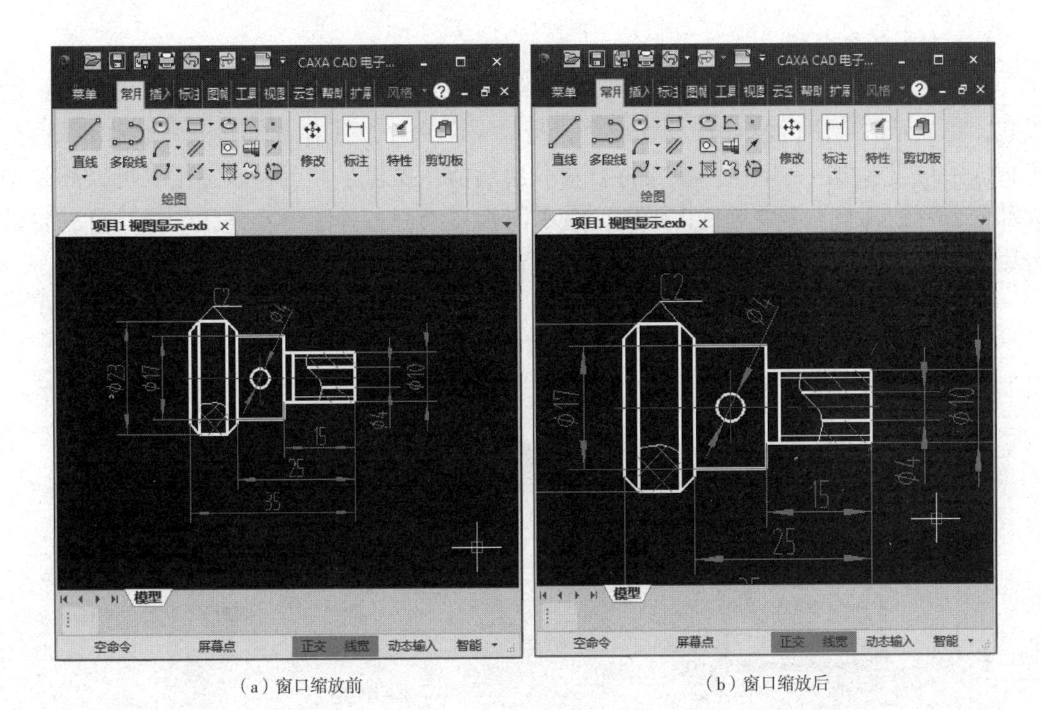

（a）窗口缩放前　　（b）窗口缩放后

图1-45　窗口缩放

1.3　项目实施

1.3.1 任务1　练习CAXA CAD基本操作

1.3.1.1 任务导入

练习打开、新建和保存文件，将显示的绘图区域背景设置为白色，对图层、线型进行颜色等属性设置，见表1-3，把粗实线层设置为当前图层。

表 1-3　设置图层参数

层名	颜色	线型	线宽
中心线层	红色	点画线	细线
剖面线层	青色	实线	细线
尺寸线层	绿色	实线	细线
粗实线层	白色	实线	粗线
细实线层	白色	实线	细线
虚线层	品红	虚线	细线

1.3.1.2 任务分析

从软件的启动到文件的管理操作需要熟练掌握，界面、工具栏等设置可采用默认的模式，将显示的绘图区域背景设置颜色，是对菜单命令、工作界面设置等操作的练习，可根据用户需求更改。电子图板支持自动分层功能，提供了 8 个默认图层，可以满足绝大部分需要，几乎不需要进行再设置。电子图板在绘制各种图形及标注尺寸时可以自动分层，减少了创建层和切换当前层的时间，提高了绘图效率。

1.3.1.3 工作步骤

步骤一：双击软件快捷键图标，打开文件，选择默认途径。新建文件，如图 1-46 所示。

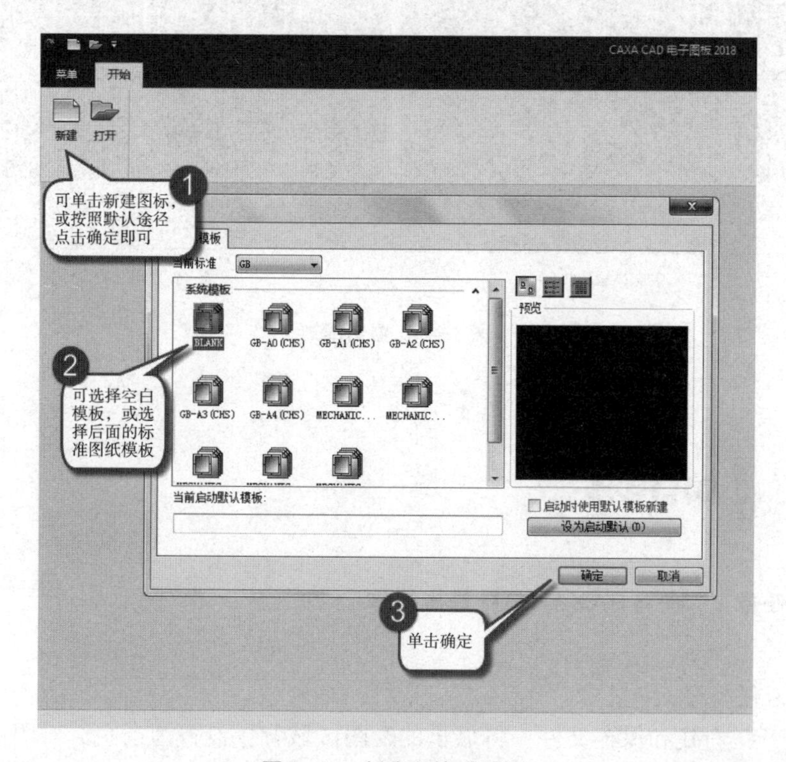

图 1-46　新建文件对话框

步骤二：工作环境设置，改变绘图区显示颜色，如图 1-47 所示。

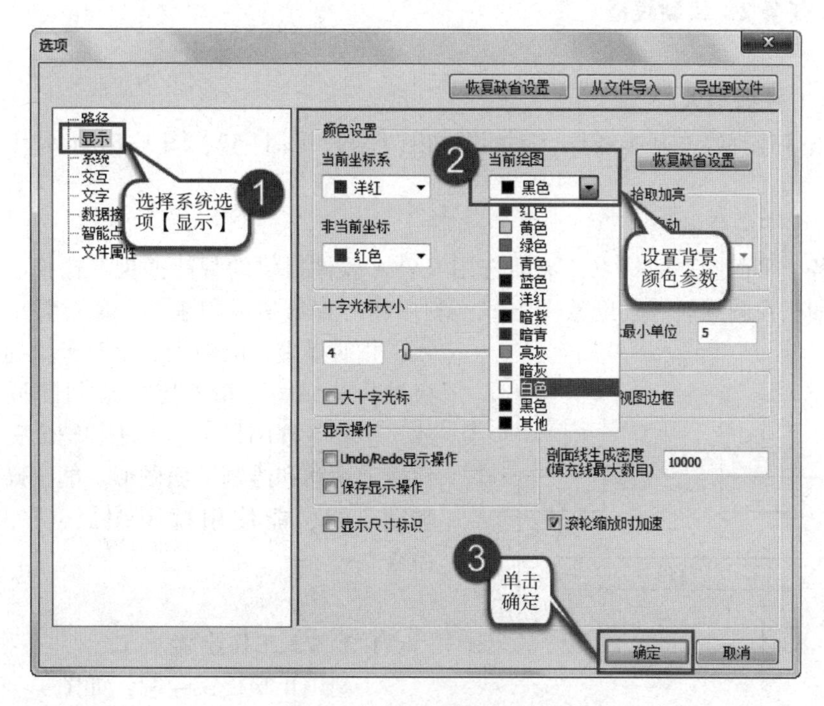

图 1-47　系统设置对话框

步骤三：图层设置，如图 1-48 所示。

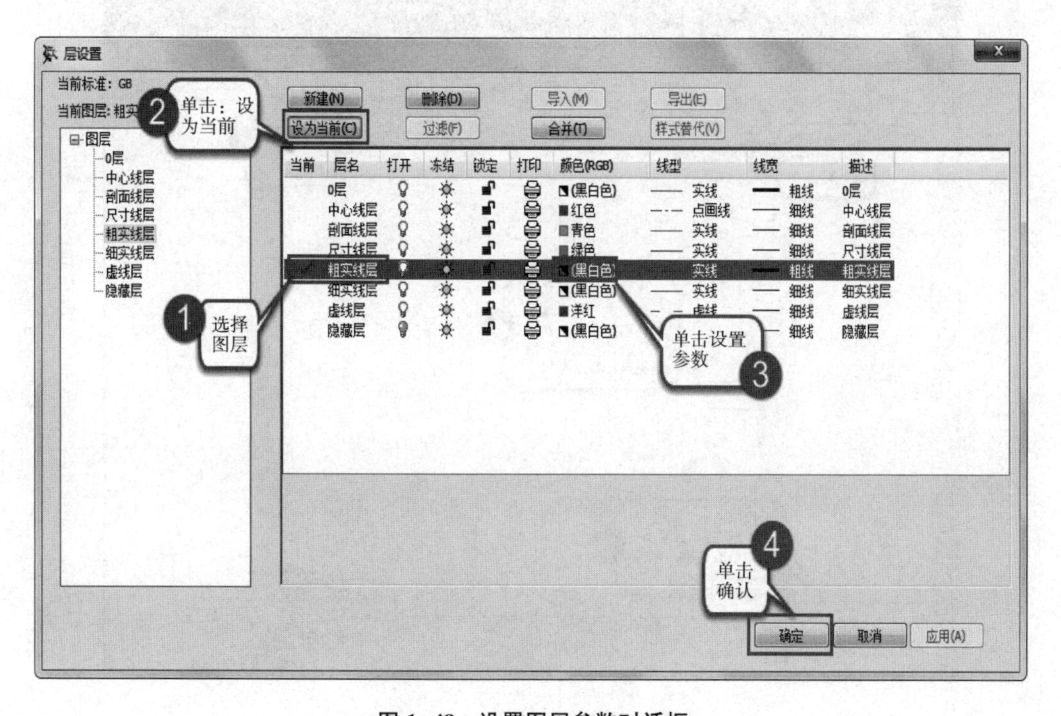

图 1-48　设置图层参数对话框

1.3.2 任务2　绘制线框

1.3.2.1 任务导入

利用精确捕捉绘制基本线框，平面图如图 1-49、图 1-52、图 1-57 所示。

1.3.2.2 任务分析

分析各个平面图形的特点，灵活选用 CAXA 软件提供的智能捕捉、栅格、导航、正交、极轴和三视图导航等辅助绘图方式，利用相对直角坐标的输入、绝对直角坐标的输入、相对极坐标的输入、绝对极坐标的输入和极轴的坐标输入精确定位绘制图形，采用缩放、平移等视图显示的方法和辅助工具，高效快捷地观察和绘制平面图形。能正确使用绘图辅助工具，能使用视图缩放、平移等显示命令。

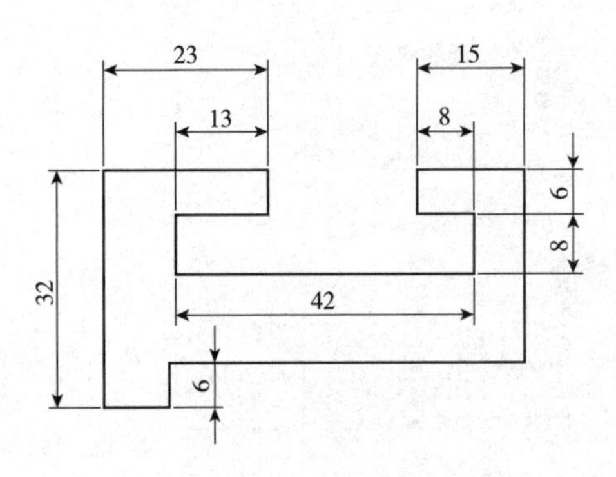

图 1-49　任务图

1.3.2.3 工作步骤

①利用正交模式绘制，如图 1-49 所示。

步骤一：开启正交模式，绘制直线，如图 1-50所示。

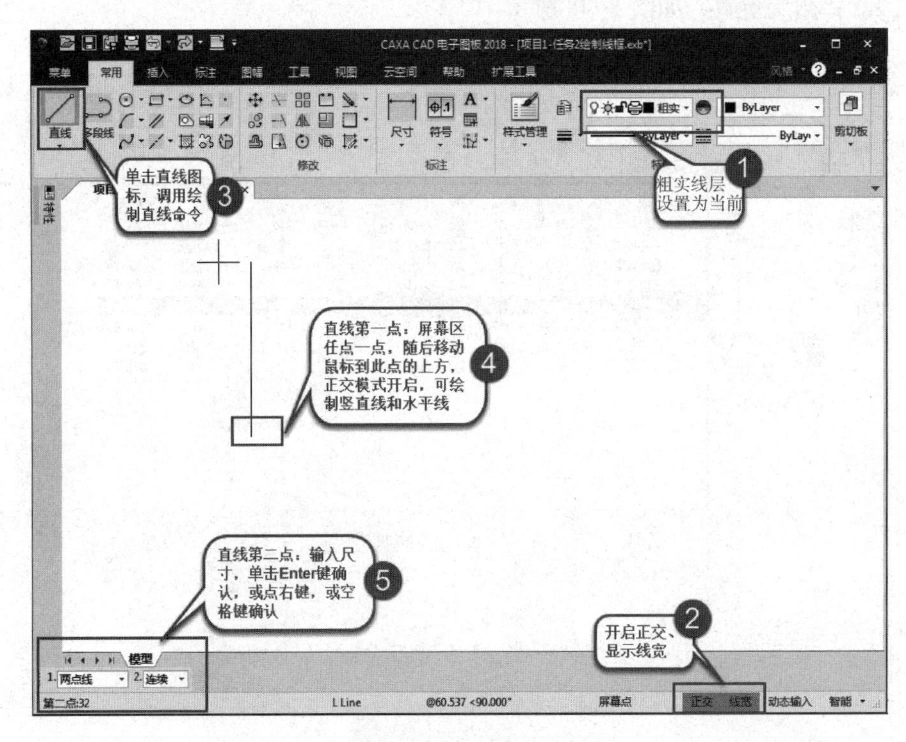

图 1-50　绘制直线

步骤二：连续依次绘制水平、竖直线条，绘制完成线框，如图 1–51 所示。

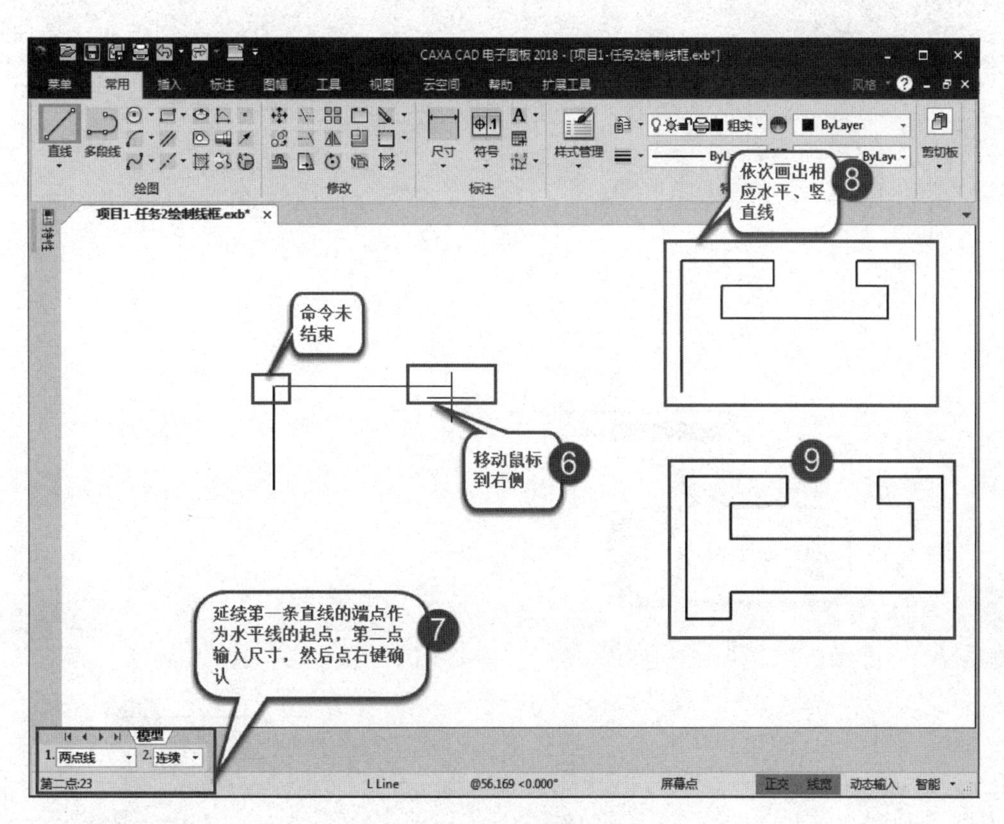

图 1–51　绘制线框

②利用极轴追踪绘制，如图 1–52 所示。

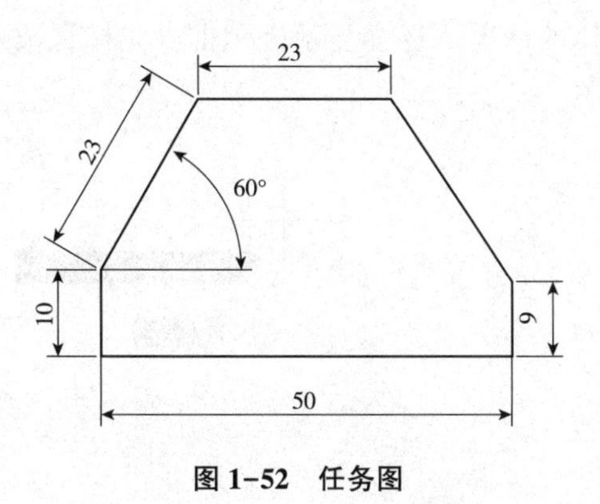

图 1–52　任务图

步骤一：要画一条 60°，长 23 的斜线，可以有两种方法：第一种方法是采用输入端点的相对坐标绘制斜线，如图 1–53 所示。

第二种方法利用极轴导航，选择 60°的导航角，当光标移动到 60°方向附近时，屏幕上显示一条虚点辅助线，说明已经导航到了 60°的方向，单击鼠标左键即可确定 60°的斜

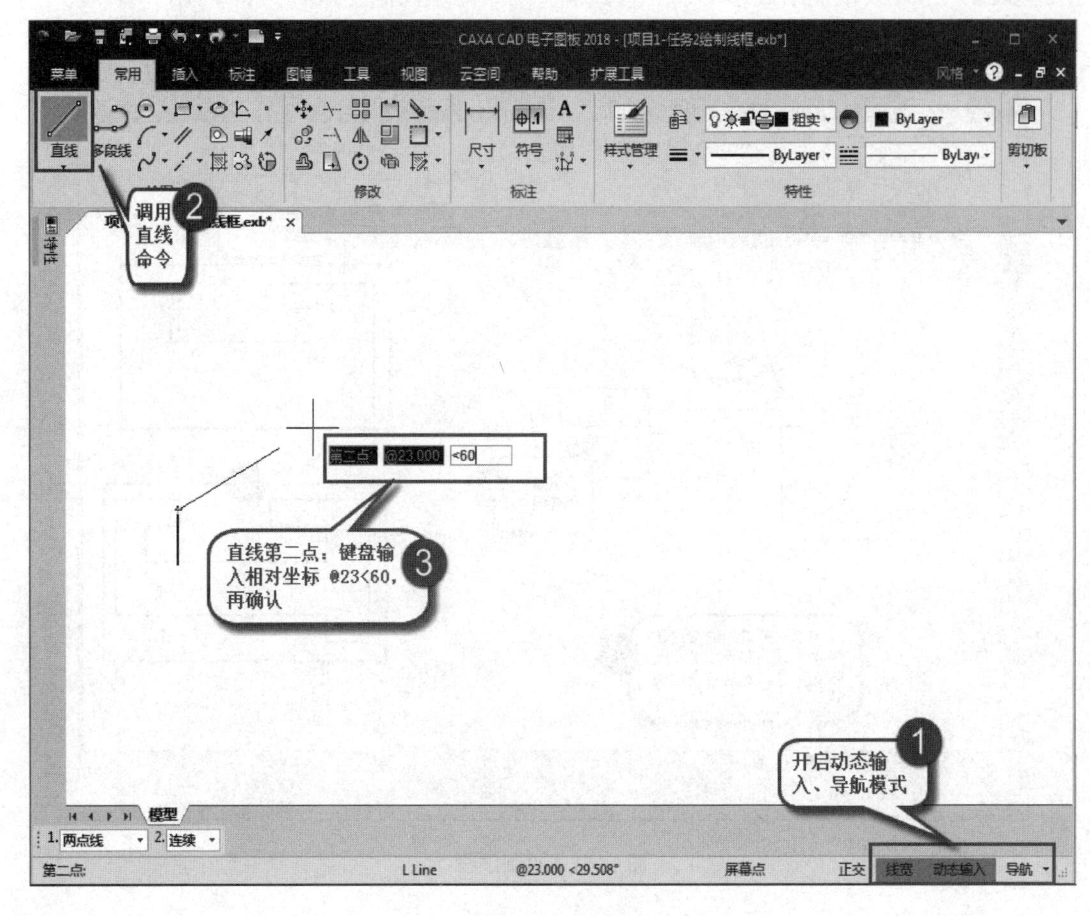

图 1-53　绘制斜线

线。在打开【动态输入】的情况下还会显示提示框，光标远离此位置时，辅助线消失，如图 1-54 和图 1-55 所示。

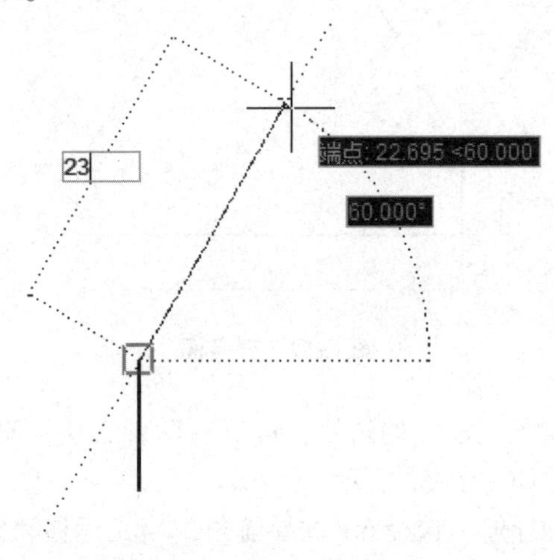

图 1-54　导航绘制斜线

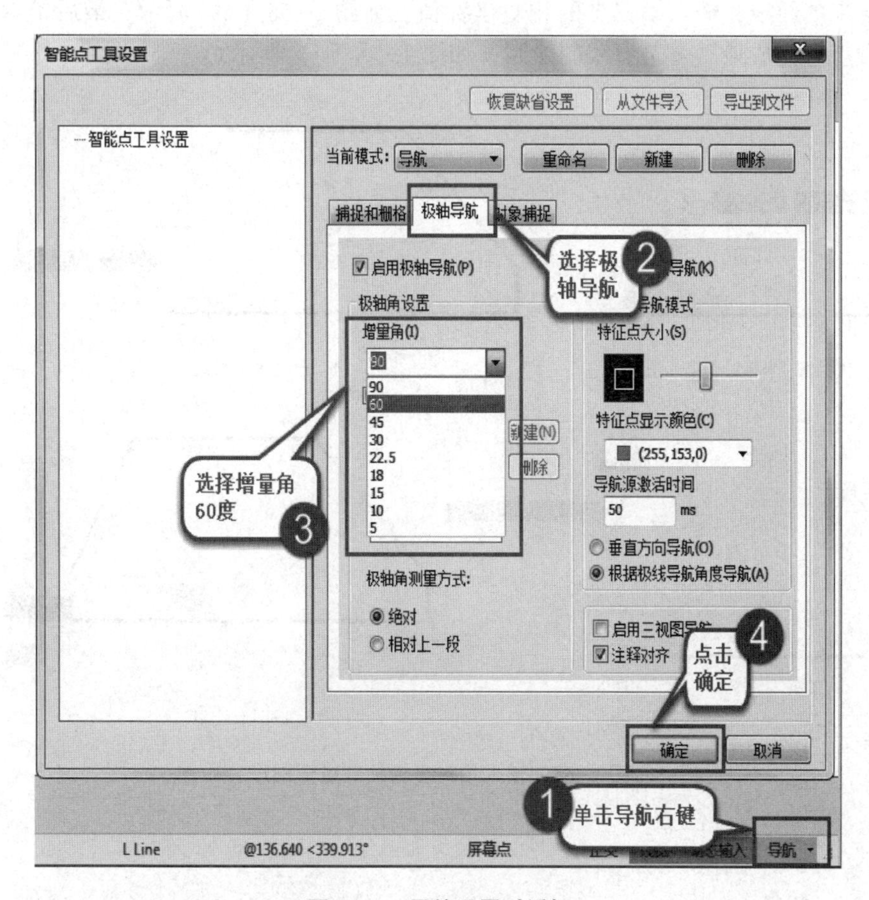

图 1-55 导航设置对话框

步骤二：依次绘制出其余线条，最后一条直线的终点可用对象捕捉到线框的端点绘制，如图 1-56 所示。

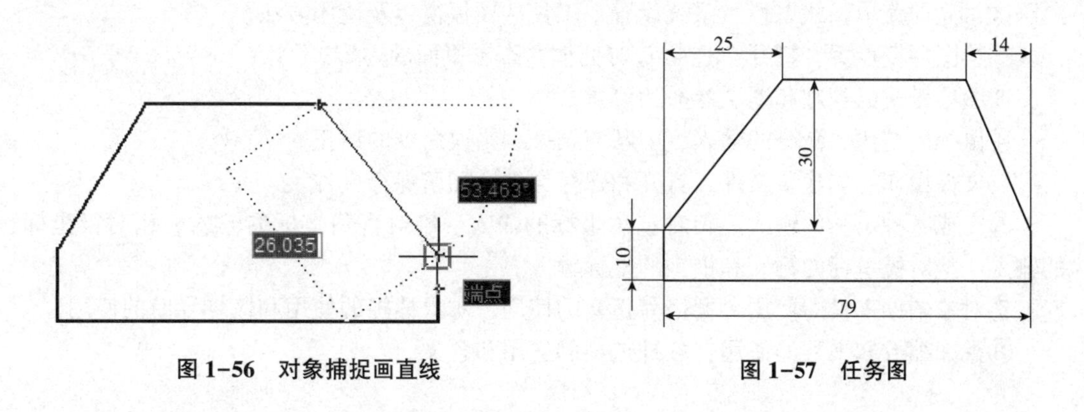

图 1-56 对象捕捉画直线　　　　图 1-57 任务图

③输入相对坐标、直线绘制，如图 1-57 所示。

绘制已知的水平和竖直线，根据给定端点和端点的相对坐标值绘制斜线，如图 1-58（a）所示。打开极轴追踪模式，绘制水平线，输入直线长度，如图 1-58（b）所示。

接下来的斜线，输入第二点的相对坐标值，如图 1-58（c）所示。最后拾取底边水平线的端点，完成最后一条直线的绘制，如图 1-58（d）所示。

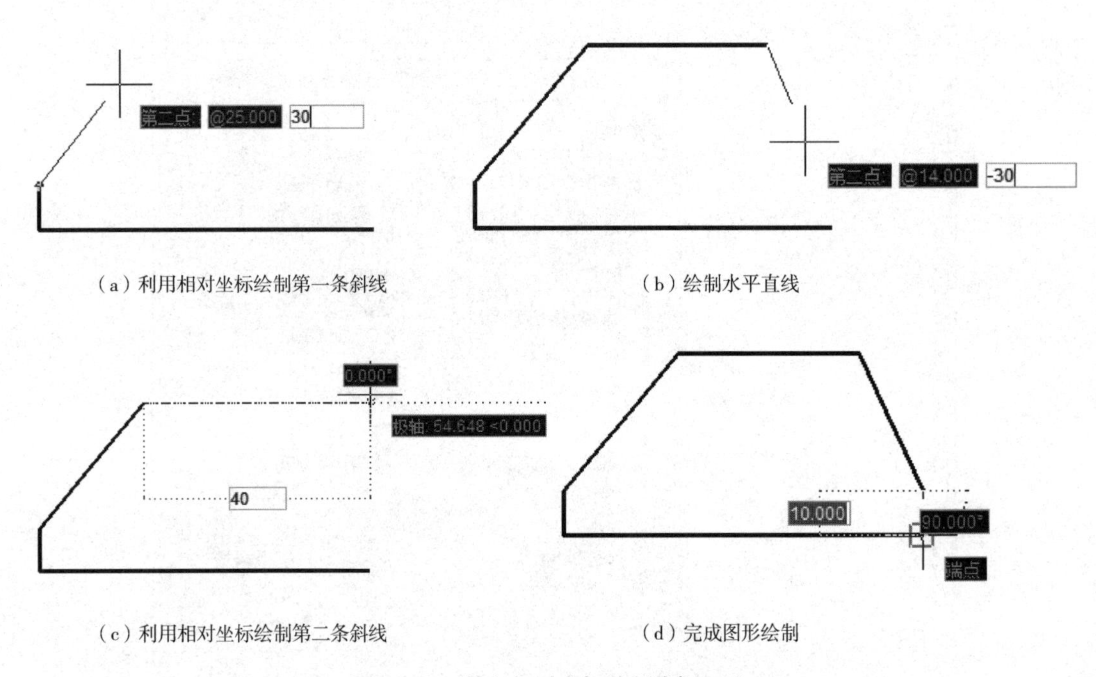

（a）利用相对坐标绘制第一条斜线　（b）绘制水平直线

（c）利用相对坐标绘制第二条斜线　（d）完成图形绘制

图 1-58　输入相对坐标绘制线框图形

1.4 项目总结

本项目主要介绍的内容包括：

①启动软件，熟悉工作界面、标题栏、菜单栏、快速启动工具栏、绘图功能面板、绘图区、立即菜单、状态栏、系统设置、工具选项板窗口及使用方法。

②绘图环境设置，打开“选项”对话框并查看里面的内容。

③图层样式的管理和图层参数的设置。

④鼠标的使用、命令的输入、中断与结束和错误命令的纠正。

⑤文件操作、创建新文件、打开和保存文件及加密保存文件。

⑥完成各种坐标的输入。相对直角坐标的输入、绝对直角坐标的输入、相对极坐标的输入、绝对极坐标的输入和极轴的坐标输入。

⑦对象辅助工具的使用、栅格和正交的使用、对象捕捉的使用和极轴导航的使用。

⑧视图缩放和平移的使用，各种选项的选用和含义。

1.5 实战训练与考评

■ *Ex*❶：启动软件，新建 CAXA 文件，利用极轴追踪，也可用正交模式绘制平面

图形，如图 1－59 和图 1－60 所示图形，绘制完图形进行文件的保存。技能考评要求见表 1-4。

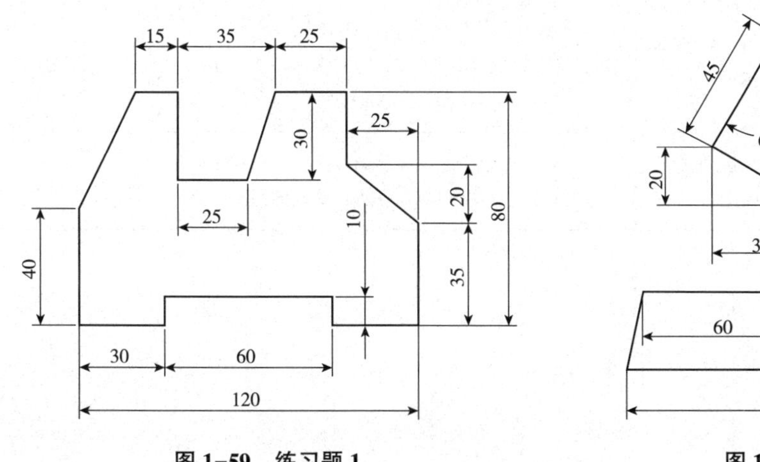

图 1-59　练习题 1　　　图 1-60　练习题 2

表 1-4　　软件基本操作训练技能考评表

实训作业任务序次	实训作业任务主要内容	关键能力与技术检测点	检测结果	评分
1	完成图 1-59、图 1-60 所示的平面图形	思维能力、分析能力和绘图技能；启动软件，文件管理，正交模式绘制直线，极轴追踪，极轴导航，对象捕捉，点的绝对坐标、相对坐标		
2	运用不同方法绘制直线和斜线	创新能力、思维能力和绘图技能；状态栏的设置，辅助对象捕捉，按照图形尺寸和位置关系进行图形的精确绘制		

■*Ex*❷：启动软件，新建 CAXA 文件，用对象捕捉及极轴追踪绘制如图 1-61 所示图框、标题栏，绘制完图形进行文件的保存。技能考评要求见表 1-5。

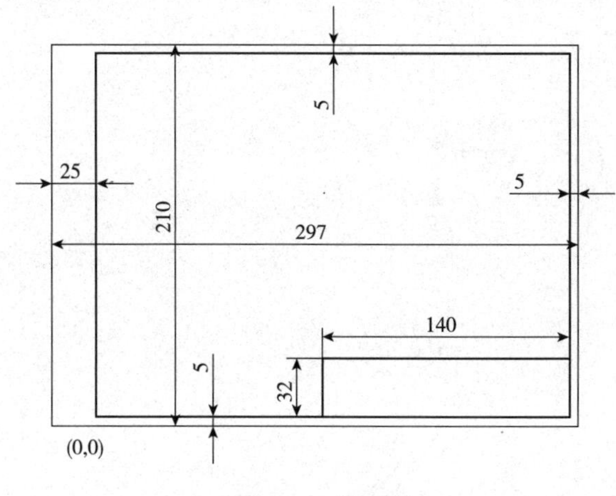

图 1-61　练习题

表 1-5　　软件基本操作训练技能考评表

实训作业任务序次	实训作业任务主要内容	关键能力与技术检测点	检测结果	评分
1	完成图 1-61 所示的平面图形	思维能力、分析能力和绘图技能；文件管理、线型管理、图层管理、绝对坐标输入、相对坐标输入、对象捕捉及极轴追踪		
2	灵活地切换捕捉方式，精确绘图	创新能力、思维能力和绘图技能；灵活应用对象捕捉方式，捕捉对象，进行精确的绘图		

项目 2

绘制基本图形

2.1 项目导读

（1）项目摘要

无论多么复杂的工程图纸都是由一些简单的直线、圆、圆弧等几何元素组成的。通过本项目的学习，会灵活应用基本的绘图命名绘制各种平面图形，从而为今后绘制各种复杂的工程图纸打下基础。本项目将学习各类图形绘制命令的使用，CAXA 电子图板 2018 的绘图功能全部安排在【绘图】菜单和【常用】选项卡的【基本绘图】功能区面板下，如图 2-1 所示。

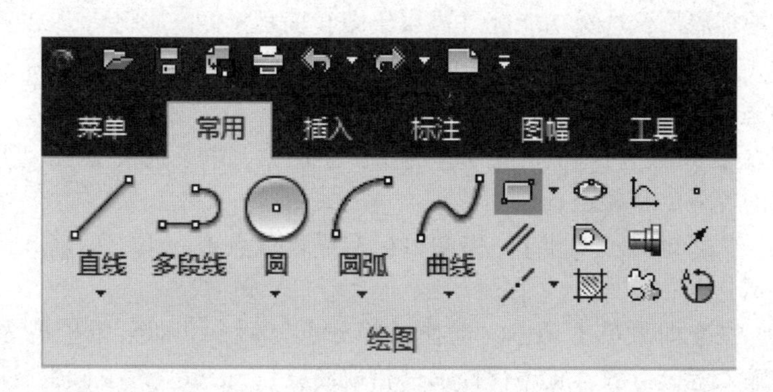

图 2-1　绘图面板

（2）学习目标

熟悉和掌握基本图形绘制的各命令的操作，能够熟练地绘制各种基本图形；通过分析和思考，运用各图形绘制命令，完成平面图形的绘制。

（3）知识目标

基本曲线的绘制：点、直线、多段线、中心轴线、多边形、圆、圆弧、椭圆等；高级曲线的绘制：样条曲线、波浪线、双折线、平行线、齿形等；其他的图形绘制：局部放大、轴/孔、图案填充等。

（4）能力目标

掌握点、线段、各类曲线、圆及圆弧、局部放大、轴/孔、图案填充等绘制基本图形的命令的操作方法；能够分析基本图形的特点，选择合适的命令操作，灵活地应用这些基本图形绘制命令，高效正确地完成各类平面图形的绘制的能力。

(5) 素质目标

增强学生主动思考问题的能力，形成能够运用所学知识解决实际问题的不怕困难、勇于探索的工程素质。

2.2 知识技能链接

2.2.1 点、直线和多段线

2.2.1.1 绘制点

点可以作为一个独立的对象进行绘制。与绘制其他图形过程中出现的点不同，例如构造直线、圆的点表示的是对象上的某个坐标位置，此处说的点是如同直线、圆、圆弧一样是独立的具有自身特性的对象，可以被编辑修改，也可以进行复制、移动、删除等操作。

(1) 点的命令启用方式

①菜单启用：选择菜单里的【绘图】—【点】。

②功能区图标启用：选择功能区【高级绘图】面板上的 图标。

③命令方式：命令行输入 Point 或 Po。

(2) 绘制点执行操作

启动绘制点命令后，可在立即菜单进行选择子命令，电子图板 2018 可以绘制单个的孤立点、曲线的等分点和等距点。

①孤立点：状态行提示【点】，移动鼠标在屏幕里点击一下，即输入了一个点的坐标，也绘制了孤立点。

②等分点：在立即菜单 1 项中，选择【等分点】后，立即菜单扩展为图 2-2 的样式，在 2 项中输入等分份数，状态行提示【拾取曲线】，拾取直线、圆弧、圆等曲线即可等分这些曲线。

1. 等分点 ▾ 2. 等分数 3

图 2-2　等分点的立即菜单

③等距点：在立即菜单 1 项中选择【等距点】后，立即菜单如图 2-3 所示。立即菜单可选择切换弧长的确定方式以及等分的份数。等距点绘制确定弧长有两种方式：两点确定弧长和指定弧长。

④两点确定弧长：拾取曲线上的任意两点，以两点之间的长度作为每一份的长度。立即菜单如图 2-3 (a) 所示，选择后状态行依次提示如下：

【拾取曲线】单击鼠标左键拾取要等分的曲线。

【拾取起点】单击鼠标左键拾取曲线上的点为起点。

【选取等弧长点（弧长）】鼠标左键点击除了起点外的曲线上的任意一点，起点和新拾取点之间的长度即为等分弧长，系统按此弧长距离对曲线进行等分。

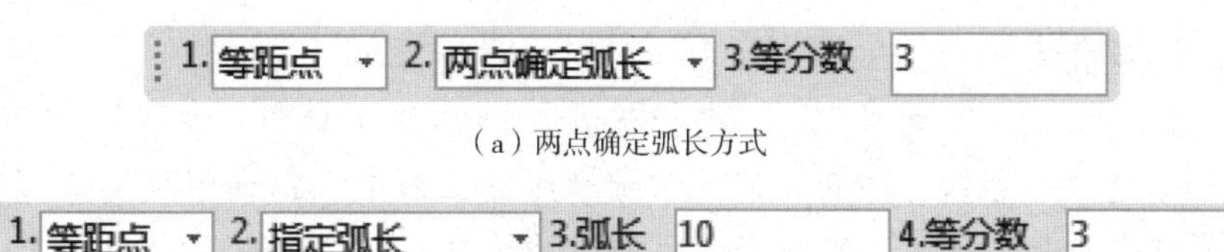

（a）两点确定弧长方式

（b）指定弧长方式

图 2-3　绘制等距点的立即菜单

⑤指定弧长：立即菜单如图 2-3（b）所示，在立即菜单中输入弧长，输入等分份数，状态行依次提示：

【拾取曲线】单击鼠标左键拾取要等分的曲线。

【拾取起始点】鼠标左键在曲线上任意一点单击，选取的点作为起始点。

【选取方向】拾取起始点显示为双向蓝色箭头，鼠标单击在需要等分的一侧箭头上，完成曲线的等分绘制。等分点和等距点的绘制效果如图 2-4 所示。

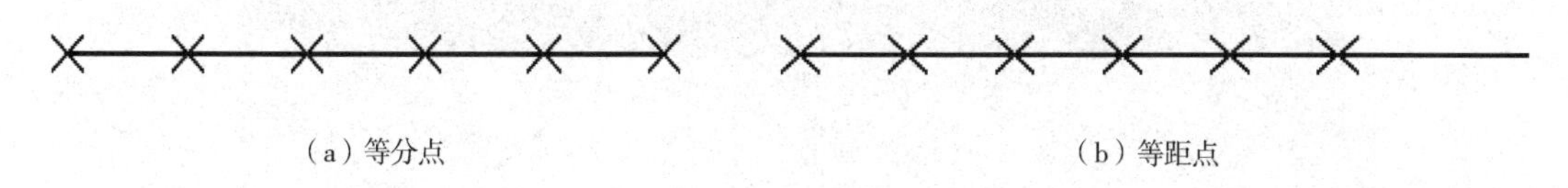

（a）等分点　　　　（b）等距点

图 2-4　绘制点

2. 2. 1. 2 点的大小和样式的设置

绘制的点，默认是一个小圆点，用户在屏幕上很难辨认，需要改变点的大小和形状，才能辨识。可通过【点样式】命令设置和管理点的大小和形状，启动方式如下：

①菜单方式：选择菜单里的【格式】—【点样式】。

②功能区图标：点击在功能区【工具】选项卡【选项】面板上的图标。

③命令方式：命令行输入 DdpType。启用设置【点样式】后，系统弹出如图 2-5 所示的【点样式】对话框，可选择点的形状样式，设置点的大小，单击【确定】，当前图形中所有点的样式将改变成以上指定的样式。

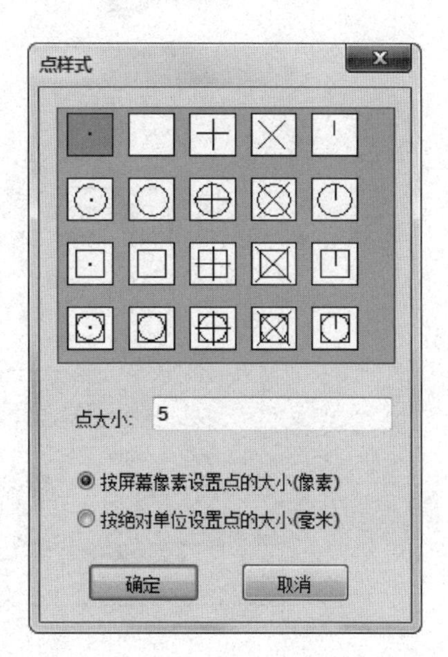

图 2-5　点样式对话框

在【点样式】对话框中设置点的大小时，若点选了【按屏幕像素设置点的大小（像素）】，点的大小是相对于屏幕的，图形的缩放不会改变点的大小；若点选了【按绝对单位设置点的大小（毫米）】，点的大小是点的实际大小，所以当图形缩放改变大小时，点的大小会随之发生变化。

2.2.1.3 绘制直线

直线是构成图形的基本要素之一，电子图板 2018 提供了绘制各种基础、特殊直线的功能。两点可以连成一条线，所有正确、快捷地绘制直线的关键在于点的选择，在项目 1 中，关于精确捕捉点的方式，要熟练灵活地应用于画直线中，在 CAXA 电子图板中选取点时，要充分利用工具点、智能点、导航点、栅格点等功能。点的坐标输入有绝对坐标、相对坐标、直角坐标和极坐标。

（1）直线命令调用方式

①菜单方式：在菜单中选择【绘图】—【直线】。

②功能区图标：选择功能区的【基本绘图】面板上的图标。

③命令方式：命令行输入 Line 或 L。

（2）两点画线

在非正交模式下，通过输入点坐标绘制直线，如图 2-6 所示。

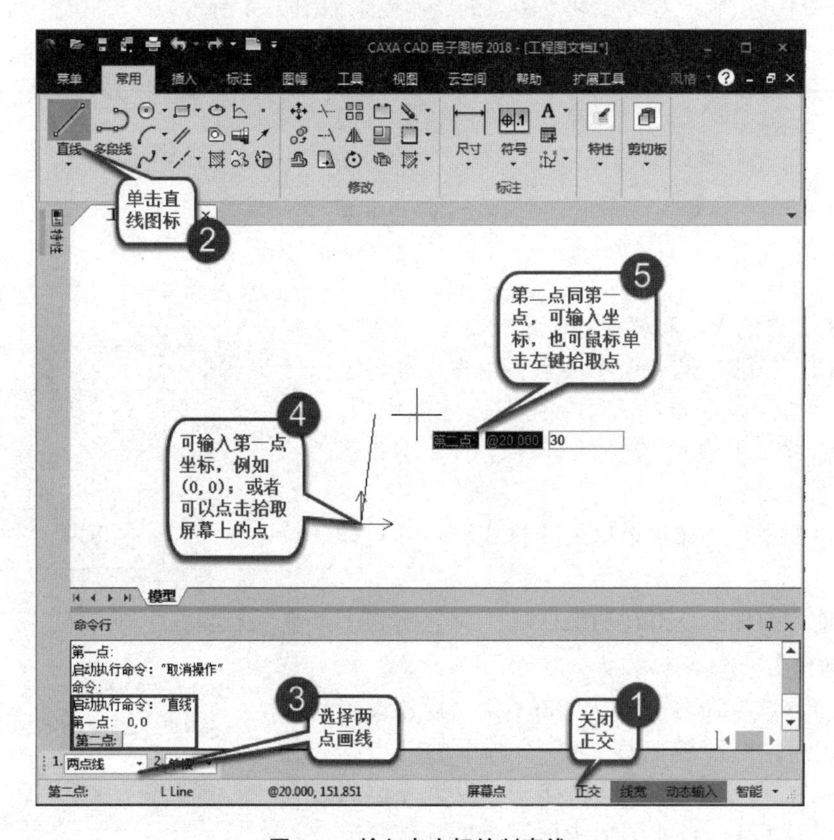

图 2-6 输入点坐标绘制直线

【例2-1】在正交或者极轴追踪模式下，绘制两点直线，如图2-7所示。利用正交模式，绘制长方形，执行过程，如图2-8所示。

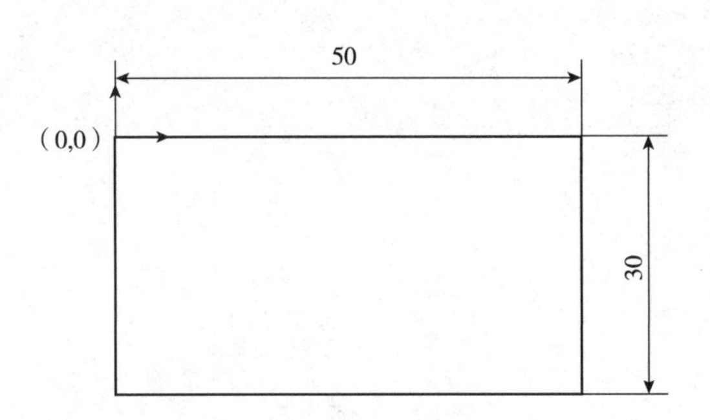

图2-7　绘制直线例图

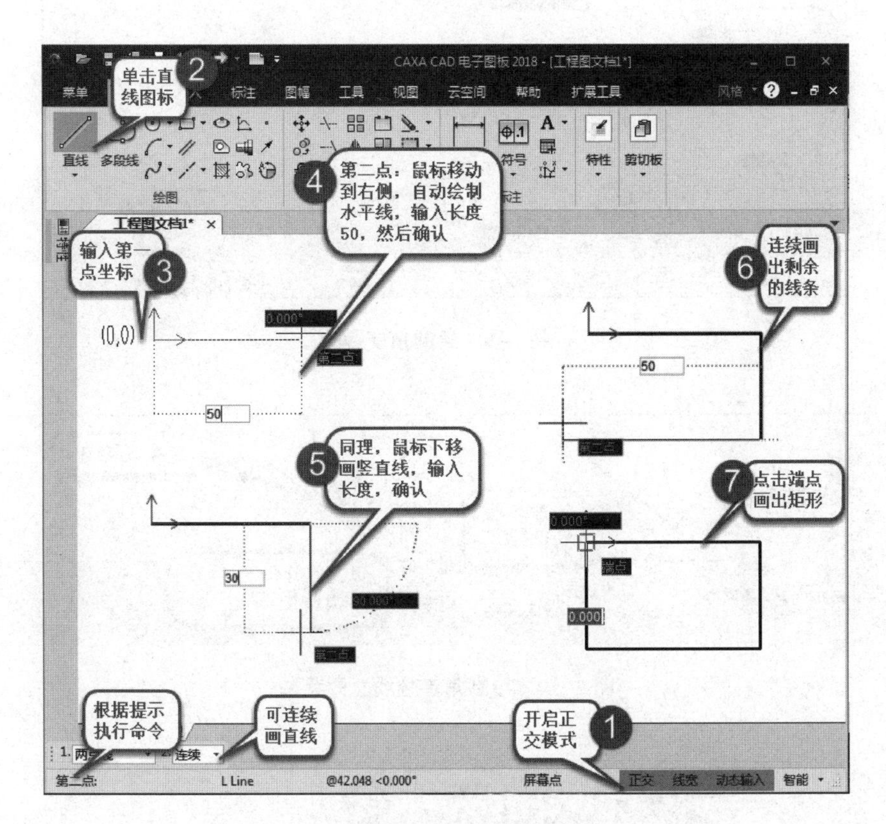

图2-8　绘制直线线框

（3）绘制角度线

命令执行过程，如图2-9所示。

（4）绘制角等分线

启用【直线】命令后，立即菜单第1项选择【角等分线】，设置好立即菜单中的相关参数，完成角等分线的绘制，如图2-10所示。

（5）绘制切线

通过设置对象捕捉，绘制切线，如图2-11所示。

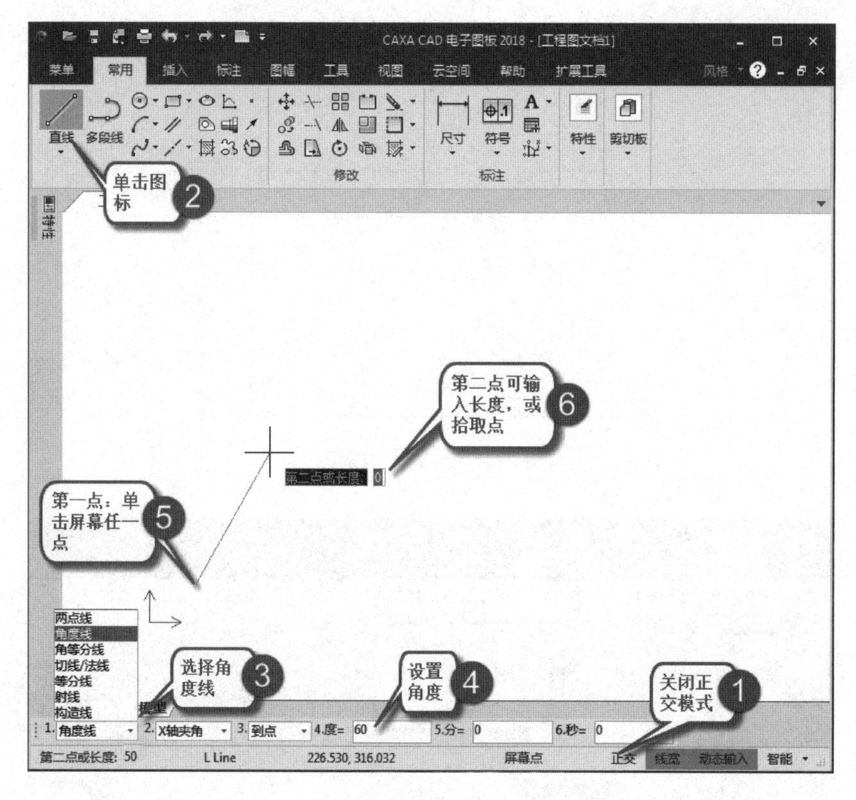

图 2-9 绘制角度线

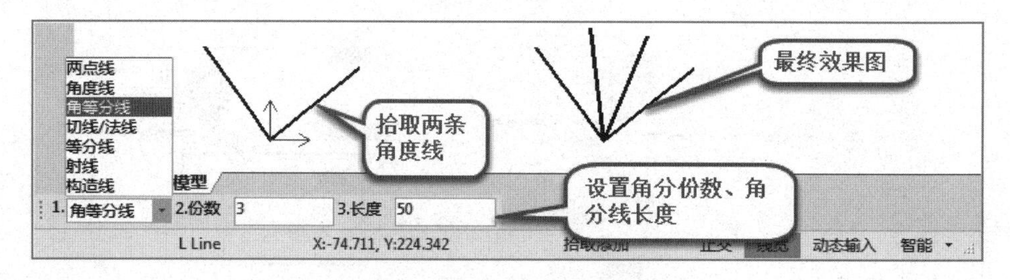

图 2-10 绘制角等分线立即菜单

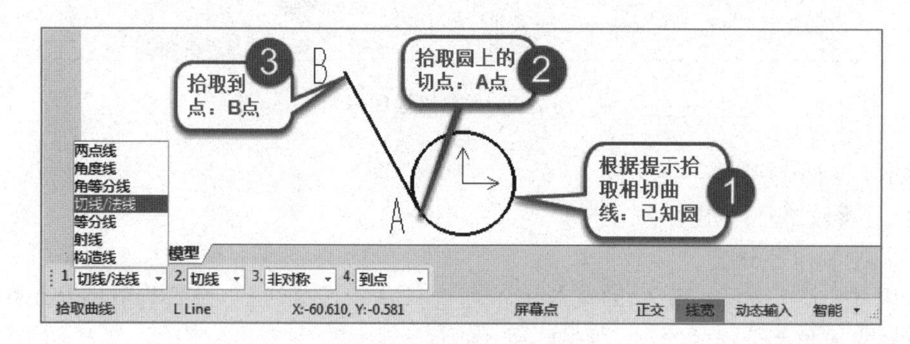

图 2-11 绘制切线立即菜单

（6）绘制平行线

通过两点方式绘制平行线，如图 2–12 所示。

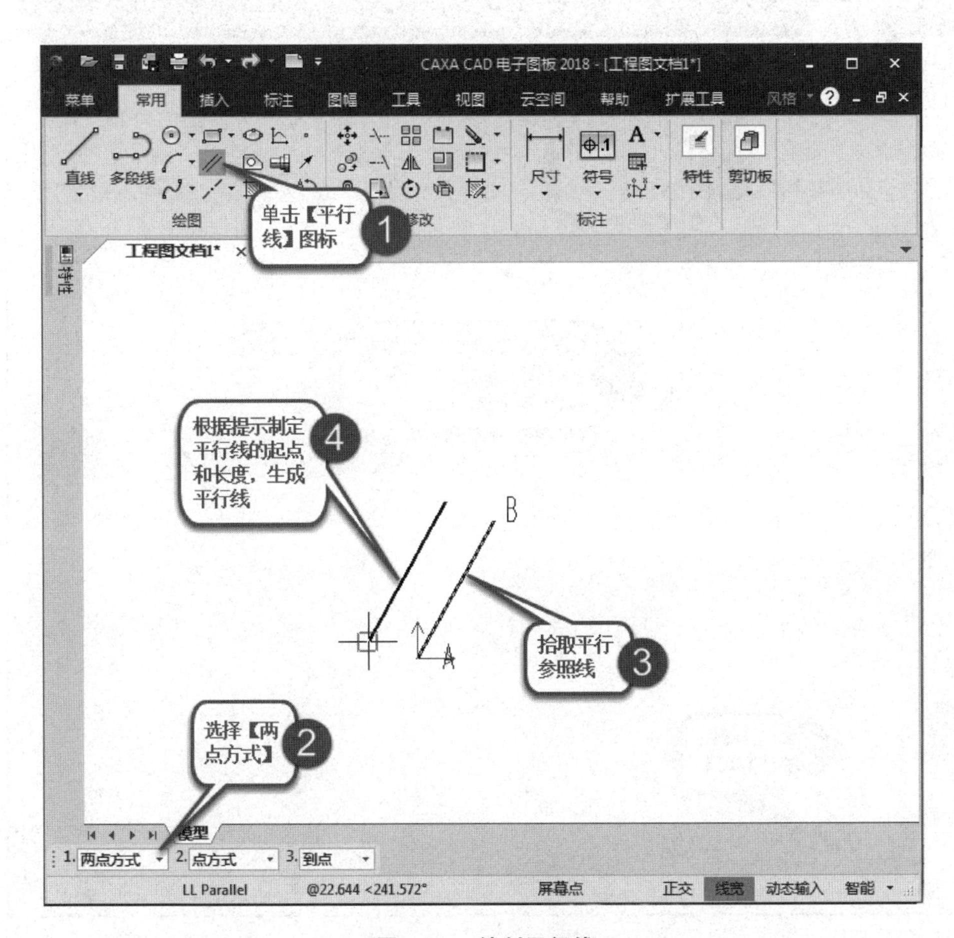

图 2–12　绘制平行线

启用【平行线】后，采用【两点方式】绘制平行线的立即菜单，如图 2–13 所示。

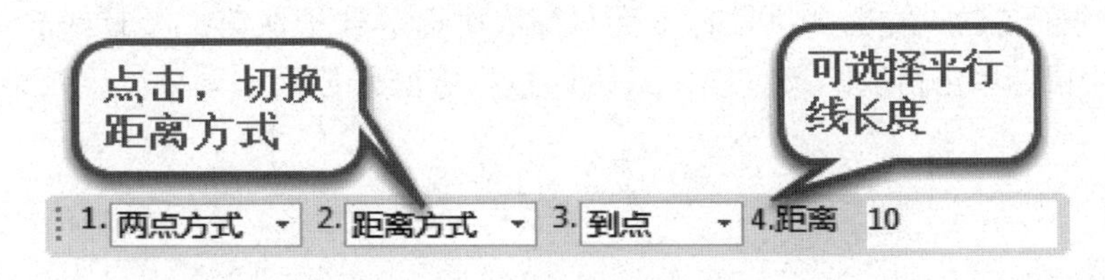

图 2–13　绘制平行线立即菜单

启用【平行线】后，采用【偏移方式】绘制平行线，通过后续学习的图形编辑命令“偏移”，绘制平行线如图 2–14 所示。

（7）绘制等分线

绘制等分线命令用于绘制两条直线的等分线。若两条直线在端点相交，相当于绘制角等分线，如图 2–15（a）所示，若两直线是平行线，绘制的等分线如图 2–15（b）所示。

图 2-14　“偏移”绘制平行线

启动绘制直线命令后，把立即菜单切换到【等分线】，弹出如图 2-13 所示的立即菜单，输入等分的份数。在命令执行时，状态行依次提示【拾取第一条直线】【拾取第二条直线】，用鼠标单击拾取两条直线，系统即按指定的份数画出等分线，效果如图 2-15 所示。

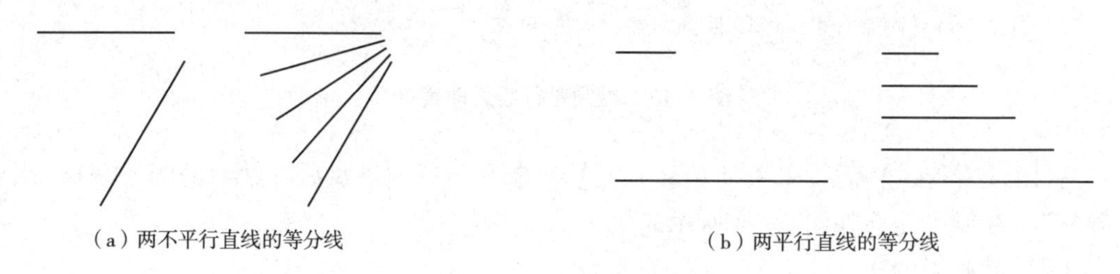

图 2-15　绘制等分线

2.2.1.4 绘制多段线

多段线是由直线和圆弧构成的单一图形对象。命令启用方式有三种如下：

①菜单方式：在菜单里选择【绘图】—【多段线】。

②功能区图标：在功能区选择【基本绘图】面板上的图标。

③命令方式：命令行输入 Pline 或 PL。

【例 2-2】用多段线命令绘制如图 2-16 所示的键槽视图。操作步骤如图 2-17 所示。

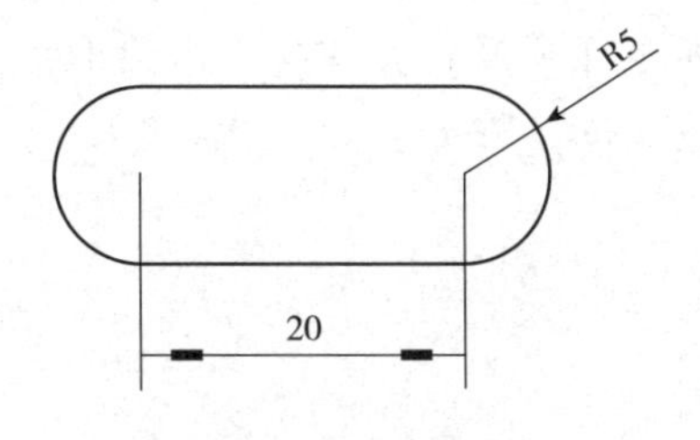

图 2-16　键槽视图

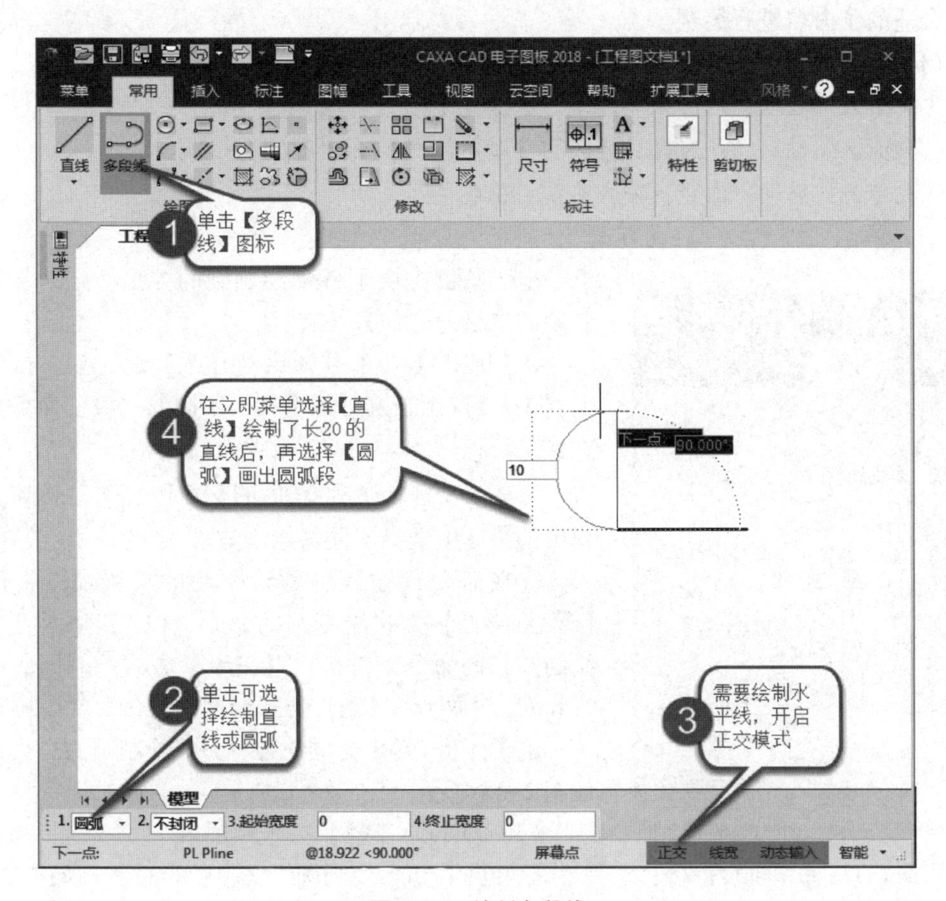

图 2-17　绘制多段线

①单击图标启动【多段线】命令。

②开启【正交】绘制方式。

③立即菜单各项选择“直线”“封闭”，“起始宽度=0”“终止宽度=0”。

④命令提示【第一点】，鼠标在屏幕上任意点击拾取一点。

⑤命令提示【下一点】，鼠标向右移动后，输入直线的长度“20”。

⑥将立即菜单第1项切换至【圆弧】方式。

⑦命令提示【下一点】，鼠标向上移动后，输入圆弧直径“10”。

⑧将立即菜单第1项切换至【直线】方式。

⑨命令提示【下一点】，鼠标向左移动后，输入直线长度“20”。

⑩将立即菜单第1项切换至【圆弧】方式；点击拾取绘图起始的端点，绘制形成密封的键槽视图，单击鼠标右键或按【Enter】键完成绘制。

2.2.2 圆、圆弧和椭圆

2.2.2.1 绘制圆

圆是构建图形的基本元素之一，它的绘制方法有多种，可以根据不同的已知条件，选择合适的子命名进行绘制。

（1）画圆命令启动方式

①菜单方式启动：点击菜单按钮，选择【绘图】—【圆】。

②功能区图标启动：选择功能区的【基本绘图】面板上的图标。

③命令方式启动：命令行输入Circle或C。

（2）画圆二级子命令启动方式

电子图板提供了各种绘制圆的方法，启动各种绘制圆的二级命令的方法有：

①按照以上基本方式启动【圆】命令后，按键盘上【Alt+1】组合键可依次切换不同的二级子命令绘制方式。

②单击功能区图标后的三角形“▼”按钮，从弹出的菜单中选择不同的绘制方式。

③在命令行输入各种绘制圆的二级命令，例如【圆心-半径】方式绘制圆的命令“Cir”、【两点方式绘制圆】的命令“Cppl”、【三点】方式绘制圆的命令“Cppp”、【两点-半径】方式绘制圆的命令“Cppr”。

电子图板2018提供的各种方式绘制圆的二级命令如图2-18所示。

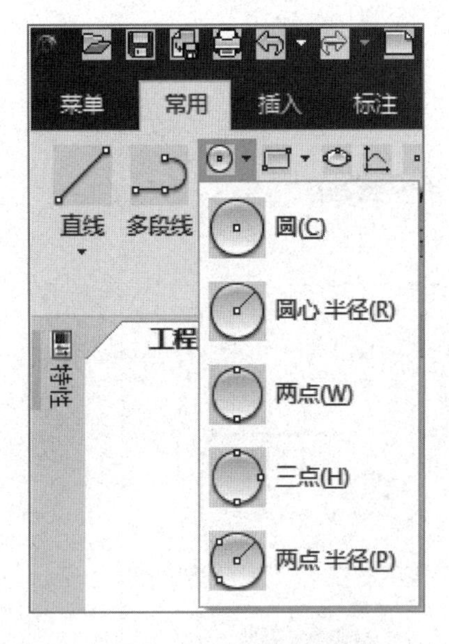

图2-18 绘制圆子命令

（3）【圆心-半径】方式画圆

已知圆心和半径画圆，命令执行过程，如图2-19所示。

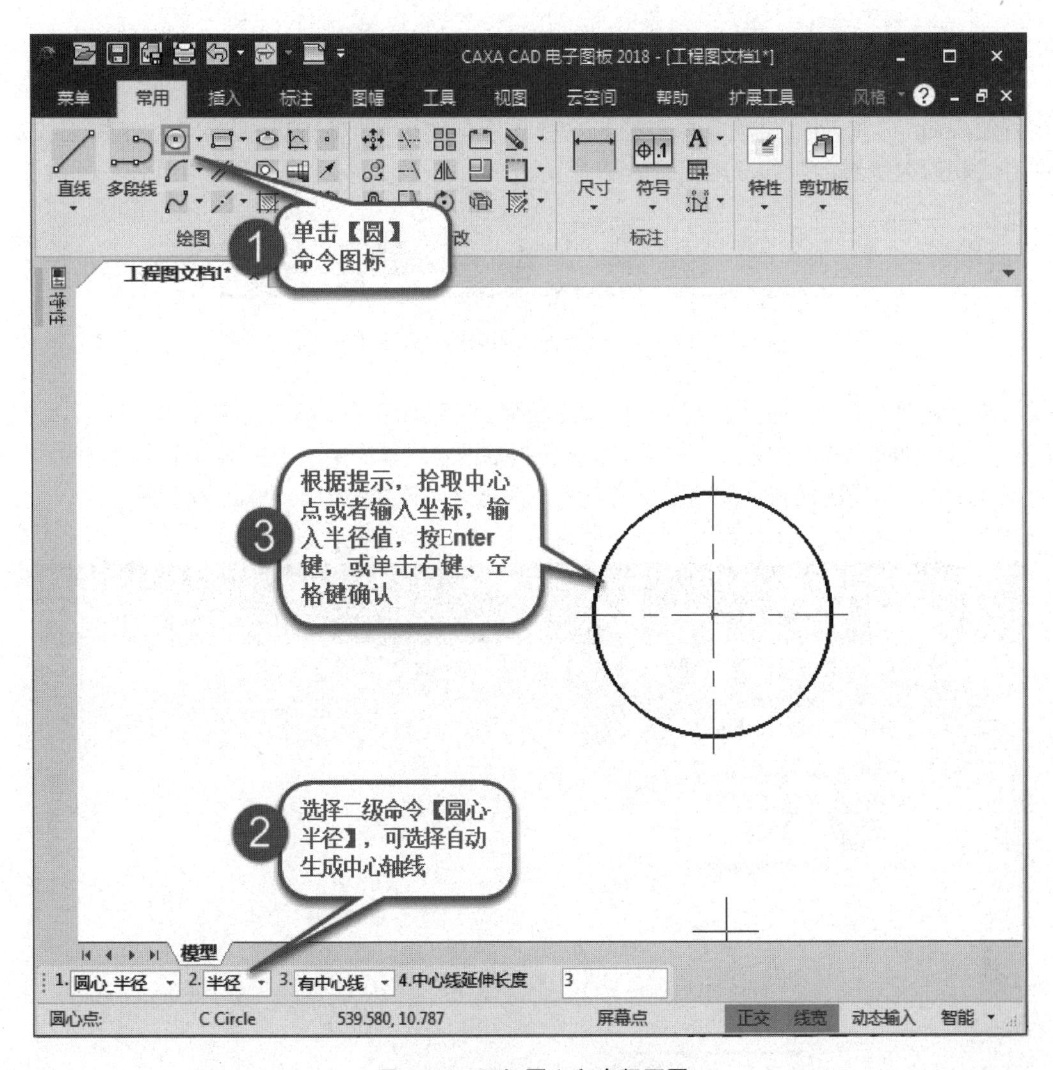

图 2-19　已知圆心和半径画圆

启用画【圆】命令后，在立即菜单中，可以选择是否自动绘制中心轴线，如图 2-20 所示。

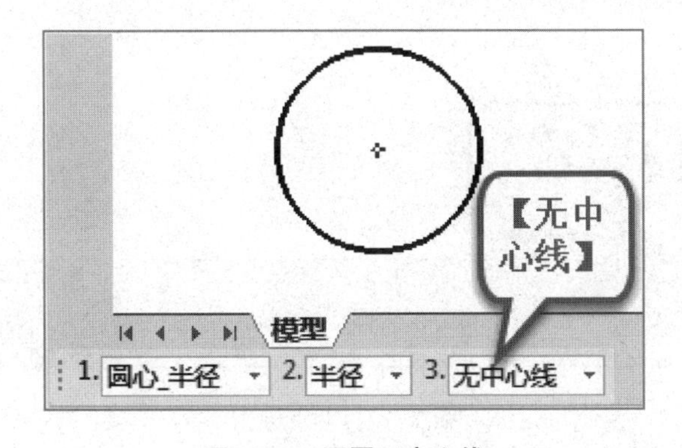

图 2-20　画圆无中心线

（4）两点方式画圆

启动画圆的命名，在立即菜单中第 1 项切换为“两点”，如图 2-21 所示，也可在命令行输入命令“Cppl”启动【两点圆】命令。立即菜单可以设置是否自动绘制中心线及中心线相对轮廓线的延伸长度。

图 2-21　两点方式画圆的立即菜单

两点画圆的方法：通过直径上两个端点画圆，启动命令后，状态行依次提示【第一点】【第二点】，如图 2-22 所示，用鼠标在绘图区拾取两点或输入两点坐标即可完成两点圆的绘制，该命令以给定的两点之间的距离为直径，两点之间连线的中点为圆心绘制圆。

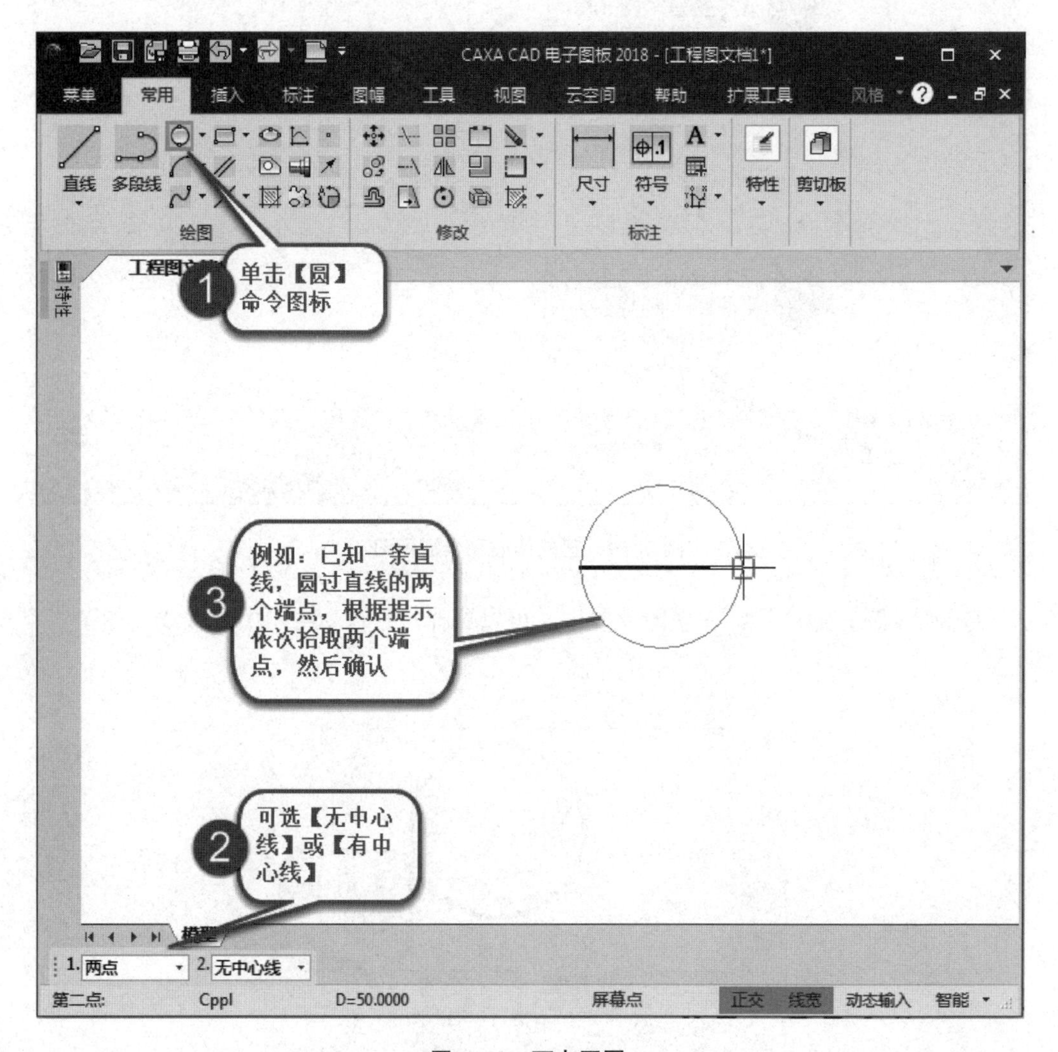

图 2-22　两点画圆

（5）三点画圆

该方式的立即菜单与【两点】方式类似，启动画圆命令后，立即菜单切换到【三点】方式，状态行依次提示【第一点（切点）】【第二点（切点）】【第三点（切点）】，用鼠标拾取三个点或者输入三个点的坐标即可完成三点圆的绘制，特别要注意的是拾取的这三点应该是属于圆周上的三个点。

【例2-3】如图2-23所示，绘制与任意三角形三条边相切的圆。

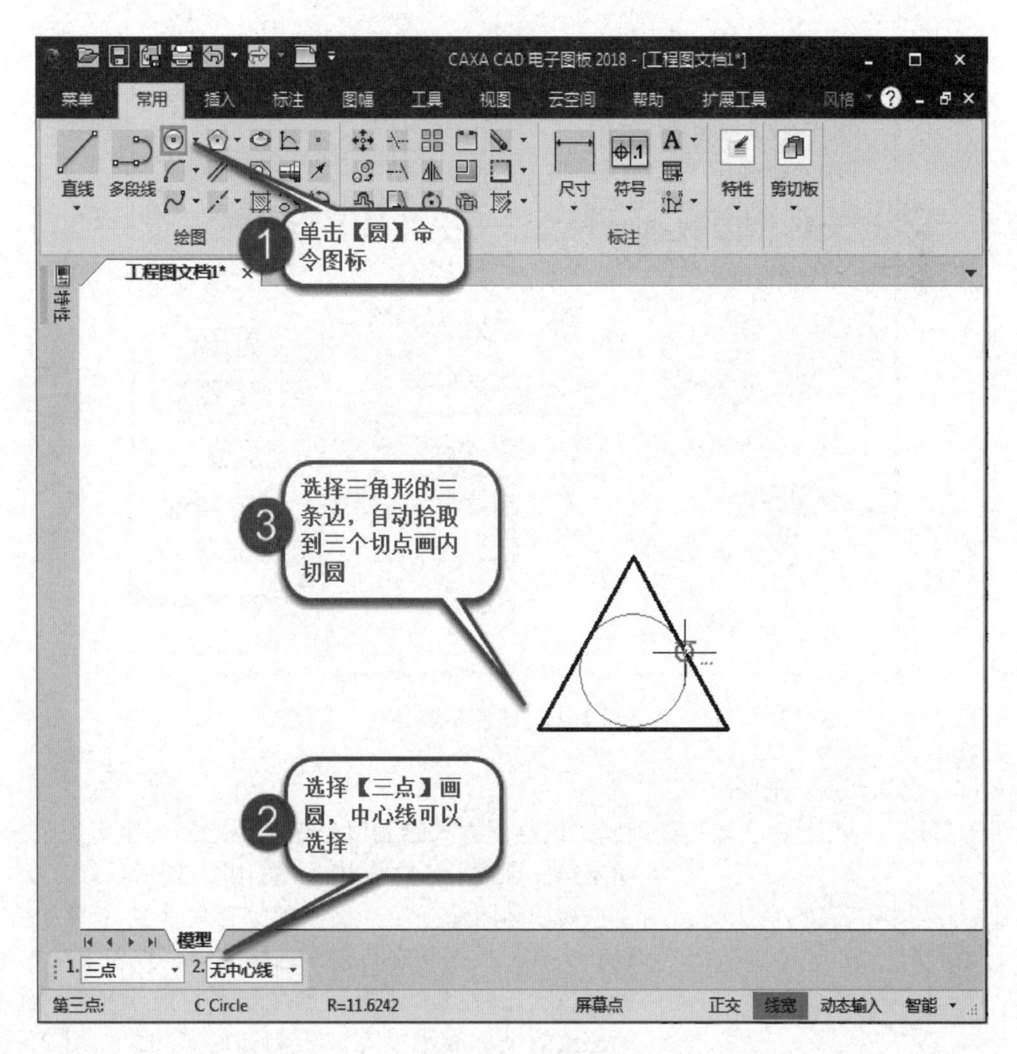

图2-23　三点画圆

①任意绘制一个三角形。

②启动绘制【三点圆】命令。

③【第一点（切点）】，按【空格】键，从弹出的【工具点】菜单中选择【切点】，或单击【对象捕捉】工具栏上的图标，或直接按“T”键，然后单击第一条直线。

④【第二点（切点）】，按“T”键，然后单击第二条直线，这时拖动鼠标即可看到

一个动态的圆。

⑤【第三点（切点）】，按“T”键，单击第三条直线，完成绘制。

要拾取直线上的切点，除了以上使用快捷键之外，也可以在状态栏对象捕捉方式处，点击右键，弹出如图 2-24 所示的对象捕捉设置对话框，只选择拾取切点，确认后再返回画图时，系统就能自动地只拾取切点。

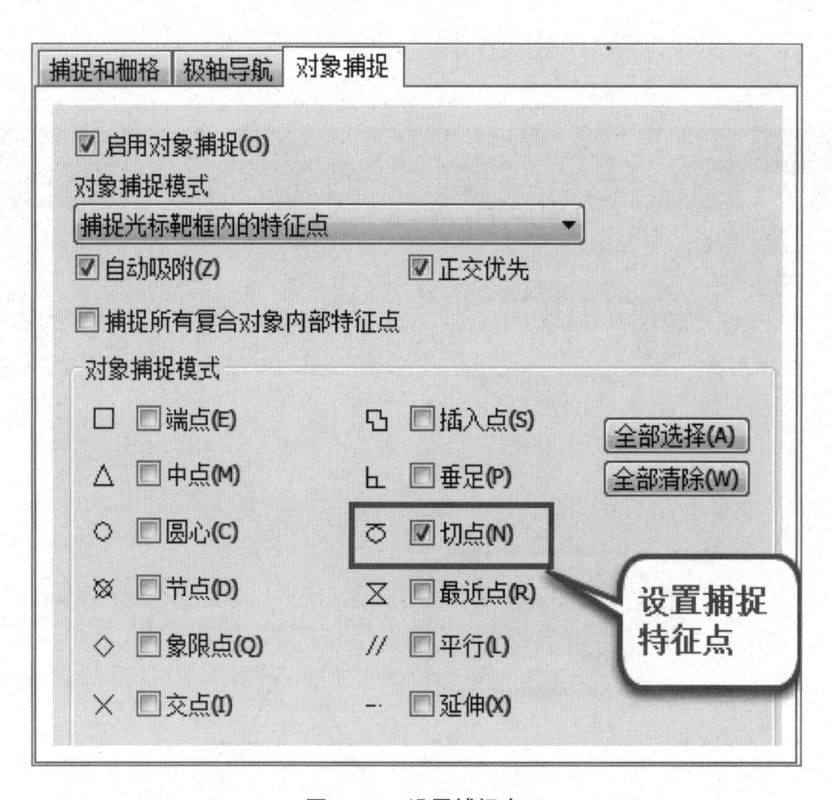

图 2-24　设置捕捉点

(6) 已知两点、半径画圆

过圆周上的两点和已知半径画圆，该绘制方式绘制以给定两点之间的距离为弦长，给定第三点或半径后绘出圆，如图 2-25 所示。

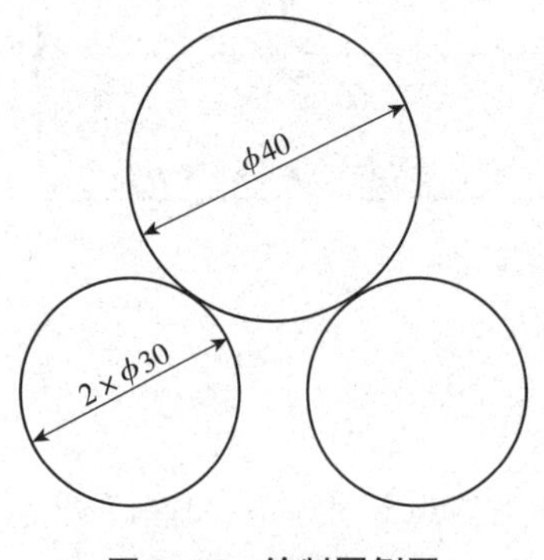

图 2-25　绘制圆例图

启用画圆命令后，在立即菜单切换到【两点-半径】方式，根据状态行提示，输入第一点和第二点坐标后，状态行提示【第三点（切点）或半径】，输入第三点的坐标或半径完成绘制圆的工作，如图 2-26 所示。

在几何作图的过程中，常常遇见圆与曲线相切的情况，如图 2-25 所示，虽然不知道过圆周上的切点坐标和具体位置，可通过对象捕捉设置只捕捉切点，再拾取曲线，也可绘制出相切的圆，如图 2-26 所示。

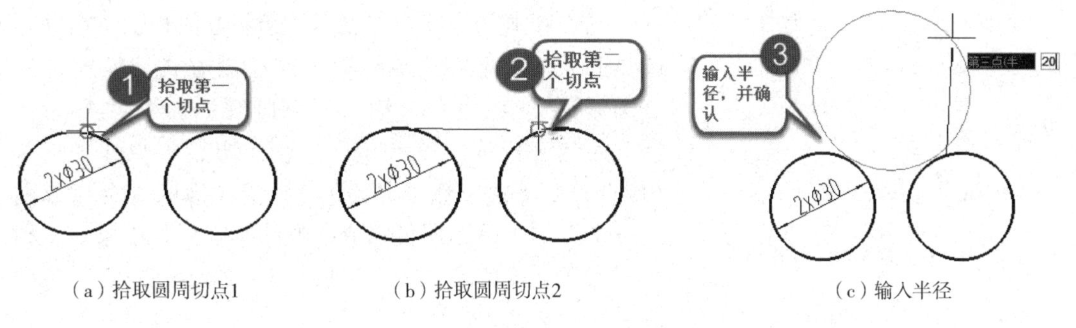

（a）拾取圆周切点1　　（b）拾取圆周切点2　　（c）输入半径

图 2-26　绘制相切圆

2. 2. 2. 2 绘制圆弧

圆弧是圆的一部分，可以将圆剪切后得到圆弧，直接应用圆弧命令绘制圆弧效率更高。

（1）画圆弧命令启用方式

①菜单方式：点击菜单按钮，选择【绘图】—【圆弧】。

②功能区图标：选择功能区的【基本绘图】面板上的图标。

③命令方式：命令行输入 Arc 或 A。

电子图板 2018 可以根据二级子命令的各种条件绘制圆弧。在启动【圆弧】命令后从立即菜单的第 1 项可切换各种二级子命令绘制方式，也可以从【基本绘图】面板的圆弧命令中直接选择，如图 2-27 所示。

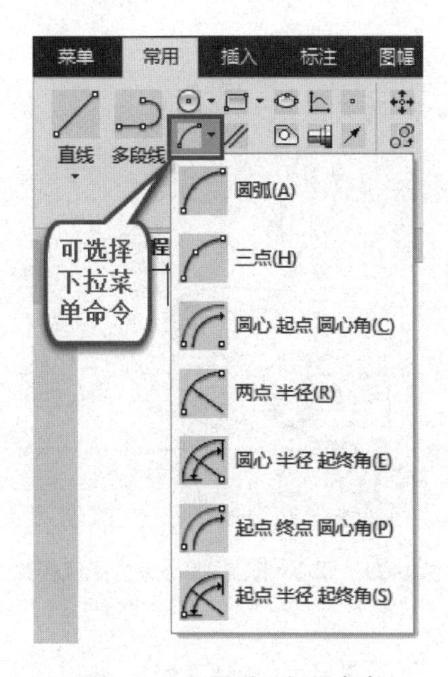

图 2-27　画圆弧二级子命令

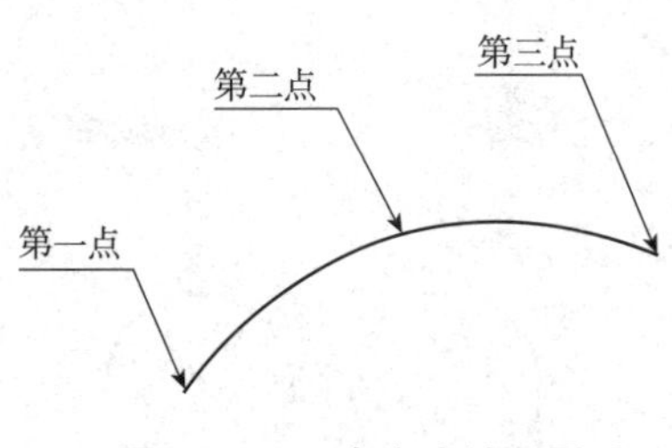

图 2-28　三点方式绘制圆弧

（2）三点方式画圆弧

三点圆弧的绘制与三点圆的绘制方法相似，启动画圆弧命令，在立即菜单的第 1 项绘制方式切换至【三点圆弧】，或在命令行输入三点画圆弧命令“Appp”，启动后状态行依次提示【第一点（切点）】【第二点（切点）】【第三点（切点）】，依次拾取三个点或输入三个点的坐标，即可完成圆弧的绘制，其中第一点和第三点为圆弧的端点，第二点是中间段的任意点，绘制效果如图 2-28 所示。

（3）圆心-起点-圆心角方式

启动画圆弧命令后，在立即菜单的第 1 项绘图方式切换到【圆心_起点_圆心角】画图方式，状态行提示【圆心点】，可鼠标单击拾取圆心点或键盘输入圆心坐标，之后提示【起点（切点）】，拾取圆弧的起点位置后，状态行提示【圆心角或终点（切点）】，输入圆心角或拾取终点，完成圆弧绘制，绘制结果如图 2-29 所示。系统默认的角度是沿着顺时针方向的角度为负值，沿着逆时针方向的角度为正值。

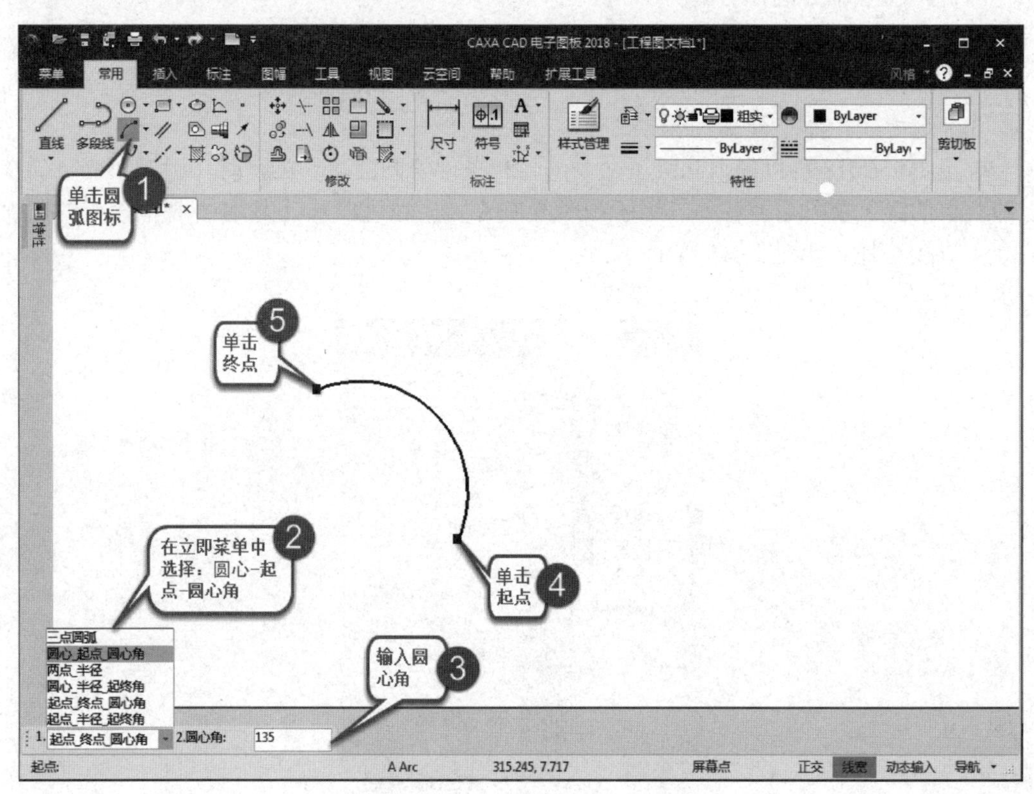

图 2-29　圆心-起点-圆心角方式画圆弧

（4）两点-半径方式

在启用了画圆弧命令后，在立即菜单的第 1 项绘制方式切换到【两点_半径】方式，状态行提示【第一点（切点）】【第二点（切点）】时，拾取两点后，状态行提示【第

三点（切点）或半径】，此时可以看到一条圆弧随鼠标的移动而移动，用鼠标拾取第三点或直接输入第三点的坐标可完成圆弧的绘制，或者是直接输入半径，也可完成圆弧的绘制，绘制结果如图 2-30 所示。

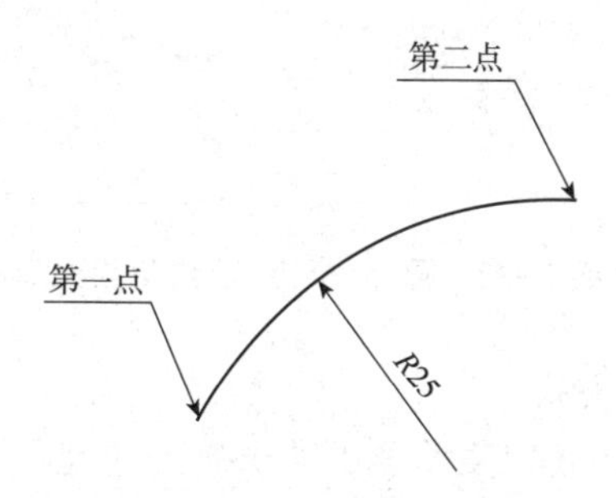

图 2-30　两点-半径方式画圆弧

（5）圆心-半径-起终角

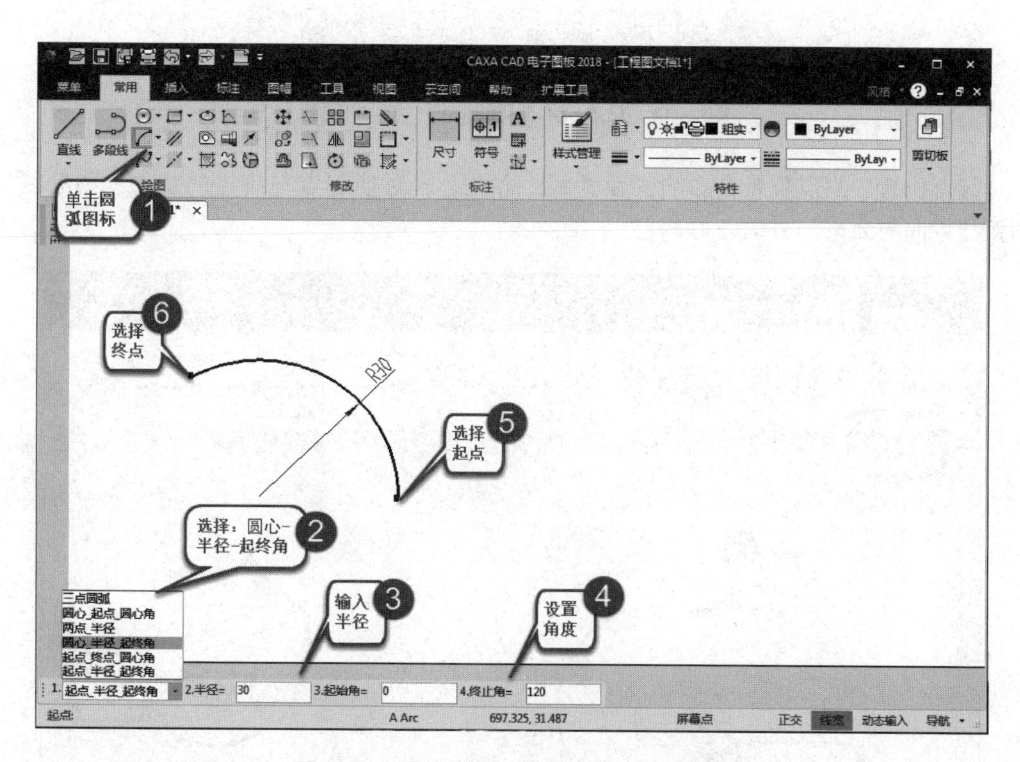

图 2-31　圆心-半径-起终角方式绘制圆弧

启用画圆弧的命令，在立即菜单切换到【圆心_半径_起终角】方式，弹出如图 2-31 所示，在立即菜单可输入圆弧半径、起始角、终止角。设置完立即菜单后，状态行提示【圆心点】，只需拾取圆心或者输入圆心点坐标即完成圆弧绘制工作。

起始角和终止角都是指与 X 轴正方向的夹角，逆时针方向为正，顺时针方向为负，如图 2-32 所示。

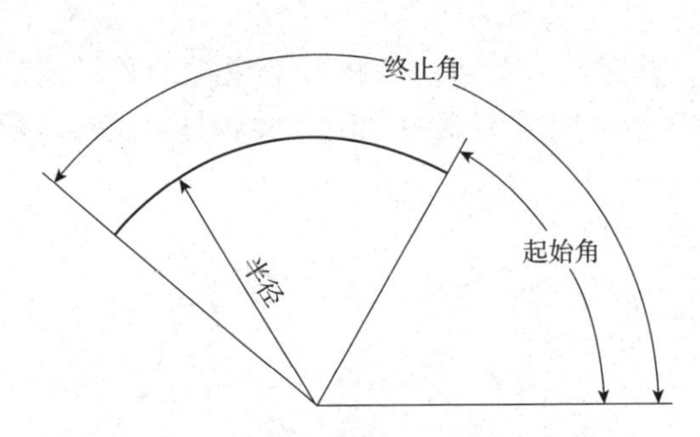

图 2-32　圆心-半径-起终角画圆弧

（6）起点-终点-圆心角方式

启用画圆弧的命令后，在立即菜单第 1 项切换到【起点_终点_圆心角】方式，系统弹出如图 2-33 所示的立即菜单，设置立即菜单圆心角大小。状态行提示【起点】【终点】，拾取相应的起点、终点或者输入坐标值，即完成圆弧绘制工作，如图 2-34 所示。

图 2-33　起点-终点-圆心角方式绘制圆弧

起点位置、终点位置会影响圆弧的凹凸方向，若对换起点与终点的位置，则绘制的圆弧凸方向与原来的方向正好相反。

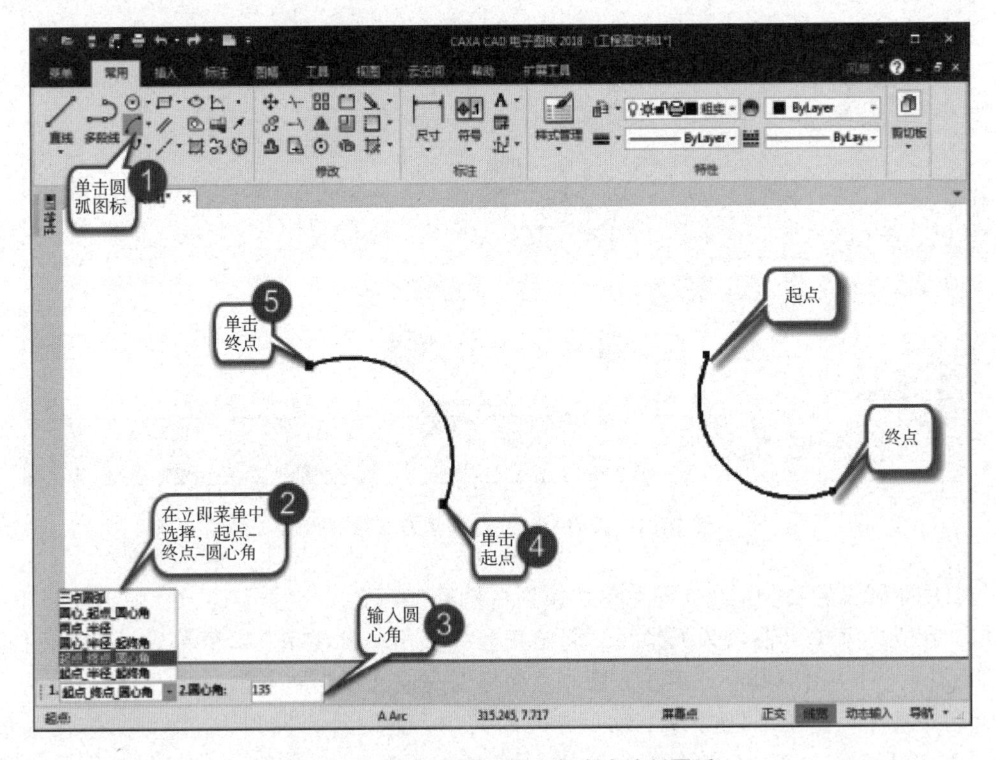

图 2-34　起点-终点-圆心角方式绘制圆弧

（7）起点-半径-起终角方式

与前面的画圆弧方式类似，在启用画圆弧的命令后，立即菜单切换到【起点-半径-起终角】方式，系统弹出如图 2-35 所示的立即菜单，可设置和更改圆弧半径、起始角、终止角。状态行提示【起点】，鼠标拾取起点或输入起点坐标即可完成圆弧绘制。

1. 起点_半径_起终角　2. 半径= 30　3. 起始角= 0　4. 终止角= 60

图 2-35　起点-半径-起终角方式绘制圆弧

2.2.2.3 绘制椭圆

（1）命令启用方式

①菜单方式：选择菜单里的【绘图】—【椭圆】。

②功能区图标：选择功能区【高级绘图】面板上的图标。

③命令：命令行输入 Ellipse 或 EL。

启动命令后，在立即菜单中选择绘制方式，电子图板 2018 提供了【给定长短轴】【轴上两点】【中心点-起点】三种绘制椭圆或椭圆弧的方式，或者可以按下【Alt+1】组合键进行选择。

（2）【给定长短轴】方式画椭圆

启动画椭圆命令，在立即菜单第 1 项选择【给定长短轴】方式画椭圆，如图 2-36 所示。在立即菜单中输入“长半轴”“短半轴”“旋转角”“起始角”和“终止角”的值。在屏幕中，鼠标旁边可见有符合条件的椭圆（弧）随鼠标移动，状态行提示输入【基准点】，基准点是椭圆（弧）的中心，拾取基准点或者输入点坐标即可完成椭圆（弧）的绘制。更改“起始角”和“终止角”，可绘制从起始角开始到终止角不同长度的椭圆弧。

立即菜单

1. 给定长短轴　2.长半轴 100　3.短半轴 50

4.旋转角 0　5.起始角= 0　6.终止角= 360

图 2-36　给定长短轴绘制椭圆的立即菜单

【例 2-4】已知椭圆的长半轴长度 100、短半轴长度 50，使用绘制椭圆命令，绘制如图 2-37 所示的心形图。

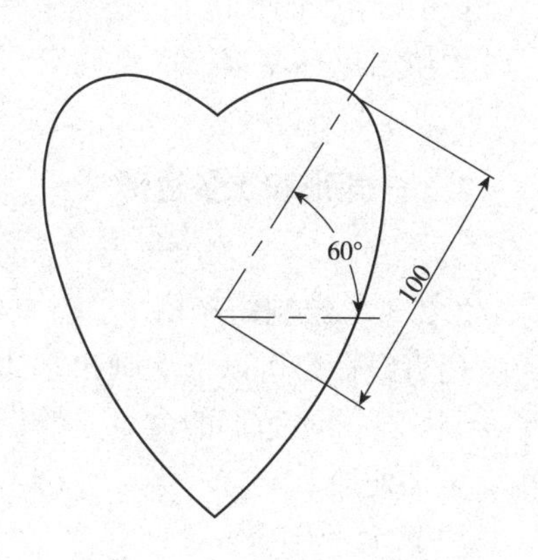

图 2-37　绘制圆弧例图

①单击功能区绘图椭圆的图标，启动【椭圆弧】命令。

②首先绘制左边的椭圆弧，在立即菜单第 1 项点击选择【给定长短轴】方式绘制椭圆弧，设置“长半轴=100”“短半轴=50”“旋转角=300”“起始角=150”“终止角=330”。状态行提示【基准点】时，输入原点坐标“0，0”，如图 2-38（a）所示。

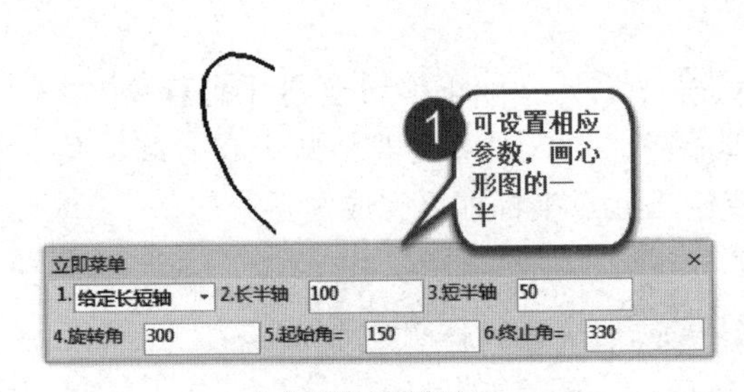

（a）绘制心形半边

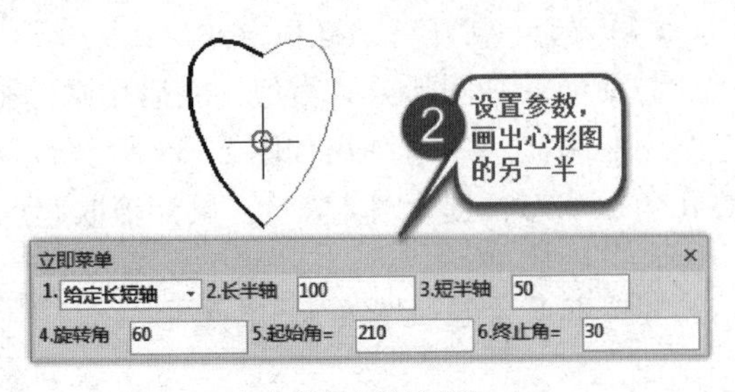

（b）绘制心形另半边

图 2-38 绘制心形图

③绘制右边的椭圆弧，启动绘制椭圆命令，或者按【空格】键重复执行之前绘制的椭圆命令，在立即菜单第 1 项选择【给定长短轴】方式绘制圆弧，设置“长半轴 = 100”“短半轴 = 50”“旋转角 = 60”“起始角 = 210”“终止角 = 30”。状态行提示【基准点】，输入原点坐标“0，0”，第二段椭圆弧绘制完成，如图 2-38（b）所示。

（3）【轴上两点】方式绘制圆弧

启动绘制椭圆命令，在立即菜单第 1 项选择【轴上两点】方式绘制圆弧，状态行依次提示：

【轴上第一点】：输入点的坐标或者鼠标点击拾取一个点。

【轴上第二点】：输入点的坐标或者鼠标点击拾取一个点。刚才的第一点与现在的第二点之间的距离即椭圆一个轴的长度，此时可看到一个椭圆随鼠标移动而变化。

【另一半轴的长度】：还差一端轴的长度，输入另一半轴的长度或者移动鼠标到合适的位置单击鼠标左键拾取点确定，即完成椭圆的绘制。

（4）【中心点_起点】方式

启动绘制椭圆命令，在立即菜单第 1 项选择【中心点_起点】方式绘制圆弧，状态行依次提示：

【中心点】：键盘输入中心点的坐标或者点鼠标拾取一点作为中心点。

【起点】：起点可以输入起点坐标值或鼠标拾取。起点到中心点之间的距离即椭圆的一个半轴长度，此时可看到一个椭圆随鼠标移动而变化。

【另一半轴的长度】：还差一端轴的长度，输入另一半轴的长度或者移动鼠标到合适的位置单击鼠标左键拾取点确定，即完成椭圆的绘制。

2.2.3 矩形和正多边形

2.2.3.1 绘制矩形

用直线命令可以依次画出多边形的边，组成矩形和多边形，但效率较低。软件提供了绘制矩形和多边形的命令，绘制出的图形是由多段线组合而成的单一对象，修改与使用会更加便捷。

（1）命令启用方式

①菜单方式：选择菜单里的【绘图】—【矩形】

②功能区图标：选择功能区【基本绘图】面板上的图标。

③命令方式：命令行输入 Rect 或 Rectangle 或 Rec。

启动命令后，在立即菜单里第 1 项可选择以【两角点】方式或者以【长度和宽度】方式绘制，按下【Alt+1】组合键可进行切换选择。

（2）两角点方式画矩形

启动画矩形的命令后，通过给定矩形两个对角点的坐标来绘制矩形，立即菜单如图 2-39 所示。状态行依次提示【第一角点】【第二角点】，输入两个对角点的坐标或鼠标拾取两个对角点，点击右键确认，即可完成矩形的绘制。立即菜单没有“角度”的设置项，所以，这种方式只能画倾斜角度为零的矩形，需要绘制有倾斜角度的矩形可选择【长度和宽度】方式画矩形。

图 2-39　两角点方式绘制矩形的立即菜单

（3）长度和宽度方式

启动绘制矩形命令，选择【长度和宽度】方式，立即菜单如图 2-40 所示，可设置矩形的长度和宽度、倾斜角度、定位方式、有无中心线。

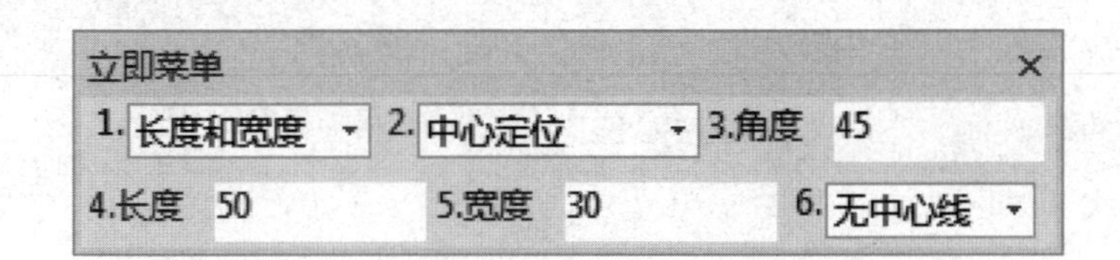

图 2-40　长度和宽度方式绘制矩形的立即菜单

设置好立即菜单后，移动鼠标可以看到定位点已经吸附到十字光标上，输入定位点坐标或者拾取一个定位点即可完成指定大小和角度的矩形，绘制效果如图 2-41 所示。

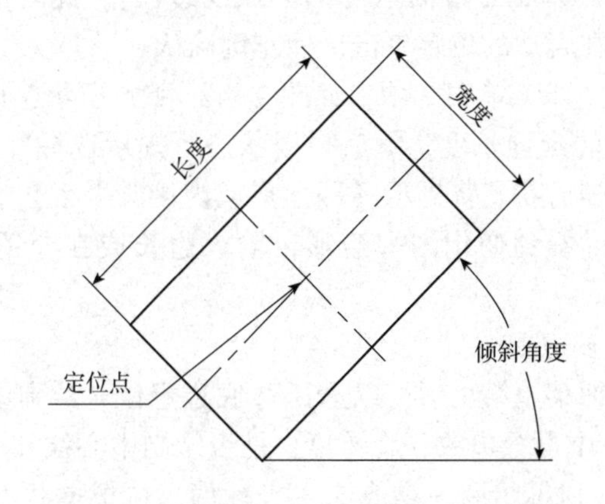

图 2-41　给定长宽、中心定位绘制矩形

2.2.3.2 绘制正多边形

（1）命令启用方式

①菜单方式：选择菜单里的【绘图】—【多边形】。

②功能区图标：选择功能区【高级绘图】面板上的图标。

③命令方式：命令行输入 Polygon 或 Pol。

启动命令后，在立即菜单第 1 项可以选择定位方式，电子图板 2018 提供了【底边定位】和【中心定位】两种方式画正多边形。

（2）中心定位画正多边形

中心定位方式绘制正多边形的立即菜单如图 2–42 所示，在立即菜单中可指定边长的方式是“给定半径”还是“给定边长”。

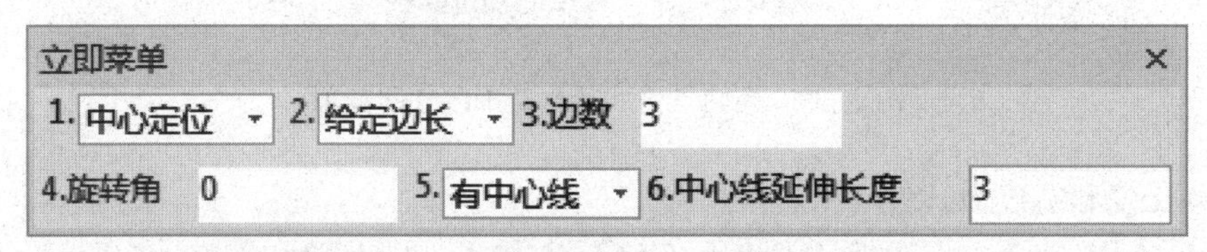

（a）给定边长

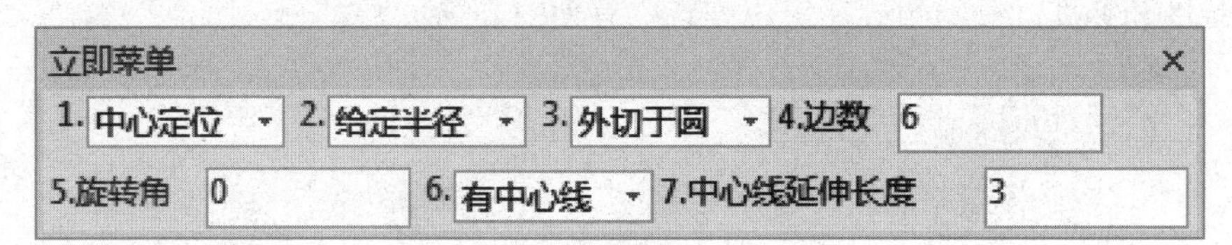

（b）给定半径

图 2–42　中心定位绘制多边形

①给定边长：设置立即菜单第 2 项，如图 2–42（a）所示，设置边数、旋转角、是否绘制中心线和中心线的延伸长度，随后根据状态行提示选择【中心点】，鼠标可输入坐标点或鼠标拾取点，然后状态行提示【圆上点或边长】，此时拖动鼠标可以看到变化的多边形，输入边长或在合适的位置单击鼠标左键确认。

②给定半径：设置立即菜单第 2 项，如图 2–42（b）所示，设置边数、旋转角、是否绘制中心线和中心线的延伸长度，随后根据状态行提示选择【中心点】，鼠标可输入坐标点或鼠标拾取点，随后状态行提示【圆上点或内接圆半径】或【圆上点或外切圆半径】，此时拖动鼠标即可看到变化的多边形，输入边长或在合适的位置单击鼠标左键确认。

（3）底边定位画正多边形

启动命令后，在立即菜单第 1 项可以选择【底边定位】绘制多边形，立即菜单如图 2–43 所示。在立即菜单中设置边数、旋转角、是否绘制中心线和中心线延伸长度。状态行提示输入【第一点】，鼠标拾取一点或输入坐标值。再根据状态行提示【第二点或边长】，输入第二点坐标或输入边长，完成绘制。立即菜单各项含义如图 2–44 所示。

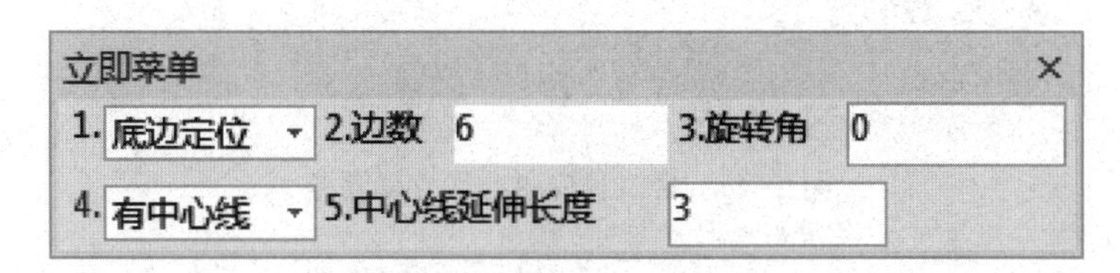

图 2-43　底边定位绘制多边形

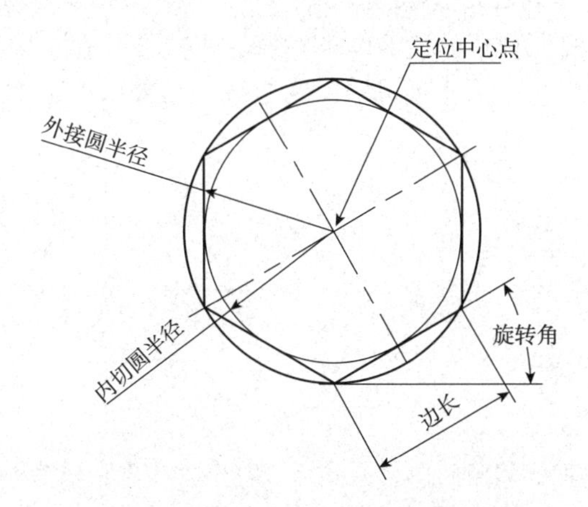

图 2-44　画正多边形立即菜单选项的含义

2. 2. 4 中心线

对称图形的中心线可用【中心线】命令绘制，中心线在绘图过程中常作为定位线。中心线在系统中有默认的图层，点击绘制时系统会自动使用中心线层。电子图板 2018 有【中心线】和【圆形阵列中心线】两个绘制中心线的命令。

(1) 命令启用方式

①菜单方式：选择菜单里的【绘图】—【中心线】。

②功能区图标：选择功能区的【基本绘图】面板上的图标。

③命令方式：命令行输入 Centerl 或 CL。

(2) 中心线命令绘制

启动命令后，弹出如图 2-45 所示的立即菜单。

图 2-45　中心线立即菜单

立即菜单各项的功能如下：

①立即菜单第 1 项为【自由】，立即菜单如图 2-46 所示，中心线的长度是“自由”拖动确定的，如图 2-47（6）所示。

图 2-46 自由长度中心线立即菜单

②若立即菜单第 1 项选择【指定延长线长度】，立即菜单如图 2-45 所示，第 2 项可选择是“批量生成”中心线还是“快速生成”中心线。“批量生成”中心线是选取多个圆、圆弧或椭圆，一次性完成多条中心线的绘制。“快速生成”中心线是点击单个对象，快速生成所选对象的中心线。第 4 项可输入中心线的延伸长度，如图 2-47（a）所示。

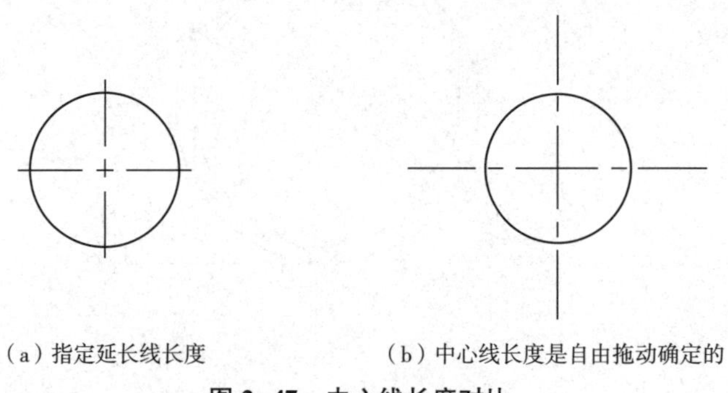

（a）指定延长线长度　　（b）中心线长度是自由拖动确定的

图 2-47 中心线长度对比

（3）圆形阵列中心线命令

圆形阵列中心线命令可用于绘制阵列圆的中心线，各个中心线是绕着阵列中心的圆形排布的。命令执行过程如图 2-48 所示。

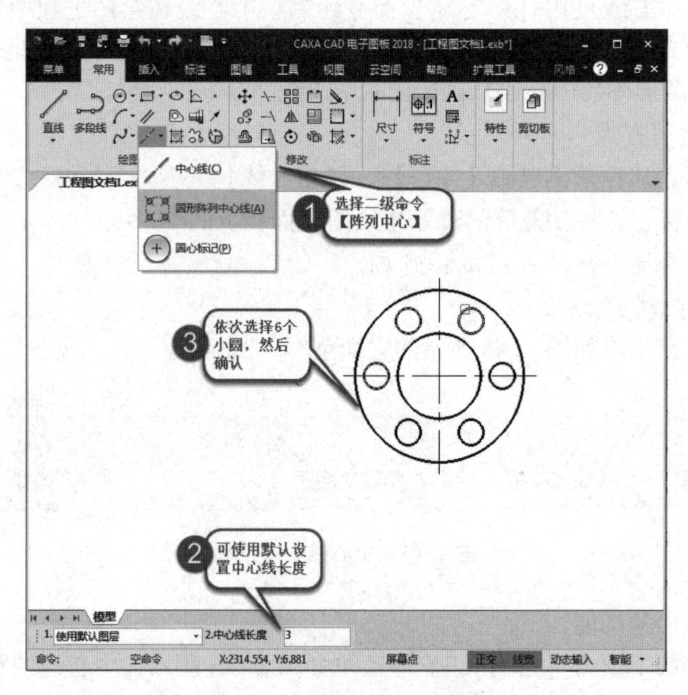

图 2-48 圆形阵列中心线

单击菜单里的【绘图】—【圆形阵列中心线】启动画中心线命令，或选择功能区的【基本绘图】面板【中心线】内的图标，或在命令行输入 CenterlRound 或 CLR。

启动命令后，设置立即菜单中心线的长度，状态行提示【拾取要创建环形中心线的圆形（不小于3个）】，鼠标点选至少3个阵列圆，单击鼠标右键确认选择，环形中心线即创建完成，如图2-49所示是六个阵列圆均选择后的绘制效果。

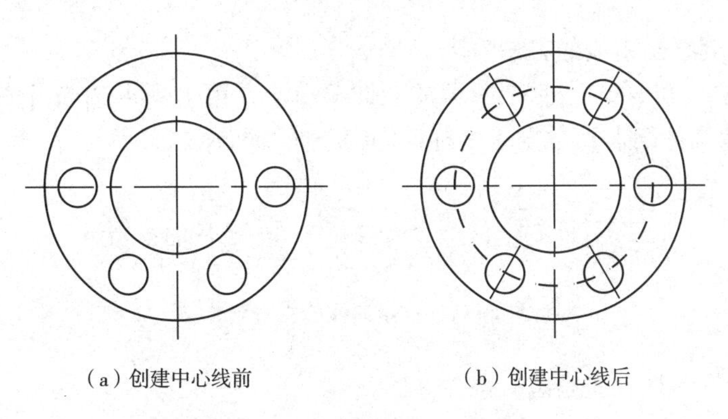

（a）创建中心线前　　（b）创建中心线后

图2-49　圆形阵列中心线创建

2.2.5 样条曲线

通过一系列指定点生成的光滑曲线叫作样条曲线，主要适于自由曲线的绘制。电子图板2018通过给出的控制点绘制 NURBS 曲线或非均匀有理 Bezier 样条。在机械制图中，样条曲线主要用于绘制局部剖视图的剖切界线。样条曲线命令及其二级命令如图2-50所示。

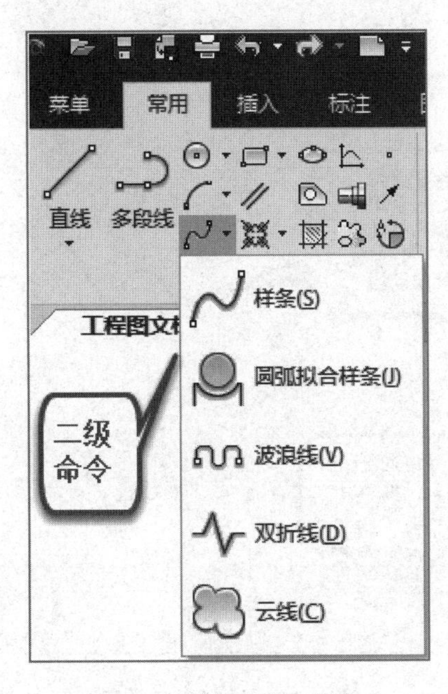

图2-50　样条曲线二级命令

2.2.5.1 命令启用方式

①菜单方式：选择菜单里的【绘图】—【样条】。

②功能区图标：选择功能区的【高级绘图】面板上的图标。

③命令方式：命令行输入 Spline 或 Spl。

2.2.5.2 绘制样条曲线的方法

启动命令后，弹出如图 2-51 所示的立即菜单，在第 1 项可选择【直接作图】绘制样条曲线或【从文件读入】数据点坐标绘制样条曲线两种方式。

1. 直接作图 2. 缺省切矢 3. 开曲线

图 2-51 样条曲线的立即菜单

(1)【直接作图】方式绘制样条曲线

样条曲线绘图命令启动后，采用“直接作图”方式画样条曲线。绘制样条曲线的一般步骤，如图 2-52 所示。

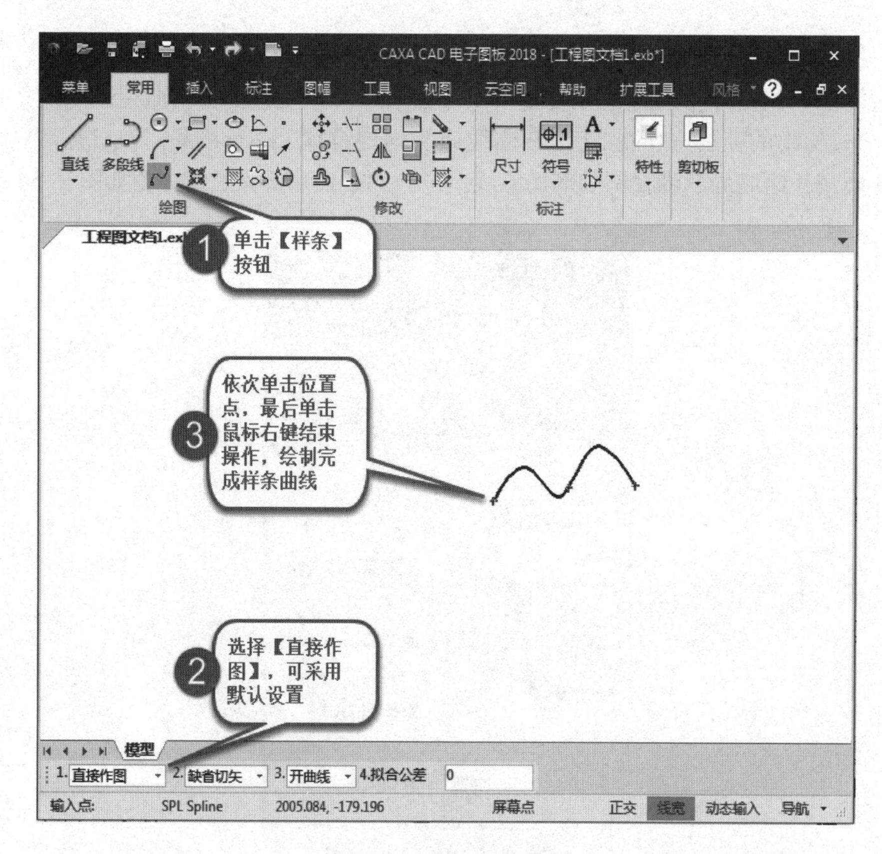

图 2-52 绘制样条曲线

【缺省切矢】若在立即菜单第2项选择了【缺省切矢】，可从键盘输入样条线各控制点坐标或者用鼠标在屏幕点击拾取各个控制点，系统将根据数据点的性质，自动确定端点切矢方向。

【给定切矢】若立即菜单第2项选择了【给定切矢】，拾取的点与端点形成的矢量作为给定的端点切矢，用户也可单击鼠标右键忽略切矢。

【闭曲线】若立即菜单第3项选择了【闭曲线】，输入各控制点后，点击鼠标右键，系统会自动将第一点和最后一点光滑连接起来形成封闭的图形。

【开曲线】若立即菜单第3项选择了【开曲线】，最后系统不会将第一点和最后一点自动连接起来。

（2）【从文件读入】方式绘制样条曲线

启动绘制样条曲线命令后，当立即菜单选择【从文件读入】方式后，系统会弹出一个【打开样条数据文件】对话框，从中选择一个样条文件，单击【打开】按钮，系统将自动根据文件内的坐标点绘制出样条曲线。

2.2.5.3 编辑样条曲线

选中已经绘制好的样条曲线，曲线上会出现一系列的控制点，用鼠标点中控制点不放，可拖动控制点，状态行提示【指定夹点拖动位置】，可以直接输入坐标或直接拖动控制点到指定位置，改变控制点的位置，从而改变样条曲线的形状。

2.2.6 波浪线和双折线

2.2.6.1 绘制波浪线

在机械图样的绘制中，剖视图的边界线一般使用波浪线，线条为细实线绘制。

（1）命令启用方式

① 菜单方式：选择菜单里的【绘图】—【波浪线】。

②功能区图标：选择功能区的【高级绘图】面板上的图标。

③命令方式：命令行输入Wavel。

（2）波浪线命令执行过程

启动命令后，绘制波浪线，如图2-53所示。在立即菜单中，可设置波浪线的【波峰】大小，在【波浪线段数】可输入给定的两点之间绘出的波峰数量。根据命令行提示【第一点】，可输入第一点坐标或者用鼠标拾取一点，之后反复提示输入【第二点】，依次完成点的输入，按下【Enter】键或鼠标右键确认，波浪线绘制完成。

绘制时每两点之间出现之前在立即菜单中设置的波峰和波浪线段数，绘制过程中可随时更改波峰高度和段数。波浪线绘制完成后，若选中波浪线，其上会出现很多的控制点，拖动控制点可以改变波浪线的形状。

2.2.6.2 绘制双折线

受图幅大小的限制，有些图形元素无法按比例完全画出，可以用双折线表示。机械

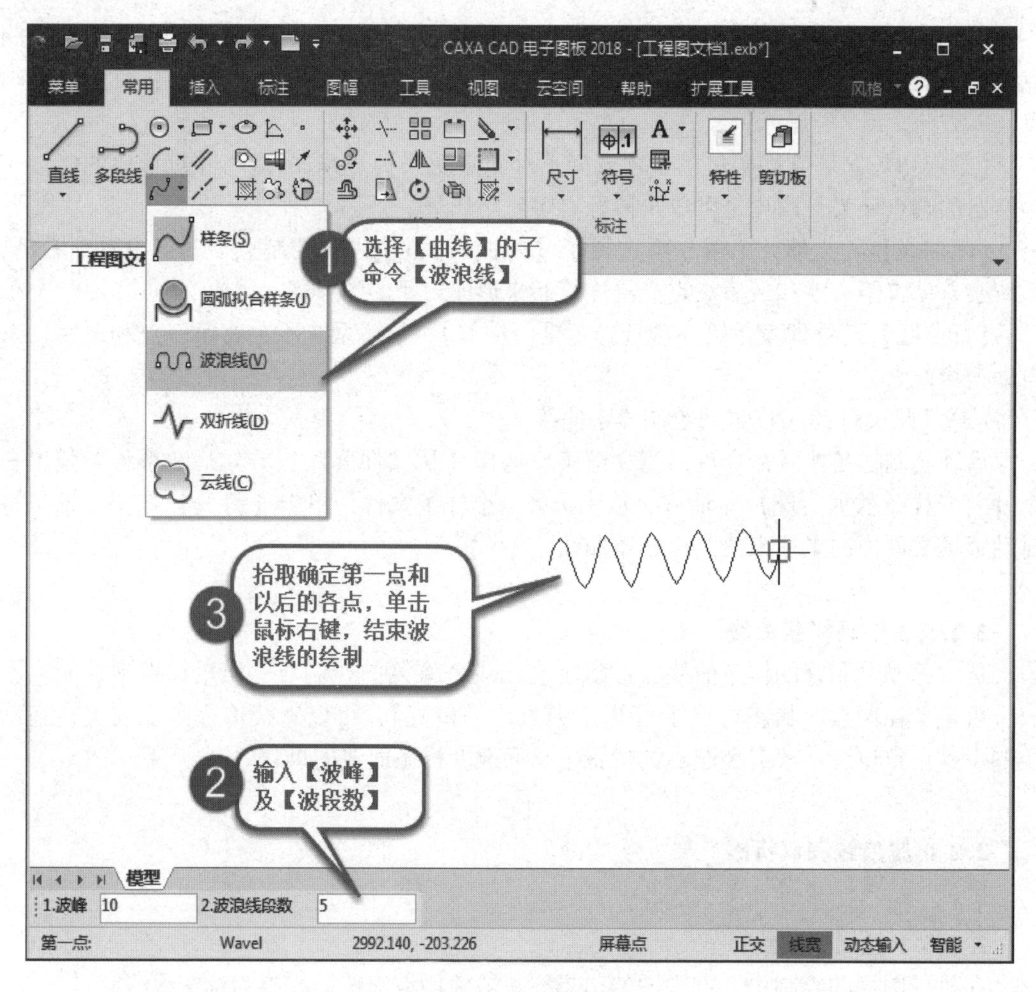

图 2-53　绘制波浪线

制图中，双折线一般用细实线绘制。

（1）命令启用方式

①菜单方式：选择菜单里的【绘图】—【双折线】。

②功能区图标：选择功能区的【高级绘图】面板上的图标。

③命令方式：命令行输入 Condup。

（2）双折线命令执行过程

用户可通过两点画出双折线，双折线一般使用细实线。启动命令后，双折线命令执行过程如图 2-54 所示。在系统弹出的立即菜单第 1 项中可以选择【折点个数】绘制和按【折点距离】绘制两种方式。

【折点个数】：按折点个数绘制时，输入折点的个数和峰值。折点个数是指在一定长度直线上的折点数目，峰值是指折弯处的高度大小。

【折点距离】：按折点距离绘制时，输入长度和峰值。长度值是指每两个双折线之间的距离，峰值是指折弯处的高度大小。

命令执行时，设置好立即菜单项，状态行提示【拾取直线或第一点】，输入第一点

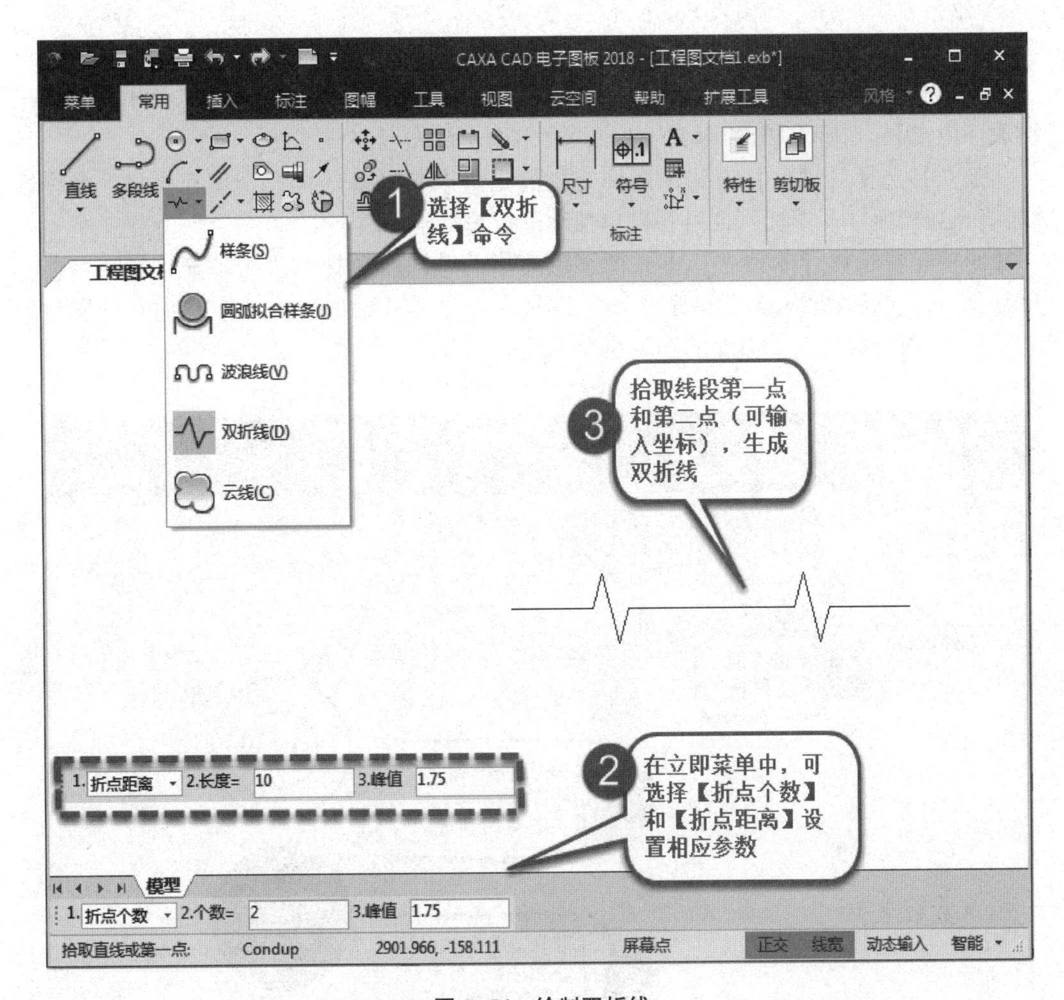

图 2-54　绘制双折线

的坐标或者鼠标拾取第一点。状态行随后提示【第二点】，输入第二点坐标或鼠标拾取第二点，即在两点间绘制双折线，绘制的双折线线型自动使用细实线图层。

启动了画双折线命令后，设置好立即菜单项，可直接选取已有的直线，即可将选中的直线改造成双折线，图层也改为相应的细实线图层。

2.2.7 图案填充和剖面线

2.2.7.1 图案填充

以某种颜色或图案填充一个封闭区域称为图案填充功能，在机械制图中，对于某些零件图剖面需要涂黑时可使用此功能。

（1）命令启用方式

①菜单方式：选择菜单里的【绘图】—【填充】。

②功能区图标：选择功能区【基本绘图】面板上的▢图标。

③命令方式：命令行输入 Solid。

(2) 图案填充命令执行过程

启动命令后，在弹出的立即菜单第 1 项中可以选择填充是否独立，根据状态行提示【拾取环内点】，鼠标在填充区域内任意位置单击左键即可完成填充。

【独立】选择【独立】方式图案填充指的是可以同时多选择几个填充区域，各个区域的填充互相独立不干扰，也可各自单独地进行编辑与修改。

【非独立】选择【非独立】方式图案填充指的是同时选择的多个填充区域，可能存在相互影响，例如图 2-55 所示第 4 步，当状态行提示【拾取环内一点】时，分别在外圆内和内圆内拾取两点，填充的图案是个圆环。

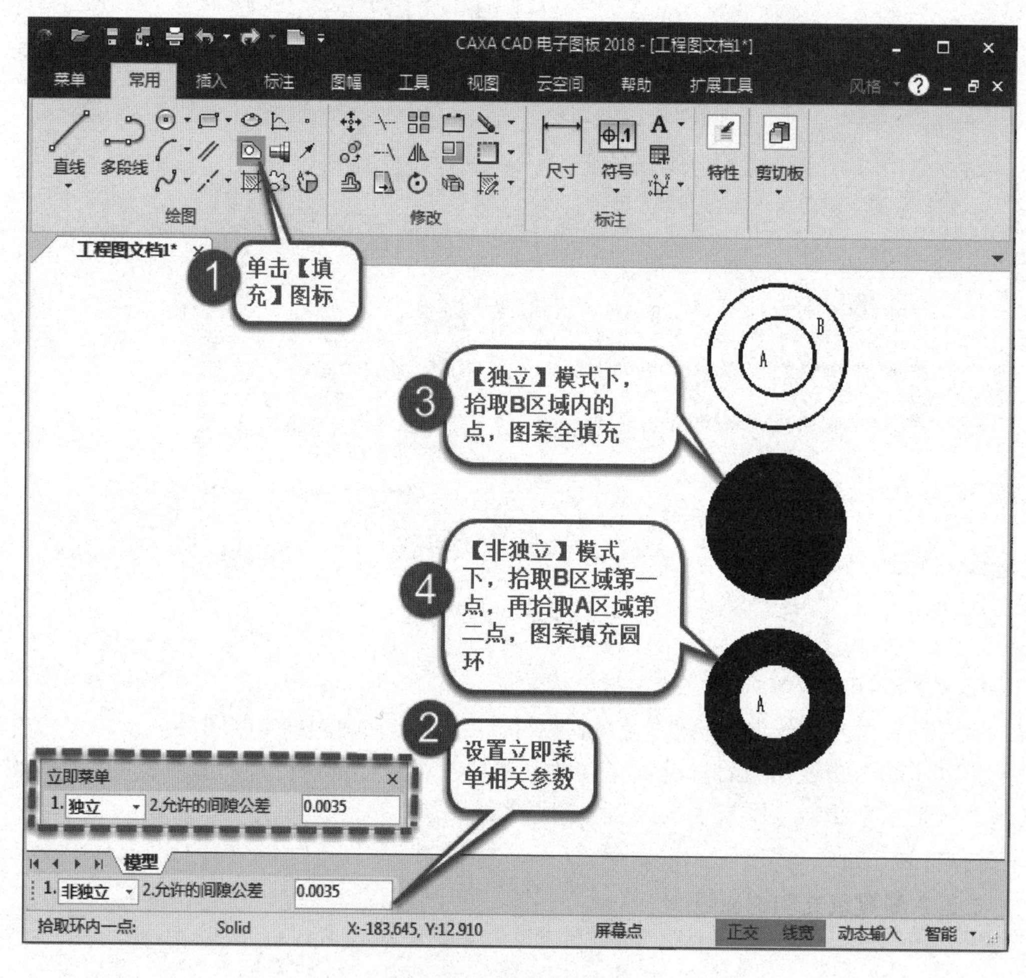

图 2-55 填充绘制圆环

2.2.7.2 绘制剖面线

剖面线命令主要用在绘制机械图样中的各种剖视图和断面图中，用剖面线表示被剖切到的实体部分。

（1）命令启用方式

①菜单方式：选择菜单里的【绘图】—【剖面线】。

②功能区图标：选择功能区的【基本绘图】面板上的图标。

③命令方式：命令行输入 Hatch 或 H 或 BH。

（2）立即菜单功能

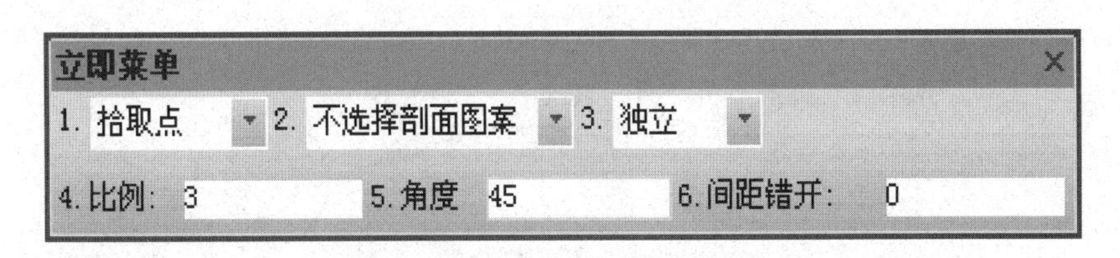

图 2-56　绘制剖面线的立即菜单

启动命令后，立即菜单如图 2-56 所示。立即菜单中各菜单项的功能如下：

第 1 项：点击可切换拾取剖面线绘制区域的方式是【拾取点】还是【拾取边界】。

第 2 项：点击可切换是否选择剖面线图案，【不选择剖面图案】指剖面线采用系统默认的表示金属材料剖面线图案，即间距相等的倾斜 45°细实线；【选择剖面图案】指剖面线需进行单独选择。

第 3 项：点击可切换是否独立，当调用一次命令，想在多个区域绘制剖面线时，各区域的剖面线是否相互独立。【独立】指的是各区域的剖面线相互独立，每个区域各自可以单独编辑修改；【非独立】指各区域的剖面线只能作为一个整体进行编辑修改。

第 4 项：【比例】指的是剖面线的疏密程度，系统默认比例为 3。数值越大，剖面线越稀疏；数值越小，剖面线越密集。

第 5 项：【角度】指的是剖面线的倾斜角度，系统默认为 45°。

第 6 项：【间距错开】指当输入数值大于 0，在相邻区域绘制剖面线时，两个区域剖面线会按照间距自动错开。

（3）拾取方式

①点拾取方式。启动剖面线命令后，选择【点拾取】，状态行提示【环内点】，用鼠标左键点取封闭区域内的任意一点，此时围成封闭区域的各条曲线变成加亮的虚线，点击鼠标右键确认，即可绘制出此封闭区域的剖面线。在没有按鼠标右键确认命名结束前，可连续在多个封闭的区域拾取点，再鼠标右键确认，这样就可同时绘制出多个区域的剖面线，非常方便。操作步骤，如图 2-57 所示。

拾取区域内的点时要注意拾取位置对绘制的剖面线的影响。如图 2-58（a）所示，有一个正方形内嵌套一个小正五边形，正五边形内又嵌套一个小圆，绘制剖面线拾取点的位置不同，会得到不同的剖面线效果。

在 1 处拾取内环点，系统搜索到正方形为区域边界，正方形内全部区域填充剖面线，如图 2-58（b）所示。

在 1、2 两处拾取内环点，系统搜索到正方形和正五边形为区域边界，在两者间填充剖面线，如图 2-58（c）所示。

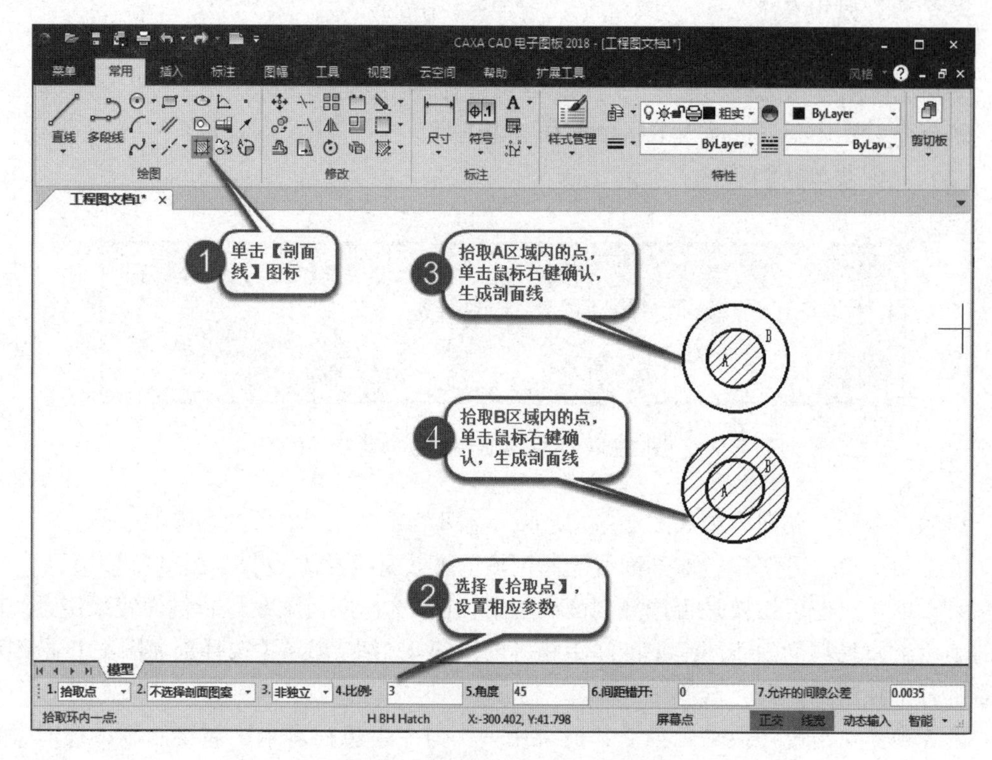

图 2-57 拾取内部点绘制剖面线

在 1、3 两处拾取内环点，系统搜索到正方形和小圆为区域边界，在两者间填充剖面线，如图 2-58（d）所示。

在 2、3 两处拾取内环点，系统搜索到正五边形和小圆为区域边界，在两者间填充剖面线，如图 2-58（e）所示。

在 1、2、3 三处拾取内环点，系统搜索到正方形和正五边形为区域边界，在两者间填充剖面线；随后系统搜索到小圆为边界，小圆内区域填充剖面线，如图 2-58（f）所示。

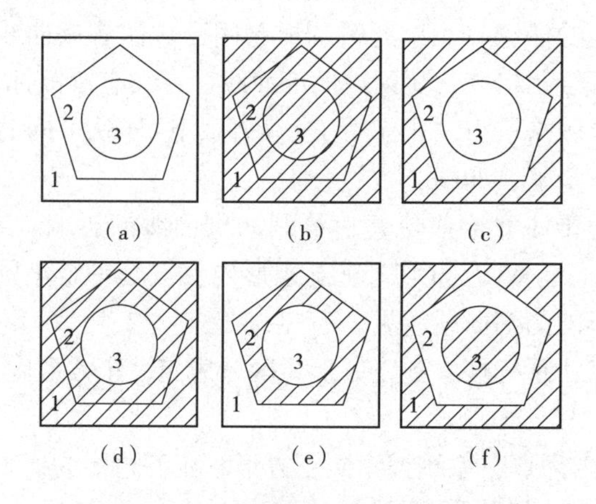

图 2-58 不同的拾取点对剖面线的影响

②拾取边界方式。启动剖面线命令后，选择【拾取边界】，状态行提示【拾取边界曲线】，边界线可以是单一的封闭曲线，例如圆、椭圆等。边界线也可以是由多条曲线连接组成的封闭曲线。拾取边界线可以依次点选或框选。特别注意，选取曲线边界的顺序应是外环包围内环，不能有交叉，否则无法填充剖面线。如图 2-59 所示，想要填充圆环区域，【拾取边界】的顺序是先选择边界线 1，再选择边界线 2。

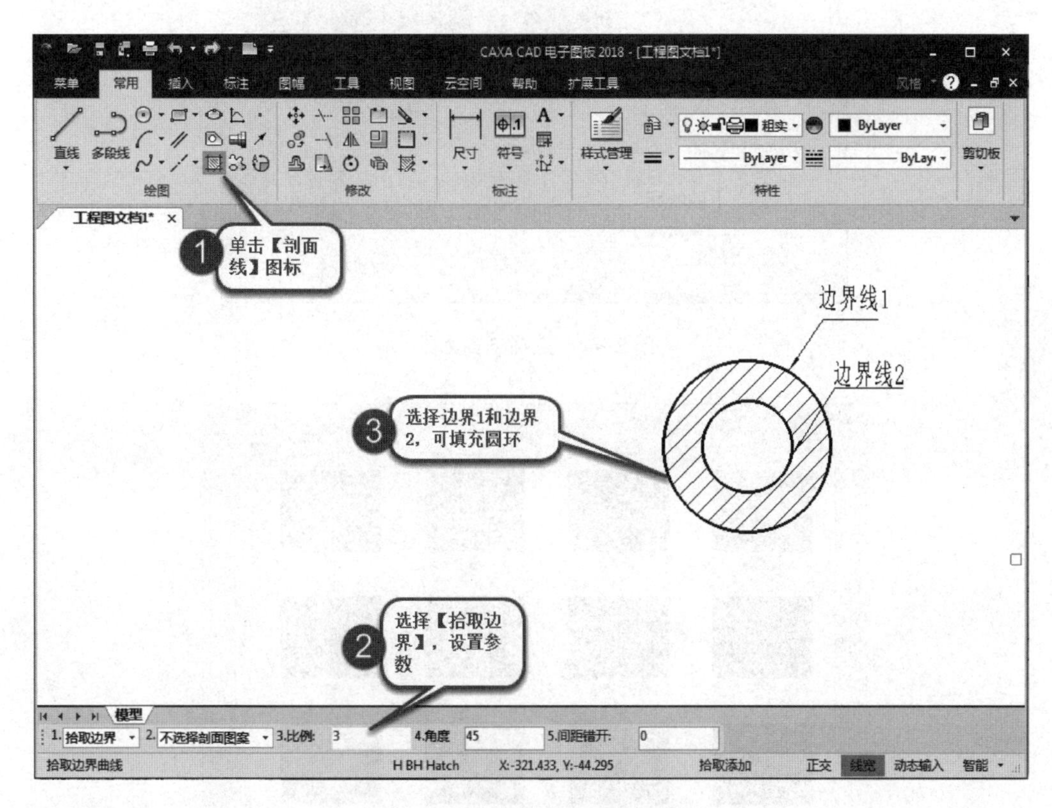

图 2-59　拾取边界绘制剖面线

（4）剖面图案设置

国家标准规定，在画剖面线时用不同的图案来表示不同的材料，电子图板 2018 系统预设的图案为【不选择剖面线图案】，默认是“金属材料”剖面图案，即倾斜 45°的细实线，间隔 3mm。非金属的材质要使用其他的图案时需要进行设置。

启动填充剖面线的命令，立即菜单项选择【选择剖面图案】，在“拾取环内点”或“拾取边界”后，会弹出【剖面图案】对话框，如图 2-60 所示，在此可以选择相应的剖面图案，并可在样例栏预览选中的图案，设置参数项如比例、旋转角、间距错开等，默认是与立即菜单的一致，也可在此处再修改。若勾选了【关联】复选框，那么剖面线与图形就进行了关联，填充剖面线的对象改变大小形状时，剖面线自动适应改变的大小形状进行重新填充，若未勾选【关联】复选框，剖面线将不随着填充对象的改变而改变。点击【高级浏览】按钮，可按缩略图方式显示剖面线形状，如图 2-61 所示。

（5）编辑剖面线

双击需修改的剖面线，会弹出剖面线的对话框，如图 2-60 所示，可对剖面线的参数

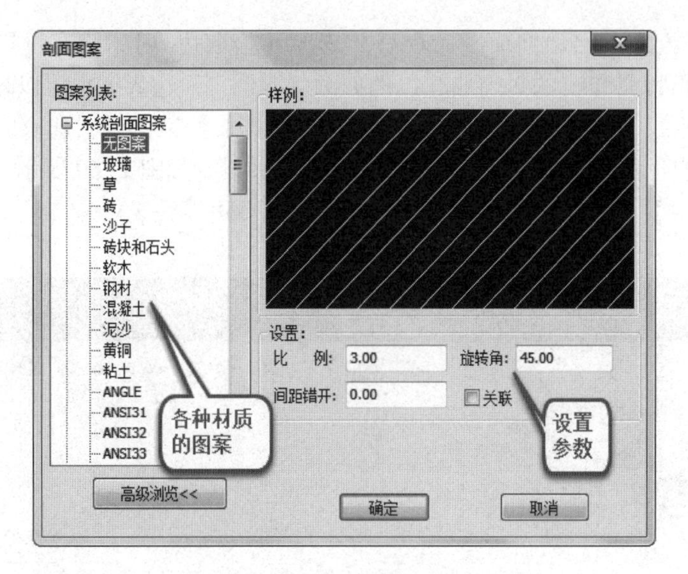

图 2-60 选择剖面图案

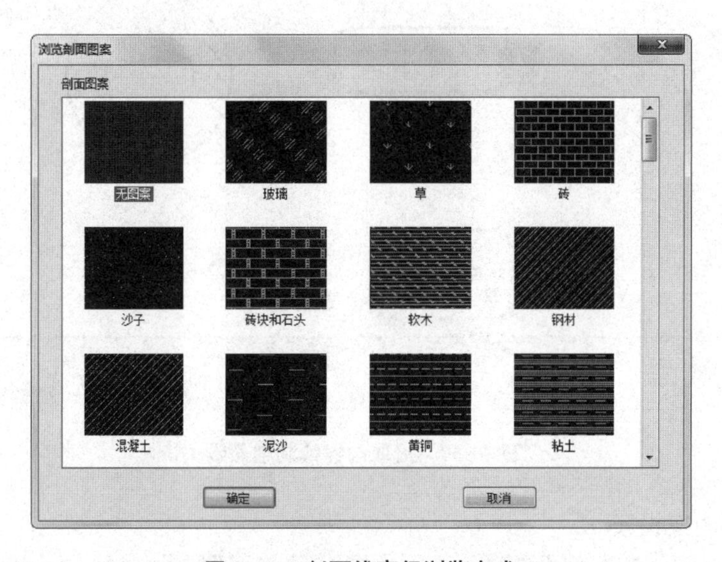

图 2-61 剖面线高级浏览方式

进行修改和编辑。也可选中剖面图案，按【Ctrl+Q】快捷键或使用 CH 命令打开【特性】选项板，在【特性】选项板中也可以修改填充图案、比例、旋转角、间距错开等参数。

2.2.8 箭头和齿轮

2.2.8.1 绘制箭头

在机械图样中，箭头经常在向视图、局部视图中使用，也经常在一些指示说明中使用。【箭头】命令可以直接绘制箭尾是直线或曲线的实心箭头，也可以给弧或直线增加实心箭头。立即菜单如图 2-62 所示，可设置箭头的方向和箭头的大小。

1. 正向　2.箭头大小　4

图 2–62　绘制箭头的立即菜单

（1）命令启用方式

①菜单方式：选择菜单里的【绘图】—【箭头】。

②功能区图标：选择功能区的【高级绘图】面板上的图标。

③命令方式：命令行输入 Arrow。

（2）命令执行的过程

调用命令后，绘制箭头，如图 2–63 所示。

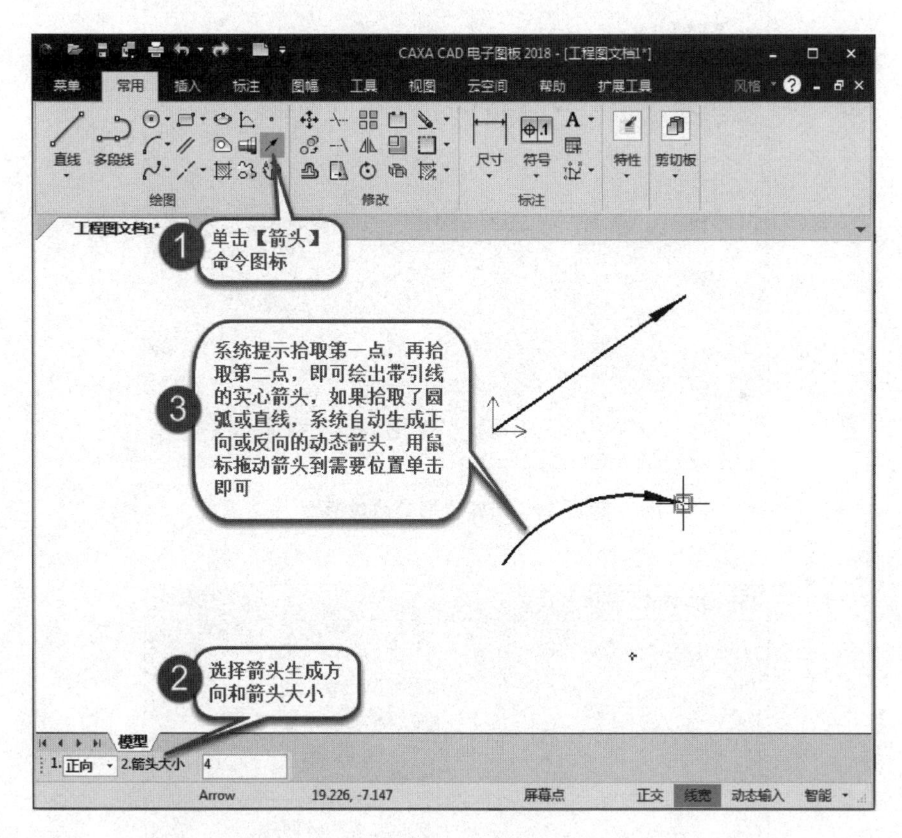

图 2–63　绘制箭头

2.2.8.2 绘制齿轮

齿轮是机械中的常用件，使用【齿形】命令可绘制渐开线齿轮的齿形。

（1）命令启用方式

①菜单方式：选择菜单里的【绘图】—【齿轮】。

②功能区图标：选择功能区的【高级绘图】面板上的图标。

③命令：命令行输入 Gear。

（2）命令执行过程

启动命令后，弹出如图 2-64 所示的对话框，设置齿轮的基本参数，单击【下一步】按钮，弹出如图 2-65 所示的对话框，若勾选【有效齿数】复选框，输入要绘制的齿数和起始角，点击【预显】按钮，可在预显框中显示出有效齿数的效果图；若不勾选【有效齿数】，则表示绘制出全部的齿数。设置完毕后，点击【确定】按钮返回绘图区，状态行提示【齿轮定位点】，拾取定位点或输入坐标，齿轮绘制完成。若勾选【中心线】复选框，则绘制齿轮时系统自动附带绘制出中心线，若不勾选【中心线】复选框，绘制出的齿轮不带中心线。

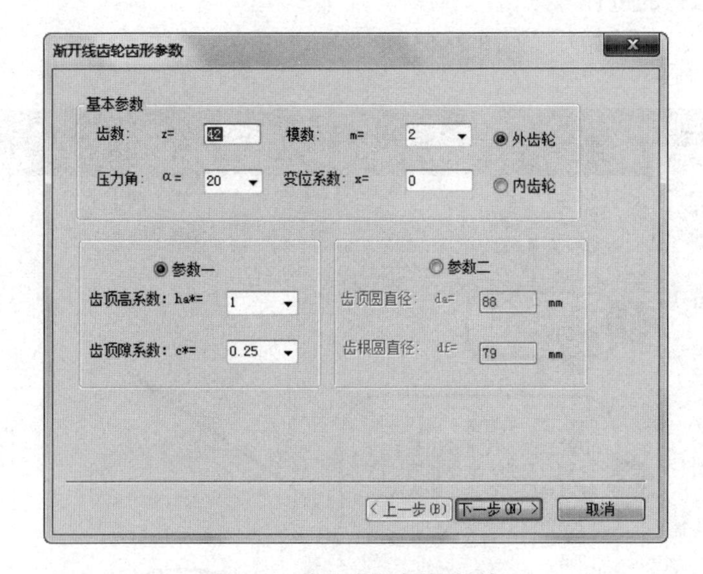

图 2-64　齿轮齿形参数对话框

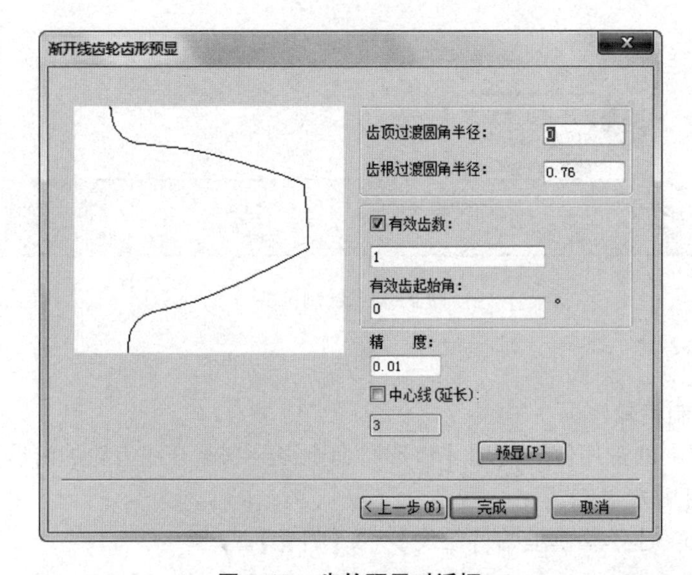

图 2-65　齿轮预显对话框

2.2.9 孔和轴

电子图板 2018 的绘制【孔/轴】命令可绘制带有中心线的孔和轴，还可绘制带有中心线的圆锥孔和圆锥轴，比用直线命令绘制孔和轴要快捷方便。

2.2.9.1 命令启用方式

①菜单方式：选择菜单里的【绘图】—【孔/轴】。

②功能区图标：选择功能区面板上的图标。

③命令：命令行输入 Hoax、Axle、Hole、HA。

2.2.9.2 命令执行过程

（1）绘制轴的过程

首先点击功能区面板上的图标启动命令，在立即菜单第 1 项选择画【轴】，立即菜单第 2 项可选择【两点确定角度】和【直接给出角度】两种方式。

图 2-66　绘制孔/轴的立即菜单

【直接给出角度】可在中心线角度处直接输入轴的中心线的角度，确定轴的放置位置，如图 2-66 所示。

【两点确定角度】选择【两点确定角度】，状态行提示【插入点】，拾取插入点后，系统弹出另一个立即菜单，如图 2-67 所示，可继续设置起始直径、终止直径、是否有中

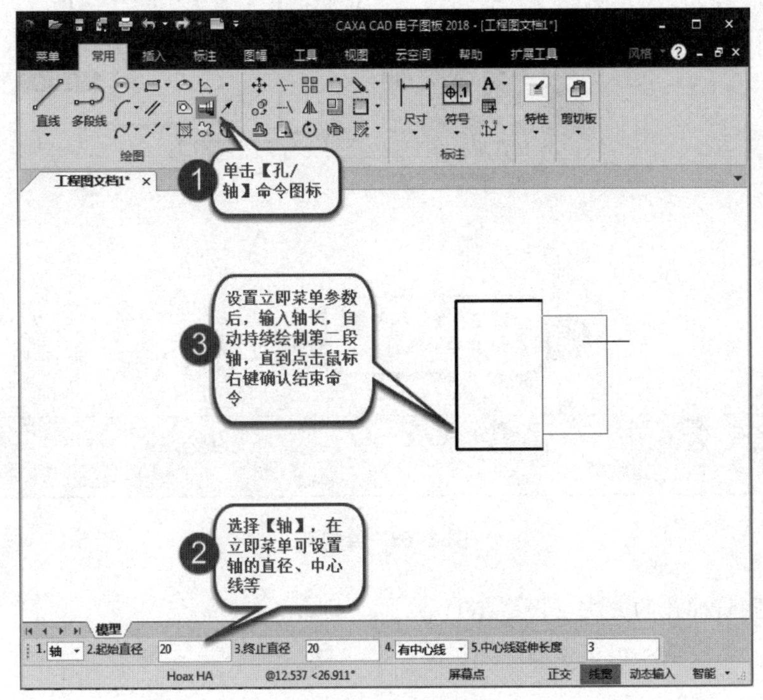

图 2-67　绘制阶梯轴

心线、中心线的延伸长度。若是圆柱形，起始直径与终止直径相等，默认情况下“终止直径”自动采用“起始直径”的值；若是圆锥轴，起始直径与终止直径不相等。随后状态行提示【请确定轴的长度和角度】，这时绘制完成一段轴的方式有如下 3 种方法：

①鼠标在屏幕上拾取第二点或输入点坐标，此时第二点与起始点的距离即轴的长度，第二点与起始点的连线角度即轴的中心线角度。

②鼠标移动到需要的轴的方向上，键盘输入轴的长度值，点鼠标右键确认。

③输入第二点相对于起始点的相对坐标“@ 长度<角度”，坐标的长度值即轴的长度，坐标的角度即中心轴线的角度。

若要画阶梯轴，完成第二点的绘制后，命令不结束，继续设置轴的参数，拾取第三点，完成第二段轴的绘制。如此往复，直到点击鼠标右键确认结束命令，可快速地绘制多段不同直径的轴组成的阶梯轴。

（2）绘制孔的方法

如图 2-68 所示，绘制孔的过程与绘制轴完全一样。

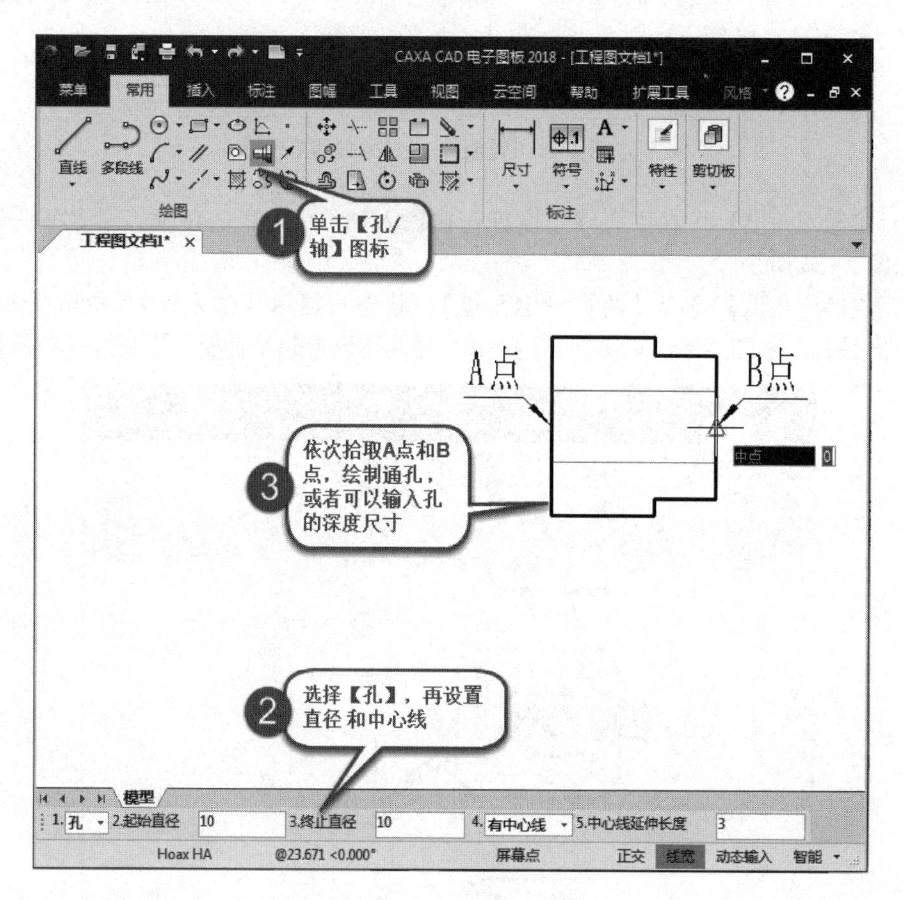

图 2-68 绘制孔

（3）绘制阶梯孔的方法（图 2-69）。

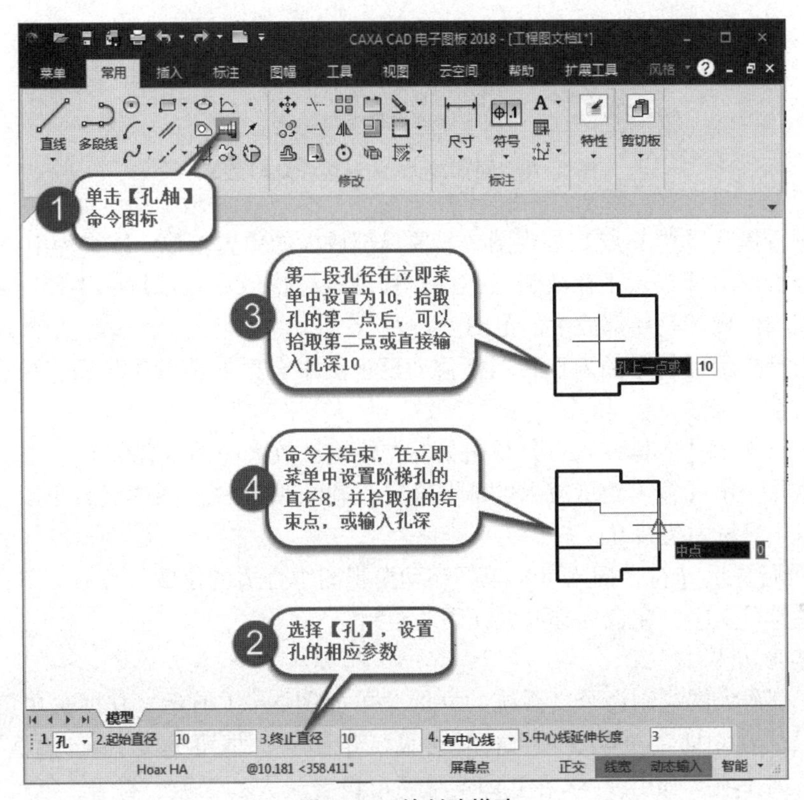

图 2-69　绘制阶梯孔

2.2.10 局部放大

局部放大对图形中的局部结构进行放大。在原图按照比例绘制下，针对尺寸较小的没有表达清楚的局部细节，可采用局部放大的方法来表示。放大视图的标注尺寸数值应与原图一样。

2.2.10.1 执行方式

①菜单方式：选择菜单里的【绘图】—【局部放大图】。

②功能区图标：选择功能区面板的【高级绘图】面板上的图标。

③命令方式：命令行输入 Enlarge。

2.2.10.2 执行过程

启动【局部放大】命令后，系统弹出如图 2-70 所示的立即菜单。局部放大命令根据边界设置不同分为【圆形边界】和【矩形边界】两种方式，在立即菜单第 1 项中可进行选择。

（1）圆形边界

圆形边界的立即菜单如图 2-70 所示，在立即菜单中第 2 项选择是否“加引线”，在立即菜单第 3 项输入“放大倍数”，在第 4 项中输入局部视图的名称或符号，在第 5 项中选择是否“保持剖面线图样比例”。具体执行命令步骤操作如下：

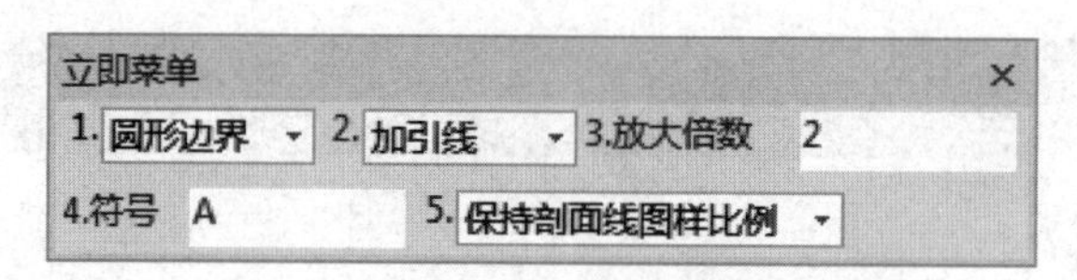

图 2-70　局部放大-圆形边界立即菜单

①命令行提示【中心点】在视图上需要局部放大的位置拾取一点作为中心点。

②命令行提示【输入半径或圆上一点】移动鼠标拾取一点或输入半径，可画出一个圆形，圆周内区域即是局部放大的范围。

③命令行提示【符号插入点】鼠标移动至视图中合适的位置符号后，单击鼠标左键插入符号文字。

④命令行提示【实体插入点】单击鼠标左键确认放大图的放置位置。

⑤命令行提示【输入角度或由屏幕上确定】输入局部放大图的旋转角度，若无须旋转，直接点击鼠标右键确认。

⑥ 命令行提示【符号插入点】鼠标移动至视图中合适的位置符号后，单击鼠标左键确认，生成符号文字，完成局部放大视图的绘制。

（2）矩形边界

启动局部放大图绘制命令，系统的立即菜单如图 2-71 所示。立即菜单第 1 项选择【矩形边界】，在立即菜单第 2 项选择是否显示矩形“边框可见”，选择边框不可见时，无立即菜单第 3 项“加引线”。在立即菜单还可设置放大的倍数、符号、剖面线的参数，然后根据状态行提示，用两角点方式在需要放大的视图区域绘制一个矩形，其他的操作与圆形边界一样，不再赘述。利用圆形边界和矩形边界命令绘制轴的退刀槽的局部放大图，如图 2-72 所示。

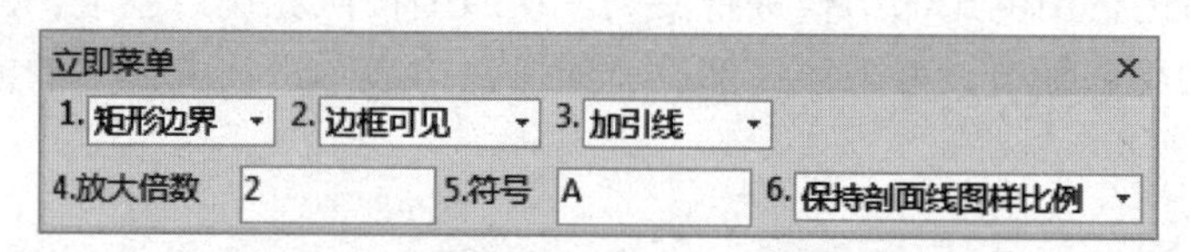

图 2-71　局部放大-矩形边界立即菜单

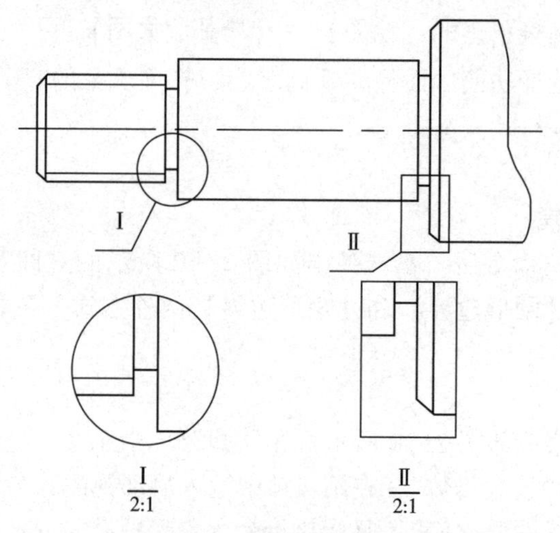

图 2-72　退刀槽局部放大图

2.2.11 三视图导航

三视图导航是导航功能的扩充，利用“长对正、高平齐、宽相等”的制图原理来确定投影关系，根据三等关系的三视图导航功能可提高三视图或多视图的绘图效率。

2.2.11.1 命令启用方式

①菜单方式：选择菜单里的【工具】—【三视图导航】。

②快捷键方式：按“F7”键。

③命令方式：命令行输入 Guide。

2.2.11.2 执行过程

利用三视图导航绘制如图 2-73 所示的梯形台的俯视图，执行的过程如图 2-74 所示。要使用三视图导航，首先将捕捉方式切换到【导航】模式，可用功能键“F6”切换选择。随后在命令行输入“Guide”或按“F7”键启动【三视图导航】命令，状态行提示【第一点<右键恢复上一次导航线>】，在合适的位置选取一点作为导航线的起点，图 2-74 中，可选择 a`点及其 45°或 135°的延长线上的点作为第一点，然后拖动鼠标可以看到一条 45°或 135°的黄色直线显示出来；状态行又提示【第二点】，根据图形的大小，在屏幕上拾取第二点，则确定了一条导航线。用户可以以此作为绘制第三视图的视图转换线，提高绘图效率。

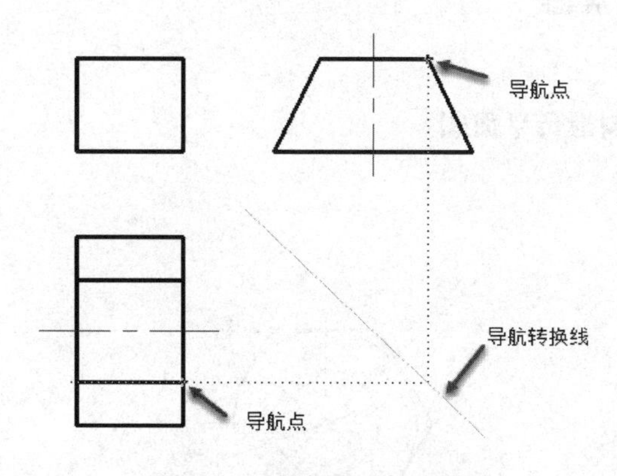

图 2-73　完成梯形台三视图

在绘制过程中，拾取点时要充分利用位置导航点和导航转换线，如图 2-74 所示，例如拾取点俯视图 a 点之前，鼠标分别移动到主视图点 a`和左视图点 a``位置，在俯视图出现了导航线的交点即点 a 的位置。

三视图导航命令是一条开关性质的命令，如已经存在导航线，再次执行该命令将退出三视图导航功能。退出三视图导航后，再次执行该命令时，按鼠标右键可恢复上一次的导航线。

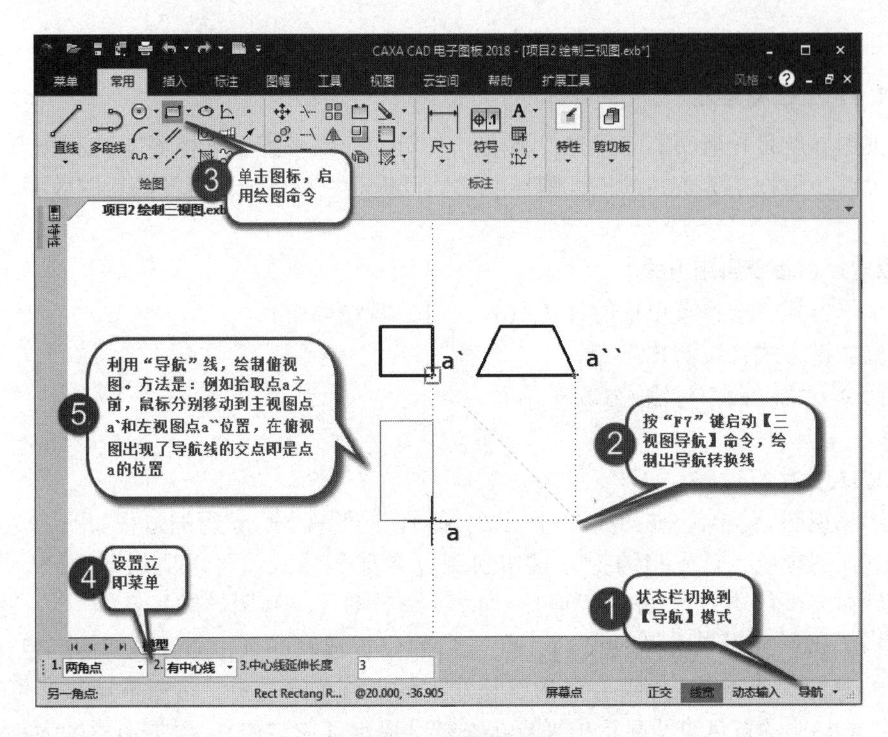

图 2-74　三视图导航

2.3 项目实施

2.3.1 任务1　绘制螺母平面图

2.3.1.1 任务导入

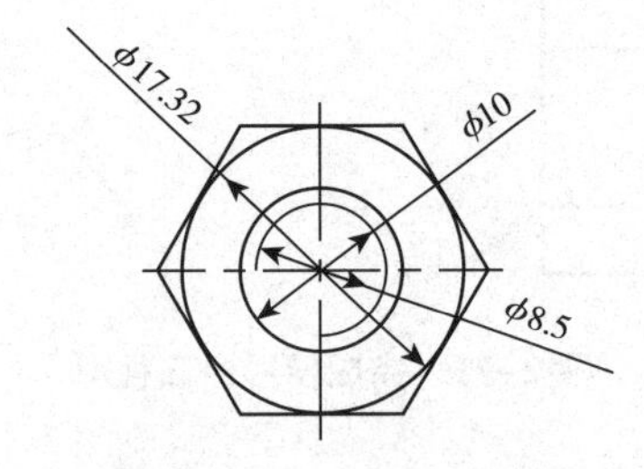

图 2-75　螺母平面图

2.3.1.2 任务分析

如图 2-75 所示，螺母的平面图形主要由圆和正六边形组成，另外有粗实线、细实线、点画线不同的线型，分属于不同的图层，有 3/4 圈圆需要用到裁剪图形编辑命令。可先绘制出圆，由于告知了圆的半径，可用【圆心-半径】的方法绘制，正六边形可利用给定中心定位，内切于圆绘制。

2.3.1.3 工作步骤

步骤一：绘制同心圆，如图 2-76 所示。

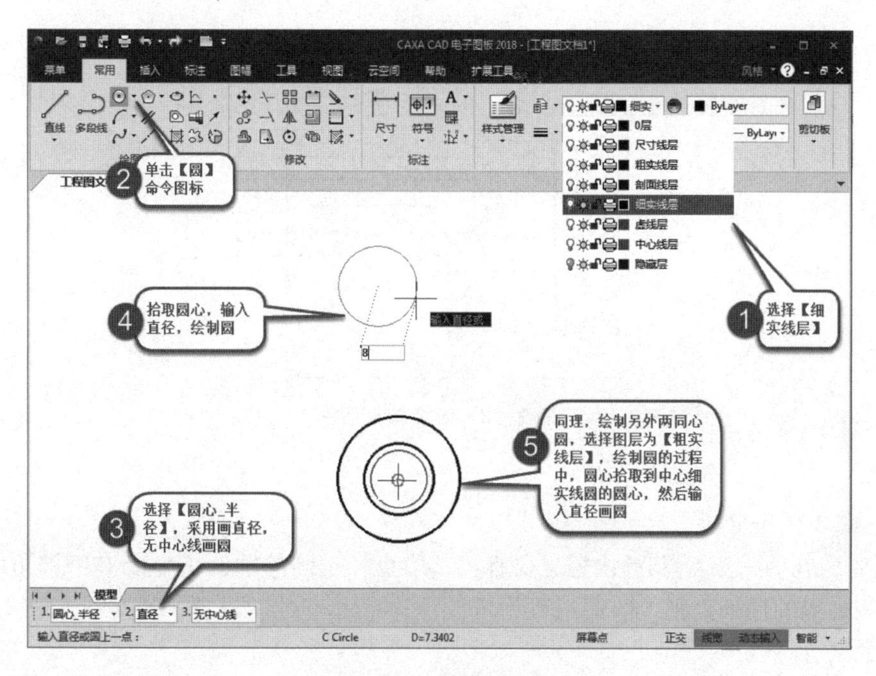

图 2-76　绘制同心圆

步骤二：绘制正六边形，如图 2-77 所示。

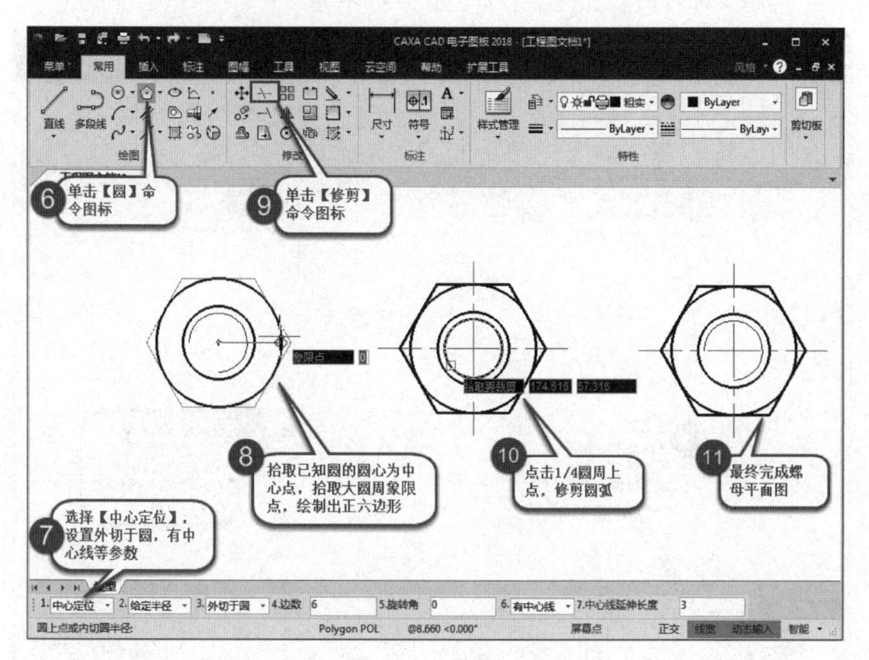

图 2-77　绘制正六边形

2.3.2 任务2　绘制阶梯轴

2.3.2.1 任务导入

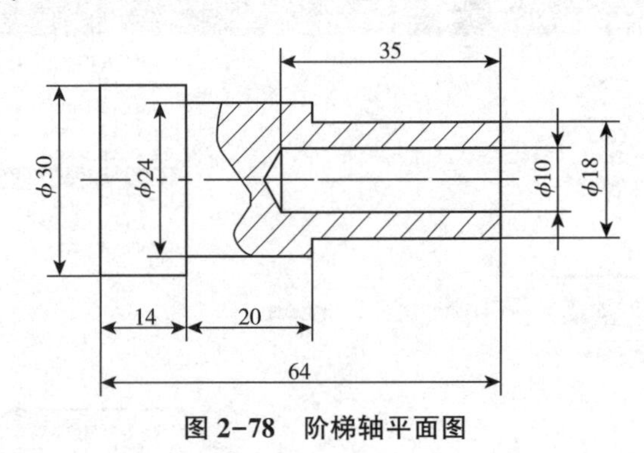

图 2-78　阶梯轴平面图

2.3.2.2 任务分析

如图 2-78 所示，绘制的内容主要有：三段直径不同的轴，一个带 120°锥角的盲孔，样条曲线分界的局部剖视。绘制过程中需要注意尺寸参数的设置，粗实线、细实线、中心轴线的区分。

2.3.2.3 工作步骤

步骤一：绘制阶梯轴段，如图 2-79、图 2-80 所示。

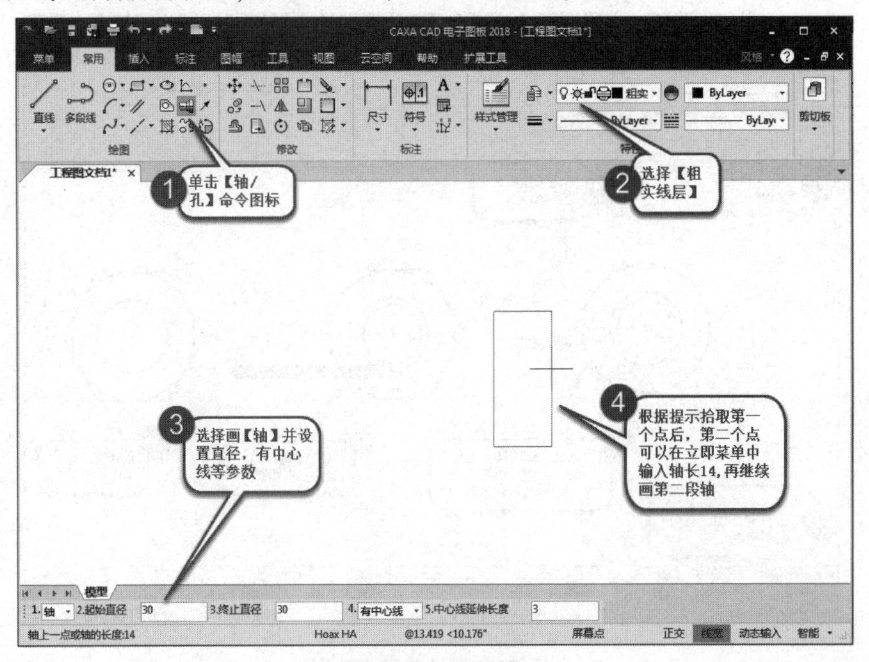

图 2-79　绘制轴

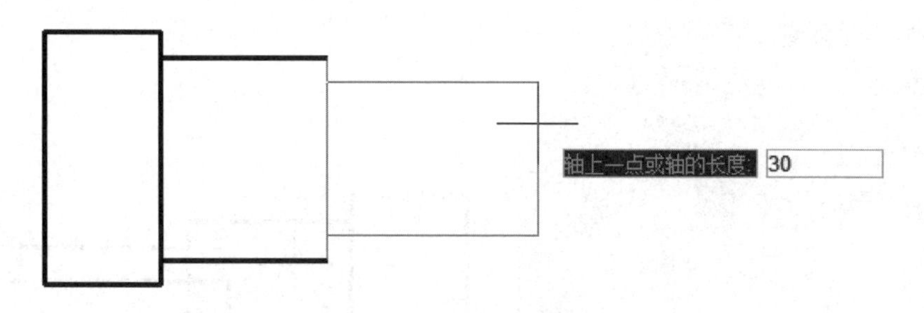

图 2-80　绘制阶梯轴

步骤二：绘制孔，如图 2-81 所示。

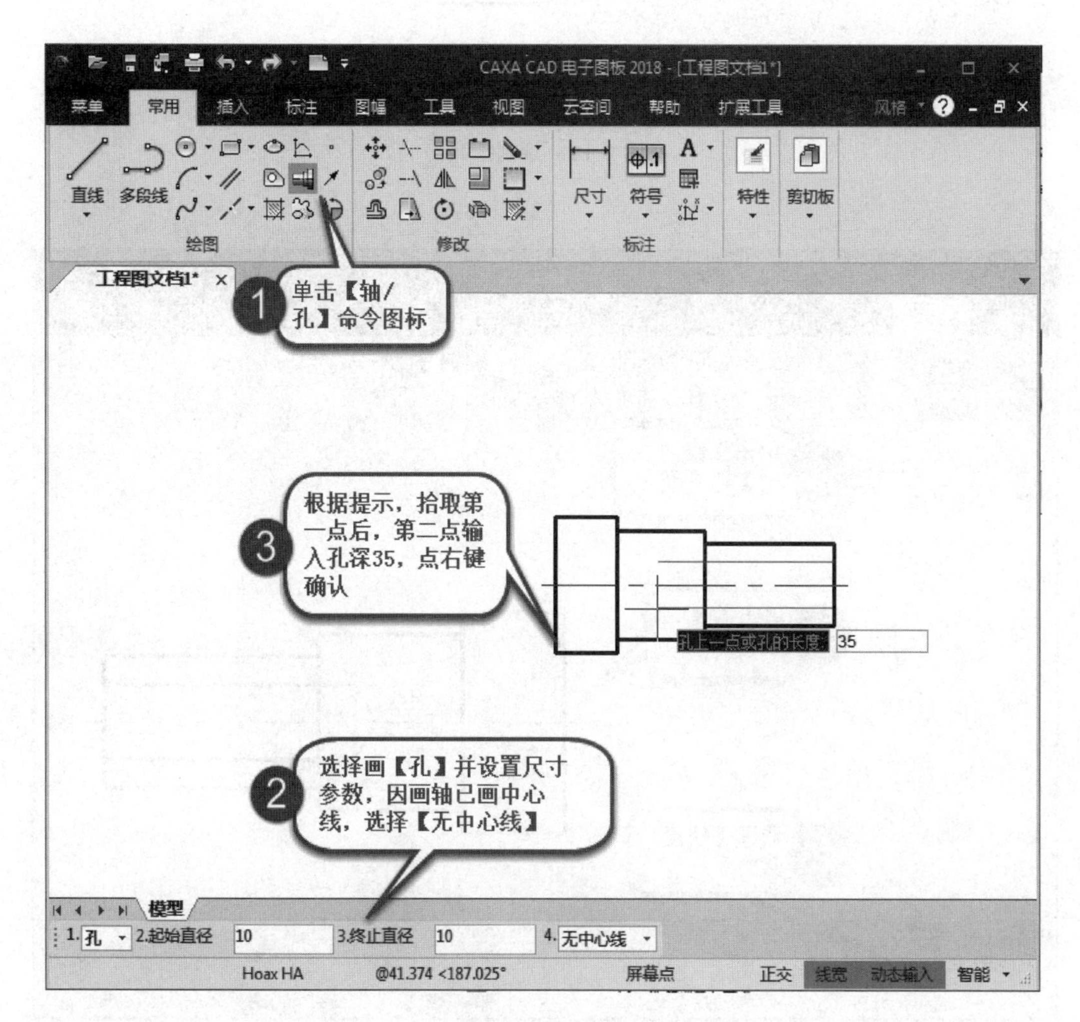

图 2-81　绘制孔

步骤三：绘制锥孔，如图 2-82 所示。

步骤四：裁剪多余线条，如图 2-83 所示。

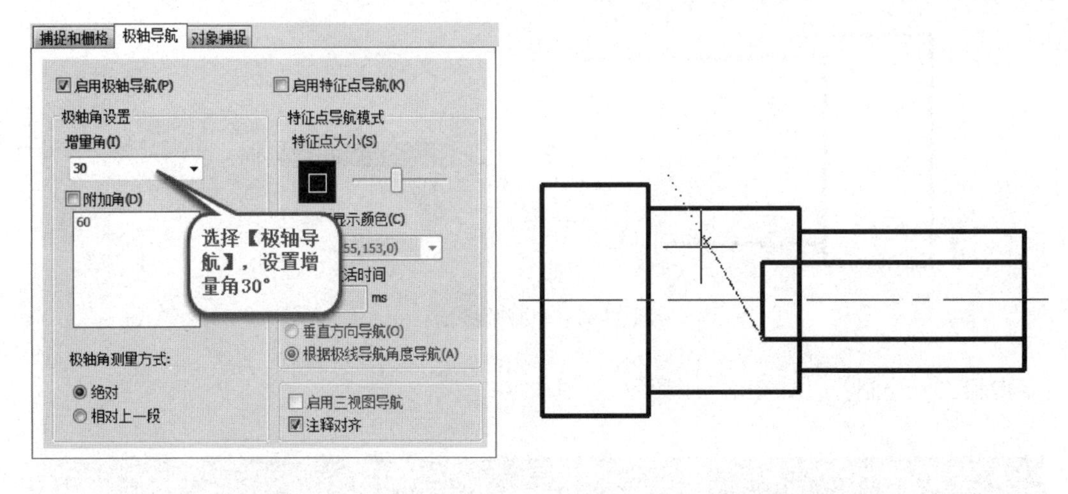

（a）设置增量角　　（b）绘制锥孔120° 边

图 2-82　绘制锥孔

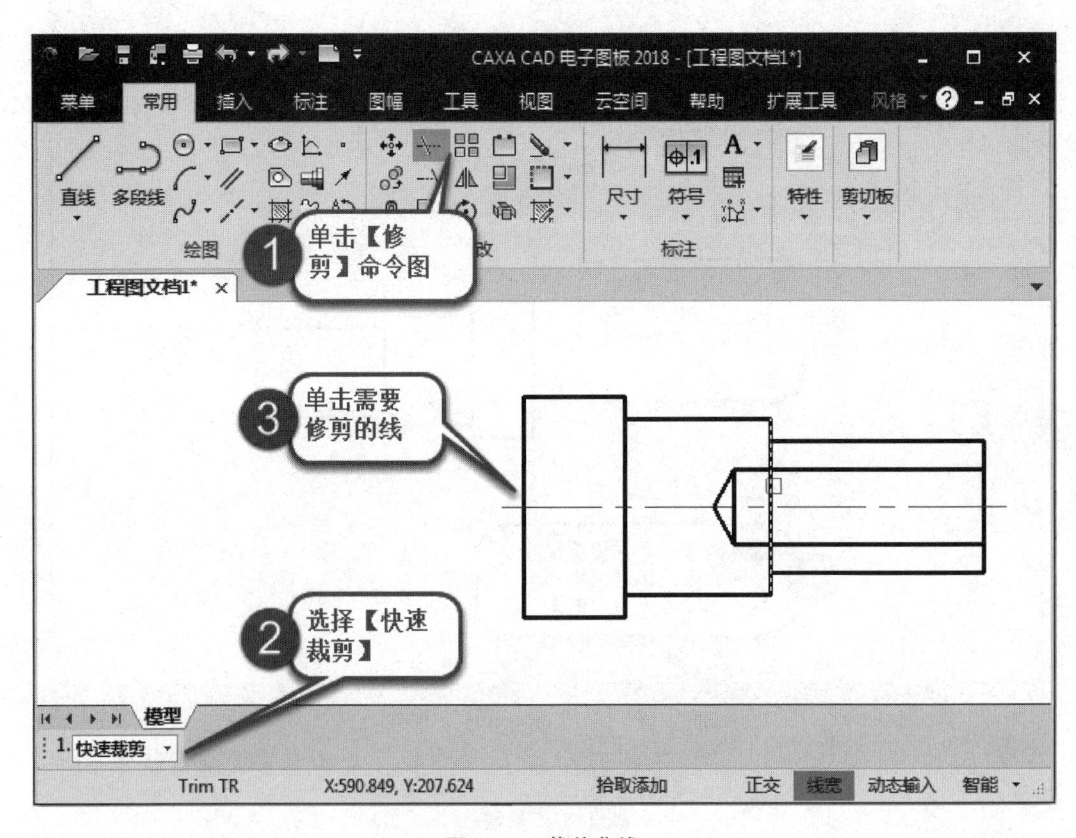

图 2-83　裁剪曲线

步骤五：绘制样条曲线，如图 2-84 所示。

步骤六：绘制剖面线，并完成阶梯轴平面图的绘制，如图 2-85、图 2-86 所示。

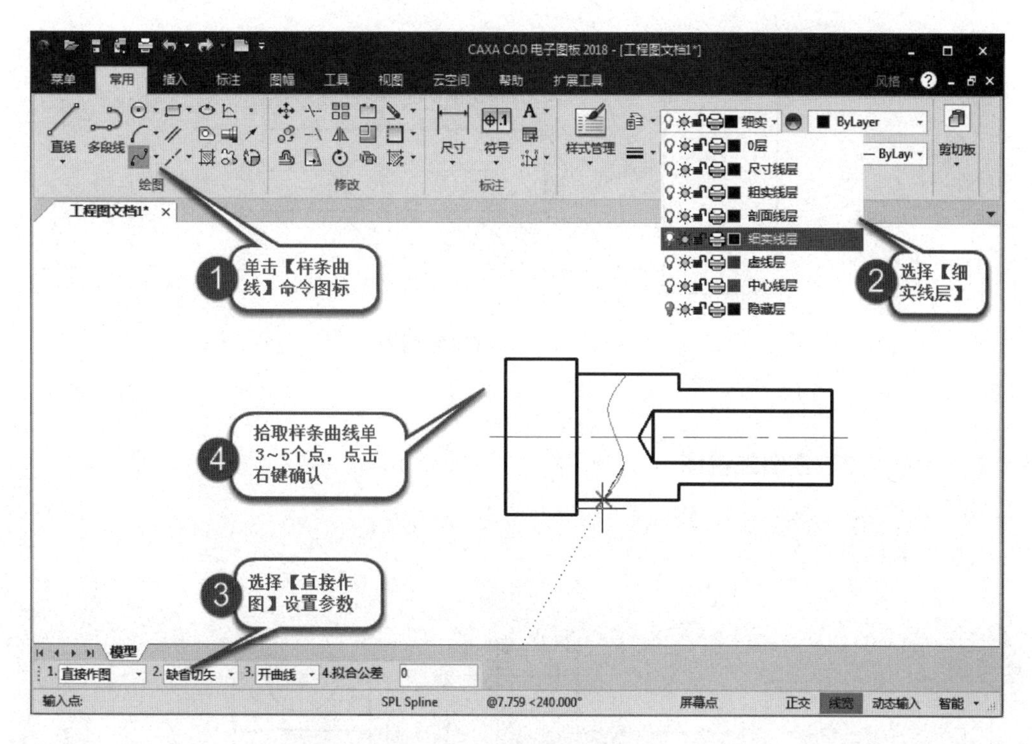

图 2-84 绘制样条曲线

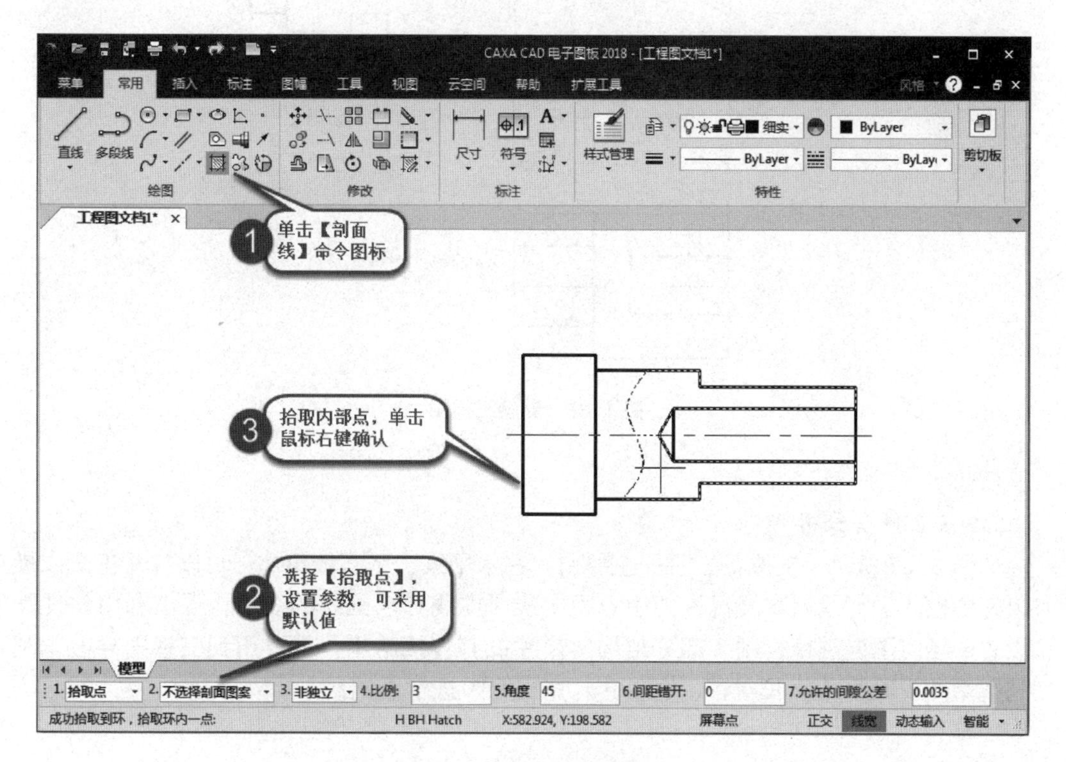

图 2-85 绘制剖面线

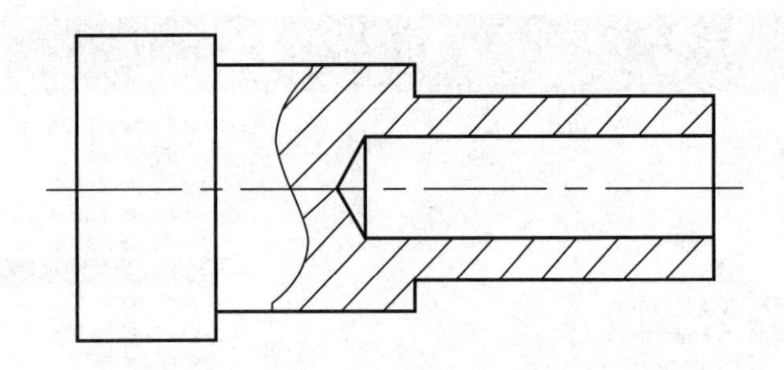

图 2-86　完成阶梯轴绘制图

2.3.3 任务 3　绘制三视图

2.3.3.1 任务导入

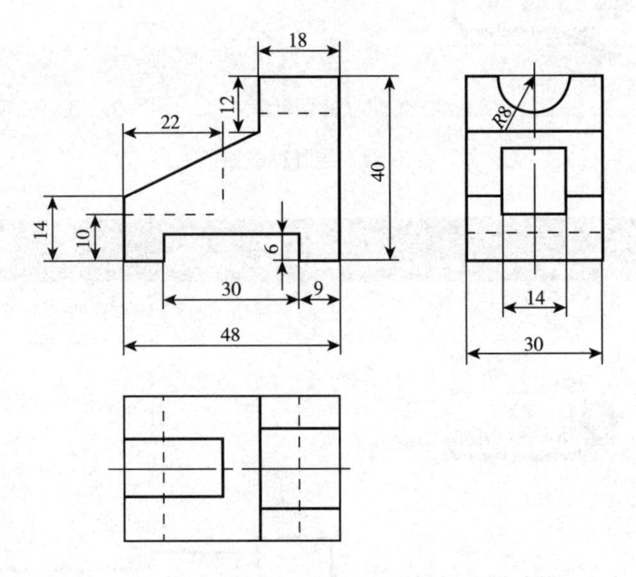

图 2-87　支座三视图

2.3.3.2 任务分析

如图 2-87 所示，支座的三视图主要由一些水平线、竖直线组成，可以打开正交或极轴追踪的模式进行绘制直线。视图中有粗实线、虚线和点画线的线型，可以利用软件默认设置的相应图层进行绘制。部分结构的尺寸没有直接给出，需要用到三视图导航，利用三视图的三等关系“长对正、高平齐、宽相等”进行绘制。

2.3.3.3 工作步骤

步骤一：开启极轴追踪，绘制直线线段，如图 2-88 所示。

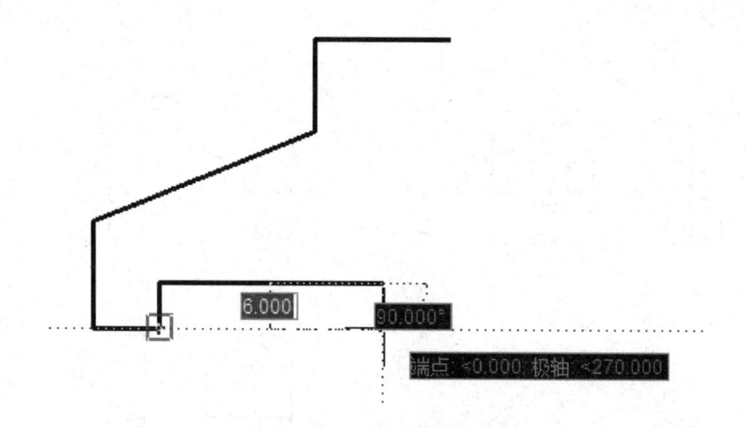

图 2-88　绘制直线线段

步骤二：利用“高平齐”，极轴追踪和绘制平行线等方法，绘制主视图和左视图的外轮廓线，如图 2-89 所示。

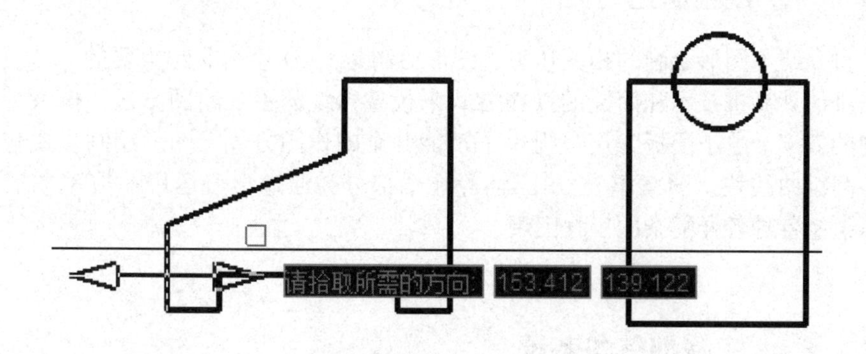

图 2-89　绘制主视图、左视图

步骤三：设置“虚线层”为当前图层，绘制虚线，如图 2-90 所示。

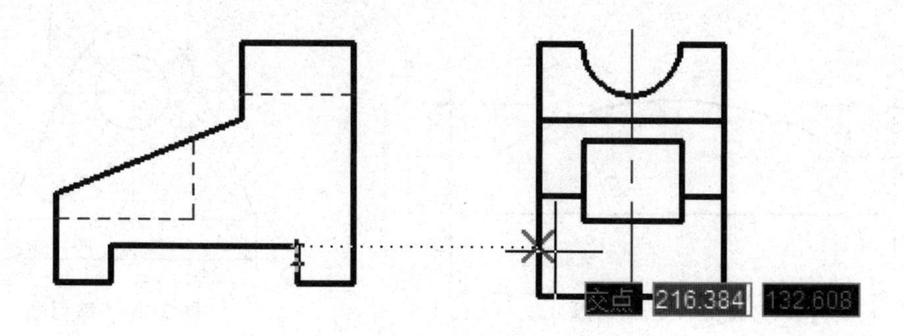

图 2-90　绘制虚线线段

步骤四：利用三视图导航，绘制俯视图，完成最终的三视图绘制，如图 2-91、图 2-92 所示。

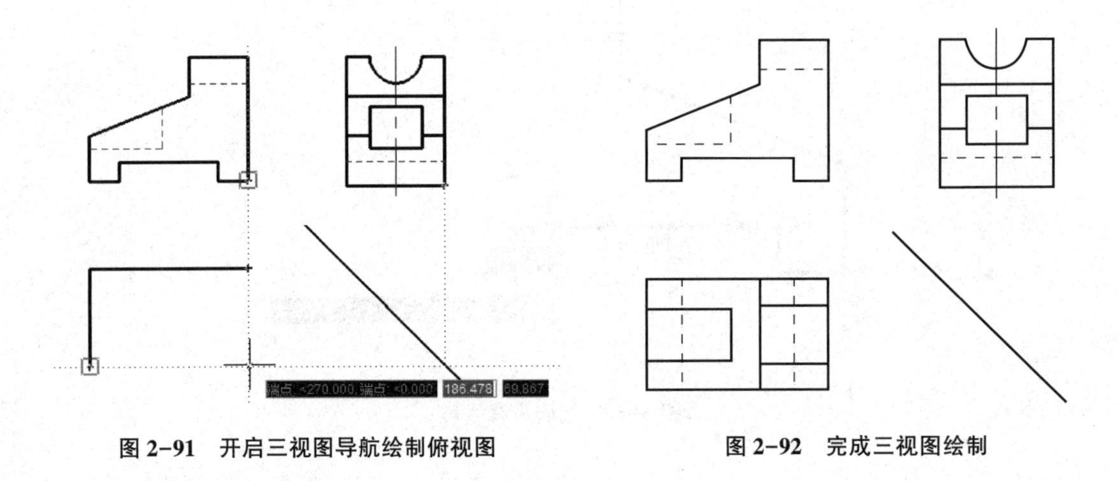

图 2-91　开启三视图导航绘制俯视图　　　图 2-92　完成三视图绘制

2.4　项目总结

本项目介绍了图形绘制的相关知识，图形绘制是 CAD 绘图非常重要的一部分。电子图板以先进的计算机技术和简捷的操作方式来代替传统的手工绘图方法，极大地提高了图形绘制的效率。电子图板为用户提供了功能齐全的作图方式，图形绘制主要包括：基本曲线、高级曲线块、图案填充、孔/轴等几个部分，通过学习运用这些基本的绘图操作，可以绘制各种各样复杂的工程图纸。

2.5　实战训练与考评

■ **Ex❶**：利用多段线命令绘制如图 2-93 所示平面图形。利用圆、直线命令绘制图 2-94、图 2-95、图 2-96 所示平面图形。技能考评要求见表 2-1。

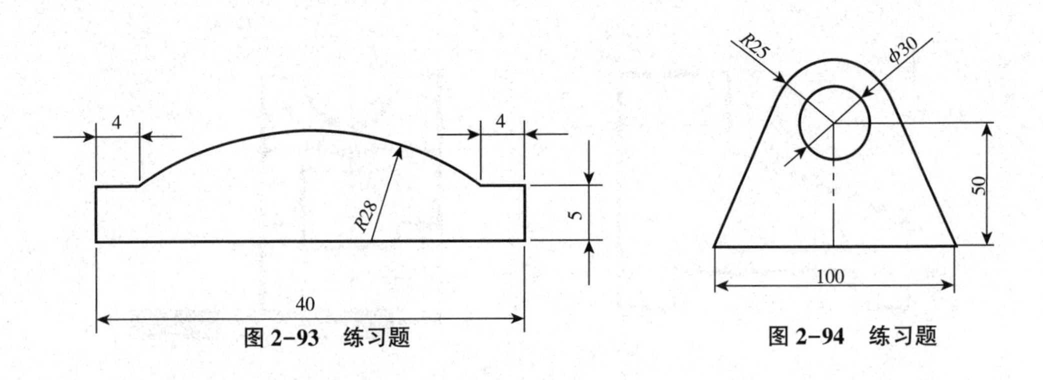

图 2-93　练习题　　　图 2-94　练习题

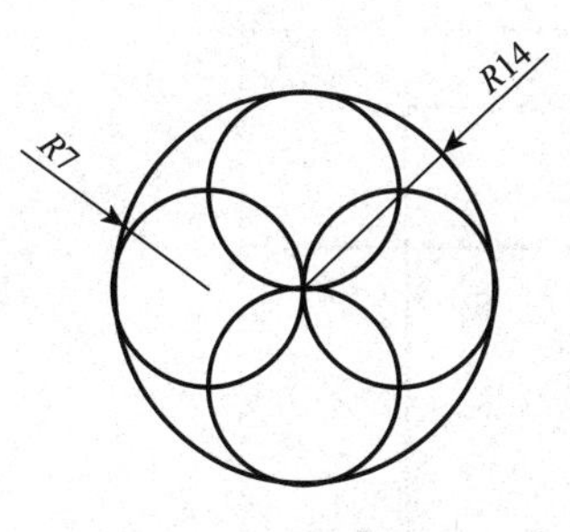

图 2-95　练习题

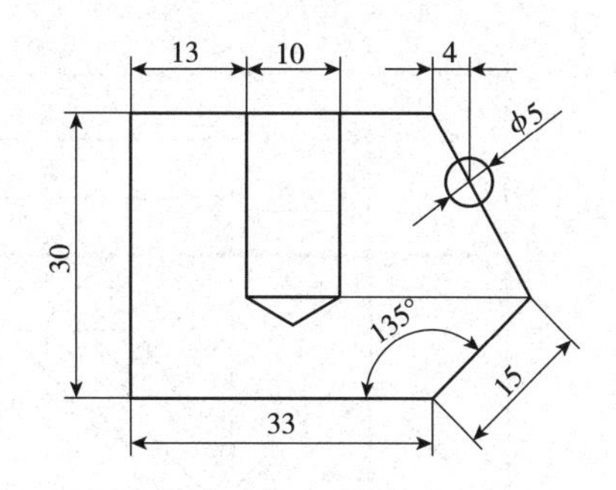

图 2-96　练习题

表 2-1　　软件基本操作训练技能考评表

实训作业任务序次	实训作业任务主要内容	关键能力与技术检测点	检测结果	评分
1	完成图 2-93、图 2-94、图 2-95、图 2-96 所示的平面图形	思维能力、分析能力和绘图技能；绘制多段线、直线、多边形、圆、相切线、角度线、矩形、对象捕捉		
2	运用不同绘图方案，灵活运用绘图基本的命令	创新能力、思维能力和绘图技能；绘制目标图形，可以灵活地应用绘图基本命令，有多种方案可以实施，特别需要注意命令当中的二级命令的使用		

■***Ex***❷：利用多边形、过渡、图案填充命令绘制如图 2-97、图 2-98 所示的平面图形。技能考评要求见表 2-2。

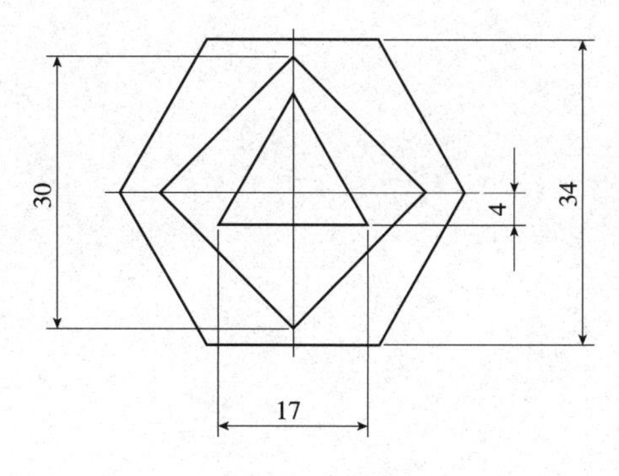

图 2-97　练习题

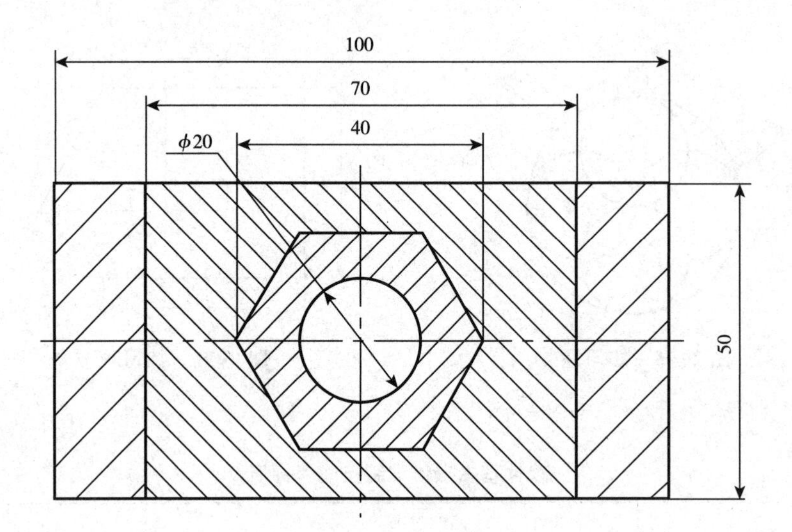

图 2-98　练习题

表 2-2　软件基本操作训练技能考评表

实训作业任务序次	实训作业任务主要内容	关键能力与技术检测点	检测结果	评分
1	完成图 2-97、图 2-98 所示的平面图形	思维能力、分析能力和绘图技能；多边形、圆、直线、对象捕捉、图案填充、剖面线		
2	运用不同绘图方案，灵活运用绘图基本的命令	创新能力、思维能力和绘图技能；绘制基本图形，二级命令的调用，图案填充的操作与编辑		

项目 3

图形编辑

3.1 项目导读

（1）项目摘要

在绘制基本的线条组成的图形过程中，需要对图形进行编辑和修改以获得需要的图形。本项目主要学习图形的编辑功能的使用，主要包括：删除、复制、平移、旋转、裁剪、过渡、延伸、打断、镜像、缩放、阵列等。

（2）学习目标

熟练地掌握图形编辑的操作功能，是绘制图形的必要条件，也能较好地提高绘图效率和质量。

（3）知识目标

掌握图形编辑的功能命令，会分析平面图形的特点，确定绘制图形的方案，并运用图形编辑命令灵活地编辑和修改平面图形。

（4）能力目标

通过项目的学习，能熟练掌握软件的各种图形编辑基本命令的使用，具备能熟练运用软件，绘制和编辑平面图形的能力，为学习后继专业课程和今后从事技术工作打下坚实的基础。

（5）素质目标

通过学习绘制和编辑平面图，培养学生严谨细致、耐心的习惯，通过项目化的学习，在实践训练中主动寻求遇到困难的答案，形成自主思考问题、解决问题的能力。

3.2 知识技能链接

3.2.1 删除和分解

3.2.1.1 删除选择的对象

绘制图形过程中，对于多余和错误的图形对象，可以执行删除命令进行删除。电子图板 2018 有【删除】【删除重线】和【删除所有】3 种删除命令，如图 3-1 所示，可以单击功能选项卡的删除图标后的▼按钮，从弹出的下拉菜单中选择。

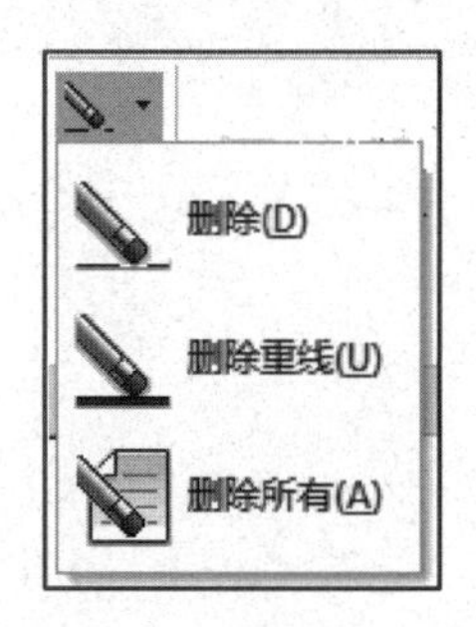

图 3-1 删除命令

（1）命令执行方式

①菜单方式：选择菜单【修改】—【删除】或【编辑】—【删除】。

②功能区图标：选择功能区的【修改】面板上的图标。

③命令方式：命令行输入 Del 、Delete 、Erase、E。

④快捷键方式：键盘上的【Delete】键。

（2）删除命令执行过程

在单击功能区图标按钮或输入“Erase”命令，启动【删除选择】命令，状态行提示【拾取添加】，选取要删除的对象，单击鼠标右键或按【Enter】键确认，选择的对象即被删除。或者是先选中需要删除的对象后，再启用删除命令也可完成删除。

（3）删除重线命令执行过程

图形绘制过程中，由于操作的失误和频繁地调用命令绘制复杂图形，有些线条就会出现一些多余的重线。重合的线从视觉上是看不出来的，但会增加图形文件的磁盘占用空间，使得运行不够流畅。

按照命令的执行方法启用【删除重线】命令，状态行提示【拾取添加】，拾取可能存在重合的多条曲线，拾取的对象可以多选取，不能只拾取一条曲线，单击右键即完成删除重线的操作。删除重线的结果提示框如图 3-2 所示，会显示删除的重线数量等信息。若没有重线，系统弹出不存在重合曲线的提示框，如图 3-3 所示。

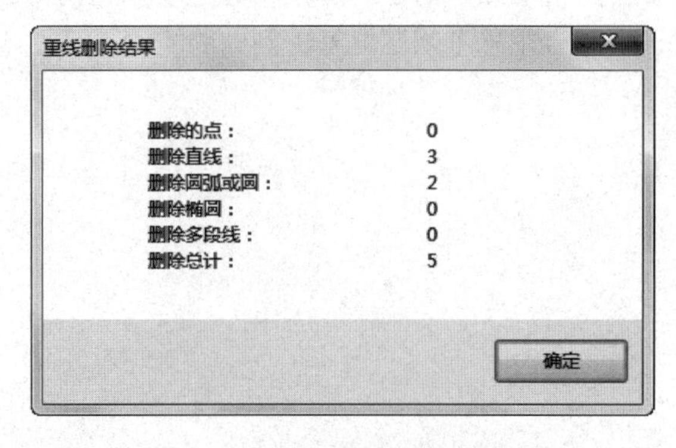

图 3-2 重线删除结果提示框

图 3-3 不存在重合的曲线提示框

（4）删除所有对象执行过程

该命令的功能是删除绘图区的所有曲线和图形等元素，此项操作可快速高效率地删除所有对象。单击功能区面板【删除】列表中选择【删除所有】，系统弹出如图3-4所示的警告提示，单击【确认】按钮将执行全部删除命令，单击【取消】按钮将不执行全部删除命令。

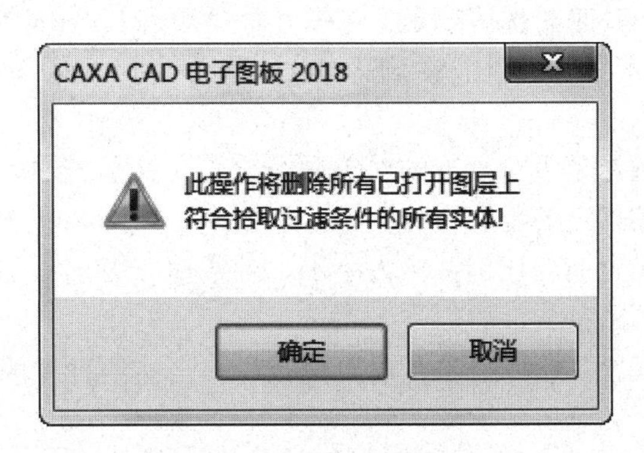

图3-4　删除所有对象警告框

3.2.1.2 分解对象

分解命令可将多边形、多段线、标注、图案填充或块参照等合成对象分解为单个元素的操作。

分解多边形是将其分解为各个直线边，各边不再有关联信息；分解多段线将其分为直线段和圆弧，并解除所有关联的信息；分解标注是使组成尺寸标注的各元素间不再关联，标注被替换为单个独立对象，例如一个尺寸标注分解后，替换成了互不关联的直线、箭头、数字及符号。

（1）分解命令执行方式

①菜单方式：选择菜单【修改】—【分解】。

②功能区图标：选择功能区的【修改】面板上的图标。

③命令方式：命令行输入 Explode 或 X。

（2）分解命令执行过程

分解命令启动后，状态行提示【拾取元素】，单击要分解的对象即完成了分解动作。

分解后的对象变成了多个独立的元素对象，也没有原对象的属性，分解后图形在视觉上没有变化，分解后的各组成部分可各自单独进行修改与编辑。

3.2.2 复制、平移和旋转

3.2.2.1 复制

利用复制命令，可以快速地生成相同的图形，在绘图过程中经常使用。

（1）复制命令执行方式

①菜单方式：选择菜单里的【修改】—【平移复制】。

②功能区图标：选择功能区【修改】面板上的图标。

③命令方式：命令行键入 Copy、CP、CO。

(2) 复制命令执行过程

启用【复制】命令后，系统弹出的立即菜单，可设置相应的参数，如图 3-5 所示。

立即菜单第 1 项选择复制方式：有【给定偏移】和【给定两点】两种方式。

立即菜单第 2 项选择是否保持原态：选择【保持原态】，移动到目标区域后，选择的对象保持原有的状态不变；选择【复制为块】，移动到目标区域后，选择的对象变成图块。

立即菜单第 3 项选择是否对复制的对象进行旋转：这里若输入一个角度，在复制完成后，选中的对象将按指定的角度旋转。

立即菜单第 4 项设置缩放比例：输入小于 1 的数值，复制后的图是缩小的，输入大于 1 的数值，复制后的图是放大的。

立即菜单第 5 项设置复制的份数：设置份数后，会按照设置的份数一次复制出多个相同图形。

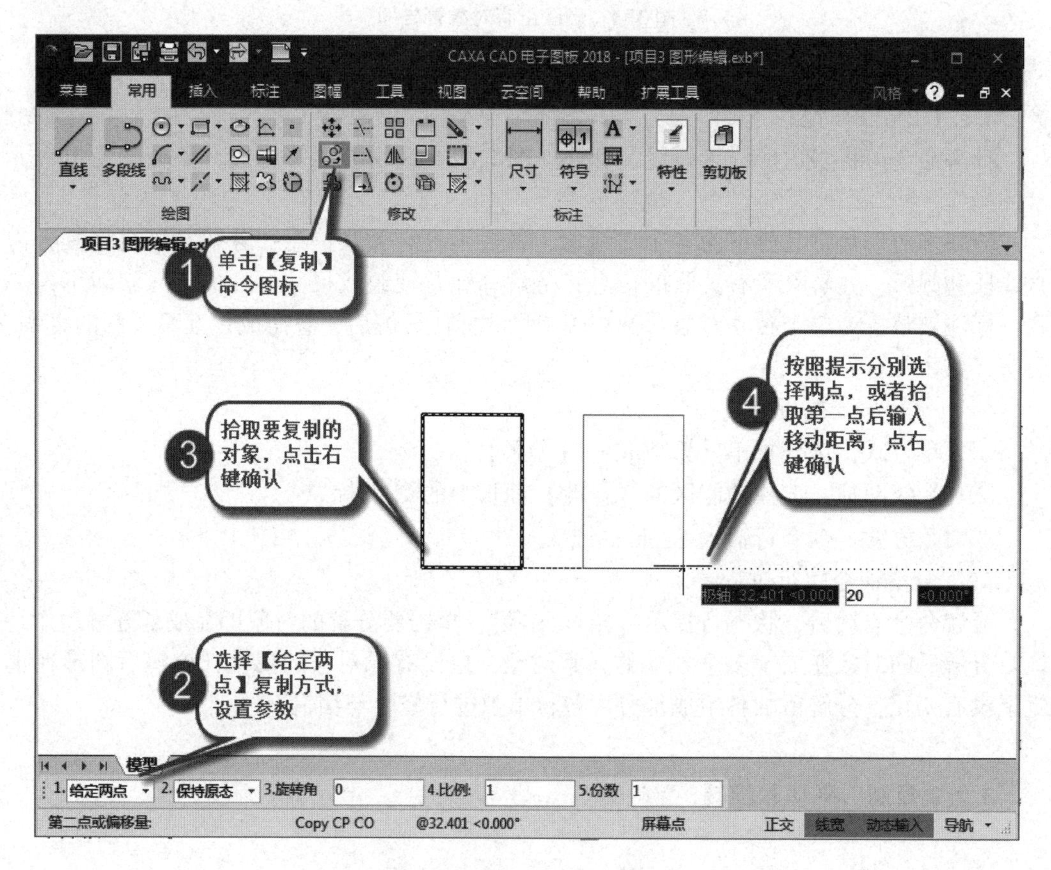

图 3-5 两点复制命令操作

设置好立即菜单，状态行提示【拾取添加】，拾取需要复制的单个或多个对象，单击鼠标右键结束拾取。根据不同的平移方式，以下的操作步骤稍有不同，分述如下。

①已知两点复制图形，复制操作如图 3-6 所示。

②偏移复制图形，操作过程如图 3-6 所示。

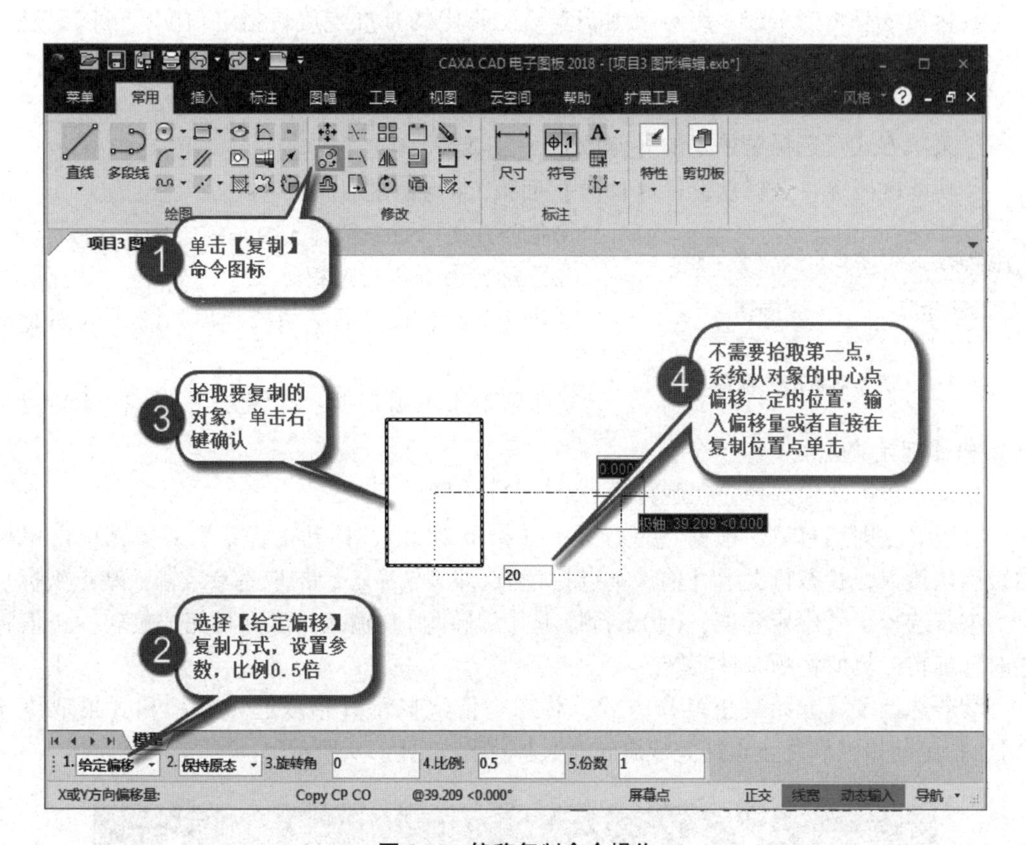

图 3-6　偏移复制命令操作

3.2.2.2 平移

利用平移的命令可以对选取的对象进行移动操作，还能进行复制平移，平移后不删除原图，达到复制的效果。

(1) 平移命令执行方式

①菜单方式：选择菜单里的【修改】—【平移】。

②功能区图标：选择功能区【修改】面板上的图标。

③命令方式：命令行键入 Move、Mo、M。

(2) 平移命令执行过程

启动【平移】命令后，系统弹出如图 3-7 所示的立即菜单。执行【平移】命令的过程与执行【复制】命令相似。该立即菜单与【复制】的立即菜单基本一样，只少了一项【份数】，其他的操作与【复制】一样，不再赘述。

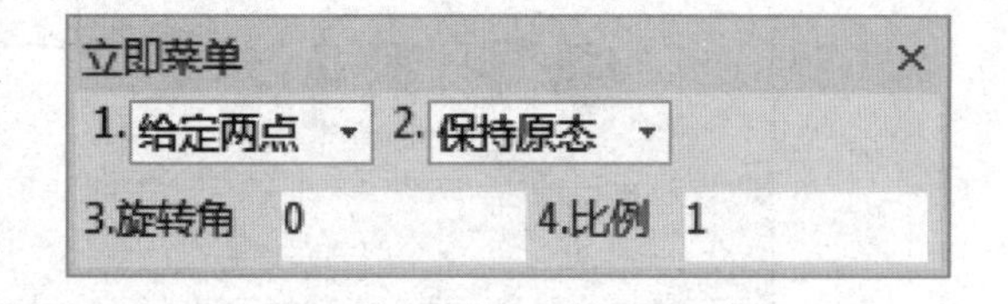

图 3-7　平移对象的立即菜单

3.2.2.3 旋转

旋转命令是将一个或一组对象围绕着一个指定的基准点旋转指定角度，可以只进行对象的旋转，也可以在旋转后保留原对象，实现拷贝旋转对象。

（1）旋转命令执行方式

①菜单方式：选择菜单里的【修改】—【旋转】。

②功能区图标：选择功能区【修改】面板上的图标。

③命令方式：命令行键入 Rotate、RO。

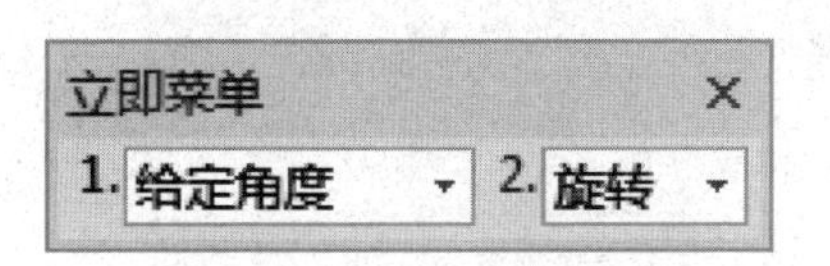

图 3-8 旋转对象的立即菜单

（2）旋转命令执行过程

启动【旋转】命令后，系统弹出如图 3-8 所示的立即菜单。

立即菜单第 1 项切换：旋转方式，包括【给定角度】和【起始终止点】。

立即菜单第 2 项选择：在旋转时是否拷贝原对象。

设置好立即菜单后，根据状态行提示【拾取对象】，移动鼠标拾取对象，单击鼠标右键确认拾取，状态行提示【输入基点】，基点即旋转中心，拾取基点或输入基点坐标。

①若选择了【给定角度】，状态行提示【旋转角】，输入角度即可完成旋转，正值将逆时针旋转，负值将顺时针旋转。

②若选择了【起始终止点】方式，状态行依次提示【拾取起始点】和【拾取终止点】，指定起始点和终止点即完成旋转。具体操作如图 3-9 所示。

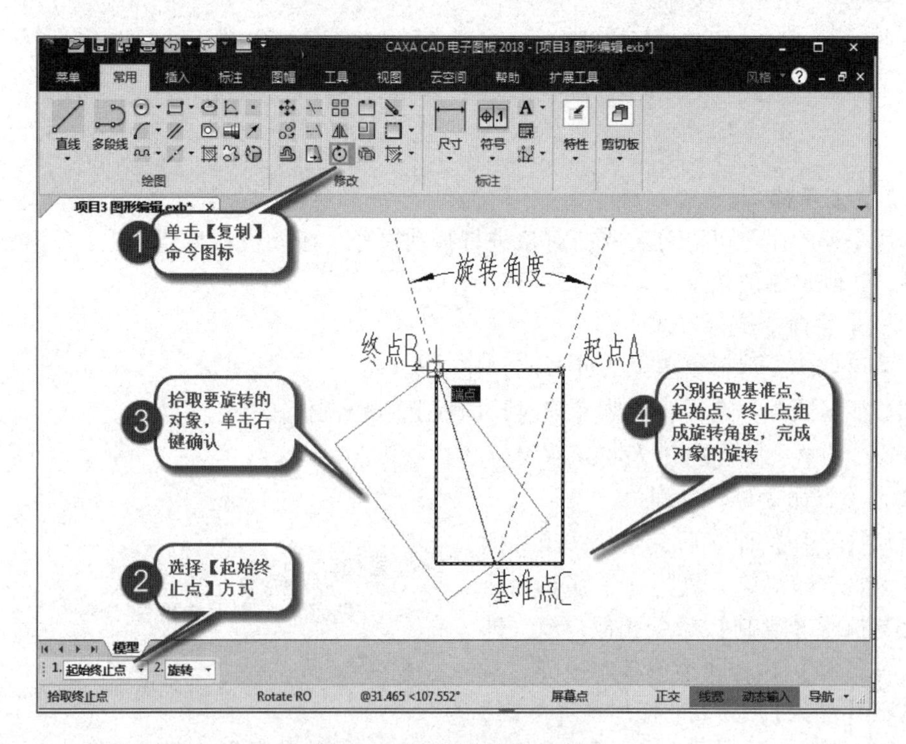

图 3-9 旋转对象操作示意图

3.2.3 裁剪和过渡

3.2.3.1 裁剪

裁剪命令的功能是根据定义的边界，将位于边界一侧的实体部分剪去，保留另一侧。裁剪的方式有三种：快速裁剪、拾取边界裁剪和批量裁剪。

（1）执行方式

①菜单方式：选择菜单里的【修改】—【裁剪】。

②功能区图标：选择功能区的【修改】面板上的图标。

③命令方式：命令行输入 Trim、TR。

（2）快速裁剪

【快速裁剪】这种方式允许用户在各交叉曲线中进行任意的裁剪操作。快速裁剪的操作过程比较简单，选择了这种方式后，状态行提示【拾取要裁剪的曲线】，直接用鼠标点取要被裁剪的部分，系统根据与该曲线相交的曲线自动定出裁剪边界，即可将点取的部分裁剪掉。图 3-10（b）即是图 3-10（a）采用快速裁剪的结果。

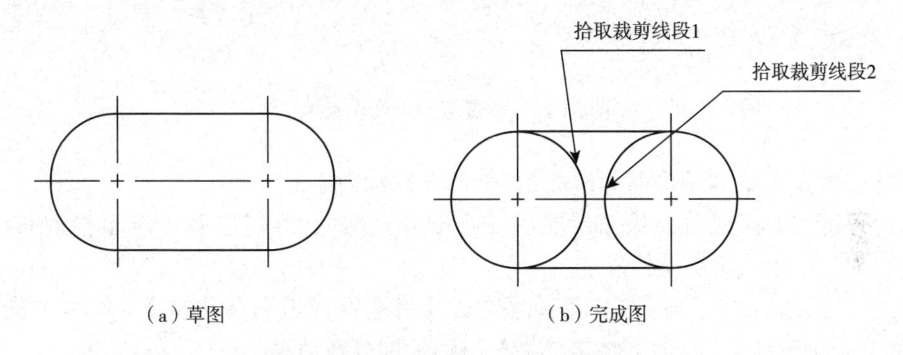

图 3-10　快速裁剪命令的使用图

（3）拾取边界裁剪

【拾取边界】方式主要用于较复杂图形的裁剪，在这种方式下，用户自行定义裁剪的边界线，电子图板 2018 称为剪刀线。

选择该种方式后，状态行首先提示【拾取剪刀线】，用鼠标点取要作为剪刀线的曲线。剪刀线可以是一条，也可以是多条，但只能点选，不能框选，单击鼠标右键确认选取，拾取的剪刀线以加亮方式显示。这时状态行提示【拾取要裁剪的曲线】，在需要裁剪的地方单击鼠标左键，系统根据定出的边界线将点取的部分裁剪掉，可以框选被裁剪的部分。

（4）批量裁剪

【批量裁剪】命令是通过一组剪刀线对一组曲线进行批量的裁剪。批量裁剪大圆外部的所有线段，执行方法如图 3-11 所示。批量裁剪小圆内部的所有线段，执行方法如图 3-12所示。具体操作步骤分述如下：

①点击功能区面板【裁剪】命令图标，启动【裁剪】命令，将立即菜单的裁剪方式切换至【批量裁剪】。

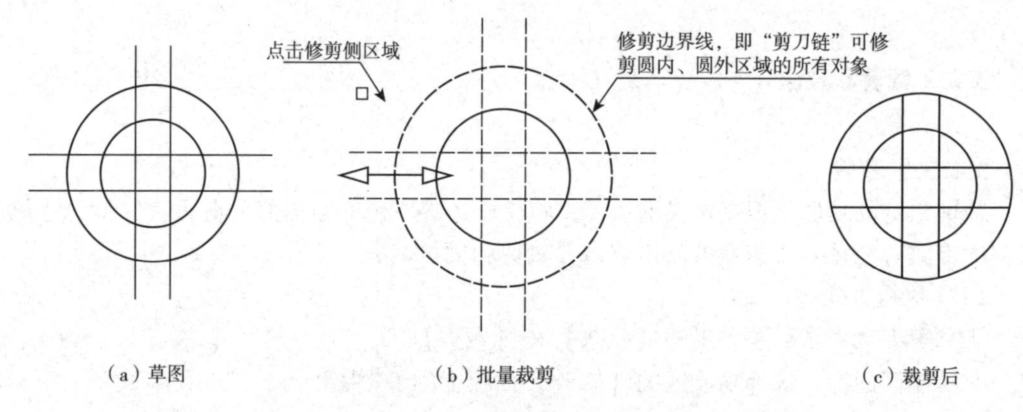

图 3-11　批量裁剪大圆外直线

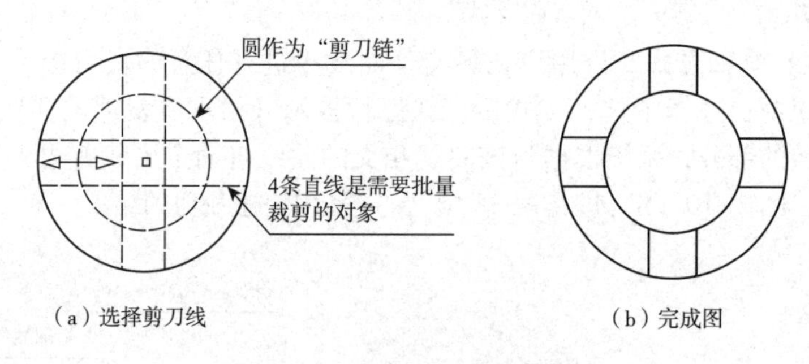

图 3-12　批量裁剪小圆内直线

②状态行首先提示【拾取剪刀链】，拾取大圆作为剪刀链。

③剪刀链拾取完成后，状态行提示【拾取要裁剪的曲线】，既可单击拾取直线，也可框选拾取，单击右键确认拾取。

④状态行提示【请选择要裁剪的方向】，单击方向箭头，即可将选择箭头一边的部分裁剪掉。

⑤同理可以裁剪小圆内部的全部线段，选择小圆为剪刀线，如图 3-12（a）所示，操作方法同上，最后的完成图如图 3-12（b）所示。

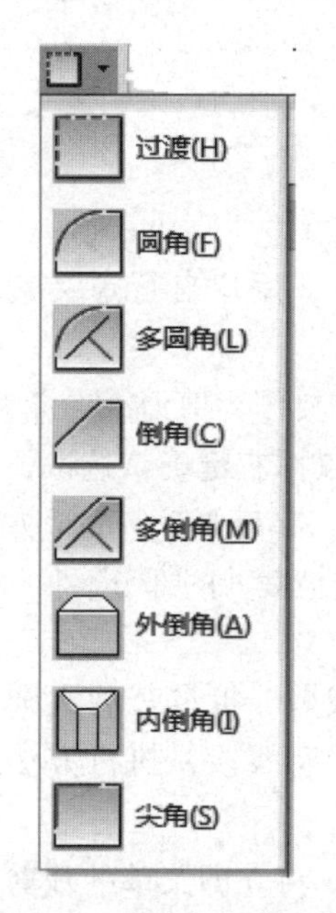

图 3-13　过渡二级命令菜单

3. 2. 3. 2 过渡

机械零件常有制造倒角的工艺，铸造的零件也常设计有圆角过渡的工艺。过渡包括了圆角和倒角的命令，圆角是指对直线、圆弧等对象采用圆弧光滑的过渡，倒角主要用于对线条连接部分采用一定角度的直线连接。过渡的二级命令如图 3-13 所示。

（1）执行方式

①菜单方式：选择菜单里的【修改】—【过渡】。

②功能区图标：选择功能区的【修改】面板上的□图标。

③命令方式：命令行输入 Corner、CN。

（2）圆角过渡

【过渡】命令启用后，系统弹出的立即菜单如图 3-14 所示。具体操作执行方法简述如下：

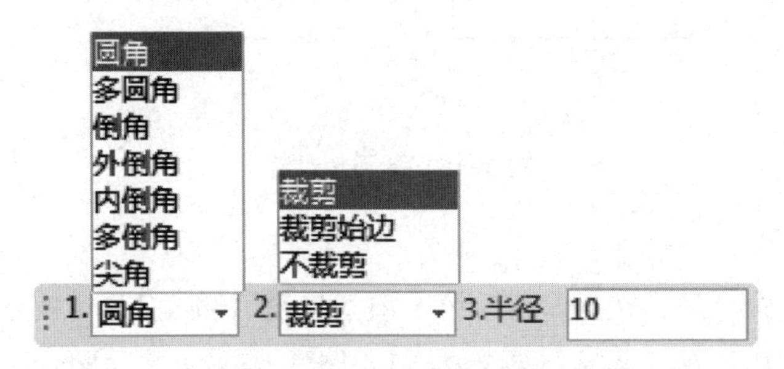

图 3-14　过渡命令立即菜单

①立即菜单第 1 项选择【圆角】，立即菜单第 2 项选择过渡对象的裁剪方式。裁剪：用圆角过渡后所有周边多余的线条将被裁剪；裁剪始边：圆角过渡后只裁剪掉起始边的多余部分，起始边指用户拾取的第一条曲线；不裁剪：执行过渡操作后，原曲线保留原样，不会被裁剪。各种不同裁剪方式产生的过渡效果，如图 3-15 所示。

在裁剪过程中，若裁剪对象原来不相交，但延伸之后是相交的，那么裁剪边会自动延伸与过渡圆弧相切。

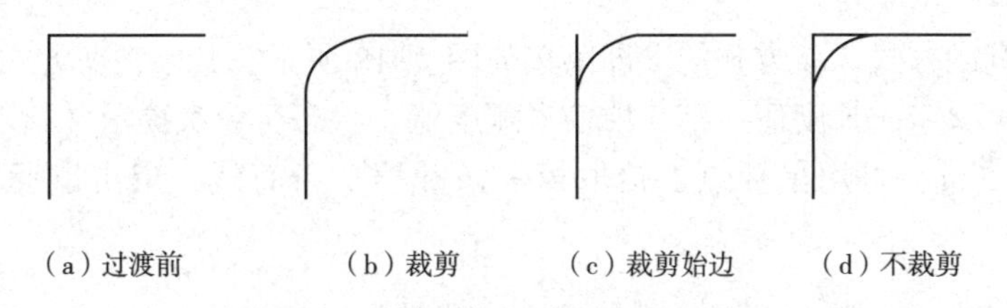

（a）过渡前　（b）裁剪　（c）裁剪始边　（d）不裁剪

图 3-15　圆角过渡不同的裁剪方式

②立即菜单设置完成后，状态行依次提示【拾取第一条曲线】，点击选取第一条曲线；状态行依次提示【拾取第二条曲线】，点击选取第二条曲线，圆角过渡绘制完成。

③过渡命令是一个连续执行的命令，只要不单击鼠标右键或按【ESC】键或按空格键，命令没有结束，可连续执行圆角命令。

（3）多圆角过渡

多圆角过渡是指对首尾相连的多条直线同时在相交处进行圆角过渡。多圆角过渡仅适用于多条连续的直线，若有圆弧或其他曲线与直线相连，则无法完成过渡。

具体操作执行方法简述如下：

①启动【过渡】命令后，立即菜单第 1 项将过渡方式切换至【多圆角】，此时立即菜单中没有了“裁剪”选项，即多圆角命令是自动裁剪曲线的所有边，在立即菜单第 2 项输入过渡半径值。

②状态行提示【拾取首尾相连的直线】，单击首尾相连的直线中的任意一条即完成多圆角过渡。如图 3-16 所示的矩形，多圆角过渡时，用鼠标单击其中的任一边均可将四个角同时进行圆角过渡。

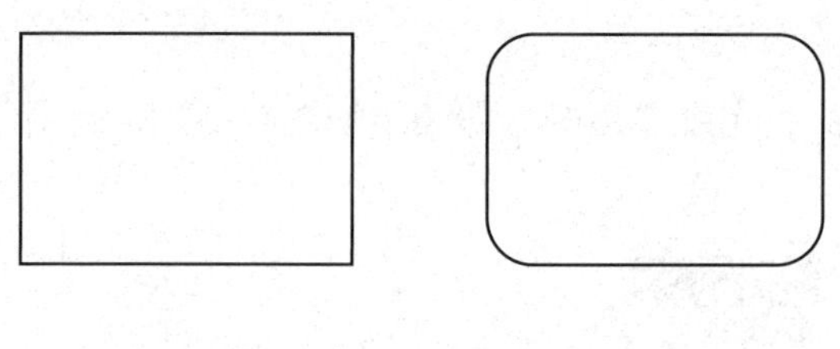

（a）过渡前　　（b）多圆角过渡后

图 3-16　多圆角过渡

（4）倒棱角

启动【过渡】命令后，在立即菜单第 1 项切换至【倒角】。切换立即菜单第 2 项选择【长度和角度方式】及【长度与宽度方式】，两种方式的命令执行过程分述如下：

①长度和角度方式。该方式的立即菜单如图 3-17 所示，其中裁剪方式的含义与倒圆角相同，在第 4 项输入长度值，第 5 项输入倒角角度。状态行依次提示【拾取第一条直线】【拾取第二条直线】，可用鼠标点击拾取第一条和第二条直线，两条直线若平行是无法执行倒角命令的，点击鼠标右键确认结束命令。

1. 倒角　2. 长度和角度方式　3. 裁剪　4.长度 2　5.角度 45

图 3-17　【长度和角度方式】倒角的立即菜单

②长度和宽度方式。该方式的立即菜单如图 3-18 所示，其中裁剪方式的含义与倒圆角相同，在第 4 项输入长度值，第 5 项输入宽度值。状态行依次提示【拾取第一条直线】【拾取第二条直线】，可用鼠标点击拾取第一条和第二条直线，点击鼠标右键确认结束命令。

图 3-18　【长度和宽度方式】倒角的立即菜单

倒角长度和角度的含义如图 3-19 所示。倒角长度和宽度的含义如图 3-20 所示。

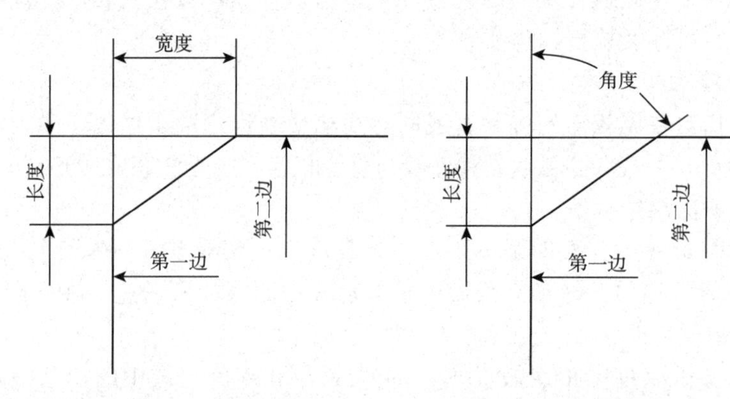

图 3-19　倒角长度和角度的含义　　**图 3-20　倒角长度和宽度的含义**

若需要倒角的两条直线尚未实际相交，延长后才有交点，则拾取完两条直线后，系统会自动计算直线延伸后交点的位置，并将直线延伸进行倒角操作。

（5）多倒角

多倒角的功能类似于多圆角，用于首尾相连的多条直线同时在相交处进行倒角过渡，各边的夹角不要求90°垂直。

①启动【过渡】命令后，点击立即菜单第1项切换至【多倒角】。立即菜单如图3-21所示。

图3-21 多倒角的立即菜单

②设置立即菜单里的参数。在立即菜单第2项输入倒角长度，立即菜单第3项输入倒角角度。设置完立即菜单后，状态行提示【拾取首尾相连的直线】，单击首尾相连的直线中的任意一条即完成多倒角过渡的操作。对矩形进行多倒角操作的效果如图3-22所示。

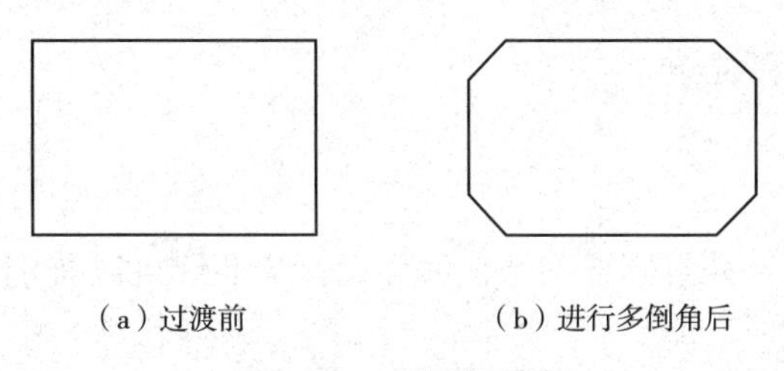

（a）过渡前　　（b）进行多倒角后

图3-22 多倒角过渡

（6）内倒角和外倒角

【内倒角】和【外倒角】用于绘制三条互相垂直的直线的倒角，为了便于装配，轴或孔常常加工倒角。

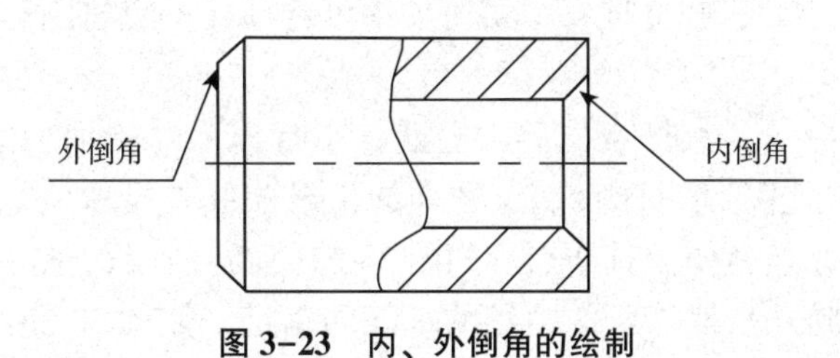

图3-23 内、外倒角的绘制

①启动【过渡】命令后，在立即菜单第1项切换至【外倒角】或【内倒角】。立即菜单中无“裁剪”选项，内、外倒角的两条直线需相交。

②状态行依次提示【拾取第一条直线】【拾取第二条直线】【拾取第三条直线】。拾取需要倒角的三条相互垂直的直线，系统就自动绘出内、外倒角，效果如图3-23所示。若三条直线不垂直，状态行提示【三条直线必须互相垂直，重新拾取第一条直线】。进行倒角操作结果，与选取三条直线的顺序无关，三条直线要求是相互垂直关系。

（7）尖角

尖角是指在两条曲线的交点处形成尖角的连接过渡。若两条曲线有交点，则以交点

为界，形成尖角过渡，多余部分将自动被裁剪掉；若两曲线无实际交点，但有延伸交点，则系统会自动计算出交点，两曲线会延伸至交点处形成尖角过渡，如图 3-24 所示。

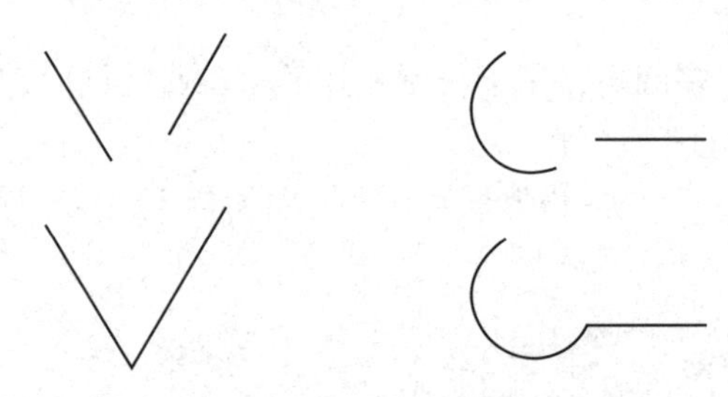

图 3-24　尖角过渡

①启动【过渡】命令后，点击立即菜单第 1 项切换至【尖角】。

②状态行依次提示【拾取第一条曲线】【拾取第二条曲线】，单击选取两条曲线即可形成尖角。

3.2.4 打断、延伸和拉伸

3.2.4.1 打断

将一条曲线从指定点处打断成两条曲线，两段的曲线可以分别进行修改和编辑。

（1）命令执行方式

①菜单方式：选择菜单【修改】—【打断】。

②功能区图标：选择功能区的【修改】面板上的图标。

③命令：命令行输入 Break 或 BR。

（2）打断命令执行过程

启动【打断】命令后，在立即菜单第 1 项中可选择【一点打断】或【两点打断】两种打断方式。

①一点打断。选择【一点打断】后，根据状态行提示【拾取曲线】，拾取要打断的曲线，然后状态行提示【拾取打断点】，在曲线上或曲线外拾取一点均可打断曲线。拾取点是曲线上的点，该点就作为打断点，如图 3-25（a）所示的 A 点。若拾取在曲线外的点，打断点的位置是从拾取点所作曲线的垂线的垂足，如图 3-25（b）所示。一点打断曲线，视觉上看不出变化，但曲线实际上已经被分成了两部分，可以单独进行修改和编辑。

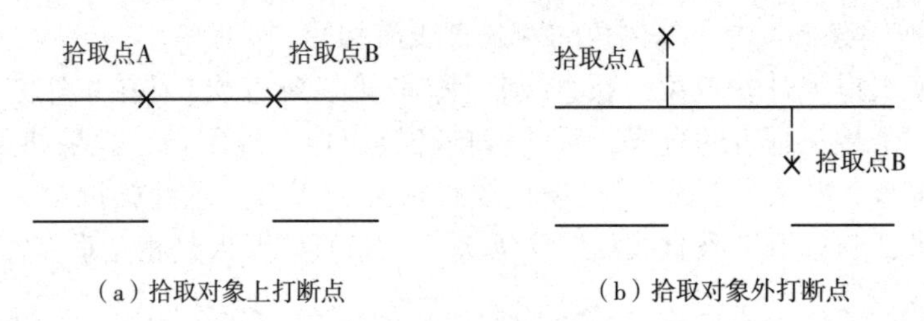

图 3-25　打断曲线

②两点打断。选择【两点打断】后，立即菜单如图3-26所示的样式。立即菜单第2项选择第一点的拾取方式是【伴随拾取点】还是【单独拾取点】。

1. 两点打断 2. 单独拾取点

图3-26　两点打断的立即菜单

【伴随拾取点】：鼠标在曲线上第一次单击的位置点就是第一个打断点，状态行只提示【拾取第二点】，鼠标在曲线上拾取第二个打断点，这样两点之间的部分就被打断并删除掉了。

【单独拾取点】：使用单独的两点作为打断点，状态行依次提示【拾取第一点】和【拾取第二点】，拾取两点后，曲线上两点之间的部分将被打断并删除掉，可拾取曲线上的点，或者拾取曲线外部的点，均可实现打断的效果，如图3-25所示。

3.2.4.2 延伸

延伸命令可根据给定的边界和条件，对图形进行延长，而总体的外形不发生改变。

（1）命令执行方式

①菜单方式：选择菜单【修改】—【延伸】。

②功能区图标：选择功能区的【修改】面板上的图标。

③命令：命令行输入Edge、Extend、EX。

（2）延伸命令执行过程

①按照命令执行的方法启用【延伸】命令。

②状态行提示【拾取剪刀线】，剪刀线即对象延伸的边界线，剪刀线可以是多条，可以点选也可以框选，单击鼠标右键结束拾取，如图3-27（a）所示。

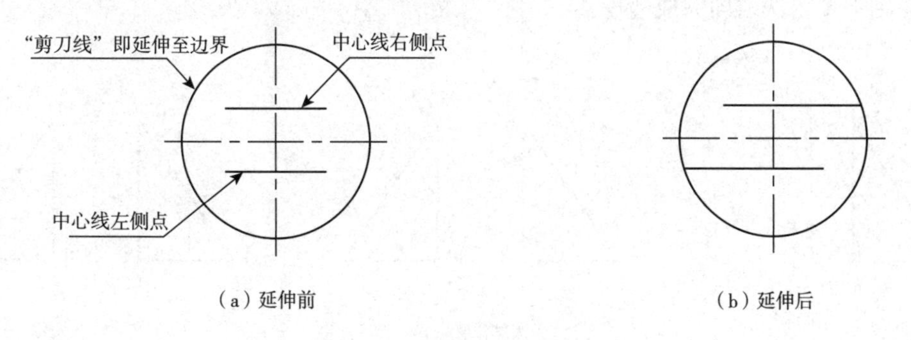

（a）延伸前　　（b）延伸后

图3-27　延伸命令的使用

③状态行提示【拾取要编辑的曲线】，可点选或框选要延伸的曲线，系统自动将拾取的曲线延伸至剪刀线。拾取的点以中点为界，拾取点靠左，就往左边延伸，拾取点靠右边，就朝右边延伸，如图3-27（b）所示。

3.2.5 镜像和阵列

3.2.5.1 镜像

镜像命令经常用于绘制和编辑具有对称性的图形，其方法是先绘制一半图形，另一半用镜像命令生成。

（1）镜像命令执行方式

①菜单方式：选择菜单【修改】—【镜像】。

②功能区图标：选择功能区的【修改】面板上的图标。

③命令方式：命令行输入 Mirror 或 MI。

（2）镜像命令执行过程

①启动【镜像】命令，系统弹出如图 3-28 所示的立即菜单。

1. 选择轴线 2. 拷贝

图 3-28　镜像命令立即菜单

立即菜单第 1 项用于设置镜像轴的选择方式。若选择【选择轴线】镜像：可以在绘制了一半图形后，拾取直线作为对称轴线生成镜像图形。若选择【拾取两点】镜像：可以在绘制了一半图形后，拾取两点，两点连成的直线即镜像图形的对称轴线。

立即菜单第 2 项设置在镜像后是否删除原对象，若选择【拷贝】，则不删除原对象，选择【镜像】，则删除原对象。

②立即菜单设置后，状态行提示【拾取元素】，用点选或者框选方式选择需要镜像的对象，例如图 3-29（a）所示的三角形图形及 ABC 字母，单击鼠标右键完成拾取。

③若采用【拾取两点】选对称轴，状态行会依次提示【第一点】【第二点】，拾取镜像轴线上任意两个点即可完成镜像；若采用【选择轴线】，状态行会提示【拾取轴线】，在镜像轴上单击选取即完成镜像。

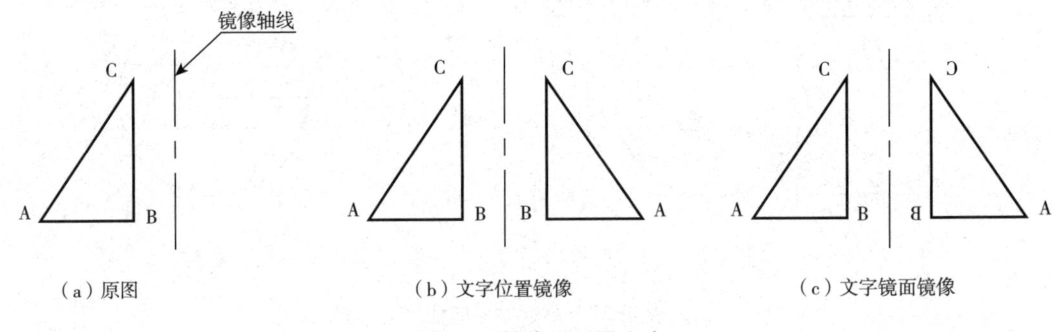

（a）原图　（b）文字位置镜像　（c）文字镜面镜像

图 3-29　镜像图形及文字

在【选项】命令的【文字镜像方式】中，【位置镜像】显示的镜像效果如图 3-29（b）所示，【镜面镜像】显示的镜像效果如图 3-29（c）所示。

3.2.5.2 阵列

在机械制图的过程中，对于一些相同的图形，可以用复制的命令，但复制命令不能使多个复制图形快速地在 *X* 和 *Y* 方向上等间距地分布，也不能让复制的图形围绕着中心点旋转相同间距均布，使用阵列命令可以实现以上的操作效果。电子图板 2018 的阵列命

令可执行矩形阵列、圆形阵列和曲线阵列。

（1）阵列命令执行方式

①菜单方式：选择菜单【修改】—【阵列】。

②功能区图标：选择功能区的【修改】面板上的图标。

③命令：命令行输入 Array 或 AR。

（2）阵列命令执行过程

启动阵列命令后，在立即菜单中第 1 项可在【圆形阵列】【矩形阵列】和【曲线阵列】三种方式之间切换。各种方式的命令执行过程各异，分述如下。

①圆形阵列。选择【圆形阵列】方式进行阵列的立即菜单如图 3-30 所示。

图 3-30　圆形均布阵列的立即菜单

立即菜单中第 2 项：可选择阵列的对象是否绕着阵列中心旋转。

【旋转】拾取阵列对象后，状态行提示【中心点】，单击中心点即完成阵列，如图 3-31（b）是旋转后的效果。

【不旋转】拾取阵列对象后，状态行首先提示【中心点】，拾取中心点后状态行提示【基点】，拾取基点完成阵列。阵列对象的位置是绕着基点排布的，但是阵列对象本身的方向没有旋转。如图 3-31（c）是不旋转阵列的效果。

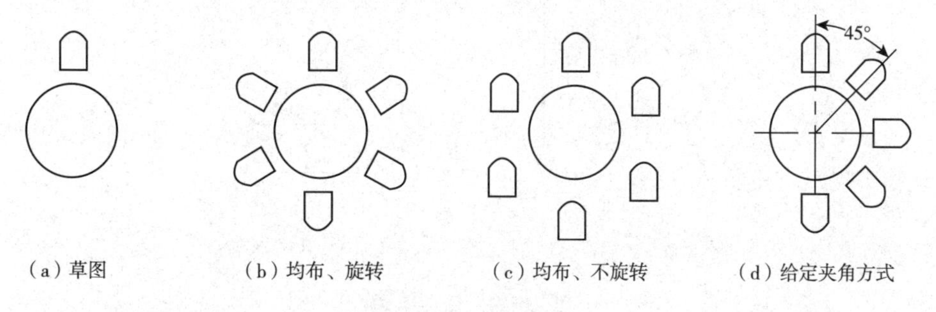

（a）草图　　（b）均布、旋转　　（c）均布、不旋转　　（d）给定夹角方式

图 3-31　圆形阵列

立即菜单第 3 项：选择是在整个圆周上均布还是在给定的夹角范围内均布。

【均布】根据给定了阵列的【份数】，阵列对象均布于整个圆周，如图 3-31（b）、图 3-31（c）所示。

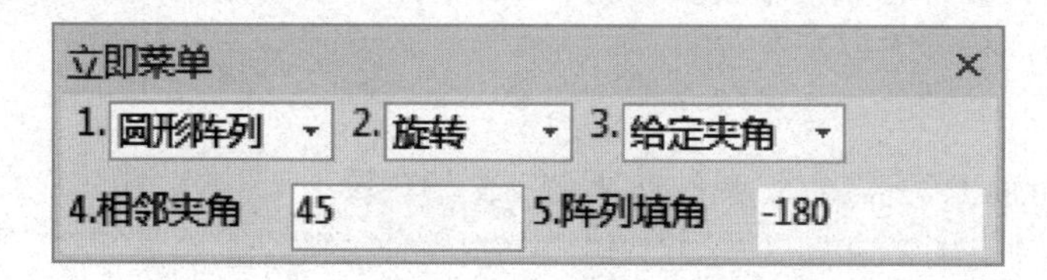

图 3-32　圆周阵列给定夹角方式的立即菜单

【给定夹角】立即菜单如图 3-32 所示，可设置相邻夹角和阵列填角的数值。如图 3-31（d）是按相邻夹角为 45°、阵列填角为-180°、旋转对象方式阵列的结果。若按照顺时针排布阵列，阵列填角为负值；若按照逆时针排布阵列，阵列填角为正值。

②矩形阵列。选择【矩形阵列】方式进行阵列的立即菜单如图 3-33 所示。

立即菜单设置相应的行数、行间距、列数、列间距和旋转角等参数，拾取需阵列的对象，单击鼠标右键确认拾取即可完成矩形阵列。

【行间距】输入负数表示与 *Y* 轴负方向即向下阵列，正数表示 *Y* 轴正方向即向上阵列；【列间距】输入负数表示 *X* 轴负方向即向左阵列，正数表示 *X* 轴正方向即向右阵列。

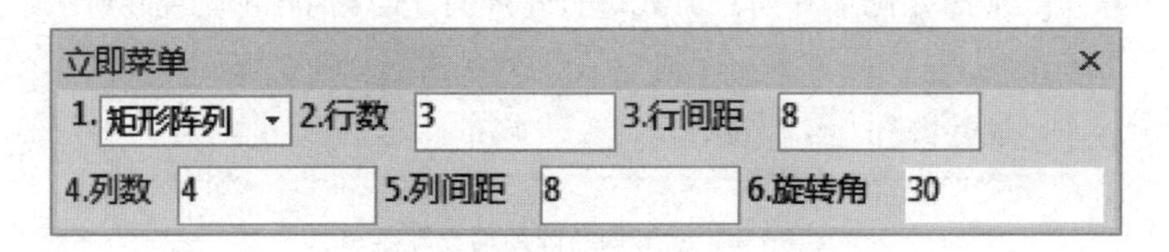

图 3-33 矩形阵列的立即菜单

如图 3-34（a）所示，小圆进行 3 行 4 列旋转角度为 0°的矩形阵列的结果。图 3-34（b）是 2 行 3 列旋转角度为 45°的矩形阵列的结果。

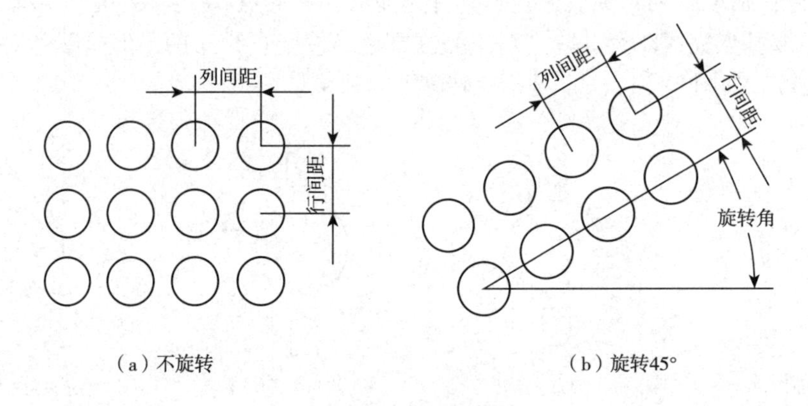

图 3-34 矩形阵列

③曲线阵列。选择【曲线阵列】方式进行阵列的立即菜单如图 3-35 所示。【曲线阵列】是使阵列对象沿指定的曲线均匀分布。

设置好立即菜单后根据状态行提示进行操作即可。以下以图 3-36 为例说明【曲线阵列】的命令执行过程，在该例中要求将图 3-36（a）中的圆沿指定的曲线阵列 4 份得到图 3-36（b）。

图 3-35 曲线阵列立即菜单

立即菜单第 2 项："单个拾取母线" 表示阵列母线为 1 条，"链拾取母线" 表示阵列母线可以是多条。以 "单个拾取母线" 为例，如图 3-36（a）所示，执行命令操作如下：

【拾取元素】拾取圆作为阵列对象，单击鼠标右键确认拾取。

【基点】拾取圆心作为基点。

【拾取母线】单击样条曲线作为母线。

【请拾取所需的方向】在样条线上显示阵列方向，单击方向箭头即完成了曲线阵列，结果如图 3-36（b）所示。

曲线阵列的特点是：阵列时图形不是从原位置开始阵列，而是先复制一份到母线的端点，然后再沿母线阵列。

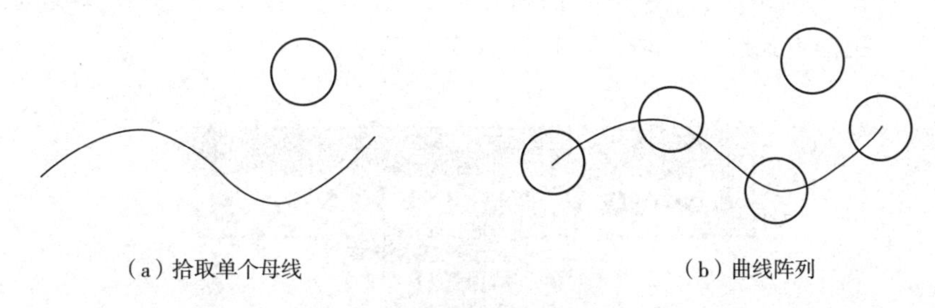

（a）拾取单个母线　　　　（b）曲线阵列

图 3-36　曲线阵列

3. 2. 6 拉伸和缩放

通过拉伸命令可以改变对象的长度，针对的是对象的部分进行拉伸。比如可以将一个正方形拉伸后变成长方形。

（1）命令执行方式

①菜单方式：选择菜单【修改】—【拉伸】。

②功能区图标：选择功能区的【修改】面板上的图标。

③命令方式：命令行输入 Stretch 或 S。

（2）命令执行过程

命令启动后，在立即菜单第 1 项可选择【单个拾取】还是【窗口拾取】，前者用于拉伸单条曲线，后者用于拉伸曲线组。拉伸单条曲线是在保持曲线原有趋势不变的前提下，对曲线进行拉伸处理。选择了【单个拾取】方式拉伸曲线，拾取的曲线类型不同弹出的立即菜单也不同。

①【单个拾取】拉伸直线。拾取直线后，立即菜单如图 3-37 所示。

图 3-37　直线的轴向拉伸的立即菜单

【任意拉伸】拖动直线的一端至需要的位置，点击鼠标左键，也可以在状态行提示【拉伸到】后输入一个点的坐标完成拉伸。

【轴向拉伸】下选择【点方式】：状态行提示【拉伸到】，输入拉伸后的长度，直线缩短或延长至输入的长度。

【轴向拉伸】下选择【长度方式】：状态行提示【拉伸到】，选择“绝对”方式，输入拉伸后的长度即可；选择“增量”方式，输入增加或减少的长度，完成拉伸。输入增量时，正值为增加长度，负值为减小长度。

②【单个拾取】拉伸圆。拉伸圆相当于缩放圆。拾取圆后，状态行提示【拉伸到】，输入一个半径值，这个半径就是圆拉伸后的新半径，也可拖动圆到指定的位置，点击鼠标左键，实现缩放。

③【单个拾取】拉伸圆弧。拾取圆弧后，立即菜单如图 3-38 所示，拉伸模式有【弧长拉伸】【角度拉伸】【半径拉伸】和【自由拉伸】四种模式。立即菜单第 3 项可选择是“绝对”拉伸方式还是“增量”拉伸方式。

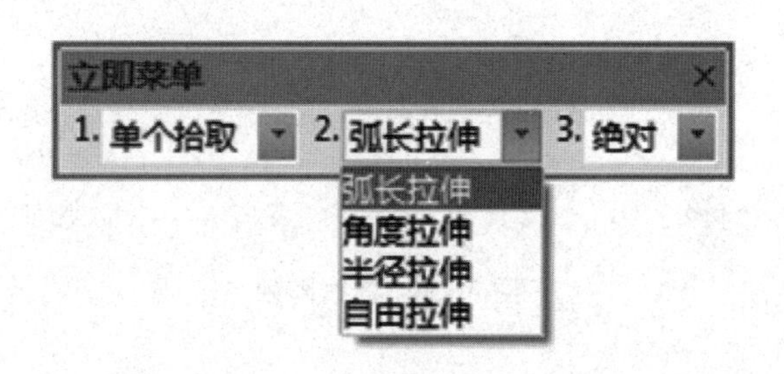

图 3-38 拉伸圆弧的立即菜单

在【弧长拉伸】方式下：在状态行提示【拉伸到】，拖动鼠标可看到圆弧长度随鼠标移动而改变，鼠标移动到指定的位置，单击鼠标左键确认即可；或者可以输入最终弧长的数值。

在【角度拉伸】方式下：在状态行提示【拉伸到】，拖动鼠标可看到圆心角随鼠标移动而改变，鼠标移动到指定的位置，单击鼠标左键确认即可；或者可以输入最终弧长的圆心角值。

在【半径拉伸】方式下：在状态行提示【拉伸到】，拖动鼠标可看到圆弧半径随鼠标移动而改变，鼠标移动到指定的位置以确定拉伸后的半径，单击鼠标左键确认即可；或者可以输入最终圆弧半径。半径拉伸方式只改变半径大小，不改变圆心角。

在【自由拉伸】方式下：拖动圆弧的一个端点进行任意拉伸，随着拉伸，圆弧圆心位置改变，另一个端点和中间的控制点位置不动。

④【单个拾取】拉伸样条线。拾取样条线后，状态行提示【拾取插值点】，在曲线上有一系列的控制点，用鼠标左键拾取样条线的一个控制点为插值点，状态行提示【拉伸到】，移动鼠标可以看到样条线插值点随鼠标移动而移动，样条线形状也随之发生变化，单击鼠标左键或输入插值点的坐标即可最终确认插值点的位置，完成一次样条曲线的拉伸，如图 3-39 所示。状态行继续提示【拾取插值点】，继续拾取下一插值点进行拉伸，直到按鼠标右键结束命令的执行。

⑤【窗口拾取】拉伸曲线组。【窗口拾取】拉伸曲线组命令，可对拾取到的曲线组一起拉伸。该命令可实现曲线组的拉伸、变形和移动。

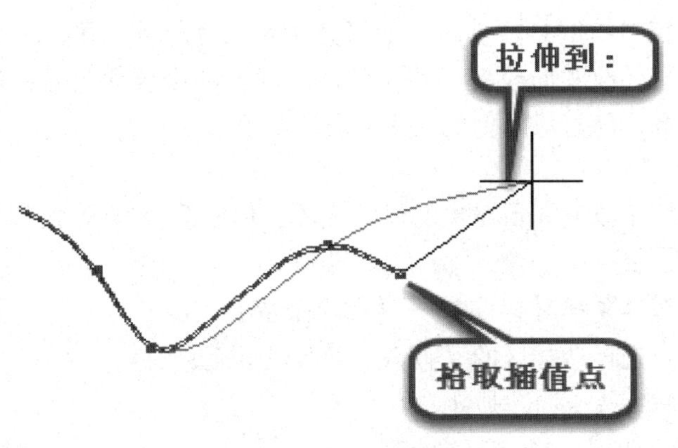

图 3-39　曲线拉伸

设置立即菜单：命令启动后，立即菜单如图 3-40、图 3-41 所示。立即菜单第 1 项切换至【窗口拾取】，立即菜单第 2 项可选择【给定偏移】或【给定两点】。

【给定两点】方式：状态行提示【拾取添加】，采取右起窗选方式选取待拉伸的曲线组，如图 3-42（a）所示，选择第一个角点，鼠标左键按下不动，拾取第二个角点进行框选三条直线。状态行依次提示【第一点】和【第二点】，拾取两个点或输入两个点坐标，窗口内的曲线组被拉伸。

图 3-40　窗口拾取拉伸的立即菜单（1）

【给定偏移】方式：状态行提示【X 和 Y 方向偏移量或位置点】，移动鼠标或输入位置点的坐标，窗口内的曲线组被拉伸，如图 3-42（b）所示。

图 3-41　窗口拾取拉伸的立即菜单（2）

用左起窗选方式选择一组直线，如图 3-42（c）所示，拾取第一角点、第二角点形成左起的拾取框，拉伸对象完全在选择窗口内，拉伸命令对于该对象相当于平移命令。

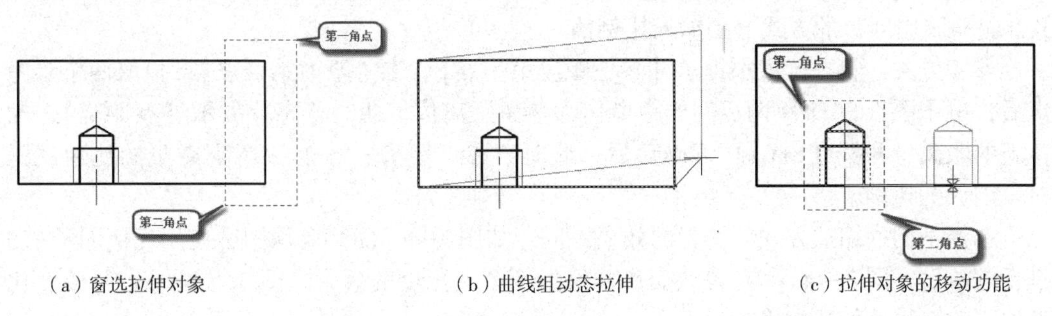

（a）窗选拉伸对象　（b）曲线组动态拉伸　（c）拉伸对象的移动功能

图 3-42　曲线组拉伸

对图形进行【窗口拾取】拉伸时，如果选中了尺寸标注，则尺寸线、尺寸界线和尺寸值，随着拉伸对象的改变而改变。若拉伸的尺寸标注中包含公差，尺寸偏差和公差代号均会自动重新计算，随着尺寸值的大小变化而更新。

（3）比例缩放

比例缩放命令用于改变图形对象的尺寸大小，但不改变形状和相对位置关系。

（1）命令执行方式

①菜单方式：选择菜单【修改】—【比例缩放】。

②功能区图标：选择功能区的【修改】面板上的图标。

③命令：命令行输入 Scale 或 SC。

（2）命令执行过程

①选择以上的命令执行方式，启动【比例缩放】命令。

②设置立即菜单，启动【比例缩放】命令后，状态行提示【拾取添加】，选择需要缩放的对象并单击右键确认拾取后，立即菜单如图 3-43 所示。

图 3-43　扩展后的比例缩放立即菜单

立即菜单第 1 项：选择【移动】则原图不保留，选择【拷贝】则除了新缩放后的图形还保留原图。

立即菜单第 2 项：可选择缩放方式是按【比例因子】或【参考方式】。

立即菜单第 3 项：选择尺寸值是否缩放，选择【尺寸值不变】则图形缩放但是标注的尺寸值不变，选择【尺寸值改变】则标注的尺寸值随图形的缩放而变化。

立即菜单第 4 项：若在第 3 项选择了【尺寸值改变】，那么可设置【比例变化】或【比例不变】，指缩放对象若包含尺寸标注，尺寸线及尺寸值的字号是否一起缩放。

③设置好立即菜单后，根据状态行提示拾取【基准点】，状态行根据缩放方式是【比例因子】还是【参考方式】提示不同的操作。

比例因子：状态行提示【比例系数（X/Y 方向的不同比例系数请用分隔符分开）】，用户可观察到随着鼠标的移动，选中的对象随之缩放，这时输入缩放比例系数，点击鼠标右键或按【Enter】键或空格键确认。若 X、Y 方向的缩放比例不一样，可按“X 方向、Y 方向缩放比例”的方式分别输入比例值。

参考方式：状态行依次提示【参考距离第一点】【参考距离第二点】，拾取两个参考点后，电子图板 2018 将两点间的距离作为参考距离值，此时状态行提示【新距离】，输入新的距离，并按【Enter】键确认后，此时“参考距离”比上“新距离”的比值就是对象缩放的比例了。

选择不同的缩放方式，获得的效果不同。如图 3-44（a）是原图，使用比例因子 1. 5 进行缩放后，图 3-44（b）是改变尺寸值但不改变比例的效果，图 3-44（c）是改变比例但不改变尺寸值的效果。

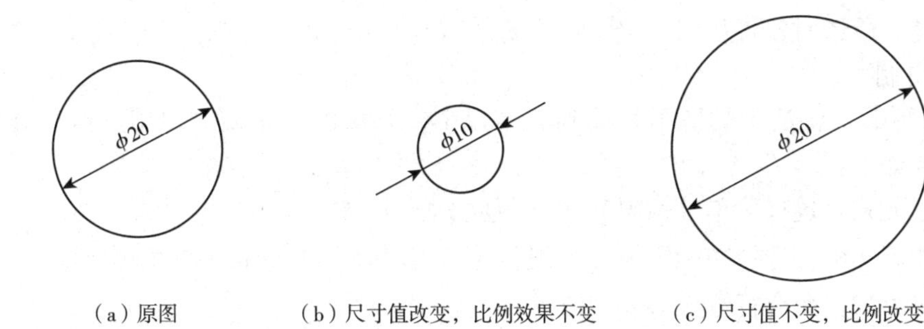

（a）原图　　（b）尺寸值改变，比例效果不变　　（c）尺寸值不变，比例改变

图 3-44　缩放效果

3.2.7 其他编辑操作

3.2.7.1 剪切、复制与粘贴

剪切、复制与粘贴是相互关联的命令，在电子图板 2018 的 Fluent 界面中该组命令放在【常用】面板中，如图 3-45 所示。

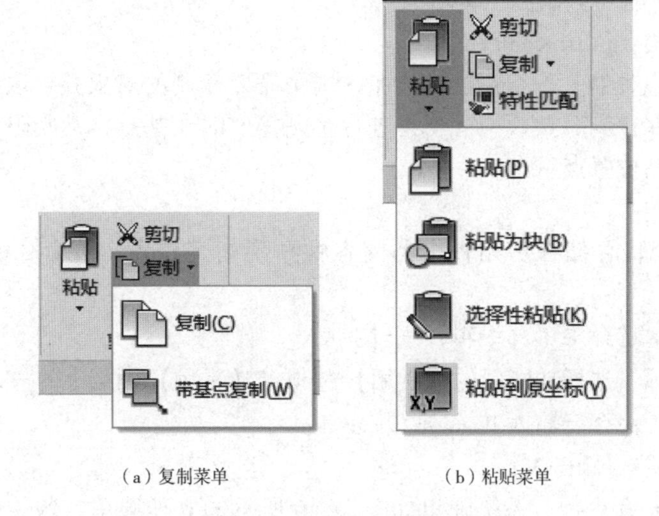

（a）复制菜单　　（b）粘贴菜单

图 3-45　剪切、复制与粘贴下拉菜单

（1）剪切

【剪切】命令将从图形中删除选定对象并将它们存储到系统剪贴板中，以供图形粘贴时使用。执行【剪切】命令的方式如下：

①菜单方式：选择菜单【编辑】—【剪切】。

②功能区图：选择功能区的【常用】选项卡【常用】面板【复制】内的图标。

③命令方式：命令行输入 CutClip 或 Cut。

④快捷键方式：【Ctrl+X】。

启动【剪切】命令后，用鼠标左键点选或者框选住需要剪切的对象，可点击鼠标右键确认选择，所选对象将从图形中删除并储存到 Windows 的剪切板，以供粘贴使用。

（2）复制

【复制】命令将选中的图形存储到剪贴板中，以供图形粘贴时使用。执行【复制】命令的方式如下：

①菜单方式：选择菜单【编辑】—【复制】。

②功能区图标：选择功能区的【常用】选项卡【常用】面板上的图标。

③命令方式：命令行输入 CopyClip。

④快捷键方式：【Ctrl+C】。

启动【复制】命令后，用鼠标左键点选或者框选住需要复制的对象，可点击鼠标右键确认选择，拾取的图形对象储存到 Windows 的剪贴板，以供图形粘贴时使用。也可先拾取对象再调用【复制】命令。

（3）带基点复制

【带基点复制】将含有基点信息的图形对象存储到剪贴板中，以供图形粘贴时使用。执行【带基点复制】命令的方式如下：

①菜单方式：选择菜单【编辑】—【带基点复制】。

②功能区图标：选择功能区的【常用】选项卡【常用】面板【复制】内的图标。

③命令方式：命令行输入 CopyBase。

④快捷键方式：【Ctrl+Shift+C】。

启动【带基点复制】命令后，在绘图区选中需要复制的对象并拾取基点，所选对象及基点信息即被保存到剪贴板中，当再进行粘贴操作时，基点自动吸附到鼠标光标，基点将和选取的粘贴位置点重合。

（4）粘贴

【粘贴】命令将存储在剪贴板中的内容粘贴到指定位置，该命令的命令执行方式如下：

①菜单方式：选择菜单【编辑】—【粘贴】。

②功能区图标：选择功能区的【常用】选项卡【常用】面板上的图标。

③命令方式：命令行输入 Paste 或 PasteClip。

④快捷键方式：【Ctrl+V】。

启动【粘贴】命令后，系统弹出如图 3-46 所示的立即菜单，各立即菜单项的功能如下：

图 3-46　粘贴命令立即菜单

立即菜单第 1 项：【定点】是粘贴位置的定位以定点的方式，根据状态行提示【请输入定位点】，在绘图区拾取定位点并确定旋转角度即可将剪贴板的内容粘贴到指定点的位置；【定区域】是粘贴位置为一个指定区域，根据状态行提示【请在需要粘贴图形的

区域内拾取一点】，在封闭区域内点击一点，剪贴板内的对象自动缩放粘贴在拾取的区域内。

立即菜单第 2 项：选择【保留原态】即粘贴后的对象属性未改变，【粘贴为块】即粘贴后的对象属性为块。

立即菜单第 3 项：若第 2 项选择【粘贴为块】时，选择【消隐】时，若图块覆盖了其他对象，则将图块放入最上层；选择【不消隐】时，图块与其他对象重合时，图形重叠。

立即菜单第 4 项：若第 1 项选择【定点】时，可设置粘贴图形的缩放比例。

（5）选择性粘贴

复制对象可以选择不同的粘贴方式进行粘贴，该命令的执行方式如下：

①菜单方式：选择菜单【编辑】—【选择性粘贴】。

②功能区图标：选择功能区面板【粘贴】图标。

③命令方式：命令行输入 PasteSepc 或 SpecialPaste。

④快捷键方式：【Ctrl+R】。

启动了【粘贴】命令后，首先弹出【选择性粘贴】对话框，如图 3-47 所示。可选择“图片”或“位图”的选择粘贴类型，单击【确定】按钮返回绘图区，状态行提示【指定插入点】，拾取插入点并指定旋转角度完成粘贴工作。如果剪贴板中存放的是其他软件的对象，则可以点击【粘贴链接】以链接方式粘贴到当前文档中。

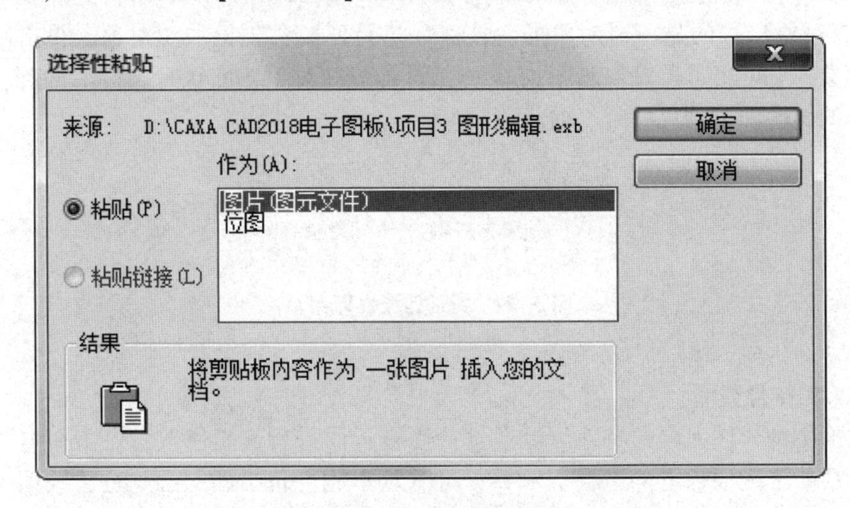

图 3-47 选择性粘贴对话框

（6）粘贴为块

【粘贴为块】命令是将剪贴板中的对象以块的形式粘贴到图形中，它是【粘贴】命令的子命令。命令执行方式如下：

①菜单方式：选择菜单【编辑】—【粘贴为块】。

②功能区图标：选择功能区面板上的【粘贴为块】图标。

③命令方式：命令行输入 PasteBlock。

④快捷键方式：【Ctrl+Shift+V】。

启动命令后，系统弹出如图 3-48 所示的立即菜单，与【粘贴】命令的立即菜单各项的含义相似，在绘图区拾取可以【定点】或【定区域】的方式将剪贴板内的内容以块的形式粘贴到指定位置。

图 3-48 粘贴为块立即菜单

3.2.7.2 特性匹配

【特性匹配】工具用于更改图形元素的各项属性，也可将一个图形元素的属性应用到其他的对象元素上，相当于格式刷的功能，也用于修改尺寸风格和文本风格。

（1）命令执行方式

①菜单方式：选择菜单【修改】—【特性匹配】。

②功能区图标：选择功能区的【常用】面板上的图标。

③命令方式：命令行输入 Match、MatchProp、MA。

（2）命令执行过程

在启动【特性匹配】命令后，系统弹出立即菜单如图 3-49 所示，立即菜单第 1 项【匹配所有对象】指的是所有对象的特性可以进行匹配，先拾取源对象，再拾取需匹配修改的对象。【匹配同类对象】指的是只有同类型的对象才能执行属性的匹配，例如不能将文字的属性匹配到尺寸线、曲线等。

图 3-49 特性匹配立即菜单

3.2.7.3 特性查看

在图形中的实体元素的特性可以通过特性查看器进行编辑修改，点击在电子图板的用户界面功能区的面板上的特性查看器，可对基本属性包括图层、颜色、线型、线宽等进行修改编辑，如图 3-50 所示。选择对象后，可对其本身的属性进行查看编辑，如图 3-51所示圆的特性选项板，显示了圆的圆心、半径、直径、周长、面积等各项特性。

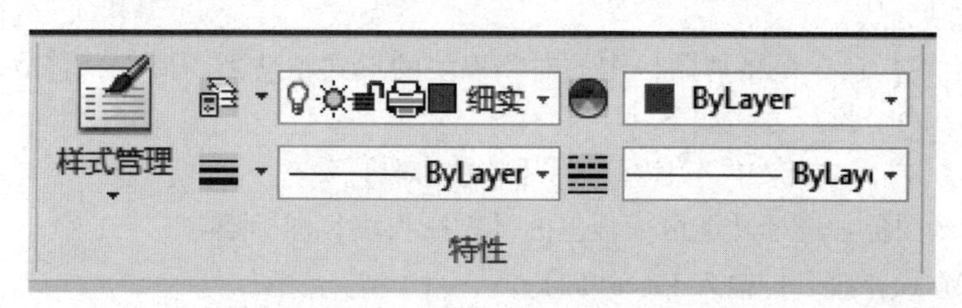

图 3-50 特性查看功能区面板

查看【特性】工具选项板以按钮形式隐藏在窗口左侧的【工具选项板】上，鼠标指向该按钮时窗口自动打开，这时移动鼠标到窗口上的相应项目上可以修改该项目。鼠标离开窗口时，窗口自动隐藏，可以单击窗口上的图钉按钮取消自动隐藏，再次单击该按钮，又会自动隐藏，单击可以关闭【特性】窗口，若要再次打开窗口可以通过如下方法。

查看【特性】工具选项板的调用查看的方法：

①点击【工具选项板】上的【特性】自动隐藏图钉按钮，可进行查看与隐藏的切换。

②从【工具】菜单中选择【特性】。

③使用快捷键【Ctrl+Q】。

④命令行输入 Properties 或 CH 命令。

⑤选中一个对象，单击鼠标右键，从弹出的快捷菜单中选择【特性】。

【特性】选项板显示了选取对象的各项属性内容，圆的特性如图 3-51 所示，在特性值编辑框中可直接修改相应的参数值，修改后绘图区的图形会做相应的改变。

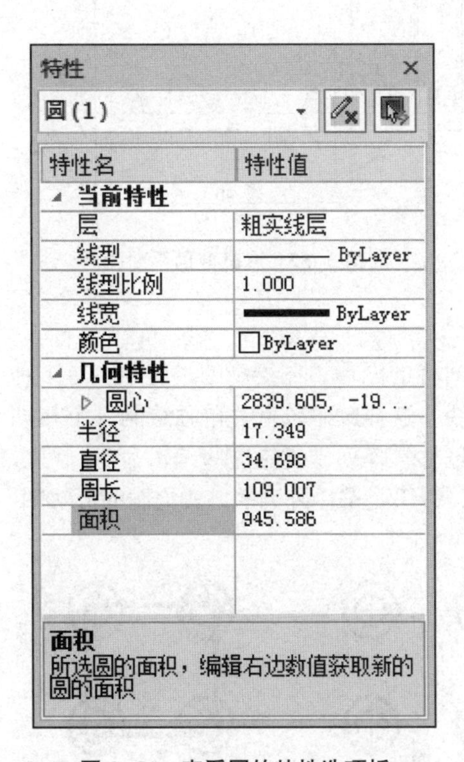

图 3-51 查看圆的特性选项板

3.3 项目实施

3.3.1 任务1　绘制汽缸截面平面图

3.3.1.1 任务导入

绘制如图3-52所示的汽缸截面平面图。

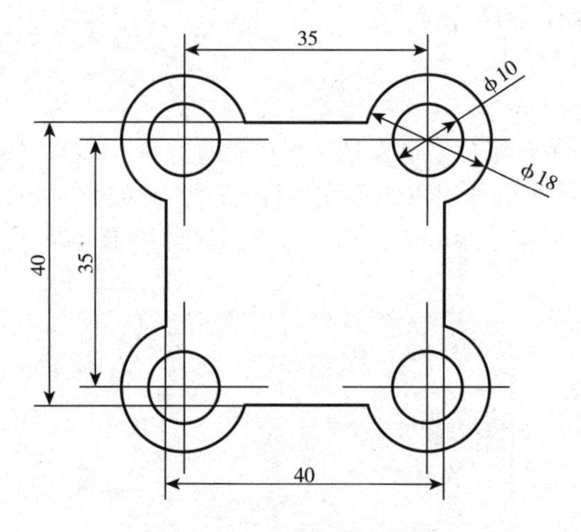

图3-52　汽缸截面平面图

3.3.1.2 任务分析

汽缸截平面图形属于对称的图形，在绘制的过程中，有多种方法绘制。例如可以独立地依次绘制出各个圆和直线，这样效率较低。单独绘制一个相同元素图形，如图中的同心圆，再灵活地应用复制、偏移、阵列、镜像这些编辑命令，可以提高绘图效率。有多种方法都可以绘制出目标图形，以下是采用阵列的方式绘制的分解图，如图3-53所示。

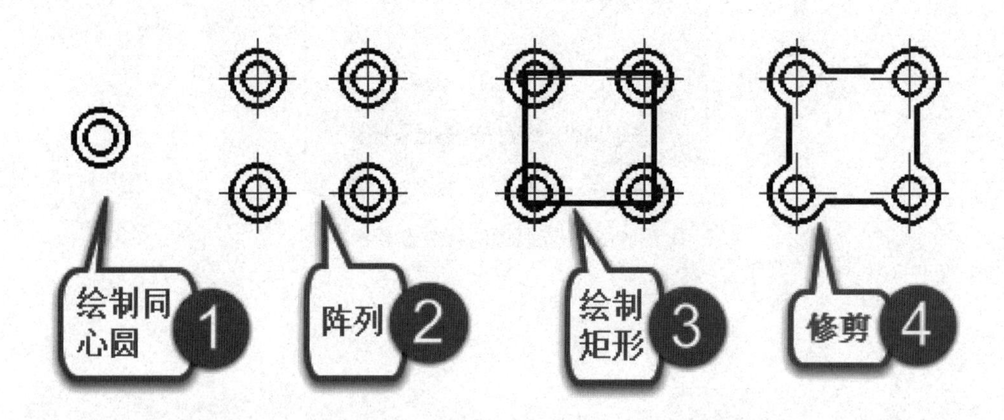

图3-53　绘制汽缸截面图步骤分解

3.3.1.3 工作步骤

步骤一：点击圆命令图标，绘制同心圆，如图 3-54 所示，在立即菜单选择已知【圆心-半径】。

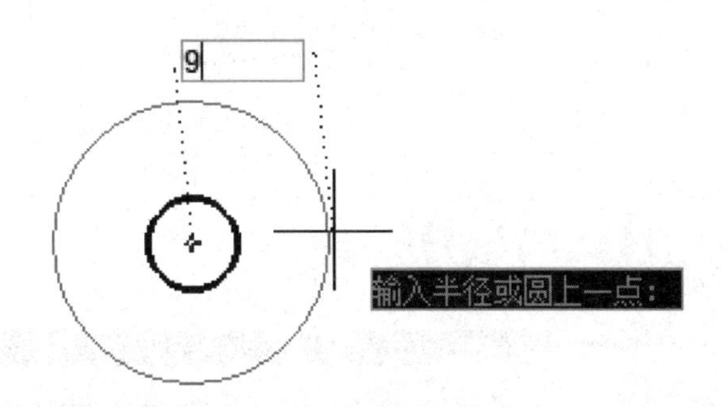

图 3-54　绘制同心圆

步骤二：阵列同心圆，如图 3-55 所示。

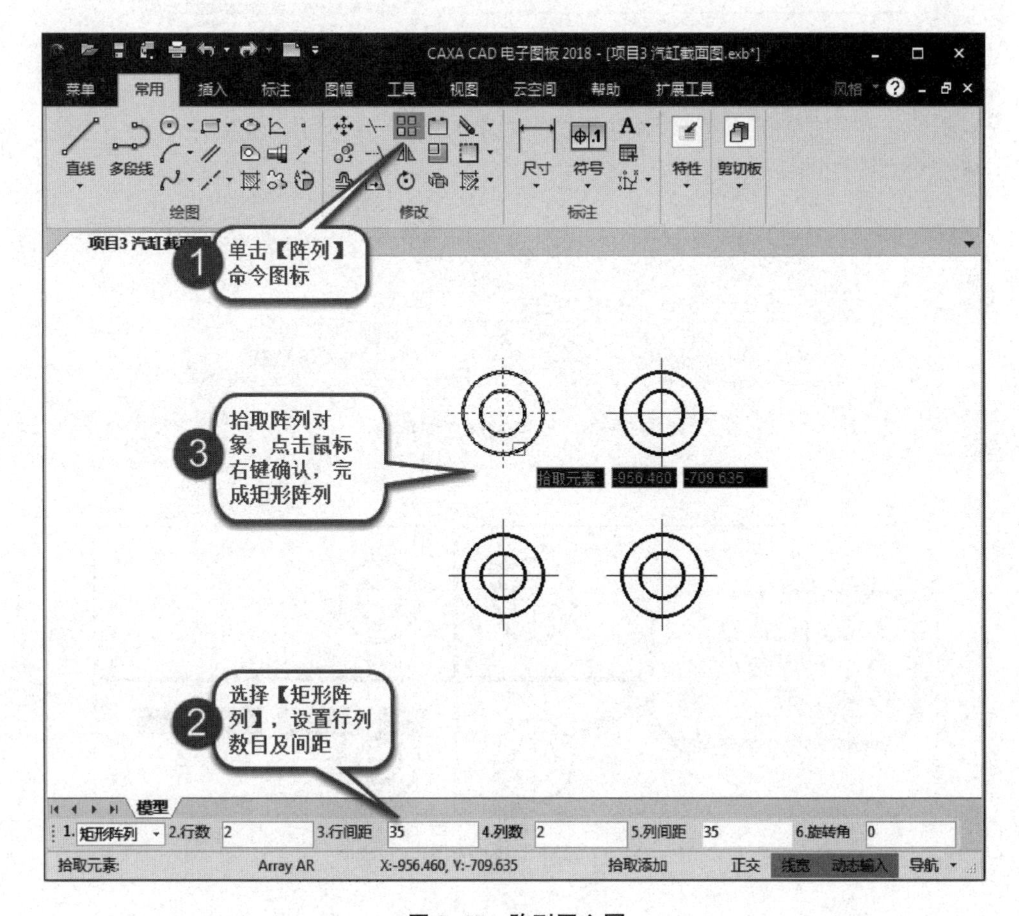

图 3-55　阵列同心圆

步骤三：利用构造线，定位中心，构造线立即菜单如图 3-56 所示，操作执行方法如图 3-57 所示。

图 3-56　绘制构造线立即菜单

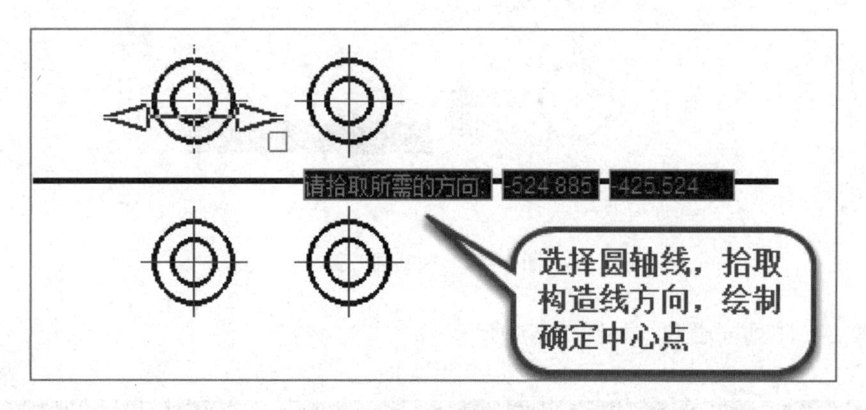

图 3-57　绘制构造线

步骤四：利用中心定位，绘制矩形立即菜单如图 3-58 所示，绘制矩形的中心定位利用构造线交点，如图 3-59 所示。

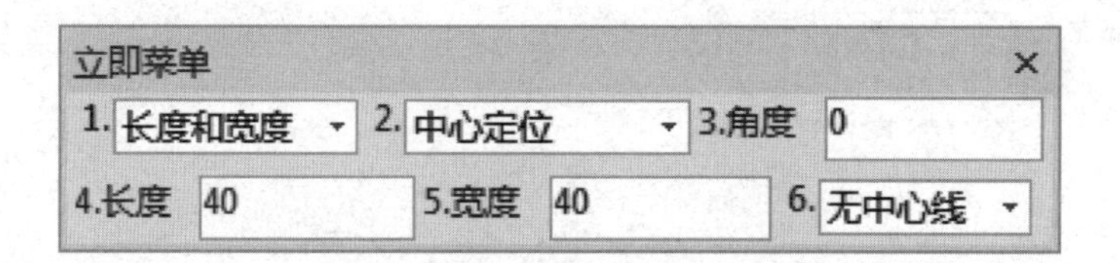

图 3-58　绘制矩形立即菜单

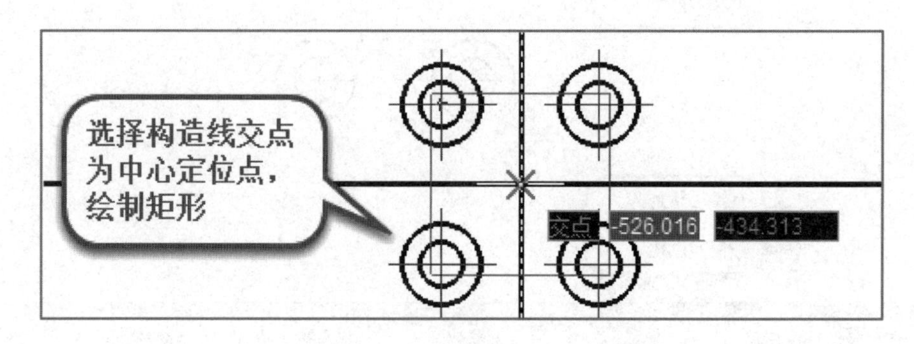

图 3-59　绘制矩形

步骤五：裁剪多余的线段，最终完成平面图，如图 3-60 所示。

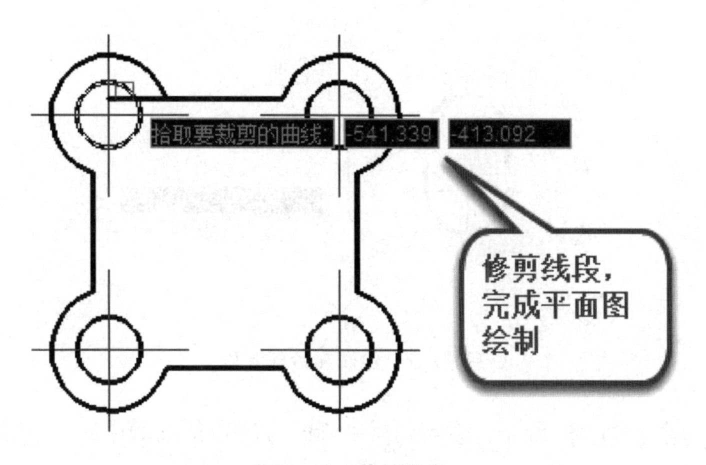

图 3-60　裁剪线段

3.3.2 任务2　绘制垫片平面图

3.3.2.1 任务导入

绘制如图 3-61 所示的垫片平面图。

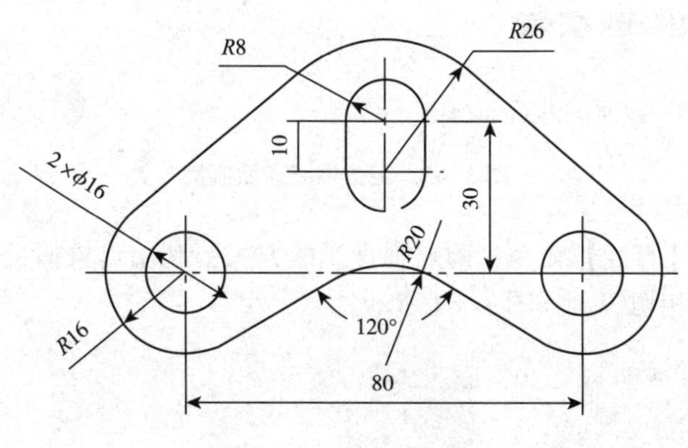

图 3-61　垫片平面图

3.3.2.2 任务分析

垫片的图形特点主要是左右对称，由圆、相切线等组成。在绘制过程中，可采用绘制已知圆、再绘制相切线，绘制一半的图形后，进行镜像的操作。另外图中涉及绘制斜线，告知了角度的斜线，可以利用极轴导航或者绘制有角度的直线等方法绘制。在调用圆的命令时，应特别要根据已知的条件，选择二级命令进行绘制。

3.3.2.3 工作步骤

步骤一：分别启用【多段线】【中心轴线】和【圆】命令绘制已知尺寸的多段线和圆，如图 3-62 所示。

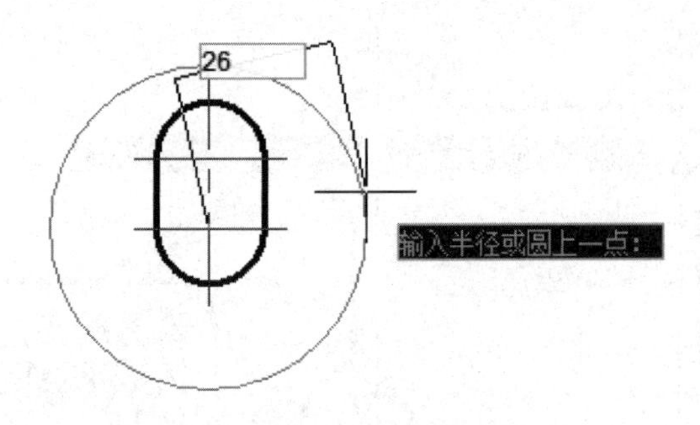

图 3-62　绘制多段线和圆

步骤二：利用【复制】命令，输入相对坐标的方法定位圆的中心，绘制圆，如图 3-63 所示。

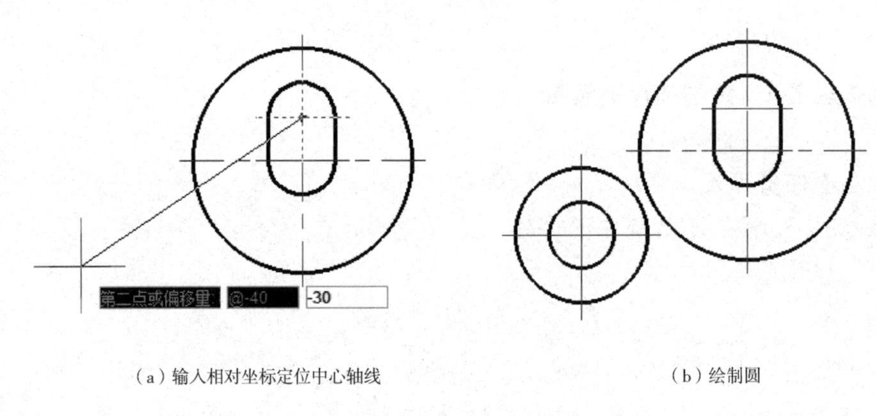

（a）输入相对坐标定位中心轴线　　（b）绘制圆

图 3-63　定位中心点绘制圆

步骤三：启用【直线】命令，两点画直线的方式，利用对象捕捉设置捕捉点只选择“切点”，绘制圆的相切线，如图 3-64 所示。

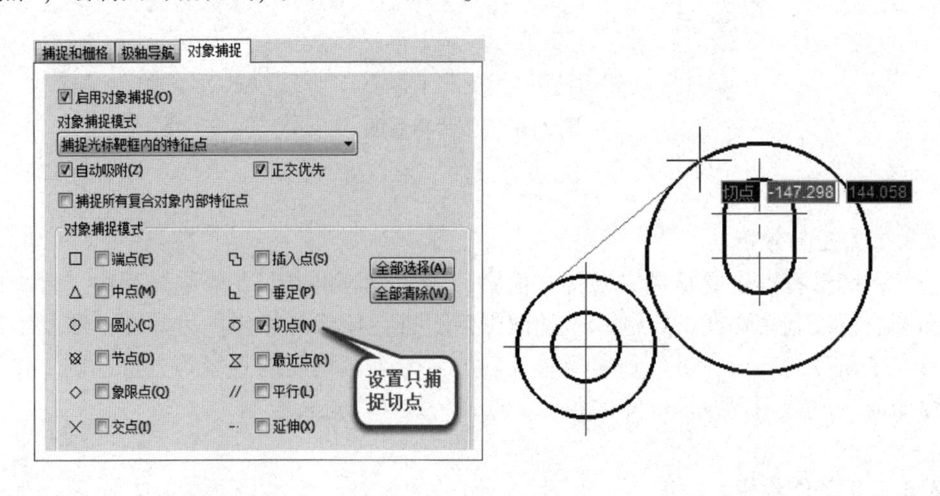

（a）设置捕捉切点　　（b）拾取切点

图 3-64　绘制相切线

步骤四：启用【直线】命令，两点画直线的方式，执行之前可设置极轴导航，增量角为30°，拾取圆上的切点，绘制30°的斜线，如图3-65所示。

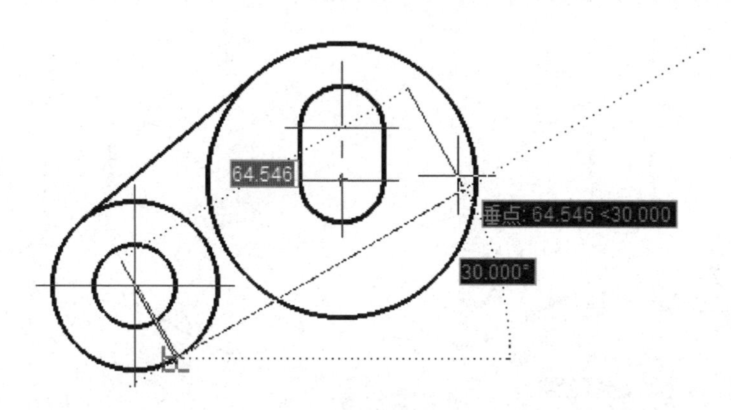

图3-65　绘制斜线

步骤五：启用【裁剪】命令，快速裁剪方式，裁剪了多余的线条后，进行镜像的操作，如图3-66所示。

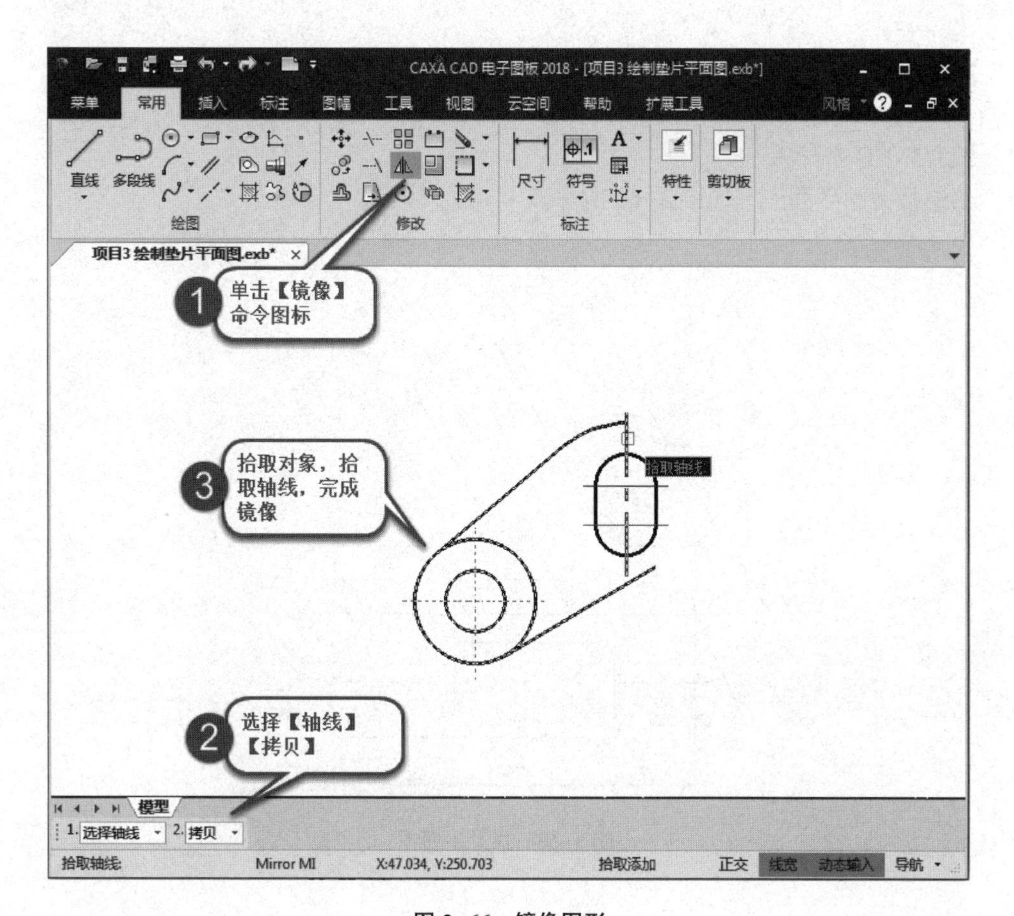

图3-66　镜像图形

步骤六：利用对象捕捉设置捕捉点只选择“切点”，点击圆的命令图标，在立即菜单选择【两点-半径】画圆，分别拾取两条直线为两点，输入半径，绘制圆，如图 3-67（a）所示。裁剪多余线条后，完成垫片平面图的绘制，如图 3-67（b）所示。

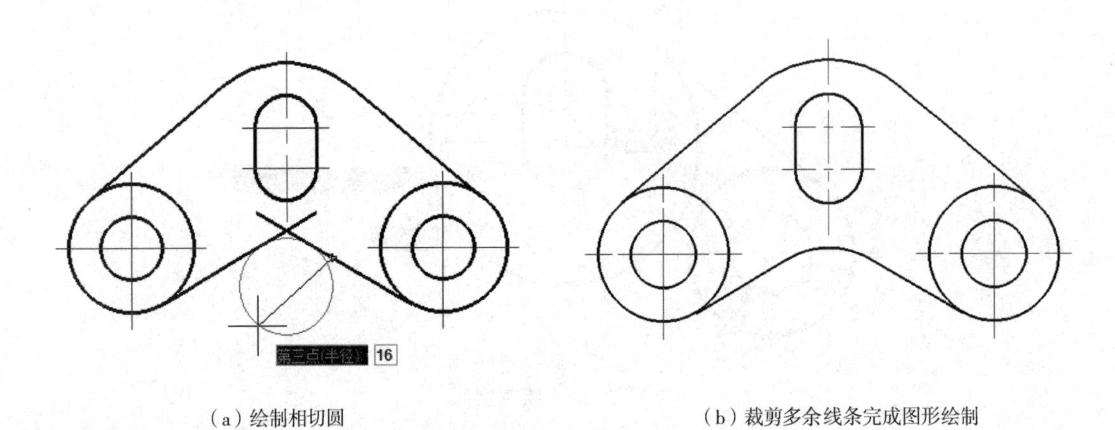

（a）绘制相切圆　　（b）裁剪多余线条完成图形绘制

图 3-67　完成垫片平面图绘制

3.3.3 任务 3　绘制拨叉

3.3.3.1 任务导入

绘制拨叉的平面图，如图 3-68 所示。

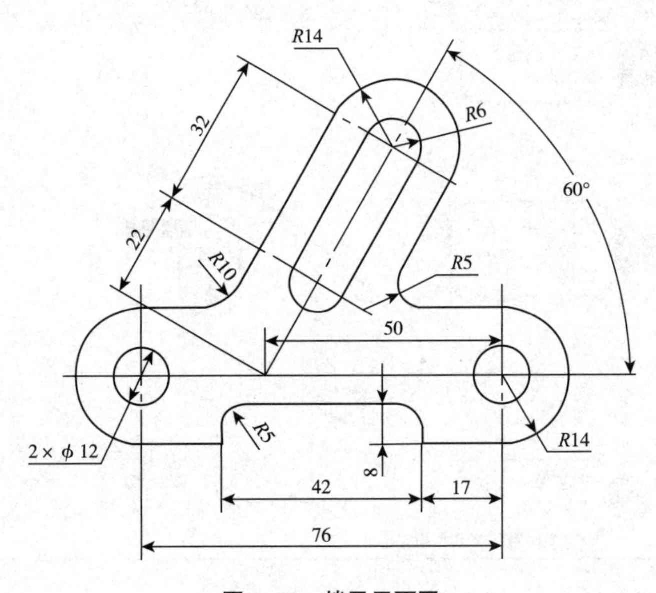

图 3-68　拨叉平面图

3.3.3.2 任务分析

拨叉主要由圆、圆弧、圆角、直线等组成，底部对称，上端图形倾斜，根据图形的形状结构特点，可有多种方法绘制，需灵活调用绘图和编辑命令。底部可以用镜像的命令，或者复制移动等，上端图形可用偏移、平行线、构造线、极轴导航等方法定位。圆角部分可采用过渡命令绘制。最后进行裁剪多余线段，完成拨叉的平面图。

3.3.3.3 工作步骤

步骤一：绘制同心圆，输入复制移动距离："76"，如图 3-69 所示。

图 3-69　绘制同心圆

步骤二：采用偏移命令，定位倾斜轴线及轴上圆。启动【偏移】命令后，设置立即菜单如图 3-70（a）所示。拾取右侧同心圆的竖直中心轴线，选择方向箭头的左侧为偏移方向，如图 3-70（b）所示，绘制出倾斜轴线的点位线。

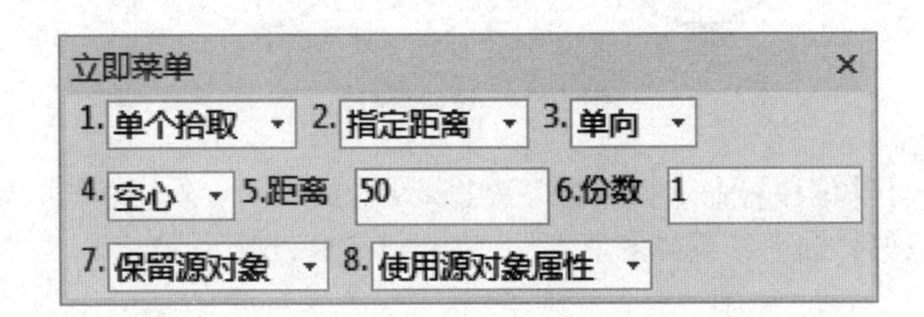

（a）偏移命令立即菜单

（b）拾取偏移的方向

图 3-70　绘制定位轴线

执行【旋转】命令，选择右侧的同心圆，根据提示完成旋转复制，如图 3-71 所示。

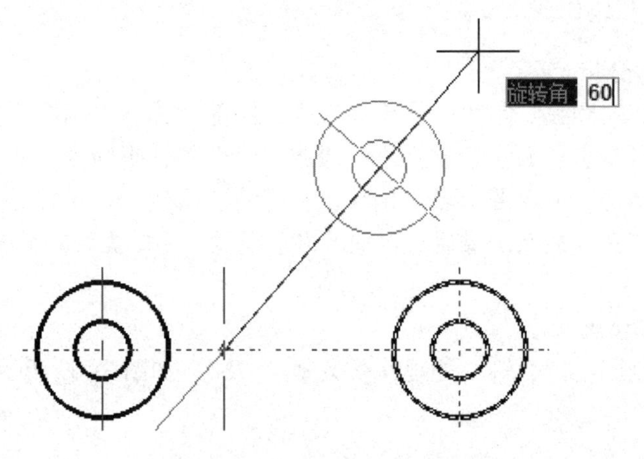

图 3-71　旋转和拷贝同心圆

步骤三：启用【复制】命令，复制小圆，输入距离“32”到指定位置，如图 3-72 所示。

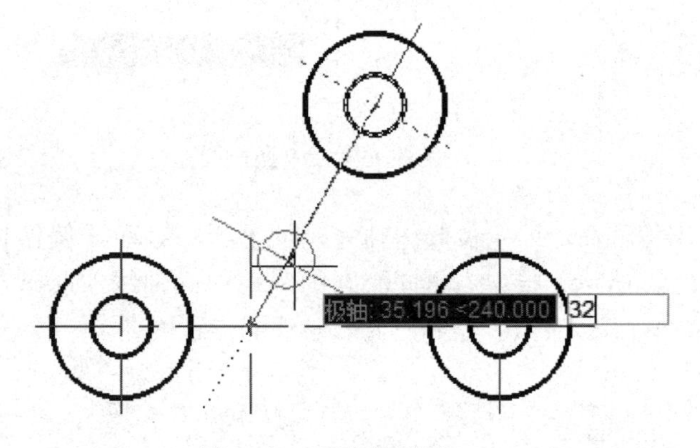

图 3-72　移动复制圆

启用【直线】【偏移】命令，绘制拨叉上部结构的内切、外切直线，如图 3-73（a）所示。启用【裁剪】命令，裁剪多余线段，如图 3-73（b）所示。

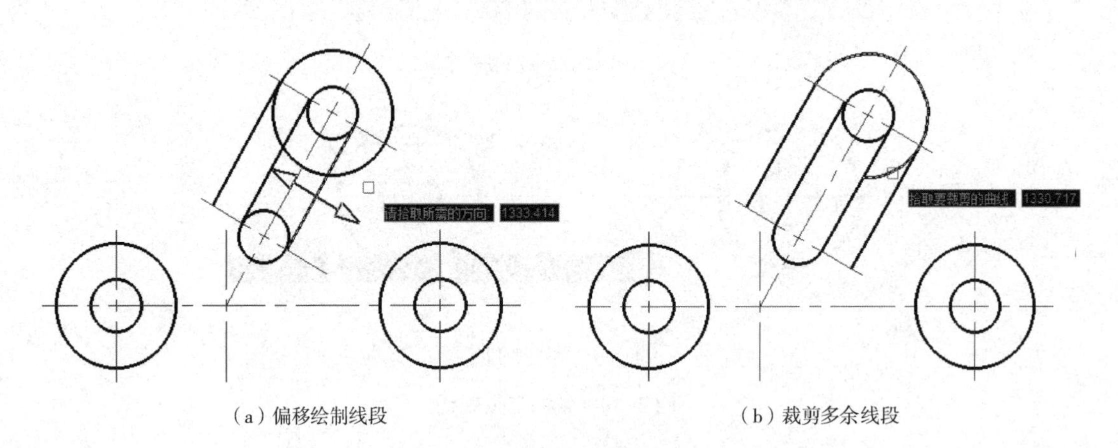

（a）偏移绘制线段　　（b）裁剪多余线段

图 3-73　偏移和裁剪线段

步骤四：绘制直线，两点画圆的方式，开启正交模式，绘制出剩余的水平和竖直线，如图 3-74（a）所示。启用【延伸】命令延伸线段，如图 3-74（b）所示。

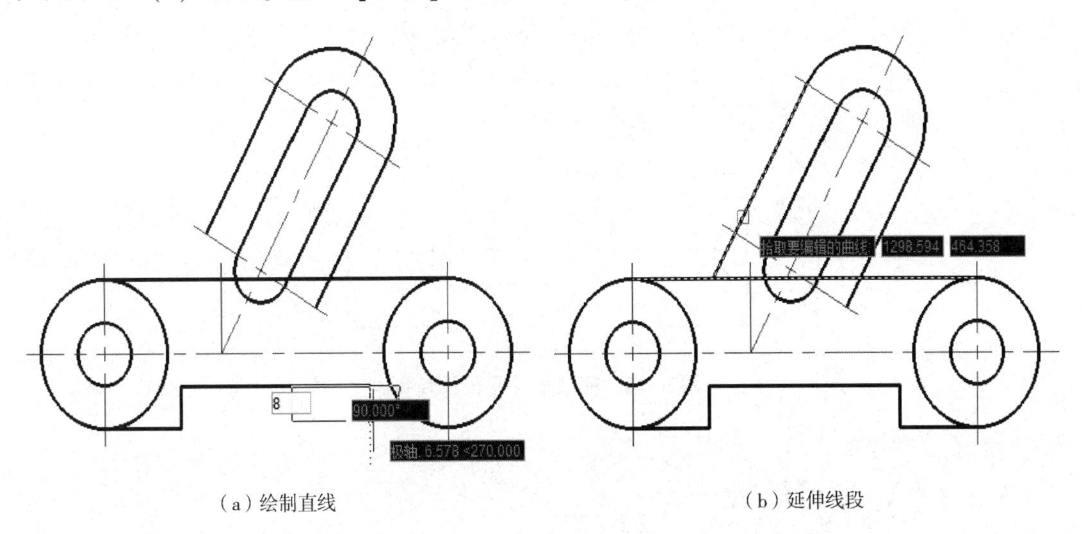

（a）绘制直线　　（b）延伸线段

图 3-74　绘制和延伸线段

步骤五：启用【过渡】命令，选择圆角过渡，绘制圆角，完成拨叉平面图形，如图 3-75所示。拨叉最终完成的平面图，如图 3-76 所示。

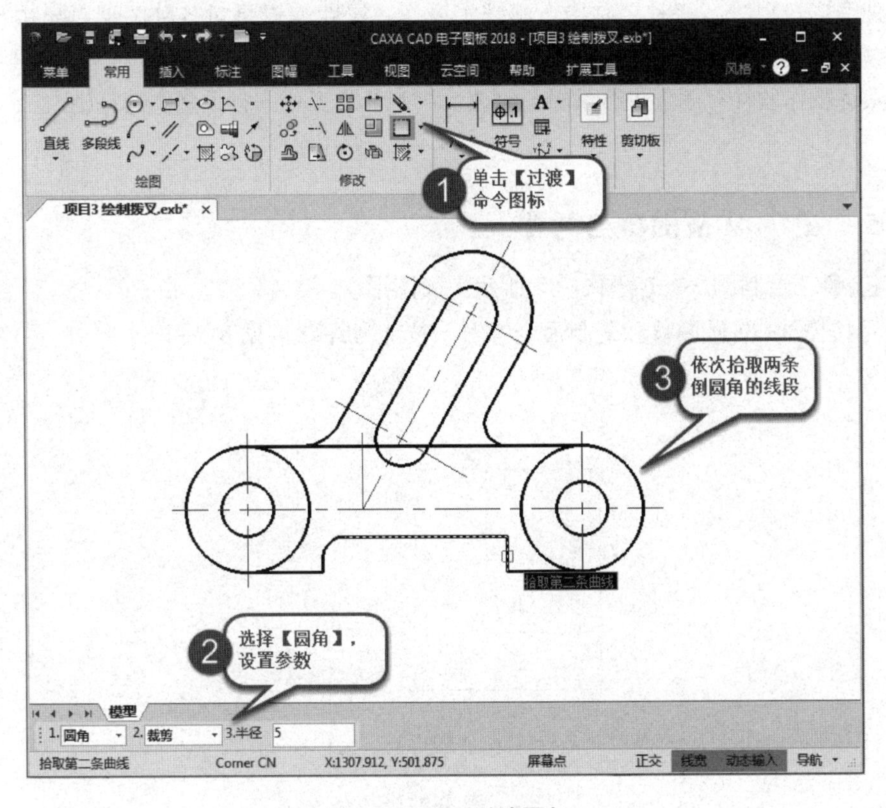

图 3-75　绘制过渡圆角

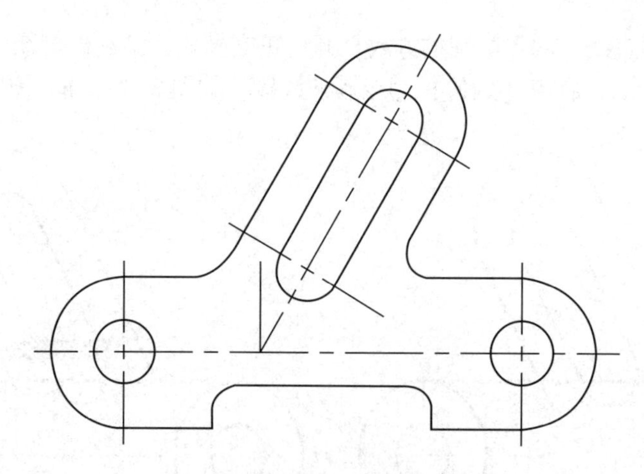

图 3-76　完成拨叉平面图绘制

3.4　项目总结

对当前图形进行编辑修改，是交互式绘图软件不可缺少的基本功能，它对提高绘图速度及质量都具有至关重要的作用。电子图板为了满足不同用户的需求，提供了功能齐全、操作灵活方便地编辑修改功能。电子图板的编辑修改功能包括基本编辑、图形编辑和属性编辑三个方面：基本编辑主要是一些常用的编辑功能，如复制、剪切和粘贴等；图形编辑是对各种图形对象进行平移、裁剪、旋转等操作；属性编辑是对各种图形对象进行图层、线型、颜色等属性的修改，属性编辑部分已在项目 1 进行了介绍。结合本项目的学习，使学生将熟练操作软件对图形进行编辑与修改，绘制各类工程图打下坚实的基础。

3.5　实战训练与考评

■***Ex***❶：绘制图 3-77～图 3-84 所示平面图形。

（1）按图 3-77 做偏移和复制命令练习。技能考评要求见表 3-1。

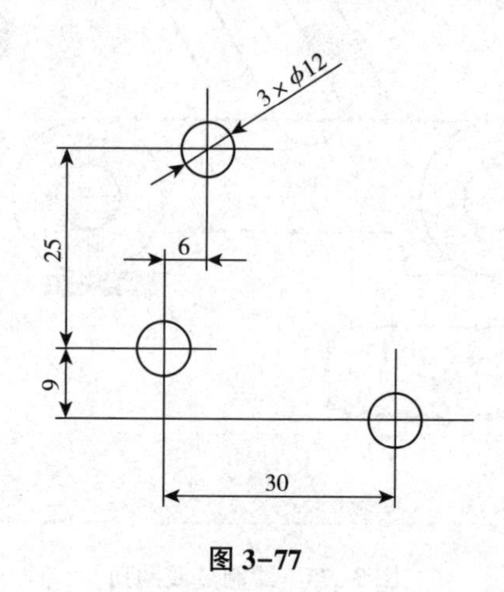

图 3-77

（2）按图 3-78 、图 3-79 做镜像、延伸命令练习。

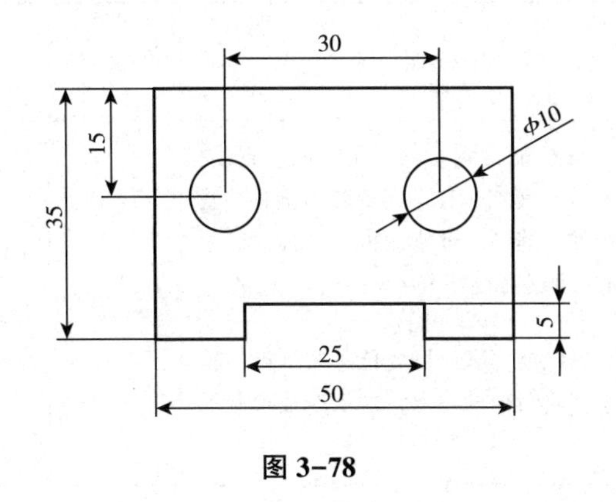

图 3-78

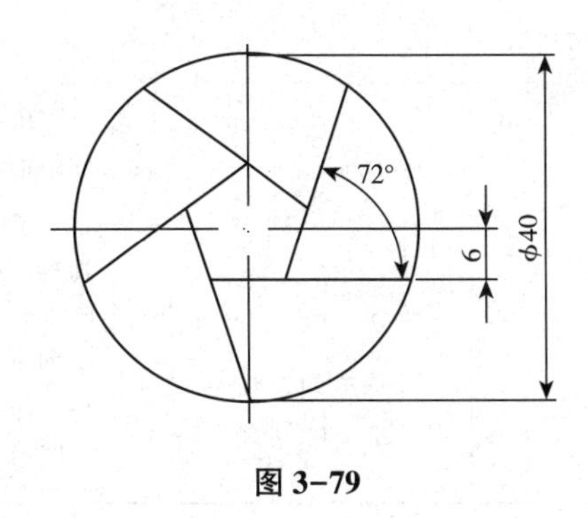

图 3-79

（3）按图 3-80、图 3-81 做阵列命令练习。

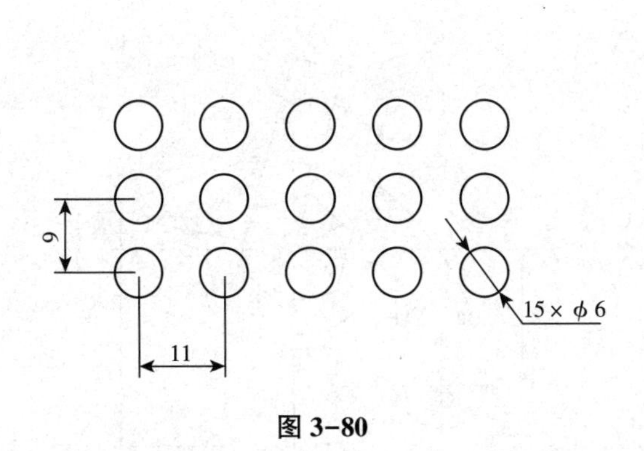

图 3-80

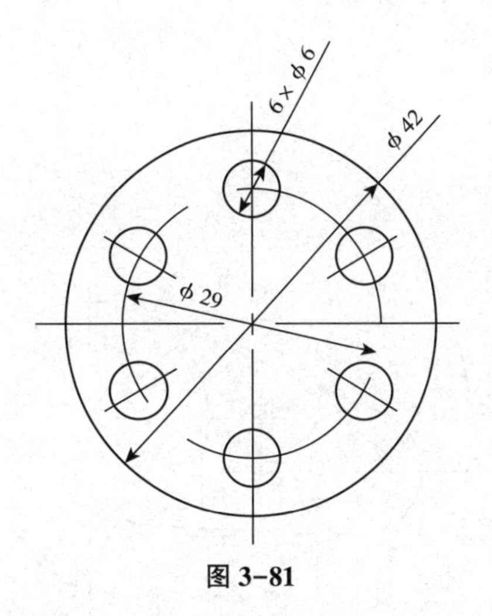

图 3-81

（4）按图 3-82、图 3-83 、图 3-84 做倒角和圆角命令练习。

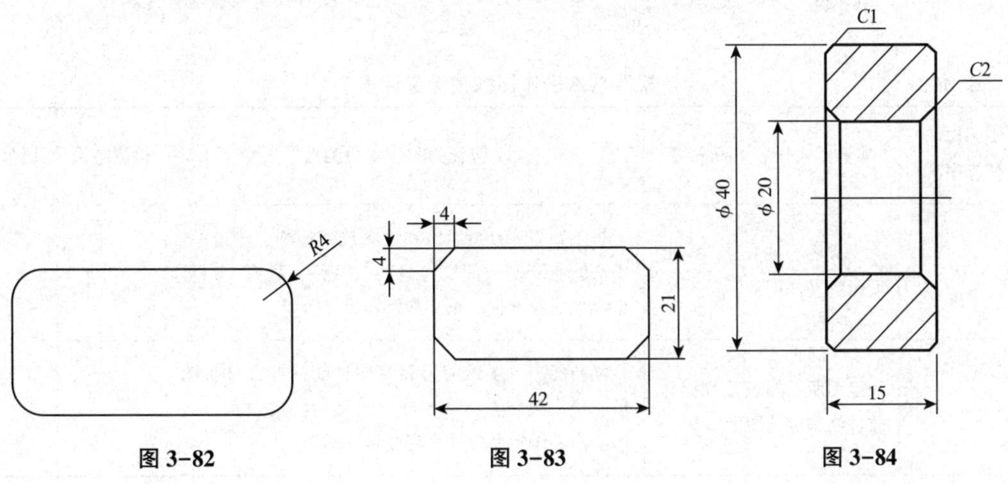

图 3-82　　图 3-83　　图 3-84

表 3-1　　软件基本操作训练技能考评表

实训作业任务序次	实训作业任务主要内容	关键能力与技术检测点	检测结果	评分
1	完成图 3-77～图 3-84 所示的平面图形	思维能力、分析能力和绘图技能；圆、直线、多边形、中心线、复制、移动、旋转、偏移、裁剪、镜像、延伸、阵列、过渡、相对坐标、对象捕捉、正交和极轴追踪等基本命令操作		
2	对基本的操作加强练习，进一步巩固和提高	创新能力、思维能力和绘图技能；熟练操作软件，加强基本编辑命令的练习，高效率地绘制平面图形		

■*Ex*❷：综合训练，绘制如图 3-85、图 3-86 所示平面图形。技能考评要求见表 3-2。

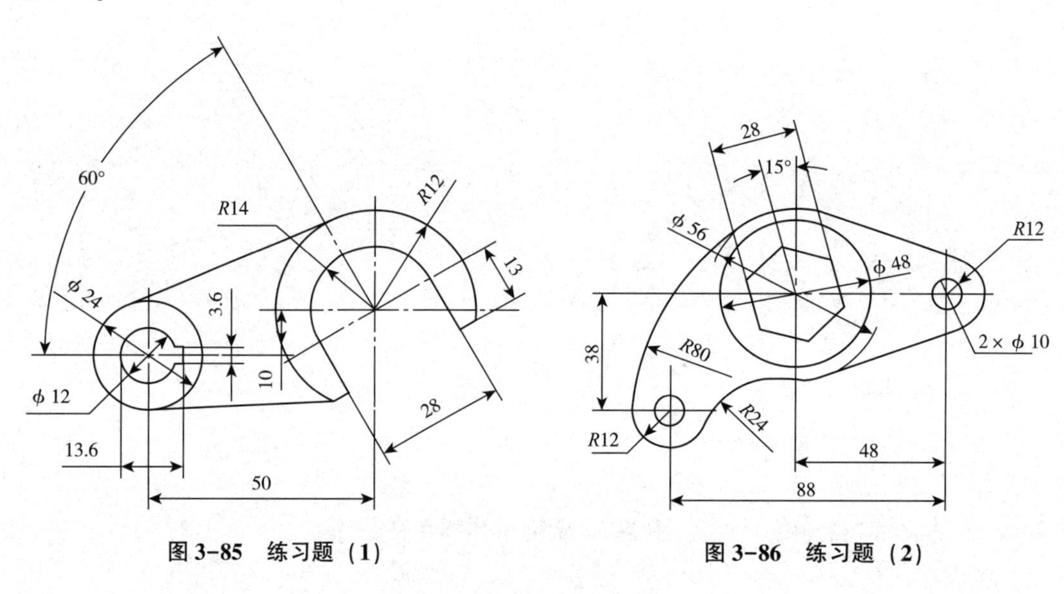

图 3-85　练习题（1）　　**图 3-86　练习题（2）**

表 3-2　　软件基本操作训练技能考评表

实训作业任务序次	实训作业任务主要内容	关键能力与技术检测点	检测结果	评分
1	完成图 3-85、图 3-86 所示的平面图形	思维能力、分析能力和绘图技能；圆、多边形、中心线、复制、移动、旋转、偏移、裁剪、相对坐标、对象捕捉、正交和极轴追踪等		
2	运用所学知识熟练操作软件绘制综合图形	创新能力、思维能力和绘图技能；综合分析图形，确定绘制方案和步骤，提高绘图的效率，应用绘图和编辑命令操作完成目标图形		

3.6 拓展训练

应用所学知识绘制挂钩，如图 3-87 所示。技能考评要求见表 3-3。

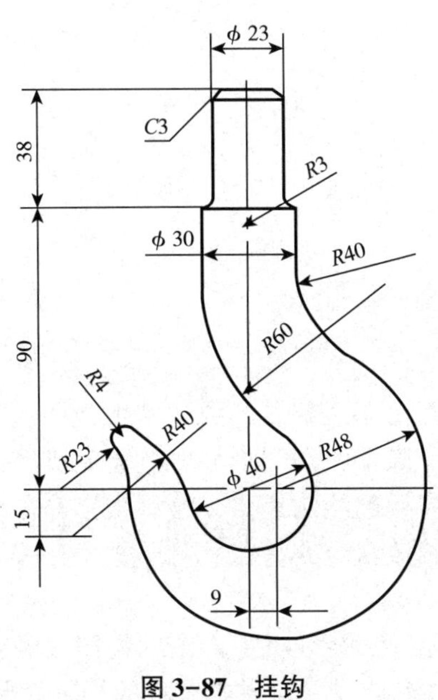

图 3-87　挂钩

表 3-3　　拓展训练技能考评表

实训作业任务序次	实训作业任务主要内容	关键能力与技术检测点	检测结果	评分
1	完成图 3-87 所示的平面图形	思维能力、分析能力和绘图技能；综合应用绘图命名和编辑命名		
2	运用所学知识熟练操作软件绘制综合图形	创新能力、思维能力和绘图技能；加强对复制图形的分析，确定合理的绘制方案，从已知线段开始绘制，再绘制连接线段和未知线段，综合应用软件的各项命令操作，灵活地绘制综合复杂平面图形		

项目 4

绘制零件图

4.1 项目导读

（1）项目摘要

一张完整的零件图，主要由四个部分组成：一组视图、完整的尺寸、技术要求、标题栏。利用计算机辅助绘图，除了绘制图形外，还需完成零件的工程标注。同时，在绘制技术要求和标题栏时，要应用到绘制表格、绘制文字等命令。本项目在前面章节所学的 CAXA 所学的绘图命令、修改命令的基础之上，学习绘制完整的零件图。

（2）学习目标

通过本项目的学习，学生应学会轴类零件图的绘制方法，掌握尺寸标注和技术要求的标注，了解轴类零件的结构特点，学会轴类零件的绘图步骤及绘图规则。

（3）知识目标

CAXA 尺寸标注命令；文字类标注的命令；块操作命令；图库操作命令；打印输出命令；轴类零件绘制命令及标题栏填写方法。

（4）能力目标

掌握普通阶梯轴的绘制方法；标注风格设置；基本标注命令；圆的标注；连续尺寸的标注；公差与配合的标注；引出标注；基准符号的标注；块创建；块插入；图库操作命令；打印输出命令。

（5）素质目标

通过“学中做、做中学”培养较强的责任心，完成学习或工作任务的意识较高，做事一丝不苟。养成课外学习或工作之余学习的习惯。培养较好的资讯能力，能按照一定的策略，熟练地运用计算机，迅速准确查阅到与主题相关的信息，并具有较高的查阅和检索技巧，形成较好的创新意识与能力。

4.2 知识技能链接

4.2.1 尺寸标注

一张完整的零件图，除了表达零件形状和结构的图形外，尺寸标注也是极其重要的

组成部分，占据绘图工作相当多的时间，如果标注不清晰或不合理还会影响对图纸的理解。

4.2.1.1 标注风格设置

尺寸风格是指对标注的尺寸线、尺寸线箭头、尺寸值等样式的综合设置，画图时应根据图形的性质设置不同的标注风格。标注属性设置可以对当前的标注风格进行编辑修改，也可以新建标注风格并设置为当前的标注风格。

尺寸样式命令调用方法有以下 3 种，如图 4-1 所示。

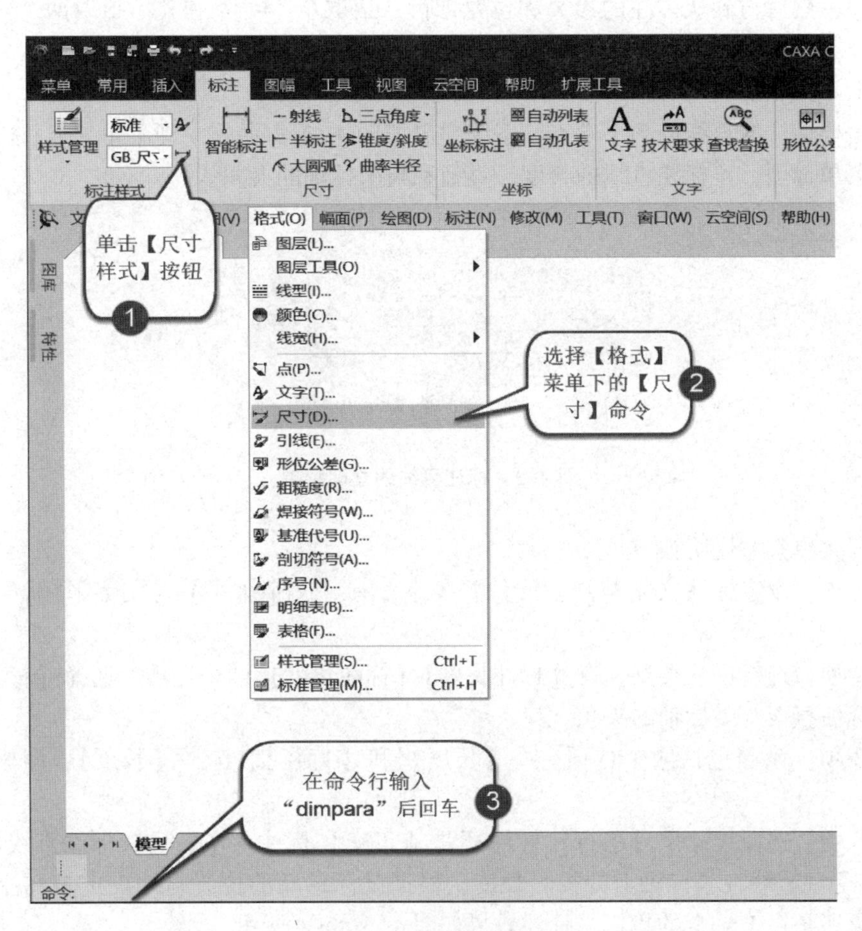

图 4-1　尺寸样式命令

执行上述命令之一后，系统弹出【标注风格设置】对话框，该对话框中各选项卡含义如下：

【直线和箭头】用于设置尺寸线、尺寸界限及箭头的颜色和风格。

【文本】用于设置文本风格及与尺寸线的参数关系。

【调整】用于设置尺寸线及文字的位置，并确定标注的显示比例。

【单位】用于设置标注的精度。

【换算单位】用于标注测量值中换算单位的显示及其格式和精度。

【工程】用于设置标注文字中公差的格式及显示。

【尺寸形式】用于控制弧长标注和引出点等的参数。

在【标注风格设置】对话框中的【尺寸风格】列表框中选择一种标注风格，单击【设为当前】按钮，即可将选中的标注风格设置为当前标注风格。

4.2.1.2 基本标注

用以下方式可以调用【基本标注】功能：单击【智能标注】功能按钮处子菜单的【基本标注按钮】或执行 powerdim 命令。调用【基本标注】功能后，根据提示拾取要标注的对象，然后再确认标注的参数和位置即可。拾取单个对象和先后拾取两个对象的概念和操作方法不同。

（1）直线的标注

单击要标注的直线的两个端点，系统弹出如图 4-2 所示的立即菜单，通过选择不同的立即菜单选项，可标注直线的长度、直径和与坐标轴的夹角。

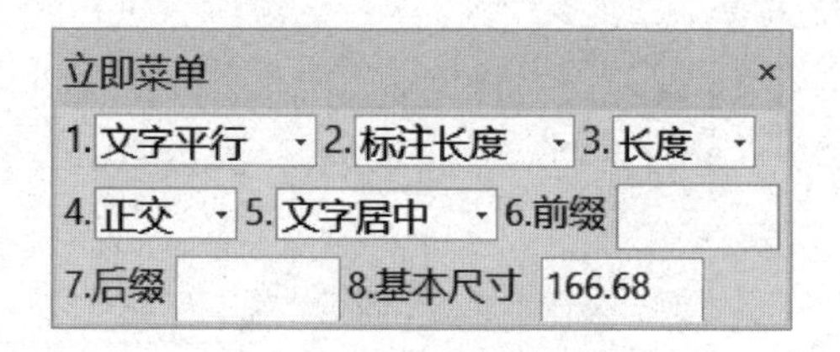

图 4-2　标注直线的立即菜单

立即菜单参数说明：

第 1 项：设置标注文字与尺寸线位置关系，有【文字水平】【文字平行】【ISO 标准】。

第 2 项：选择标注类型，有【标注长度】【标注角度】两个选项。选择【标注角度】时可以标注直线与坐标轴的夹角。

第 3 项：该项包括两个选项——【长度】和【直径】。选择【长度】，即标注直线长度。

第 4 项：选择尺寸是【平行】标注还是【正交】标注。【平行】标注直线的长度，【正交】标注直线在坐标轴上的投影长度，根据鼠标移动的位置自动决定是标注在 X 轴上的投影还是在 Y 轴上的投影，标注效果如图 4-3（a）所示。

第 6 项：【前缀】为尺寸文字前面加前缀，如“R”“ϕ”等。

第 8 项：【基本尺寸】为测量直线的长度值，编辑框中的数字是默认值，还可通过键盘输入尺寸值。

（2）直线直径的标注

第 3 项：立即菜单【长度】切换为【直径】时，即标注直径，其标注方式与长度基本相同，区别在于在尺寸值前默认加前缀“ϕ”。标注示例如图 4-3（b）所示。

（3）圆的标注

调用【基本标注】功能，按提示拾取要标注的圆，弹出如图 4-4 所示立即菜单。

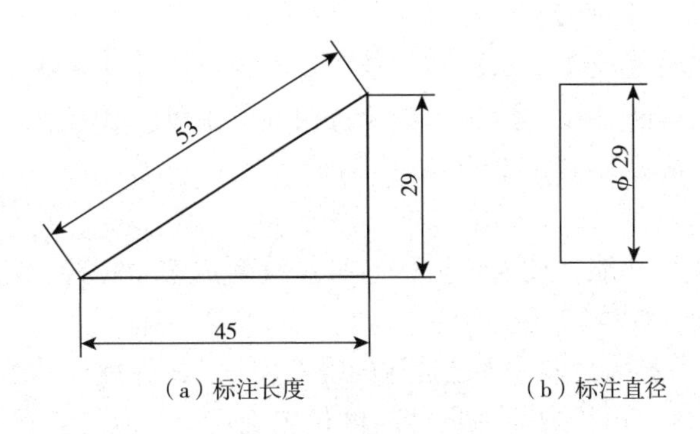

（a）标注长度　　（b）标注直径

图 4-3　直线标注示例

立即菜单
1. 文字平行　2. 圆周直径　3. 文字居中　4. 正交
5.前缀 %c　6.后缀　7.尺寸值 178.52

图 4-4　圆的立即菜单

第 2 项：包括三个选项：【直径】【半径】和【圆周直径】，其中圆周直径指从圆周引出尺寸界线，并标注直径尺寸。

将第 4 项【正交】选项切换为【平行】时，立即菜单中增加了一项【旋转角】，用来指定尺寸线的倾斜角度。尺寸线与尺寸文字的标注位置，随【标注点】动态确定。

（4）圆弧的标注

调用【基本标注】功能，按提示拾取要标注的圆弧，弹出的立即菜单如图 4-5 所示。

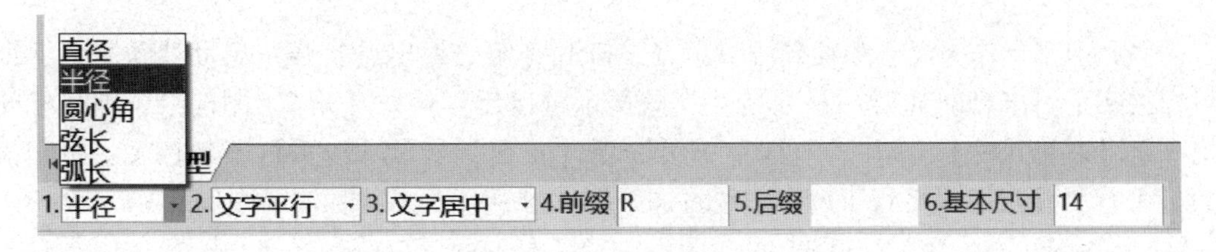

图 4-5　圆弧立即菜单

在第 1 项选项中包含 5 个选项为：半径/直径/圆心角/弦长/弧长，可根据需要选用这 5 种方式对圆弧进行标注。然后按提示指定尺寸线位置，标注位置可随【标注点】动态确定。

4.2.1.3 基线标注

【基线标注】用于标注有公共的一条尺寸界限（作为基准线）的一组尺寸线相互平行的尺寸。

(1）基线标注命令执行的方式

①菜单方式：调用【尺寸标注】功能并在立即菜单选择【基线标注】。

②功能区图标：单击【尺寸标注】功能按钮处子菜单的按钮。

③命令：命令行输入 basdim 命令。

(2）命令的执行

调用【基线标注】功能，按提示操作即可连续生成多个标注，拾取一个已有标注或引出点操作方法不同，具体如下：

①拾取线性尺寸。如果拾取一个已标注的线性尺寸，则在此尺寸基础上进行基线标注，新标注尺寸的第一引出点由拾取线性尺寸时的位置确定。对应的立即菜单如图 4-6 所示，状态行提示【拾取第二引出点】，选择下一点继续标注，直到按【Esc】键结束标注。

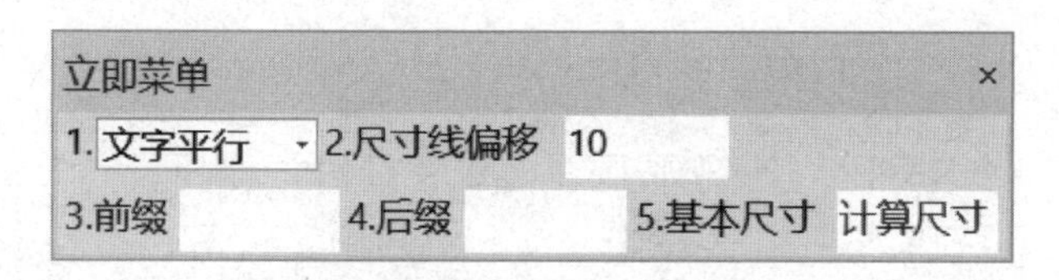

图 4-6　基线标注立即菜单 1

②拾取第一引出点。如果第一次拾取的是一点，则将该点作为基准尺寸的第一引出点，状态行提示【第二引出点】，弹出如图 4-7 所示的立即菜单。

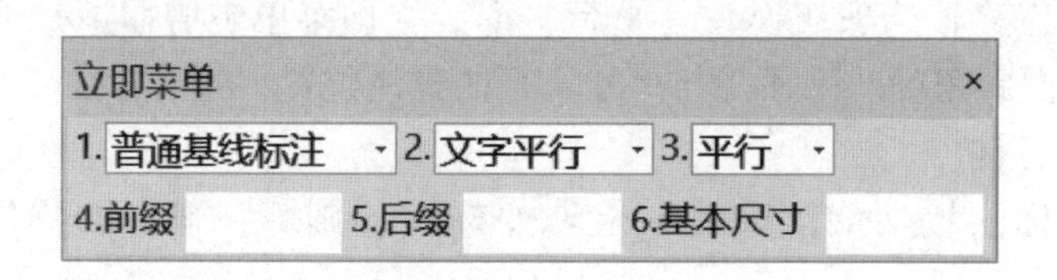

图 4-7　基线标注立即菜单 2

以此引出点作为尺寸基准界线引出点，拾取【第二引出点】指定尺寸线位置后，即可标注两个引出点间的第一基准尺寸。按提示可以反复拾取【第二引出点】，即可标注出一组【基准尺寸】。其中，立即菜单第 3 项【正交】指尺寸线平行于坐标轴；可切换为【平行】指尺寸线平行于两点连线方向。图 4-8 所示为基线标注的图例。

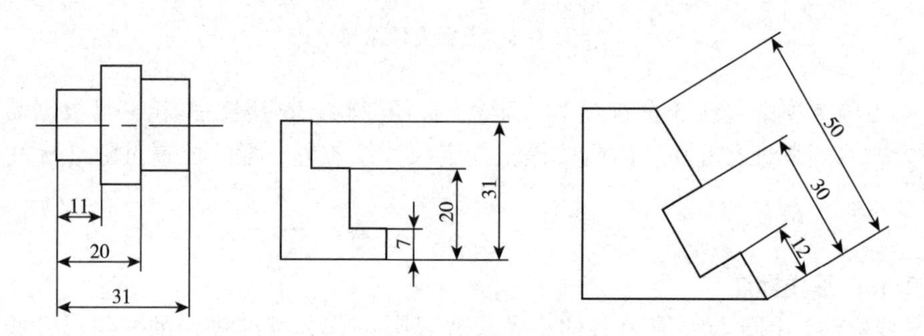

图 4-8　基线标注图例

4.2.1.4 连续标注

【连续标注】以某一个尺寸线结束端作为下一个尺寸标注的起始位置的尺寸标注。

（1）命令执行方式

①菜单方式：调用【尺寸标注】功能并在立即菜单选择【连续标注】。

②功能区图标：单击【尺寸标注】功能按钮处子菜单的按钮。

③命令：执行 contdim 命令。

（2）命令执行过程

调用【连续标注】功能，按提示操作即可连续生成多个标注，拾取一个已有标注或引出点操作方法不同。具体操作步骤和基线标注类似，此处不另加说明。图 4-9 为连续标注的图例。

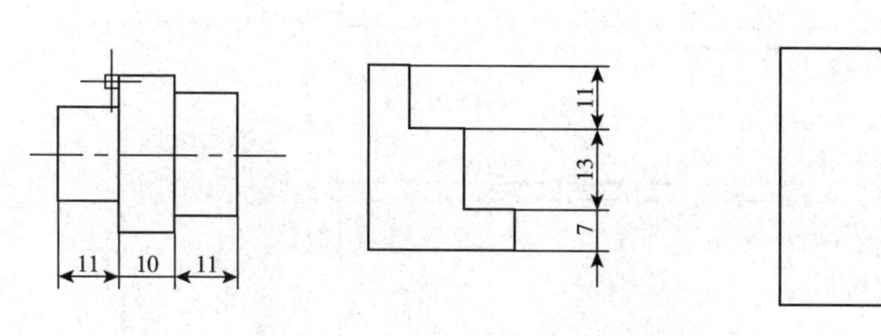

图 4-9　连续标注图例

4.2.2 工程类符号标注

4.2.2.1 几何公差的标注

标注几何公差是按照国家新标准（GB/T 1182—2008）规定，几何公差包括形状公差、方向公差、位置公差和跳动公差 4 项内容，下面仅介绍形状公差和位置公差的标注。

命令启用方式

①菜单方式：单击【标注】主菜单的按钮。

②工具条图标：单击【标注工具条】的按钮。

③功能区图标：单击【标注选项卡】中【符号面板】的按钮。

④命令：执行 fcs 命令。

调用【形位公差】功能后弹出如图 4-10 所示的对话框。在图 4-10 所示对话框中选择公差代号并设置各项参数后，单击【确定按钮】，在立即菜单中选择【水平标注】或者【铅垂标注】。然后根据提示拾取标注元素并输入引线转折点后，即完成形位公差的标注。

下面介绍【形位公差对话框】各部分内容及其操作：利用对话框，用户可以直观、方便地填写形位公差框内各项内容，而且可以填写多行，允许删除行的操作。

对话框共分为以下几个区域，如图 4-10 所示。分别是 a. 当前使用标准显示。b. 预

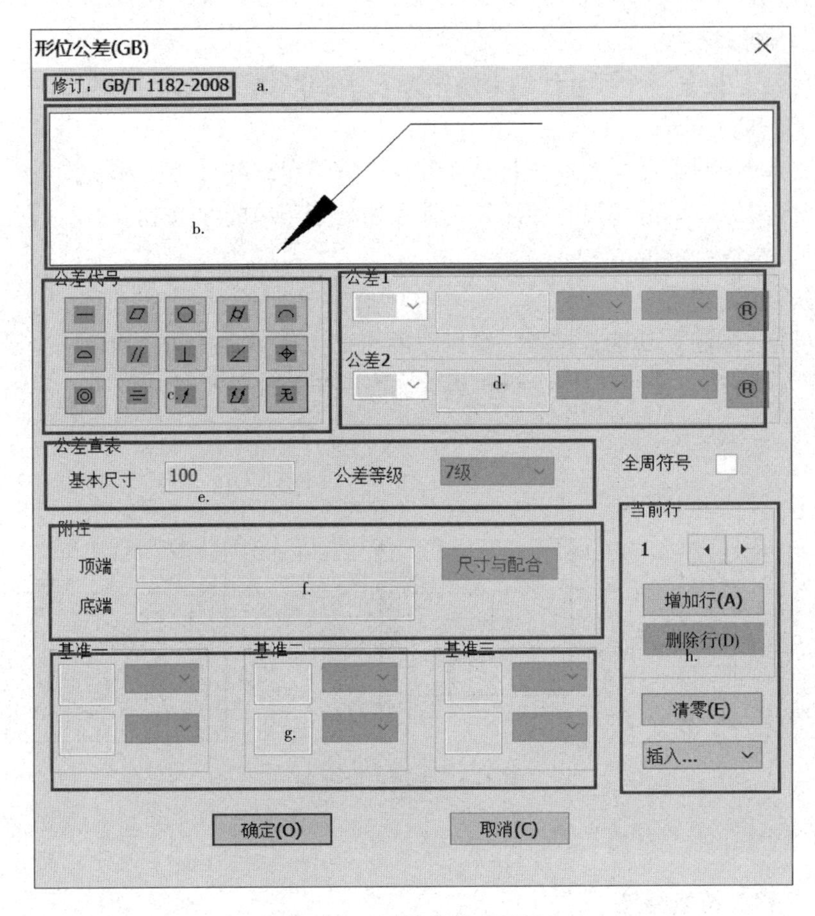

图 4-10　形位公差对话框

显区：在对话框上部，显示填写与布置结果。c. 形位公差符号分区：它排列出形位公差【直线度】【平面度】【圆度】等符号按钮。d. 形位公差数值分区。g. 基准代号分区：分三组，可分别输入基准代号和选取相应符号（如【P】【M】，或【E】等）。如图 4-11 所示为几何公差标注的示例。

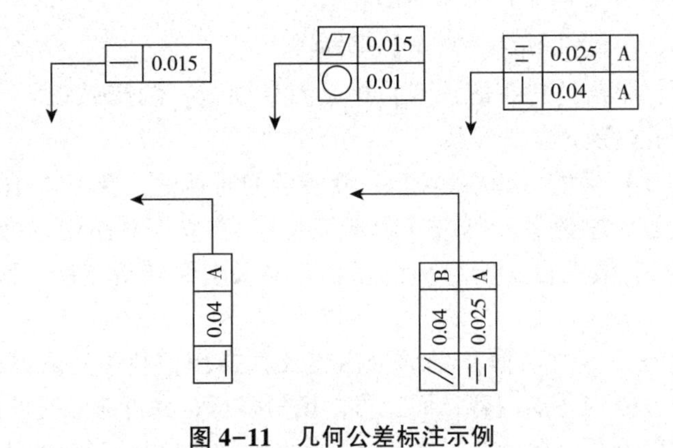

图 4-11　几何公差标注示例

4.2.2.2 基准符号的标注

此命令用于标注形位公差中的基准部位的代号。

（1）命令启用方式

①菜单方式：单击【标注】主菜单的按钮。

②功能区图标：单击【标注工具条】的按钮。

③选项卡图标：单击【标注选项卡】中【符号面板】的按钮。

④命令：执行 datum 命令。

（2）命令执行过程

执行基准代号命令后，立即菜单如图 4-12 所示。

图 4-12　基准代号立即菜单

第 1 项【基线标注】可以选择基准代号的方式：基线标注和基准标注。基线标注状态下可以设置基准的方式和名称，基准标注状态下可以设置目标标注或代号标注。确定各项参数后，根据提示拾取定位点、直线或圆弧并确认标注位置即可生成基准代号。如拾取的是定位点，可用拖动方式或从键盘输入旋转角后，即可完成基准代号的标注。如拾取的是直线或圆弧，标注出与直线或圆弧相垂直的基准代号。图 4-13 所示为基准代号的标注示例。

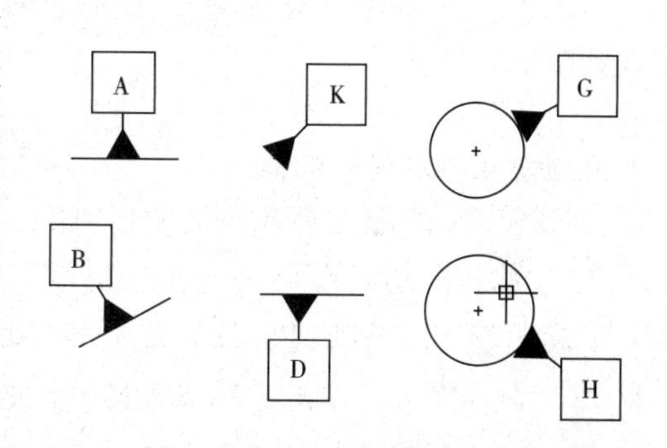

图 4-13　基准代号的标注示例

4.2.2.3 表面粗糙度的标注

【表面粗糙度的标注】命令是标注表面粗糙度代号。国家新标准（GB/T 131—2006）规定，零件表面质量用表面结构来定义，粗糙度是表面结构的技术内容之一。本节介绍粗糙度的标注。

（1）命令启用方式

①菜单方式：单击【标注】主菜单的按钮。

②工具条图标：单击【标注工具条】的按钮。

③功能区图标：单击【标注选项卡】中【符号面板】的按钮。

④命令：执行 rough 命令。

（2）命令的执行过程

执行粗糙度命令，立即菜单如图 4-14 所示。

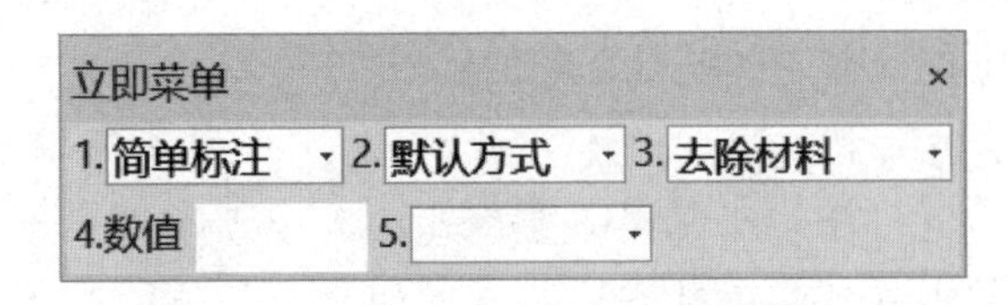

图 4-14　粗糙度标注立即菜单

立即菜单第一项有两个选项：简单标注和标准标注，即粗糙度标注可分为简单标注和标准标注两种方式。

①简单标注。【简单标注】只能标注表面处理方式和粗糙度值，按【Alt+3】组合键选择表面处理方式，包括【去除材料】【不去除材料】和【基本符号】三种方式；按【Alt+4】组合键输入表面粗糙度数值；按【Alt+2】组合键可以选择是否需要将粗糙度符号引出进行标注。

②标准标注。切换立即菜单第 1 项为【标准标注】，同时弹出相应的对话框（根据选择标准不同，对话框会有区别）。对话框中包括粗糙度的各种标注：基本符号、纹理方向、上限值、下限值以及说明标注等，用户可以在预显框里看到标注结果，然后单击【确定按钮】确认。

4. 2. 2. 4 剖切符号的标注

剖切符号的标注是标出剖面的剖切位置。

（1）命令启用方式

①菜单方式：单击【标注】主菜单的按钮。

②工具条图标：单击【标注工具条】的按钮。

③功能区图标：单击【标注选项卡】中【符号面板】的按钮。

④命令：执行 hatchpos 命令。

（2）命令的执行过程

调用【剖切符号】功能后，根据提示先以两点线的方式画出剖切轨迹线，当绘制完成后，右击结束画线状态。此时在剖切轨迹线的终止点显示出沿最后一段剖切轨迹线法线方向的两个箭头标识，并提示【请拾取所需的方向】。可以在两个箭头的一侧单击鼠标左键以确定箭头的方向或者右击取消箭头。然后系统提示【指定剖面名称标注点】拖动一个表示文字大小的矩形到所需位置单击左键确认，此步骤可以重复操作，直至单击右键结束。如图 4-15 所示为剖切符号的示例。

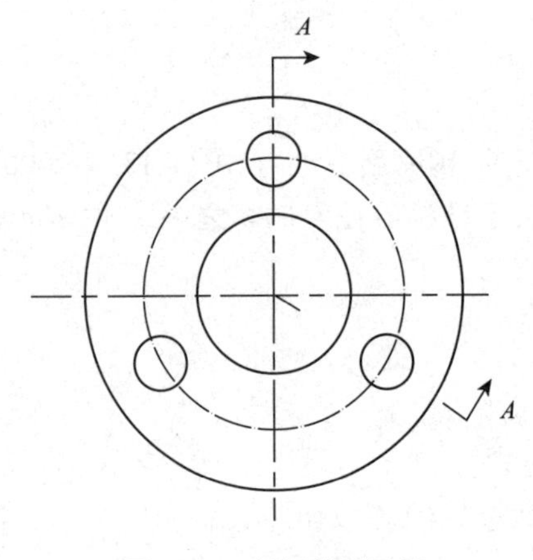

图 4-15　剖切符号示例

4.2.3 文字类标注

工程图中文字是不可缺少的重要内容，它用来表示图形无法表达的内容和信息，如技术要求等。另外标题栏和明细表中的所有信息也需要用文字来说明，不过电子图板2018对标题栏和明细表的填写有专门的命令，本节介绍的文字标注不包括标题栏和明细表内容。

4.2.3.1 文本风格设置

文本风格设置为文字设置各项参数，控制文字的外观。文字风格通常可以控制文字的字体、字高、方向、角度等参数。

（1）命令启用方式

①菜单方式：单击【格式】主菜单的按钮。

②工具条图标：单击【设置工具条】的按钮。

③功能区图标：单击【标注选项卡】【标注样式面板】的按钮。

④样式管理：单击【样式管理】下的按钮。

⑤命令：输入 textpara 命令。

（2）命令执行过程

调用【文本风格】功能后，对话框如图 4-16 所示。在该对话框中设置文本格式。建议不要对系统自带的标准风格和机械风格进行修改，需要其他的风格时可以建立自己的各种风格。

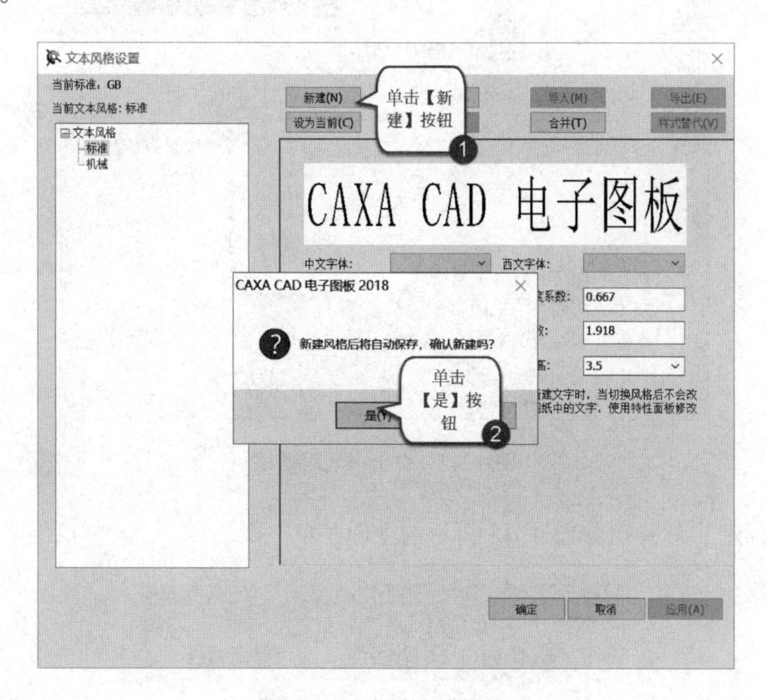

图 4-16　新建文本风格

4.2.3.2 引出说明

【引出说明】用于标注引出注释，由文字和引出线组成。引出点处可带箭头，文字可输入中文和西文。

(1) 命令启用方式

①菜单方式：单击【标注】主菜单的按钮。

②工具条图标：单击【标注工具条】的按钮。

③功能区图标：单击【标注选项卡】中【符号面板】的按钮。

④命令：输入 ldtext 命令。

(2) 命令执行过程

调用【引出说明】功能后弹出如图 4-17 所示的对话框。在立即菜单中可选择文字的方向和尺寸线的延伸长度。状态行首先提示【第一点】，该点是引出线箭头端点。

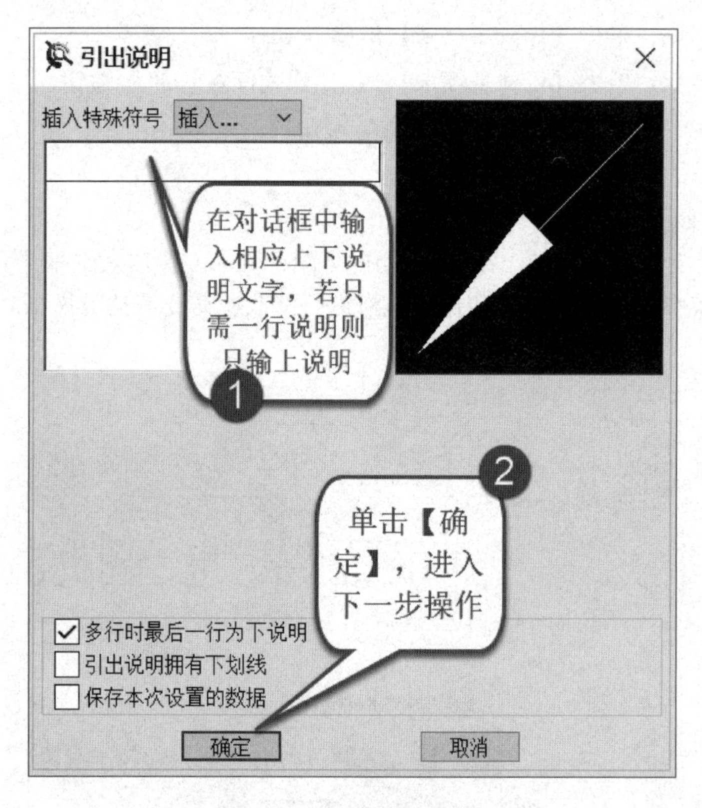

图 4-17 引出说明对话框

单击【确定】后弹出如图 4-18 所示的立即菜单。

图 4-18 引出说明立即菜单（1）

此时若拾取直线或圆弧，立即菜单变化为如图 4-19 所示，第 4 项用于选择引出点是否随动，选择【起点缺省】随动，则引出线始终垂直于直线或圆弧；若拾取的是点，则立即菜单无变化仍是图 4-19。然后状态行连续提示【下一点】，可以拾取多个点，直至按下鼠标右键完成标注。图 4-20 是引出标注的标注示例。

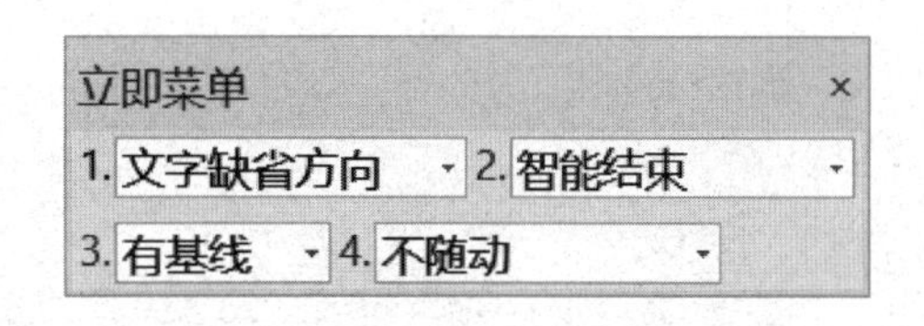

图 4-19　引出说明立即菜单（2）

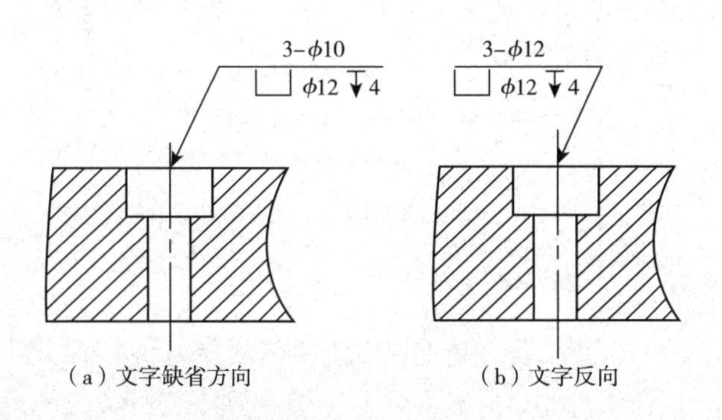

图 4-20　引出说明示例

4.2.3.3 技术要求

【技术要求】命令可以辅助生成技术要求文本插入工程图，也可以对技术要求库的文本进行添加、删除和修改。

（1）命令启用方式

①菜单方式：单击【标注】主菜单的按钮。

②工具条图标：单击【标注工具条】的按钮。

③功能区图标：单击【标注选项卡】中【文字面板】的按钮。

④命令：命令行输入 speclib 命令。

（2）命令执行过程

调用【技术要求】功能后弹出如图 4-21 所示的对话框。在【技术要求】对话框中编辑好标题内容和技术要求文本后，单击【生成】按钮，然后在绘图区指定两个角点，系统便在这个区域自动生成技术要求。

在 CAXA 电子图板 2018 中，技术要求库的管理工作比较简单，在【技术要求库】对话框左下角的列表中选择所需的类别，接着在其右侧表格中可以直接修改指定文本项。激活表格中的新行，则可以为该类别添加新的一行文本项。当然用户可以将所选文本项从数据库中删除（删除操作要慎重），可以修改类别名等。

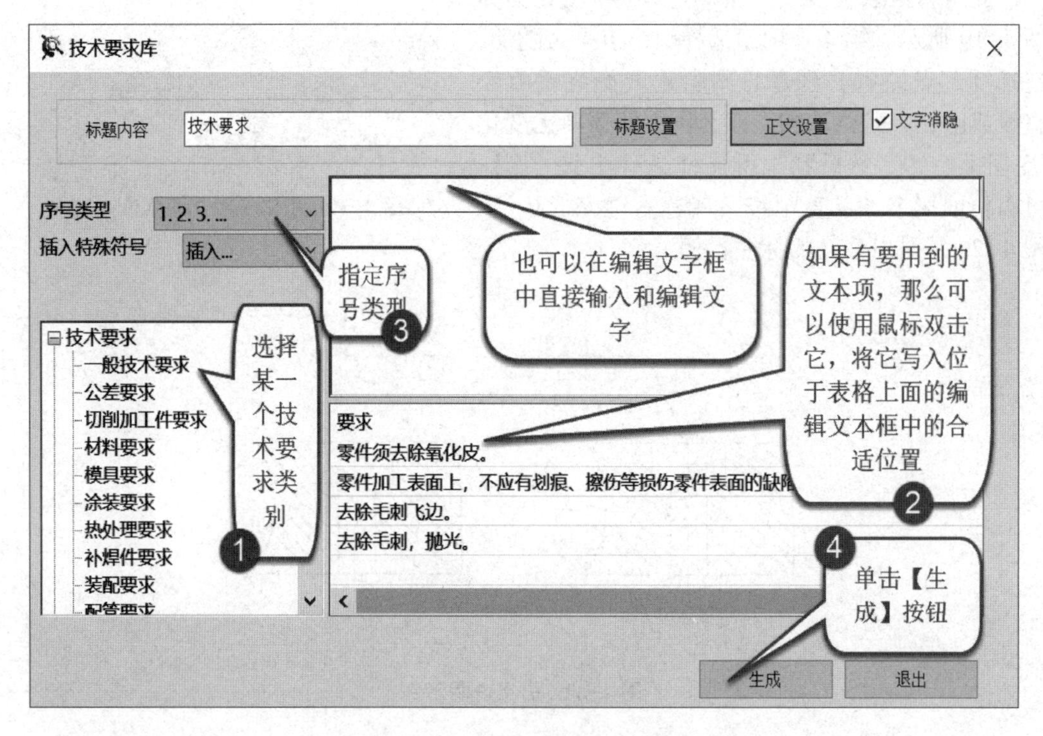

图 4-21　添加技术要求库步骤

4.2.4 块操作

4.2.4.1 创建块

【概念】选择一组图形对象定义为一个块对象。每个块对象包含块名称、一个或者多个对象、用于插入块的基点坐标值和相关的属性数据。

(1) 命令启用方式

①菜单方式：单击【绘图】主菜单中【块】子菜单中的按钮。

②功能区图标：单击【插入选项卡】中【块面板】上的按钮。

③命令：命令行输入 block 命令。

④右键方式：单击鼠标右键在【绘图区右键菜单】中选择【块创建】。

(2) 命令的执行

调用【创建块】功能后，拾取欲组合为块的图形对象并确认，然后指定块的基准点，再单击鼠标右键将弹出块定义对话框，在对话框中的【名称】框中输入块的名称，点击确定。块名称及块定义随即保存在当前图形中。操作步骤如图 4-22 所示。

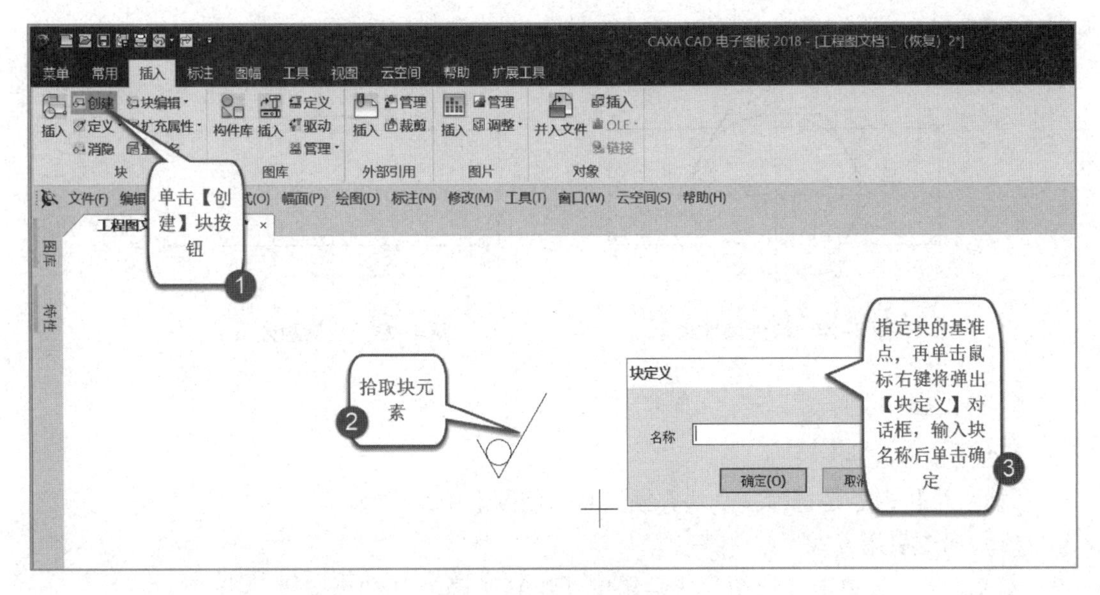

图 4-22　块定义对话框

4.2.4.2 块消隐

【块消隐】命令让块能遮挡住层叠顺序在其后方的对象。电子图板提供了二维自动消隐功能，给作图带来方便。特别是在绘制装配图过程中，当零件的位置发生重叠时，此功能的优势更加突出。

（1）命令启用方式

①菜单方式：单击【绘图】主菜单中【块】子菜单中的按钮。

②功能区图标：单击【插入选项卡】中【块面板】上的按钮。

③命令：命令行输入 hide 命令。

（2）命令的执行

利用具有封闭外轮廓的块图形作为前景图形区，自动擦除该区内其他图形，实现二维消隐，对已消隐的区域也可以取消消隐，被自动擦除的图形又被恢复，显示在屏幕上。块生成以后，可以通过特性选项板修改块是否消隐。

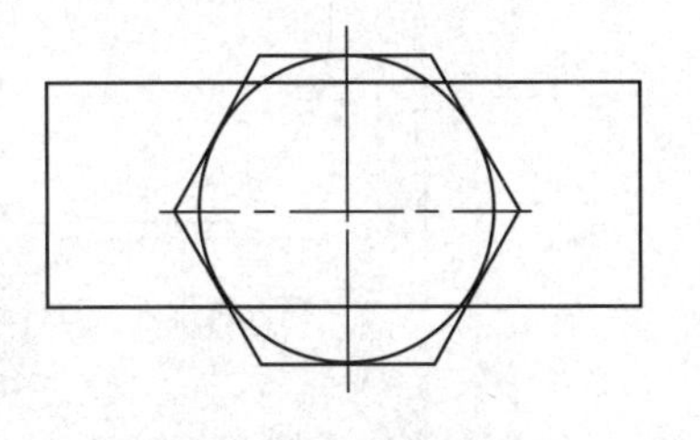

图 4-23　原始图形

①创建两个块，分别是块 1 长方形，块 2 正六边形，让两个块图形重叠起来，得到如图 4-23 的原始图形。

②单击【插入选项卡】中【块面板】上的按钮。在立即菜单“1”中设置选项为消隐。首先拾取六边形的块，则得到块消隐的效果如图 4-24 所示，如果拾取长方形块，那么得到的消隐效果如图 4-25 所示。

③如果要取消消隐，那么可以在执行消隐功能打开的立即菜单单击“1”中选项“消隐”，以将其选项切换为“取消消隐”，接着拾取要取消消隐的块即可，这样又回到

了没有消隐的情形，如图 4-23 所示。

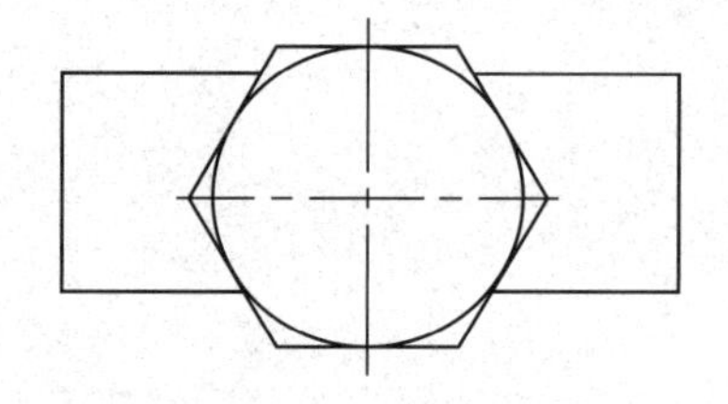

图 4-24　块消隐效果 1

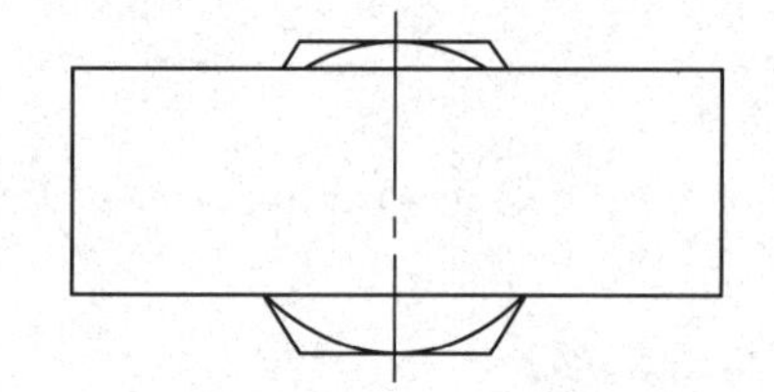

图 4-25　块消隐效果 2

4.2.4.3 插入块

【插入块】命令是选择一个块并插入到当前图形中。

（1）命令启用方式

①菜单方式：单击【绘图】主菜单中【块】子菜单中的按钮。

②功能区图标：单击【插入选项卡】中【块面板】上的按钮。

命令：命令行输入 insertblock 命令。

（2）命令的执行

执行块插入命令后，将弹出如图 4-26 所示对话框，对其进行如下操作，即完成块的插入。

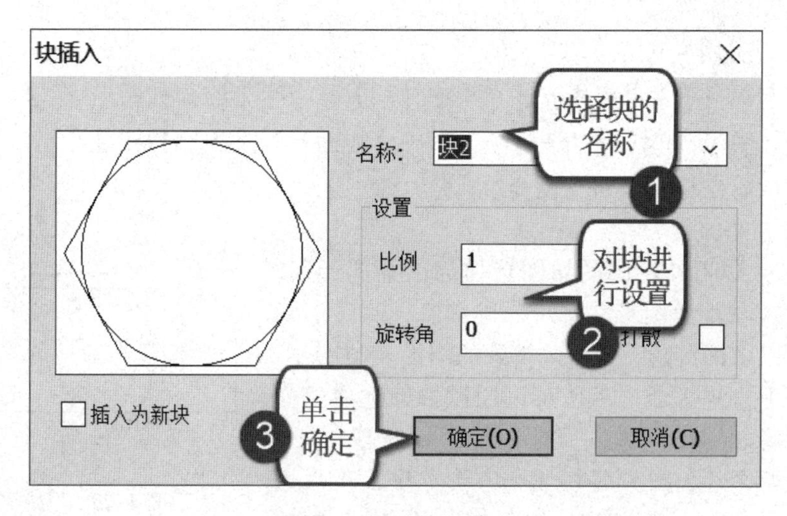

图 4-26　插入块操作

4.2.5 图库操作

图库的基本组成单位是图符，CAXA 电子图板将各种标准件和常用图形符号定义为图符。按是否参数化，又将图符分为参数化图符和固定图符。在绘图时，可以直接提取这些图符插入到图中，从而避免不必要的重复劳动。

4.2.5.1 插入图符

(1) 命令启用方式

①菜单方式：单击【绘图】主菜单下的【图库】子菜单的按钮。

②工具条图标：单击【图库工具条】中的按钮。

③功能区图标：单击【插入选项卡】中【图库面板】的按钮。

④命令：命令行输入 sym 命令。

⑤通过图库工具选项板进行操作。

(2) 命令的执行

参数化图符和非参数化图符提取过程有所不同，下面对参数化图符提取进行介绍，如图 4-27 所示。

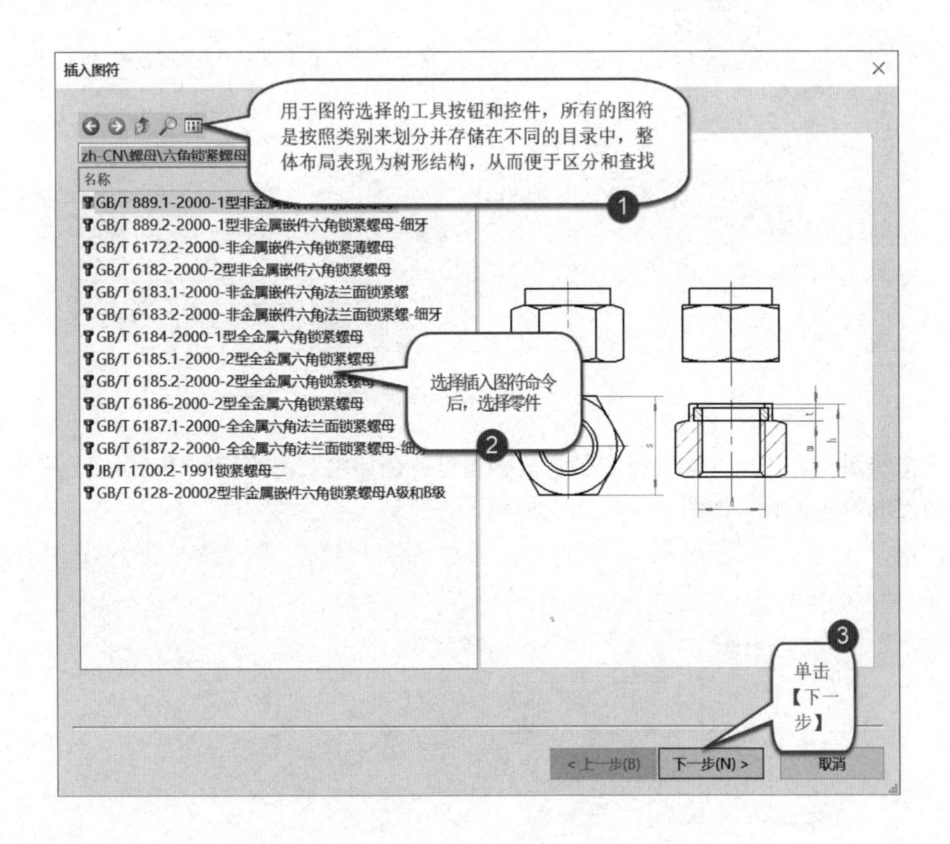

图 4-27　插入图符操作 (1)

参数化图符提取是指将已经存在的参数化图符从图库中提取出来，并根据实际要求设置一组参数值，经过预处理后应用于当前绘图。参数化图符提取的一般方法及步骤如图 4-28 所示。

单击【完成】后，此时，位于绘图区的十字光标已经带着图符。如图 4-29 (a) 所示的立即菜单中设置是否打散块，以及设置不打散时是否允许图形提取后消隐。在系统

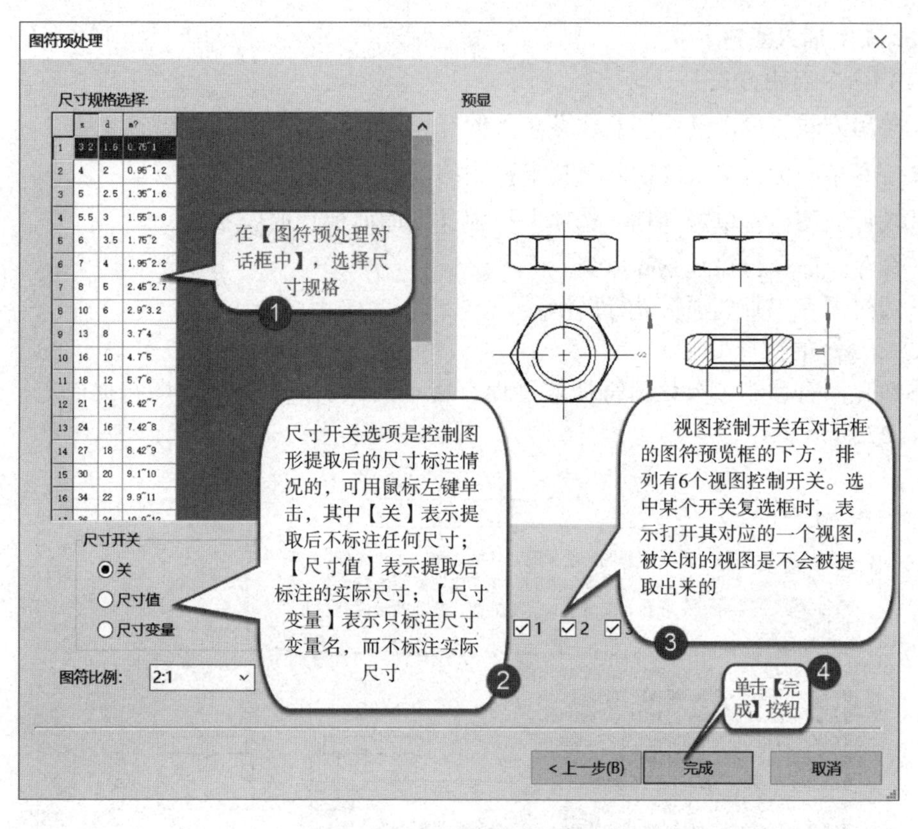

图 4-28　插入图符操作（2）

提示下指定图符定位点，接着指定图符旋转角度，例如输入图符旋转角为 45°，完成一个图符的提取插入，效果如图 4-29（b）所示。

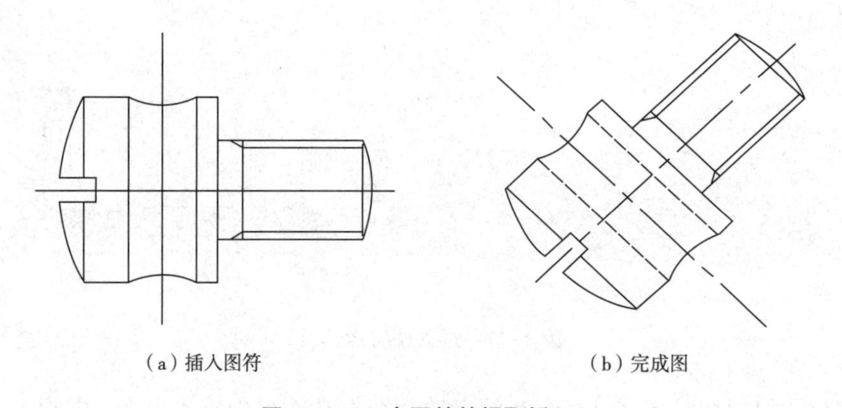

（a）插入图符　　（b）完成图

图 4-29　一个图符的提取插入

4.2.6 文件输出

图形绘制完成后，通常需要图形输出设备（绘图机、打印机等）输出到图纸上，用

来指导工程施工、零件加工、部件装配，以及进行技术交流。当同时需要输出大小不一的多张图纸时，CAXA 电子图板提供的排版和绘图输出功能，可以充分利用图纸的幅面并提高绘图输出的效率。

4.2.6.1 打印机设置

【打印】按指定参数由输出设备打印输出图形。

电子图板的打印功能与大多数 Windows 应用程序类似，都是要确定打印的内容并设置打印参数后，由打印机输出要打印的内容。

（1）命令启用方式

①菜单方式：单击【文件】主菜单下的按钮。

②快速启动工具栏：单击快速启动工具栏的按钮。

③命令：命令行输入 plot 命令。

④快捷键方式：按 Ctrl+P。

（2）命令的执行

调用【打印】功能后，弹出如图 4-30 所示的对话框。

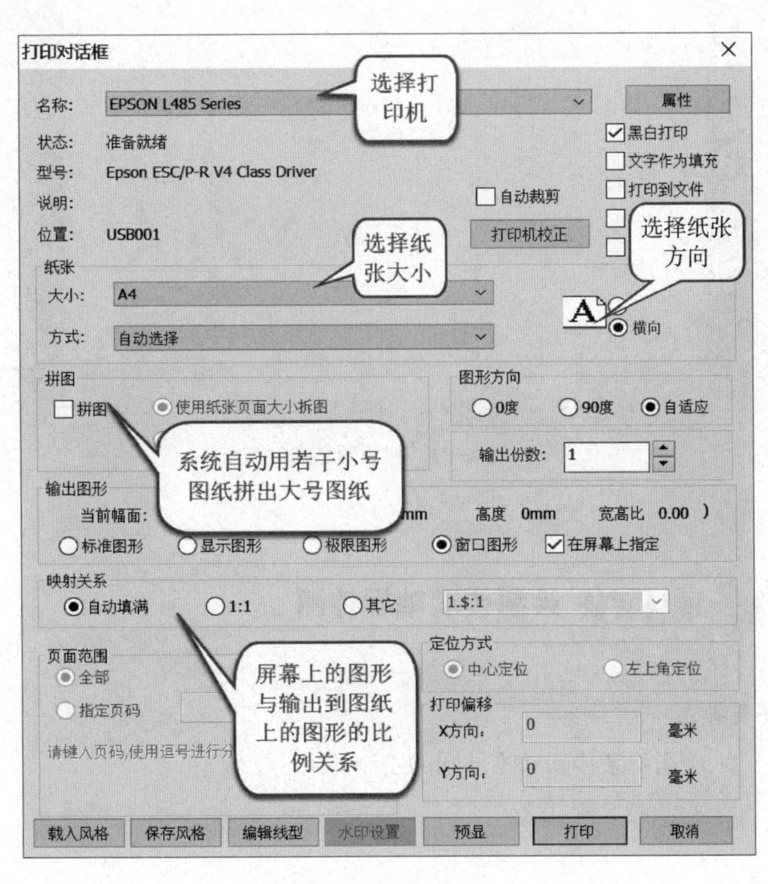

图 4-30　打印对话框

4.2.6.2 打印预览

在确定打印参数之后以及进行实际打印操作前，通常要进行打印预览操作，以模拟真实的打印效果。要进行打印预览，可以在【打印对话框】中单击【预显】按钮，系统弹出如图 4-31 所示的打印预览窗口。

如果是单张打印单元，直接显示图形预览；如果是排版打印单元，则可以预显图幅信息或通过真实显示预显实际图形信息。在预显区查看图形时，可以使用鼠标滚轮缩放预显图形，可以双击鼠标中键显示全部图形，也可以使用功能区【显示面板】上的对应按钮查看图形，包括：显示窗口、显示全部、动态平移、动态缩放、显示上一单元、显示下一单元等。预览满意后，单击【打印】按钮便可直接进行实际打印操作。当打印的图形为多张时，可以通过【上一页】或【下一页】按钮切换。如需关闭预览窗口，则单击【关闭】按钮。

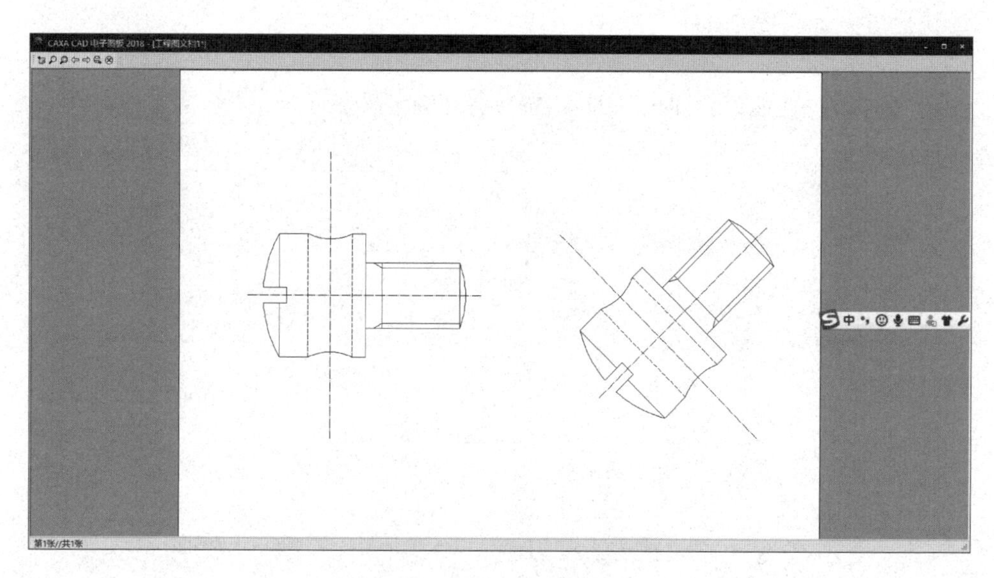

图 4-31　打印预览窗口

4.3 项目实施 绘制传动轴零件图

4.3.1 任务导入

完成如图 4-32 所示某传动轴零件图的绘制。

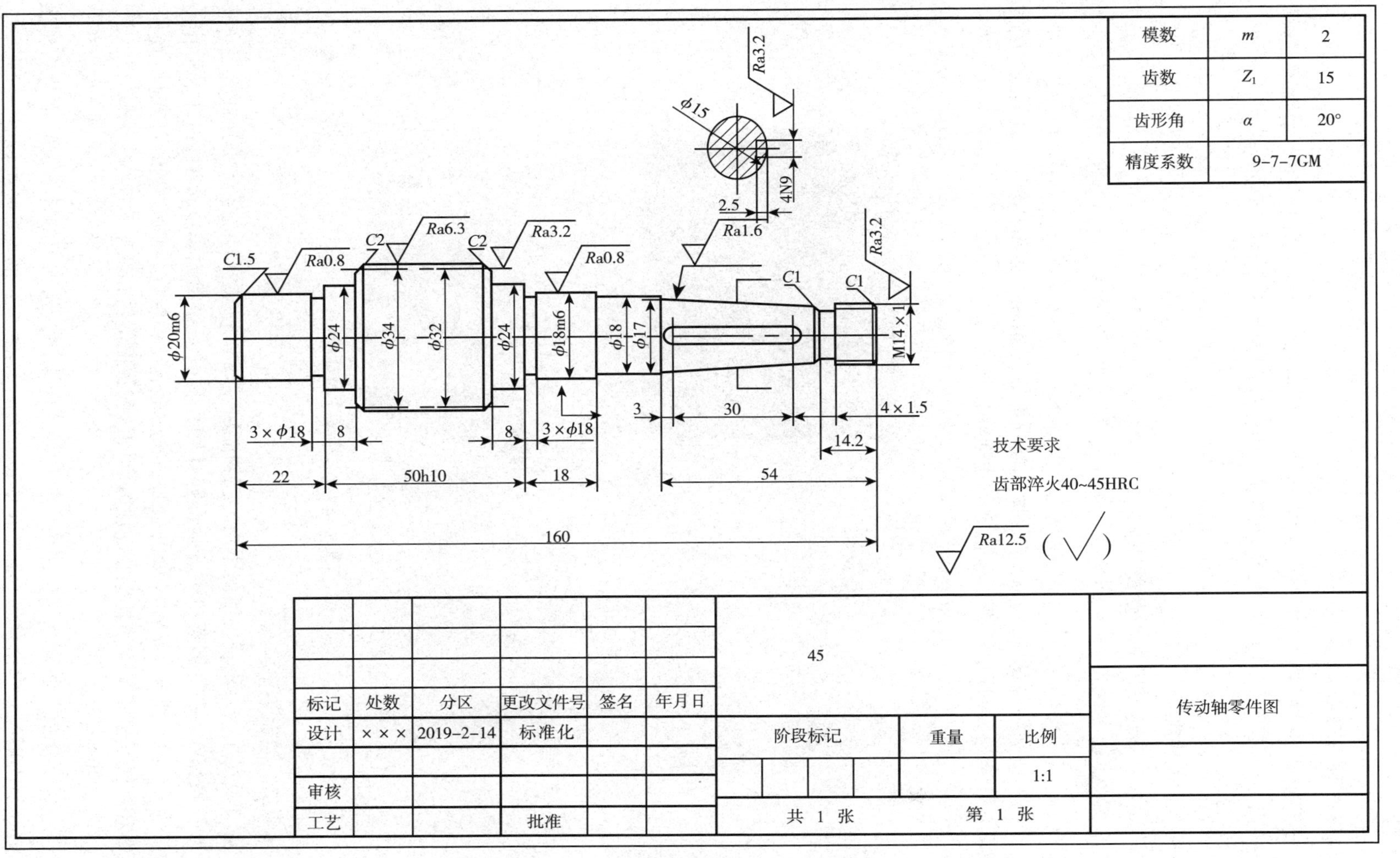

图4-32 某传动轴零件图

4.3.2 任务分析

此类轴类零件的基本结构为同轴回转体，通常绘制一个基本视图作为主视图，对于轴上的退刀槽等局部结构，可采用局部剖视图、局部放大图或断面图来表达。

4.3.3 工作步骤

步骤一：新建图形文件设置图幅。

在 CAXA 电子图板 2018 的快速启动工具栏中单击【新建】按钮，弹出【新建】对话框，在【工程图模板】选项卡的【当前标准】下拉列表框中默认选择 GB，在功能区【图幅】选项卡【图幅】面板中选择【图幅设置】按钮，弹出如图 4-33 所示图幅设置对话框，选择 A4 横放图纸，然后单击【确定】按钮。

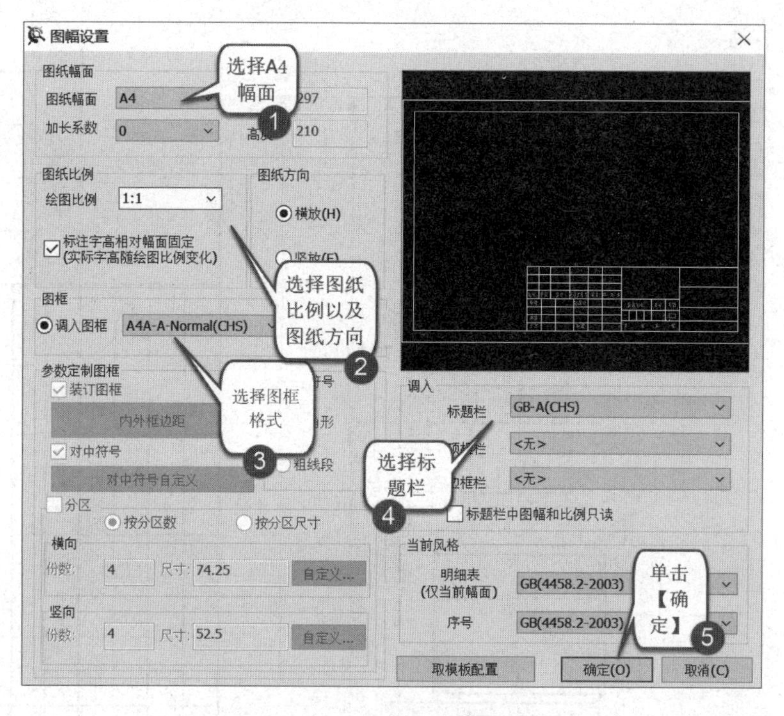

图 4-33 图幅设置对话框

步骤二：绘制轴主体图形。

将“粗实线层”设置为当前图层。在功能区【常用】选项卡的【绘图】面板中单击【孔/轴】按钮，在立即菜单中分别选择【轴】和【直接给出角度选项】，并设置中心线角度为 0，输入插入点坐标（-60，20），按 Enter 键，接着分别设置相应的起始直径、终止直径和轴长度来创建阶梯轴，完成阶梯轴图形如图 4-34 所示。

（1）创建等距线

将“细实线层”设置为当前图层。在功能区【常用】选项卡的【修改】面板中单击【等距线】按钮，在出现的立即菜单中设置如图 4-35 所示的选项及参数值。

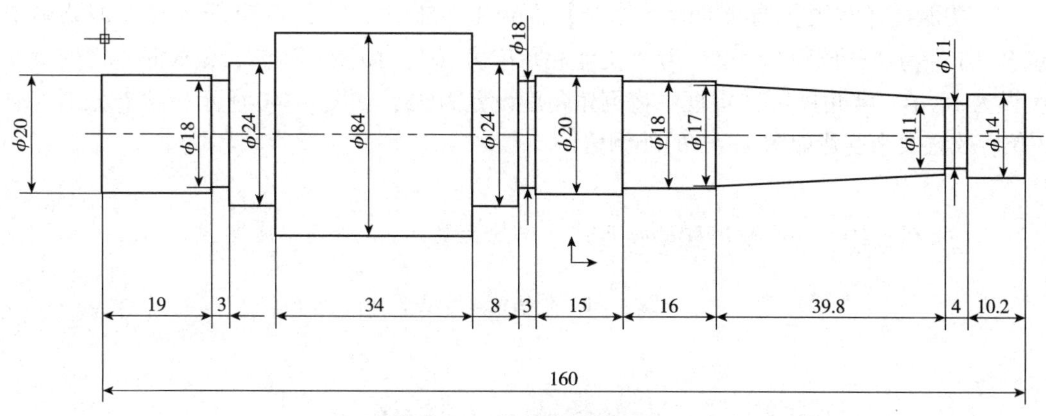

图 4-34　绘制阶梯轴图形

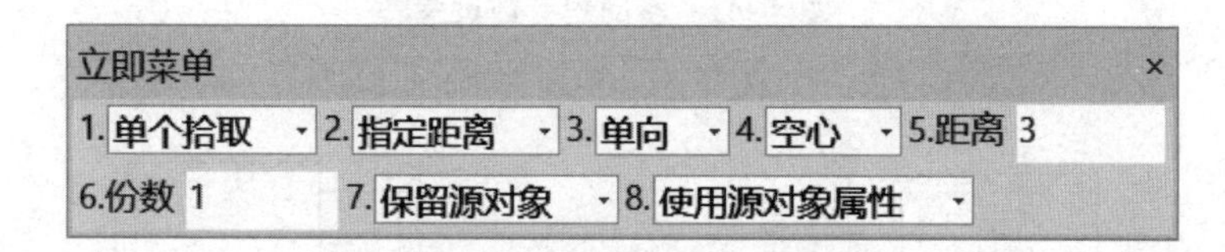

图 4-35　设置等距线的立即菜单

拾取如图 4-36 所示的曲线，接着在所选曲线的下方区域单击以指定所需的偏距方向，创建第一条等距线，如图 4-37 所示。

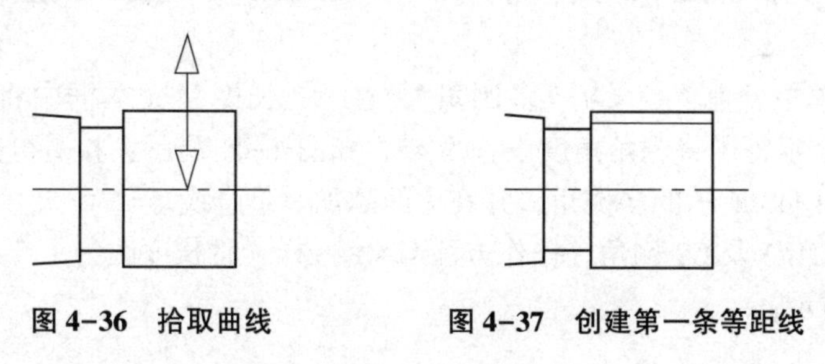

图 4-36　拾取曲线　　**图 4-37　创建第一条等距线**

拾取如图 4-38 所示的曲线，接着在所选曲线的上方区域单击以指定所需偏距的方向，创建第二条等距线，如图 4-39 所示。

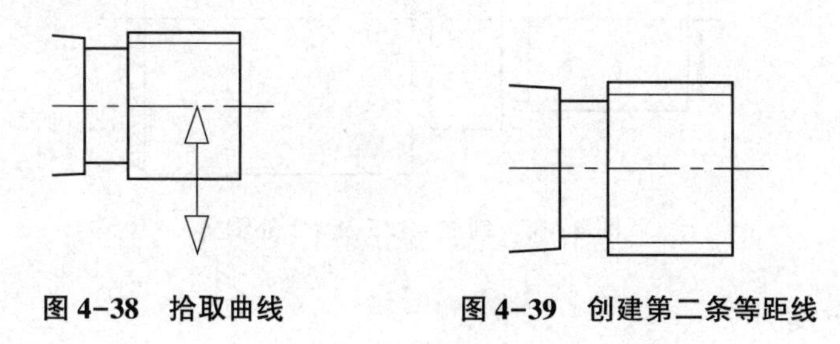

图 4-38　拾取曲线　　**图 4-39　创建第二条等距线**

（2）创建倒角

将“粗实线层”设置为当前图层。

在功能区【常用】选项卡的【修改】面板中单击【过渡】按钮，在立即菜单中设置“1”为“外倒角”、“2”为“长度和角度方式”，在“3 长度”文本框中将倒角长度设为 1，在“4 角度”文本框中将倒角角度设置为 45，如图 4-40 所示，接着分别拾取 3 条有效直线来创建如图 4-42 的外倒角。

1. 外倒角 2. 长度和角度方式 3.长度 1 4.角度 45

图 4-40　外倒角参数设置

1. 多倒角 2.长度 1 3.倒角 45

图 4-41　多倒角参数设置

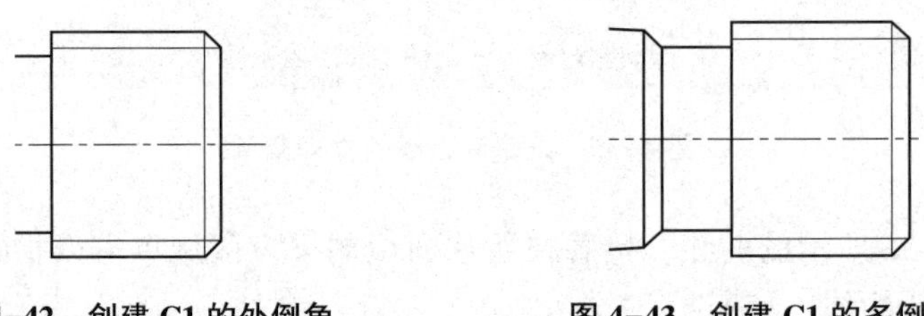

图 4-42　创建 C1 的外倒角　　图 4-43　创建 C1 的多倒角

在立即菜单中设置“1”为“多倒角”，在“2 长度”文本框中将倒角长度设为 1，在“3 倒角”文本框中将倒角角度设置为 45，如图 4-41 所示，接着分别拾取 3 条有效直线来创建如图 4-43 所示的多倒角，并在中间添加一条直线。

接着创建 C1. 5 及 C2 倒角，操作方法与 C1 一样，将长度改为 1. 5 及 2 即可，创建结果如图 4-44 所示。

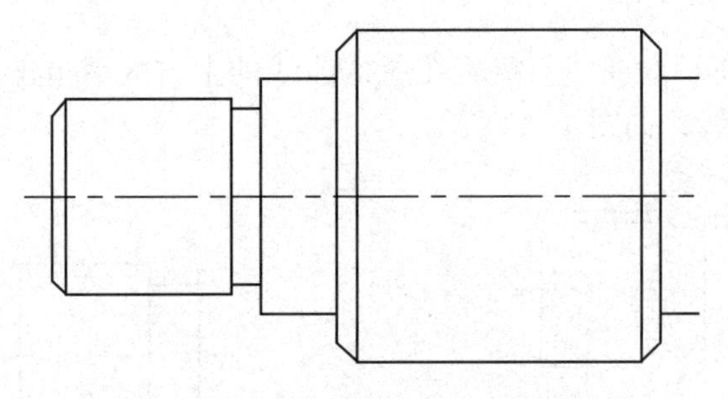

图 4-44　创建 C1. 5 及 C2 外倒角

(3) 创建分度圆

将“中心线层”设置为当前图层，在功能区【常用】选项卡的【修改】面板中单击【等距线】按钮，以等距的方式创建如图 4-45 所示的分度圆。

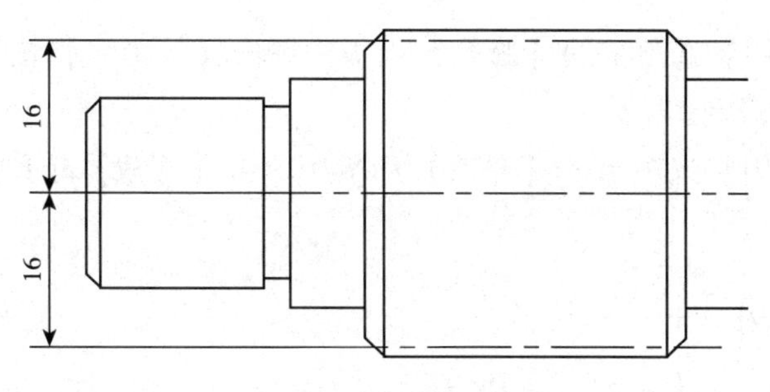

图 4-45　创建分度圆

（4）绘制键槽

首先用等距线的方法按照尺寸绘制出圆形位置，然后将“粗实线层”设置为当前图层。在功能区【常用】选项卡的【绘图】面板中单击【圆】按钮，分别绘制如图 4-46 所示的两个圆，设置这两个圆不自动生成中心线。接着执行直线工具绘制两条相切的直线，如图 4-47 所示。最后用裁剪的方法剪掉多的圆弧，如图 4-48 所示。

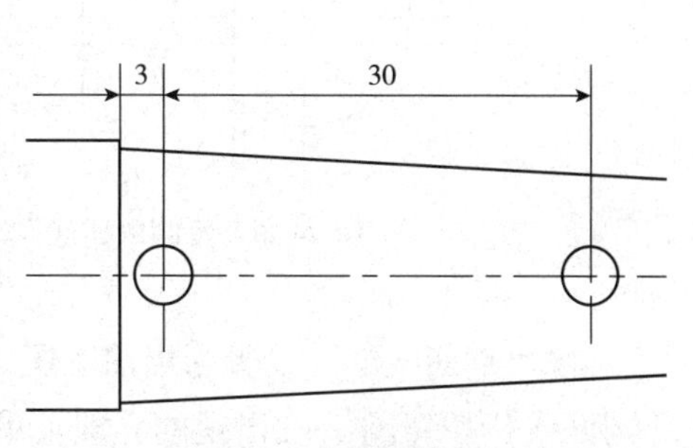

图 4-46　创建两个圆

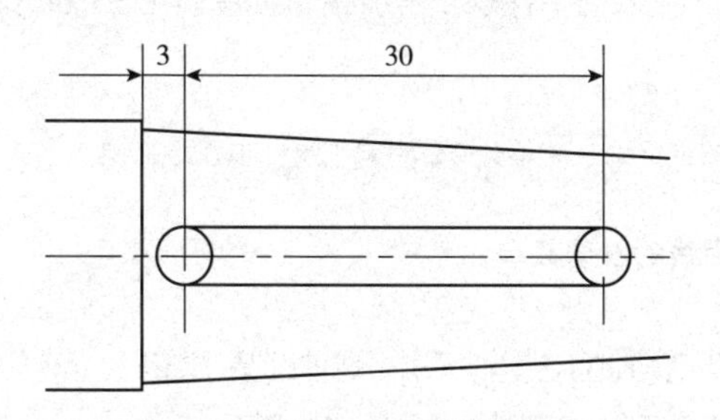

图 4-47　绘制两条相切直线

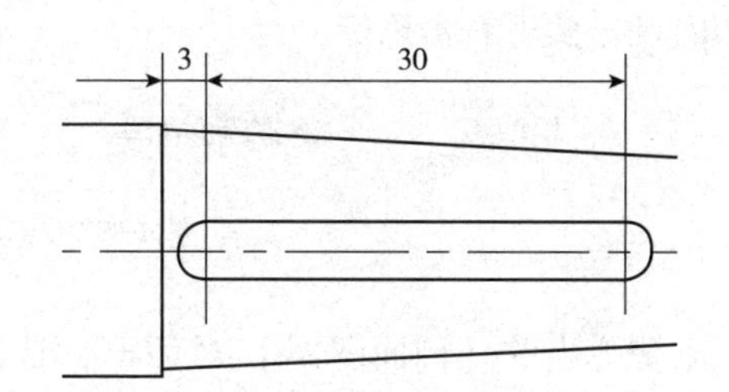

图 4-48　裁剪图形

（5）绘制断面图

找到键槽轴的中断处，量取其直径为 15mm，然后在功能区【常用】选项卡的【绘图】面板中单击【圆】按钮，在主视图上方空白区域绘制一个直径为 15mm 的圆，该圆自动带延伸长度为 3mm 的中心线，如图 4-49 所示。

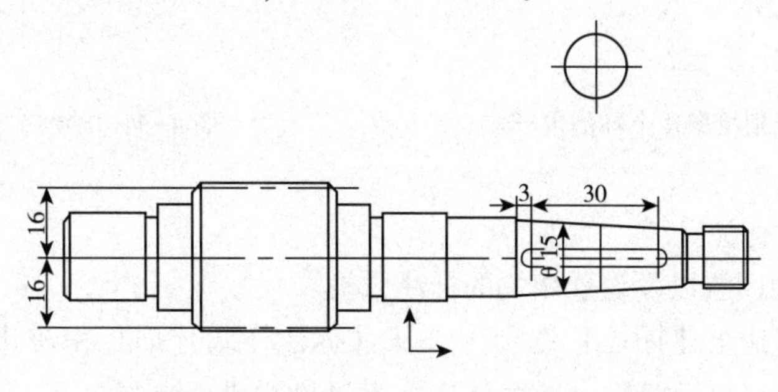

图 4-49　在主视图上方绘制一个带中心线的圆

在功能区【常用】选项卡的【修改】面板中单击【等距线】按钮，分别创建如图 4-50 所示的三条等距线。

在功能区【常用】选项卡的【修改】面板中单击【剪裁】按钮，将该断面图裁剪成如图 4-51 所示。

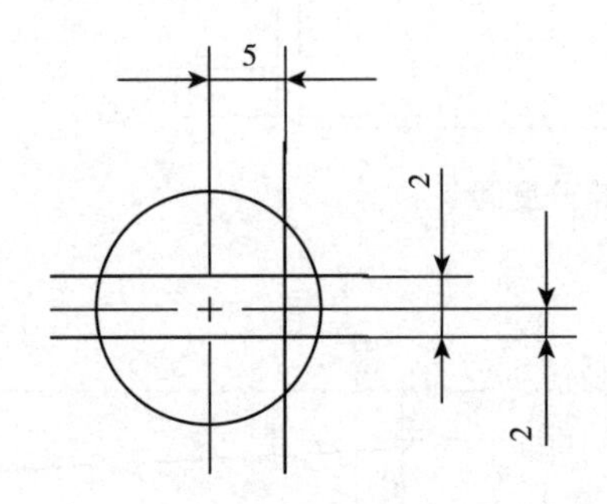

图 4-50　绘制等距线

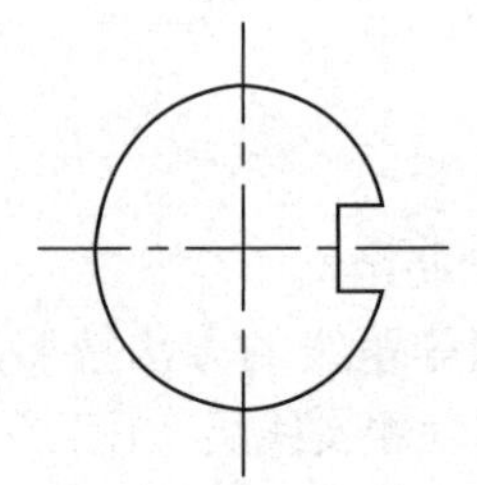

图 4-51　裁剪断面视图

将“剖面线层”设置为当前图层。在功能区【常用】选项卡的【绘图】面板中单击【剖面线】按钮，在出现的立即菜单中设置相应的选项“1”为拾取点、“2”为选择剖面图案、“3”为非独立，如图 4-52 所示。接着使用鼠标分别拾取如图 4-53 所示的 4 个环内点，然后右击确定。

1. 拾取点	2. 选择剖面图案	3. 非独立	4.允许的间隙公差	0.0035

图 4-52　剖面线的立即菜单

系统弹出的【剖面图案】对话框，选择 ANSI31 图案，并分别设置比例、旋转角和间距错开值，然后单击确定。完成绘制的该断面图剖面线如图 4-54 所示。

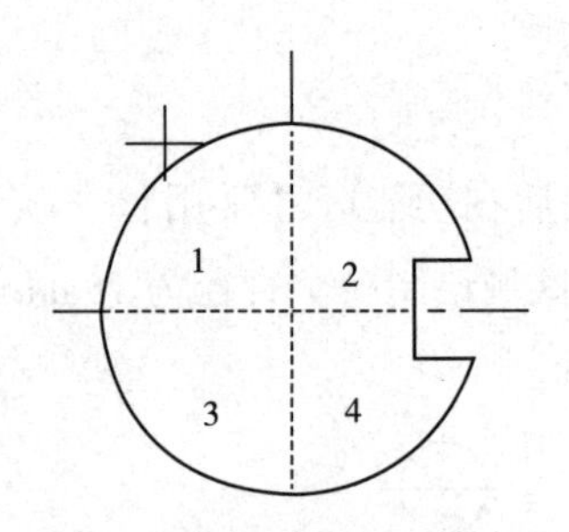

图 4-53　分别拾取 4 个环的内部点

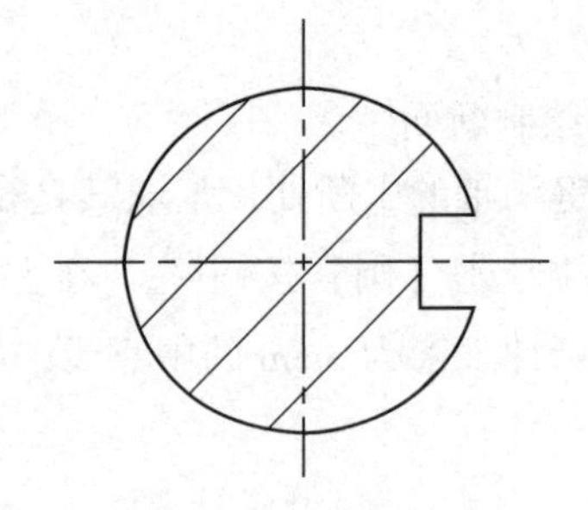

图 4-54　绘制剖面线

步骤三：尺寸标注。

(1) 设置当前图层以及设置相关的标注风格

在功能区中切换至【标注】选项卡，从【标注样式】面板中单击【文本样式】按钮，打开【文本风格设置】对话框。从文本风格列表中选择【机械】，接着单击【设为当前】按钮，如图 4-55 所示，然后单击【确定】按钮。

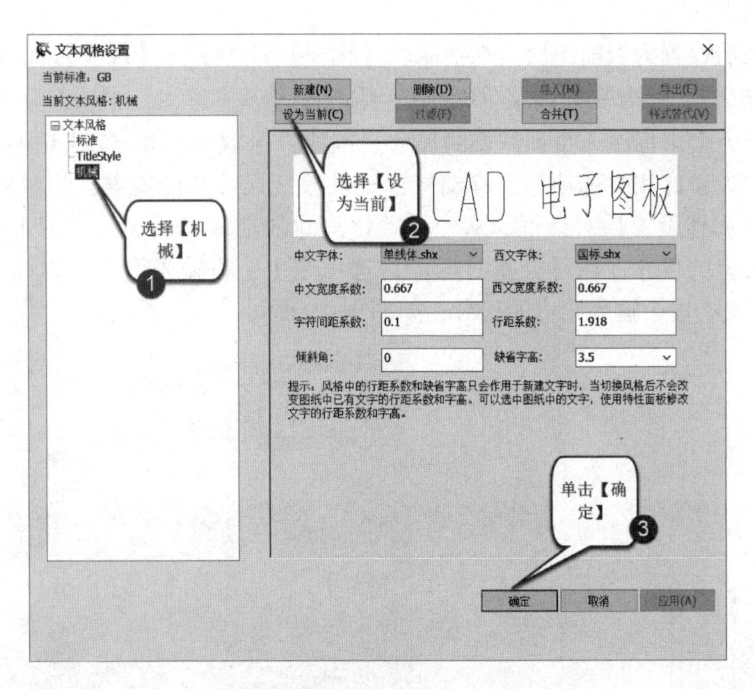

图 4-55　设置当前文本风格

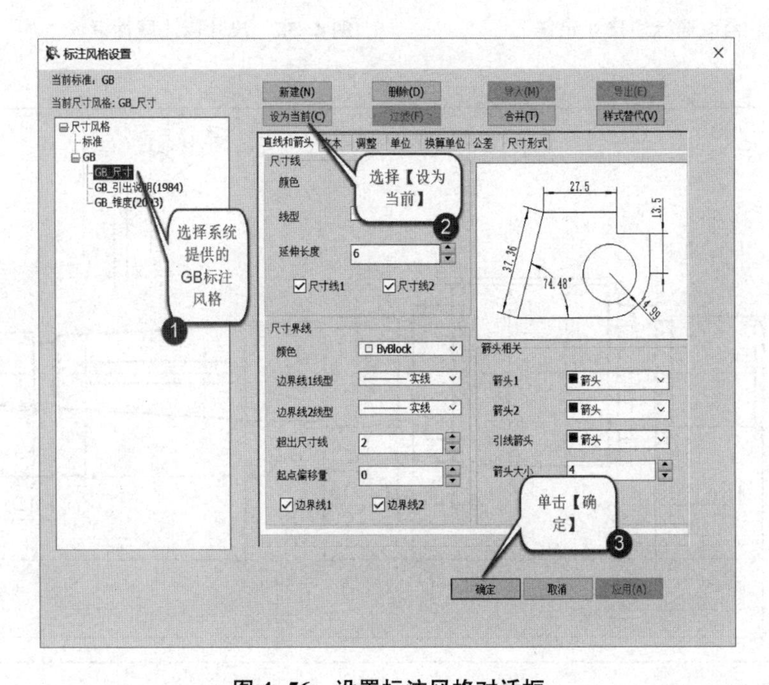

图 4-56　设置标注风格对话框

在功能区【标注】选项卡的【标注样式】中单击【尺寸样式】按钮，打开【标注风格设置】对话框，选择系统提供的 GB 标注风格。使用同样方法，分别设置当前的引线风格、粗糙度风格和剖切符号风格，具体设置过程省略，如图 4-56 所示。

(2) 标注尺寸

将尺寸线层设置为当前图层。在功能区【标注】选项卡的【尺寸】面板中单击【尺寸标注】按钮，接着在立即菜单的“1”中选择【基本标注】选项，分别依据相关的设计要求选择元素来标注一系列需要的尺寸。例如，拾取如图 4-57 所示的两条平行线，在立即菜单中设置好相关选项后，移动鼠标至欲放置尺寸线的地方，此时右击，系统弹出【尺寸标注属性设置】对话框，从中设置该尺寸的前缀和后缀，如图 4-58 所示。如果是有尺寸公差的尺寸，在【公差与配合】选项组中，将输入形式设为【代号】，并在【公差代号】文本框中输入相应的代号，如图 4-59 所示。

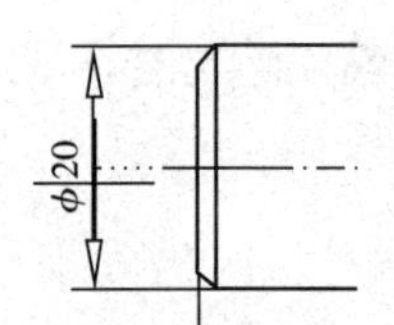

图 4-57 拾取要标注尺寸元素

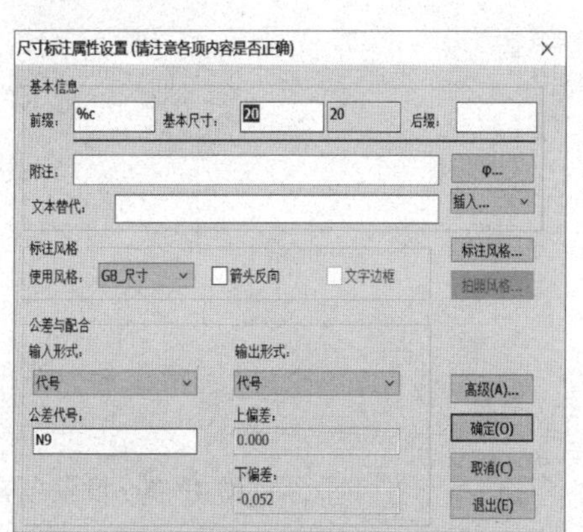

图 4-58 尺寸标注属性设置

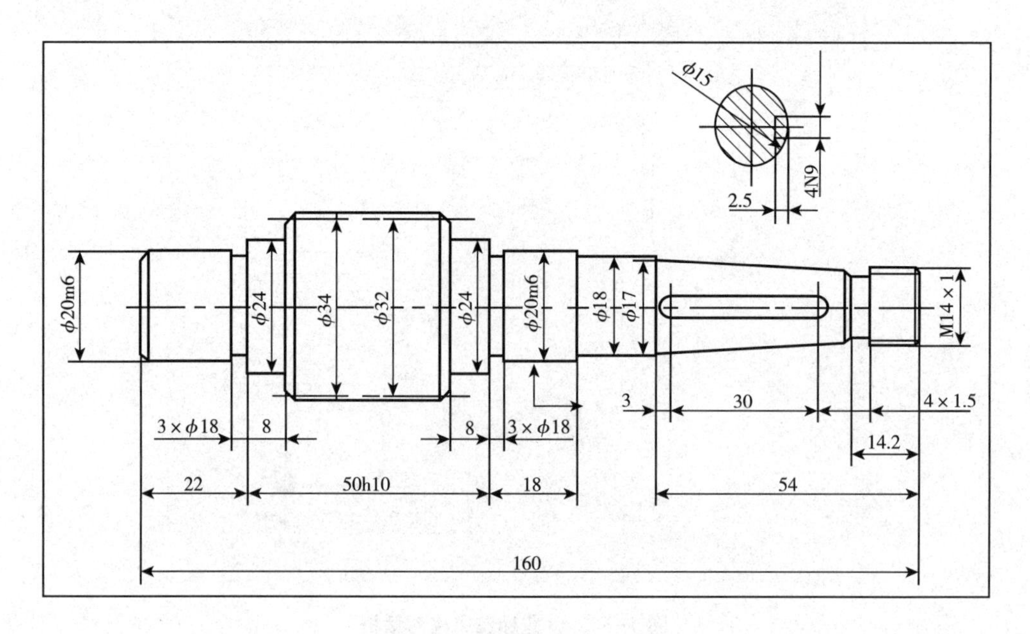

图 4-59 初步标注的尺寸

(3) 标注倒角

在功能区【标注】选项卡的【符号】面板中单击【倒角】标注按钮，在出现的

立即菜单中设置对应的参数，分别选择倒角线来创建如图 4-60 所示的几处倒角。

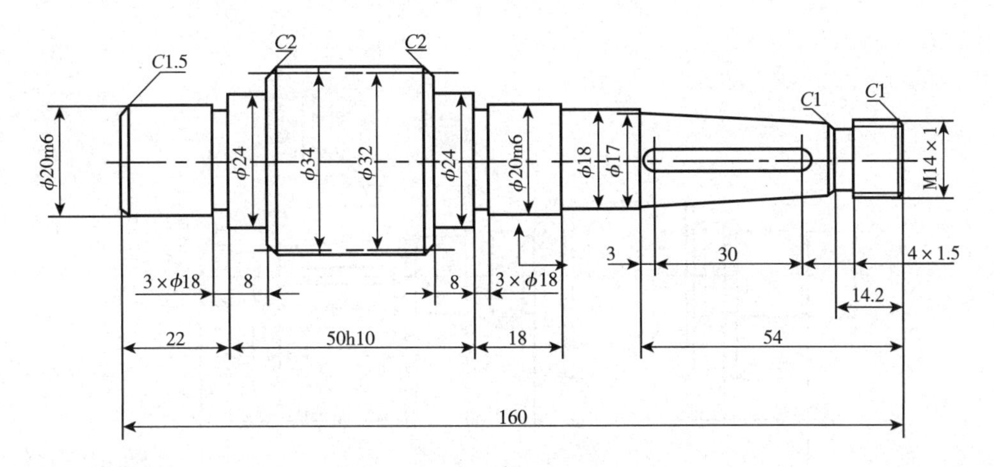

图 4-60　倒角标注

(4) 注写剖切符号

在功能区【标注】选项卡的【符号】面板中单击【剖切符号】按钮，在其立即菜单中设置“1”为垂直导航、“2”手动放置剖切符号名，因为此时我们不需要放置剖切符号名，并且可在状态栏中启动“正交”模式，接着在主视图适当位置处画剖切轨迹，右击，紧接着拾取所需剖切的方向，默认的剖切名称为“A”，删除“A”，效果如图 4-61 所示。此时标注完成，但要保证断面图应放置剖切符号延长线处，断面图名不可省略。

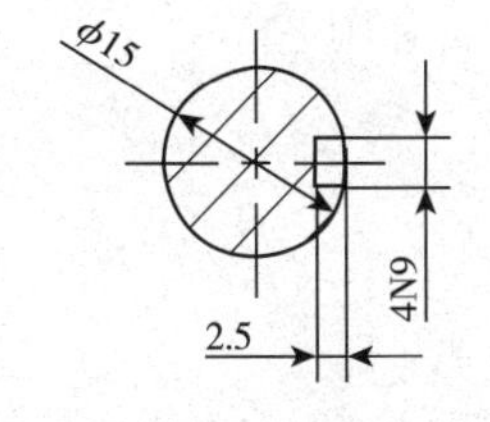

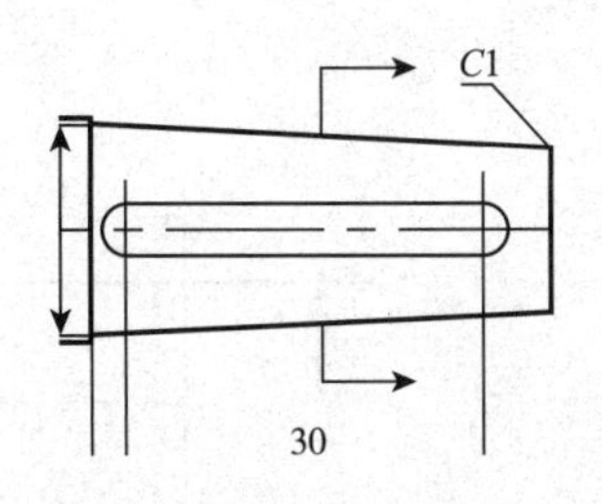

图 4-61　标注剖切符号

步骤四：标注表面粗糙度。

在功能区【标注】选项卡的【符号】面板中单击【粗糙度】按钮，在其立即菜单中选择“1”为标准选项，系统弹出【表面粗糙度】对话框，从中指定基本符号并输入相应的参数，单击【确定】按钮，然后在立即菜单“2”中根据设计需要选择【默认方式】或【引出方式】来在图样中注写相应的表面粗糙度要求。在视图上标注表面结构要求的初步结果如图 4-61 所示。结合使用【粗糙度】按钮和【文字】按钮 A，在标题栏附近注写表示其余表面结构要求的信息，如图 4-62所示。

步骤五：绘制表格和填写内容。

将“细实线层”设置为当前图层。使用直线工具、等距线工具和裁剪工具在图框右上角处完成如图 4-63（a）所示的表格，注意将左侧的线型设置为粗实线层。

在功能区【常用】选项卡的【标注】面板中单击【文字】按钮 A，通过指定两点方式在相关的矩形区域内输入文本，注意相关文本的对齐方式均为居中对齐，填写的文本信息如图 4-63（b）所示。

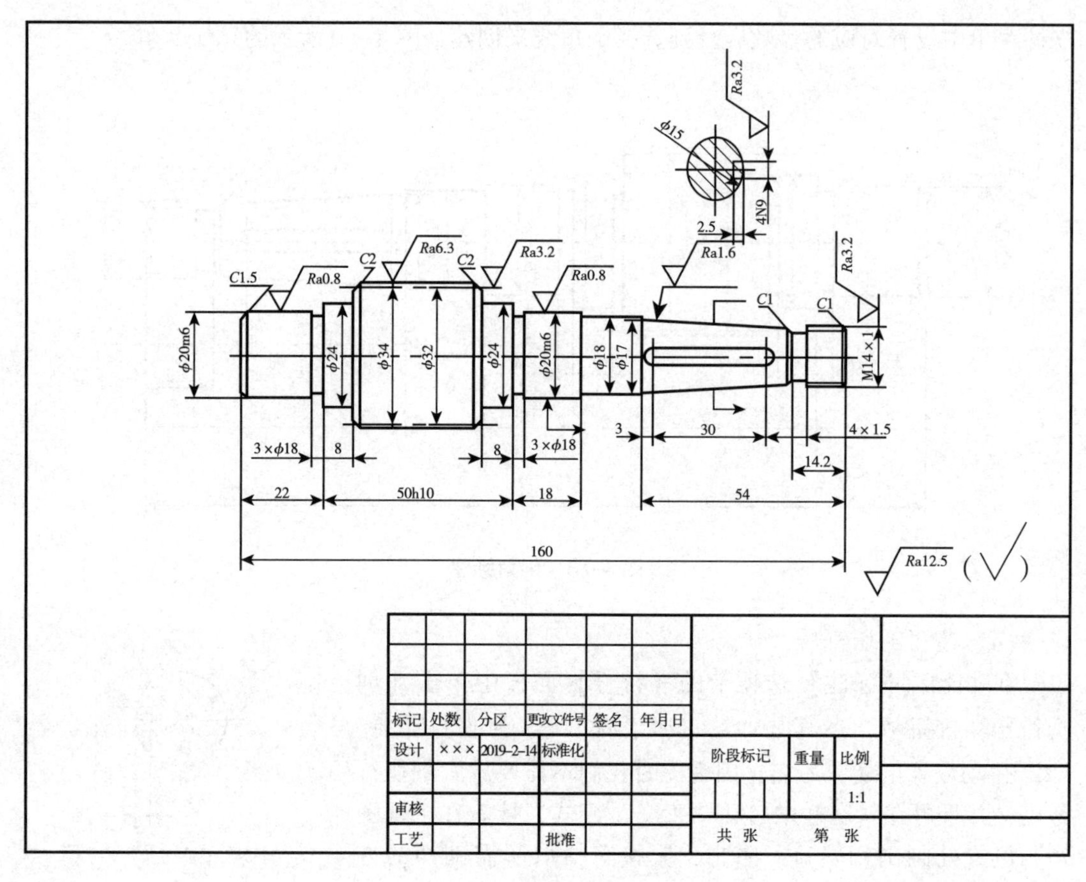

图 4-62　表面粗糙度注写

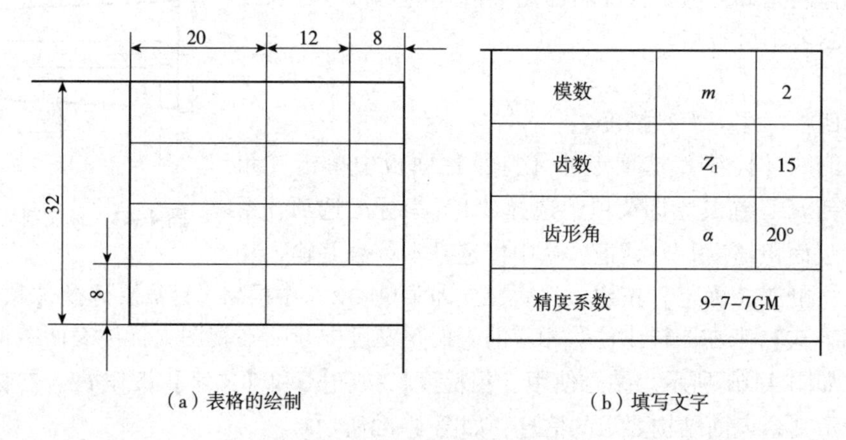

（a）表格的绘制　　　　（b）填写文字

图 4-63　表格绘制及文字填写

步骤六：注写技术要求。

在功能区【标注】选项卡的【文字】面板中单击【技术要求】按钮，系统弹出【技术要求】对话框，标题栏设置对齐方式改为左上对齐，在该对话框没有设计技术要求，所以在“我的技术要求”中添加新的技术要求，如图 4-64 所示，接着单击【生成】

按钮，然后在其余粗糙度要求上方适当位置处指定两个角点来放置技术要求文本。

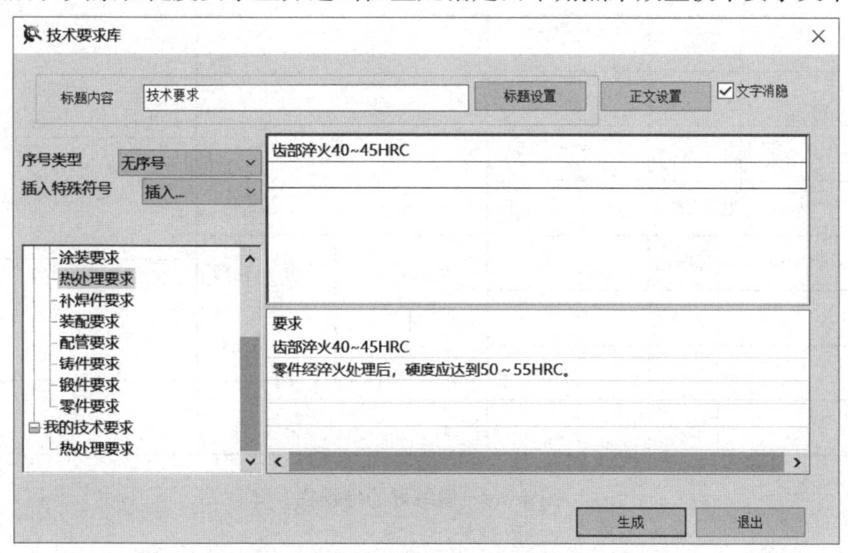

图 4-64　技术要求库对话框

步骤七：填写标题栏。

在功能区【图幅】选项卡的【标题栏】面板中单击【填写标题栏】按钮，或者双击绘图区标题栏，弹出【填写标题栏】对话框，从中填写相关的内容，如图 4-65 所示，然后单击【确定】按钮。填写好的有关属性值的标题栏如图 4-66 所示。

填写标题栏

属性编辑　文本设置　显示属性

属性名称	描述	属性值
单位名称	单位名称	
图纸名称	图纸名称	传动轴零件图
图纸编号	图纸编号	
材料名称	材料名称	45
图纸比例	图纸比例	1:1
重量	重量	
页码	页码	1
页数	页数	1
设计	设计人员	XXX
设计日期	设计日期	2019-2-14
审核	审核人员	
审核日期	审核日期	
工艺	工艺人员	
工艺日期	工艺日期	
标准化	标准化人...	
标准化日...	标准化日...	
批准	批准人员	

插入...　☑自动填写图框上的对应属性

确定　取消

图 4-65　填写标题栏对话框

						45			
标记	处数	分区	更改文件号	签名	年月日				传动轴零件图
设计	×××	2019-2-14	标准化			阶段标记	重量	比例	
								1:1	
审核									
工艺			批准			共 1 张		第 1 张	

图 4-66 填写好的标题栏

步骤八：保存文件。

仔细检查有无错误图形细节，尺寸标注是否完整后，点击保存按钮，完成绘图。该零件图的完成效果如图 4-32 所示。

4.4 项目总结

绘制轴类零件图时，其关键技能点主要如下：

（1）合理地选用适合的图幅大小。

（2）绘图前合理布局，给尺寸标注和技术要求标注留足空间后再开始绘图。

（3）绘制轴类零件图时，正确掌握轴类零件绘图命令，仔细那些一次完成的命令，以免造成后期返工的麻烦。

（4）倒角绘制时注意倒角的尺寸。

（5）绘制键槽时，首先要确定键槽的位置，然后再绘制图形，定位要准确。

（6）绘制断面图时，画剖面线注意剖面线的方向，如果主视图有剖视，要保证断面图的剖面线方向和主视图一致，另外要注意断面图的放置位置，尽量放置在剖切线的延长线处，如果位置不够，可以放置在其他适当的位置，同样要给标注留足空间，保证图形的美观。

（7）标注尺寸首先要修改标注风格，然后标注，标注过程中注意细节，要做到正确、完整、清晰、合理。

（8）绘图完成，要仔细检查有无遗漏。

4.5 实战训练与考评

■*Ex*❶：完成如图 4-67 所示轴承盖零件图的绘制。技能考评要求如表 4-1 所示。

表 4-1　　零件图训练技能考评表

实训作业任务序次	实训作业任务主要内容	关键能力与技术检测点	检测结果	评分
1	完成图 4-67 所示的轴承盖零件图的绘制	思维能力；接受新事物能力；直线、圆弧、偏距线、倒圆角、剖面线、剖切符号的标注等		
2	尺寸技术要求的标注及标题栏的填写	创新能力；思维能力；会进行尺寸标注、半标注、粗糙度的标注，技术要求及填写标题栏		

4.6 拓展训练

根据零件图（图 4-68、图 4-69），绘制定位器装配图（图 4-70），比例 2∶1，用 A4 图纸绘制。技能考评要求见表 4-2。

表 4-2　　装配图绘制技能考评表

实训作业任务序次	实训作业任务主要内容	关键能力与技术检测点	检测结果	评分
1	装配图形的绘制	学习能力；绘图环境的设置、图形绘制命令的掌握		
2	明细栏序号及填写标题栏	绘制明细栏和序号，标题栏的填写		

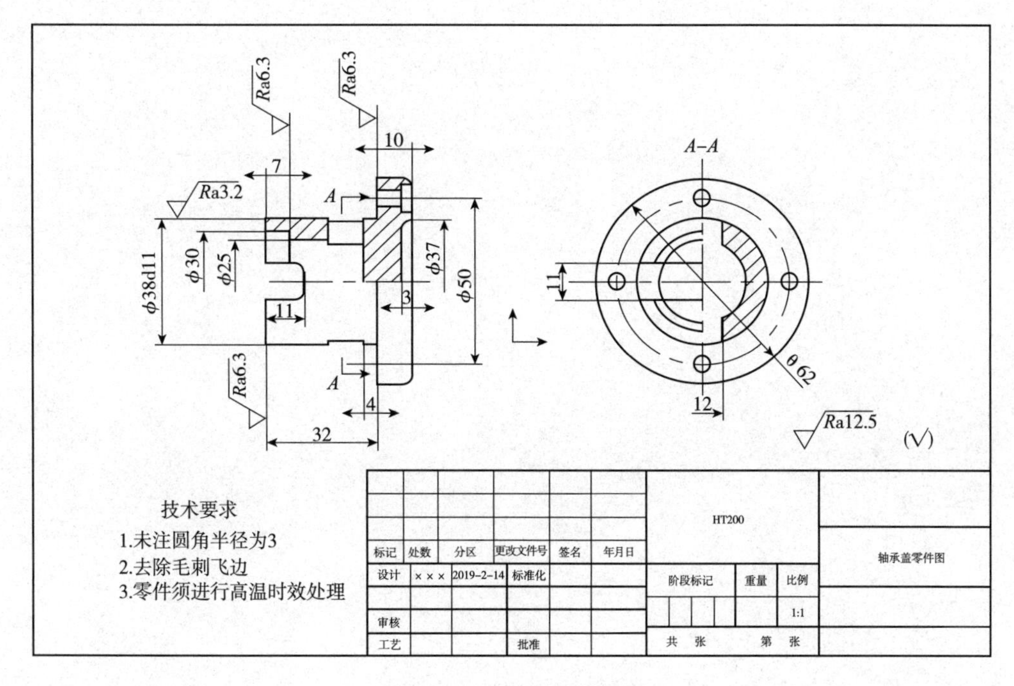

图 4-67　轴承盖零件图

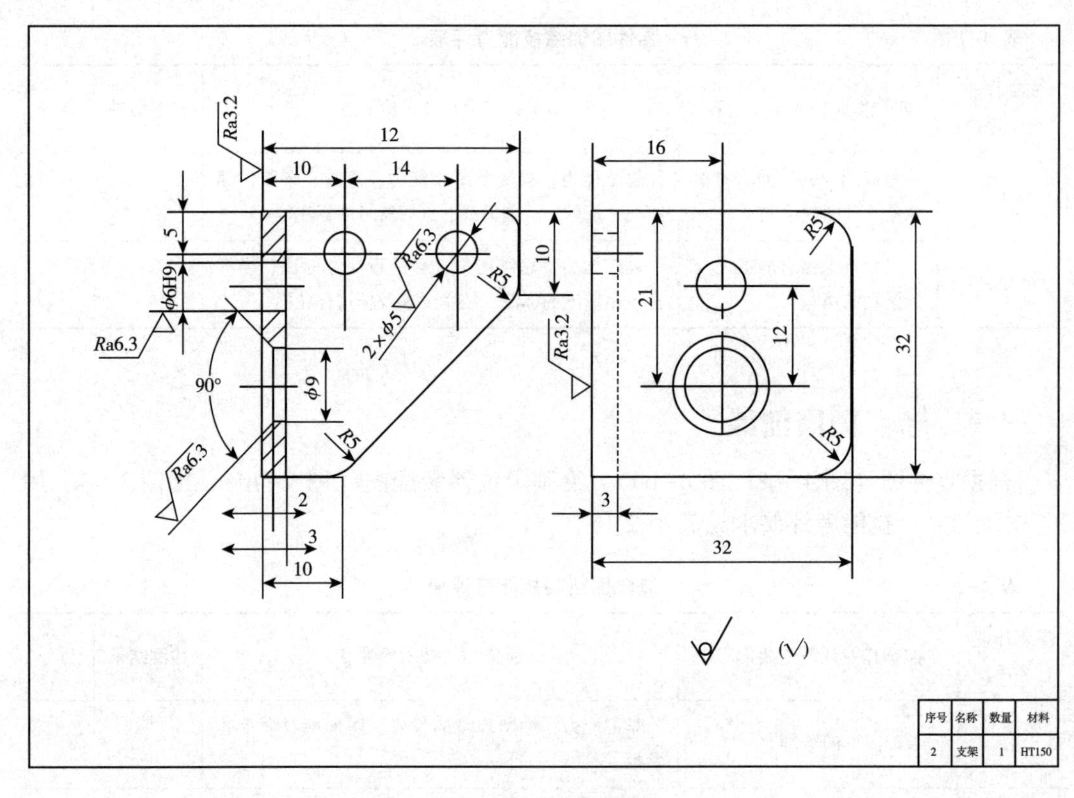
Ra3.2
12
10
14
16
5
φ6H9
Ra6.3
Ra6.3
2×φ5
R5
10
21
12
32
R5
Ra3.2
90°
φ9
R5
Ra6.3
R5
2
3
10
3
32
(√)
序号 名称 数量 材料
2 支架 1 HT150

图 4-68　支架零件图

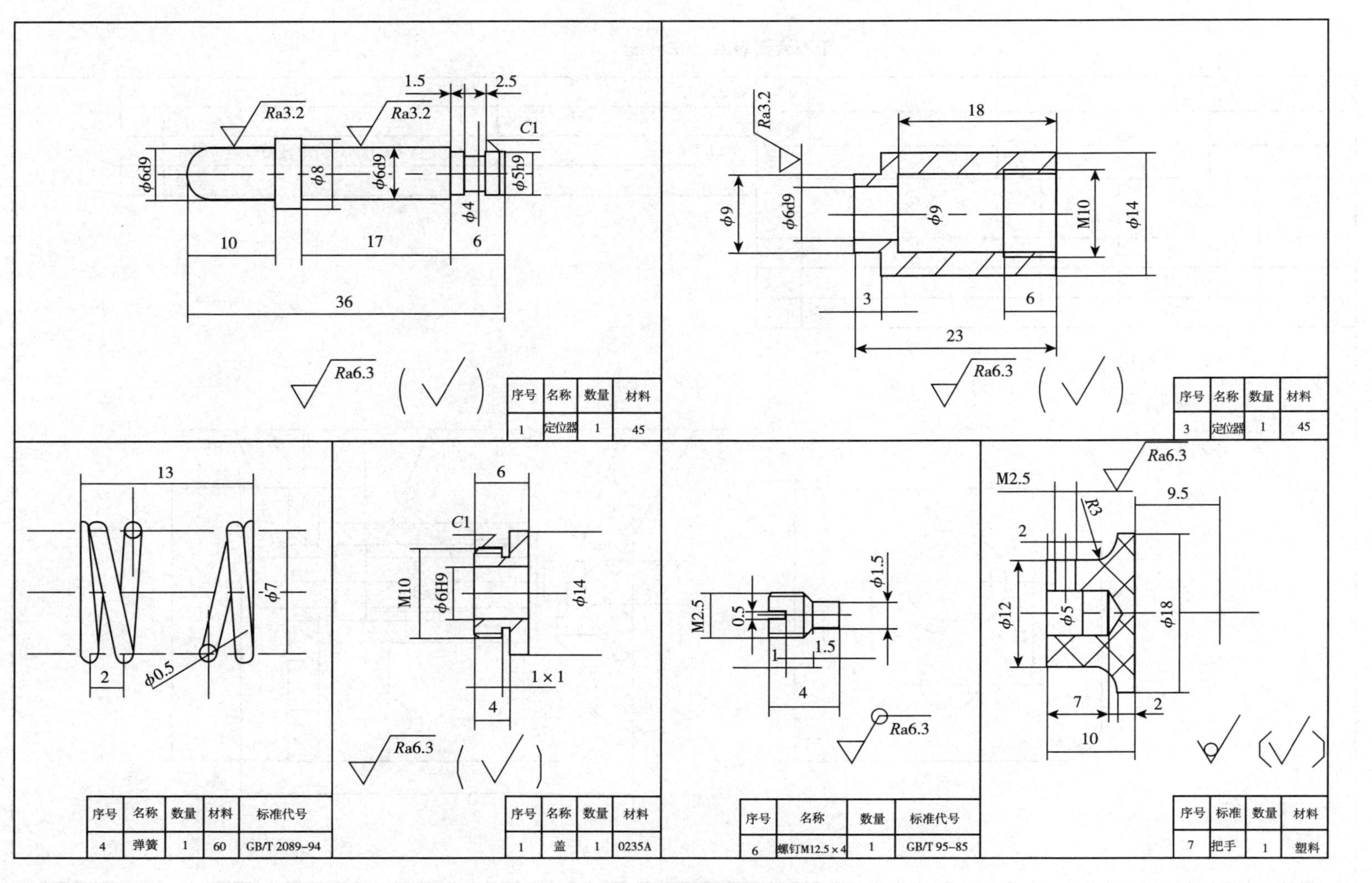

Ra3.2
1.5
2.5
C1
ϕ6d9
ϕ8
ϕ5h9
ϕ4
10
17
6
36
Ra6.3
序号 名称 数量 材料
1 定位器 1 45
18
ϕ9
ϕ6d9
M10
ϕ14
3
23
序号 名称 数量 材料
3 定位器 1 45
13
ϕ7
2
ϕ0.5
序号 名称 数量 材料 标准代号
4 弹簧 1 60 GB/T 2089-94
C1
ϕ6H9
1×1
4
序号 名称 数量 材料
1 盖 1 0235A
M2.5
0.5
ϕ1.5
1
序号 名称 数量 标准代号
6 螺钉M12.5×4 1 GB/T 95-85
9.5
R3
ϕ12
ϕ5
ϕ18
7
序号 标准 数量 材料
7 把手 1 塑料

图 4-69　定位器零件图

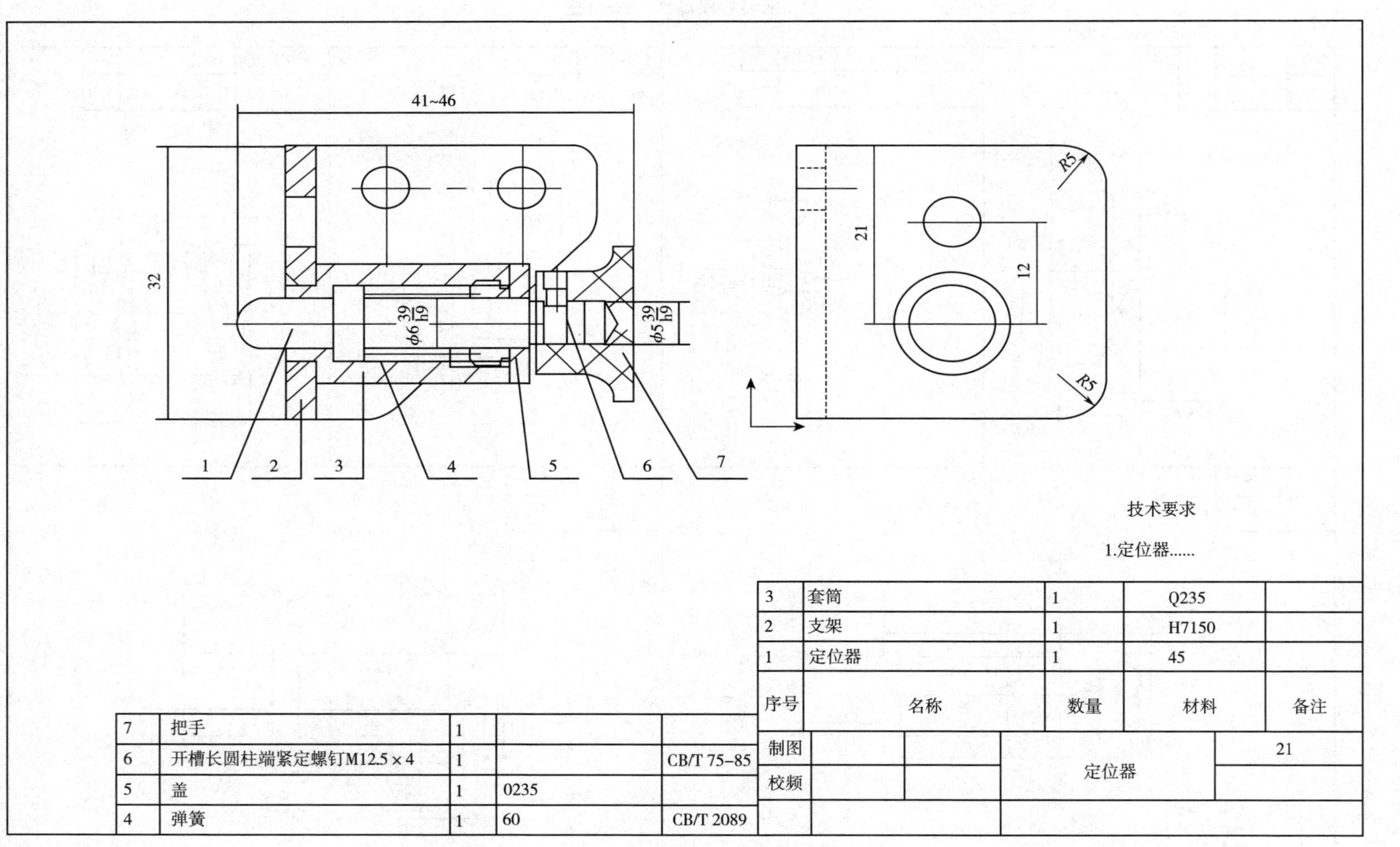

41~46
32
φ6 39/h9
φ5 39/h9
R5
R5
21
12
1
2
3
4
5
6
7
技术要求
1.定位器……
3 套筒 1 Q235
2 支架 1 H7150
1 定位器 1 45
序号 名称 数量 材料 备注
7 把手 1
6 开槽长圆柱端紧定螺钉M12.5×4 1 CB/T 75-85
5 盖 1 0235
4 弹簧 1 60 CB/T 2089
制图
校频
定位器
21

图4-70　定位器装配图

项目 5

UG NX 正向建模

5.1 项目导读

（1）项目摘要

UG 软件提供的“建模”可帮助设计工程师快速地进行概念设计和产品设计，较传统的线框和实体系统，UG 软件能生成和编辑更加逼真的实体模型，能有效地提高设计师的表达，高效地辅助设计和生成。本项目主要是应用 NX（UG）进行零件 CAD 建模，通过完成 NX 草图设计，然后运用建模工具生成实体，完成机械零件产品的建模设计。

（2）学习目标

通过本项目的学习，学生应学会 NX 草图创建方法，掌握通过草绘来成型三维实体的技能，了解零件的特点和类型，学会机械零件产品的 CAD 建模设计。

（3）知识目标

NX 草绘理念与草图的基本知识；草图的基本操作；NX 草图曲线的种类；NX 草绘命令；NX 实体建模基础知识；NX 零件的三维造型基本操作。

（4）能力目标

NX 直线、圆弧、圆、样条、矩形、椭圆及二次曲线的画法；草绘平面选取及辅助面的绘制；构造参考线；快速延伸、快速剪切、倒圆等基本工具对草图进行编辑；尺寸约束、几何约束等对草图定位；NX 实体建模；NX 二维工程图的建立、掌握机械零件产品的 NX 设计操作方法与技能。

（5）素质目标

通过“学中做、做中学”培养较强的责任心，完成学习或工作任务的意识较高，做事一丝不苟；养成课外学习或工作之余学习的习惯；培养较好的资讯能力，能按照一定的策略，熟练地运用计算机，迅速准确查阅到与主题相关的信息，并具有较高的查阅和检索技巧，并形成较好的创新意识与能力。

5.2 知识技能链接

5.2.1 NX 软件介绍

UG NX 是一种交互式的计算机辅助设计（CAD）和计算机辅助制造（CAM）系统。

CAD 功能使当今制造业公司的工程、设计以及制图能力得以自动化。CAM 功能为现代机床刀具提供了 NC 编程，以便使用 NX 设计模型来描述所完成的部件。

NX 功能可分成通用能力的“应用”。这些应用由一个必须具备的名为 NX“基本环境”的应用所支持。每个 NX 用户必须有 NX“基本环境”；但是，其他的应用是可选的并可以按每一个用户的需要来配置。NX 是一个完全三维的双精度系统，该系统允许用户精确地描述几乎任何的几何体形状。通过组合这些形状，用户可以设计、分析并生成用户产品的图纸。一旦该设计完成，“加工”应用允许用户选择描述该部件的几何体，键入诸如裁剪刀直径的加工信息，并自动生成裁剪位置源文件（CLSF）。该文件可以用于驱动大多数的 NC 机床。NX 是一种交互式的 CAD/CAM 系统，该系统被设计为自动化设计、制图以及加工功能灵活、成本低、工作有效的方法。用户可以通过打开一个部件文件，并从菜单条中选择应用来操作 NX。起始的程序是从菜单条中选择一个选项并回应所显示的对话框，设计便在 NX 主应用窗口中生成。

5.2.1.1 设计输入

使用 NX，用户可以创建、存储、调用以及操作设计和加工信息。

一般来说，工作始于创建几何体来描述一个部件。NX 系统允许用户来生成部件的完全的三维模型，该模型可以永久地存储。所存储的部件文件随后可以用于：

①生成完全尺寸的加工图纸。

②生成 NC 加工的指导。

③为诸如有限元分析的分析过程生成输入。

5.2.1.2 “应用”

以下是一些主要的 NX 软件应用。

（1）“基本环境”

“基本环境”具有允许用户编辑部件文件、创建新的部件文件、保存部件文件、打印图纸屏幕布局、输入和输出各种文件类型以及其他的通用功能。该应用还提供强化的视图显示操作、屏幕布局和层功能、工作坐标系操作、对象信息和分析以及访问在线帮助。

“基本环境”是其他交互应用的先决条件，是用户打开 NX 进入的第一个应用。NX 用户通过从“应用”下拉菜单中选择“基本环境”，便可以在任何时候从其他“应用”回到“基本环境”。

（2）“制图”

“制图”应用让用户从建模应用中创建的三维模型，或使用内置的曲线/草图工具创建的二维设计布局来生成工程图纸。“制图”支持自动生成图纸布局，包括正交视图投影、截面的辅助和详细的视图以及等轴测制图。依赖视图和自动掩藏线也得到支持。

（3）“建模”

①“实体建模”。本通用的建模应用支持二维和三维线框模型的创建、体扫掠和回转、布尔操作以及基本的相关的编辑。实体建模是“特征建模”和“自由形式建模”的先决条件。

②“特征建模”。这一基于特征的建模应用支持诸如孔、槽和腔体标准设计特征的创建和相关的编辑。该应用允许用户抽空实体模型并创建薄壁对象。一个特征可以相对于任何其他特征或对象来设置，并可以被引用来建立相关的特征集。实体建模是该建模的先决条件。

③“自由形式建模”。本复杂形状的建模应用支持复杂曲面和实体模型的创建。一些可以使用的技术是：沿曲线的一般扫掠；使用1、2和3轨迹方式按比例地形成形状；使用标准二次曲线方式放样形状；点和曲线的网格。“实体建模”是该建模的先决条件。

④“钣金特征建模”。该基于特征的建模应用支持钣金具体特征，诸如弯头、肋和裁剪的创建，这些特征的形状与其下的曲面的形状一致。这些特征于是可以在钣金设计应用中被操作来模拟形成和恢复部件。该用法允许用户在设计阶段将设计和加工概念整合在用户的部件中。“实体建模”和“钣金设计”是该应用的先决条件。

⑤“用户自定义特征”。该应用模块提供一种交互的手段来捕捉和存储部件族以便通过使用用户自定义特征（UDF）容易调用和编辑。该特征允许用户利用现存的相关的使用标准NX建模工具所创建的实体模型，并建立参数间的关系、定义特征变量、设置缺省值以及决定调用时将要采用的通用成型特征。现有的UDF存在可以通过使用特征建模应用被任何用户访问的文库。

⑥“装配建模”。该应用支持“从上到下”和“从下到上”的装配建模。该应用提供了装配结构的快速移动并允许直接访问任何组件或子装配的设计模型。该应用支持“上下文设计”途径，即在装配的环境中工作时可以对任何组件的设计模型作改变。“装配建模”可以在其自己的主要的下拉菜单装配中找到。

（4）“结构应用”

“结构应用”是一种简单却功能强大的有限元建模和分析工具。该应用旨在服务于需要紧密联系几何体模型的分析环境的设计工程师和分析员。“结构应用”为设计工程师或分析员提供了快速完成有限元的概念性和细节性分析能力。

“结构应用”被设计成允许创建、分析以及评估各种设计选择。场景可以被定义为主模型的变形。UG主模型、体提升以及部件间表达式形成NX建模应用场景的支持概念。

（5）“注塑流动分析”

该应用在注塑模中分析熔化塑料流。用户在部件上建立有限元网格并描述注塑模和塑料的条件。这样可以重复地决定最优条件分析软件包产生图标和图形结果。该应用节约了设计、注模制造以及材料成本。

（6）“运动”应用

该应用提供了精密、灵活和综合的建模能力。该应用提出了机构链接设计的所有的小平面，从概念（大纲）到模拟原型（掩藏曲面动画）。该应用完全的设计和编辑能力允许用户开发任何NX-连杆机构、执行运动学分析等空间链接机制，并以多种形式提供可理解的分析结果。该应用还为第三方运动学分析程序提供界面。

（7）“智能建模”（ICAD）

该应用在ICAD和NX之间启用线框和实体几何体的双向转换。ICAD是一种基于知识的工程系统，该系统允许产品模型信息的符号的描述（物理属性诸如几何体、材料类

型以及函数约束）并处理信息（诸如分析、加工以及调试）。

（8）“加工”

①“基础加工”和“编辑”。该应用支持 NC 加工的 CLSF 创建和编辑。该应用还包含了完成点到点和类似 APT 驱动曲线加工操作的软件。

②“铣削”。该应用提供了交互地指定铣削轮廓和铣削腔体等操作（2 轴和 2.5 轴加工）的能力。

③多轴铣削。该应用提供了交互地指定复杂铣削操作（3 轴到 5 轴加工）的能力。

④“车削”。该应用提供了交互地指定车刀操作（粗加工、精加工、钻、割槽以及螺纹加工）的能力。

（9）GPM/MDFG

图形后处理应用程序（GPM）支持刀轨的格式化以符合具体机床/控制器组合的输入要求。机床数据文件生成器（MDFG）是一种按照格式要求生成机床数据文件 MDF 的菜单驱动程序。

（10）“钣金”

①NX“钣金设计”。“钣金设计”是基于实体的针对钣金部件加工的设计的应用。定义成型表面、折弯顺序表以及重新形成实体模型考虑材料的变形属性，为后续应用从实体、形状以及线框几何体生成精确的平面展开图数据。

②“冲压”。通过使用编程技术和后处理命令（该命令在与等离子体弧或激光辅助头结合的 NC 编程中是唯一的）完成组合编程 NC，是冲床唯一的后置处理命令。冲压包括在 NX 加工应用中找不到的技术，如使用圆形、正方形、矩形以及椭圆形冲压的区域间距。

③“多部件车削网格”。该部件提供了一种简捷的方法来交互地在矩形网格中拟合部件，并创建冲压、激光、火焰或铣削刀具。

（11）“电子表格”

电子表格程序提供在 Excel 电子表格应用与 NX 之间的智能界面，用户可以使用该电子表格来：

①从标准表格布局中构建部件主题或家族。

②使用电子表格计算优化几何体。

③使用分析场景来扩大模型设计。

④将商业议题如成本分析整合到部件设计中。

⑤编辑 NX 杂交建模的表达式——提供 NX 和 Excel 电子表格之间无缝的概念性模型的转换。

5.2.2 NX 草图

UG NX 是一个集成化的 CAD/CAM/CAE/PDM 软件系统，Sketch 便是该系统的一个“地基”，是实现 NX 软件参数化特征建模的基础。

草图是三维建模前在特定的二维平面上快速绘制的曲线，有便于修改，能够灵活控制的特点（即参数化修改和添加尺寸及几何约束）。建立的这些曲线可以用于拉伸，绕

一根轴旋转形成实体，定义自由曲面形状特征或作为扫掠曲面的截面线。

5.2.2.1 草图特征

①草图在特征树上显示为一个特征，具有参数化和便于编辑修改的特点。

②可以快速手绘出大概的形状，再添加尺寸和约束后完成轮廓的设计，这样能够较好地表达设计意图。

③草图和其生成的实体是相关联的，当设计项目需要优化修改时，修改草图上的尺寸和替换线条可以很方便地更新最终的设计。

④另外草图可以方便地管理曲线。

5.2.2.2 草图主要应用场合

①需要参数化地控制曲线时。

②当 NX 成型特征无法构造的形状时。

③当使用一组特征去建立希望的形状而使该形状较难编辑时。

④从部件到部件尺寸改变但有一共同的形状，草图应考虑作为一个用户定义特征的一部分。

⑤模型形状较容易由拉伸、旋转或扫掠建立时。

5.2.2.3 如何创建草图

①先要想清楚需几个草图和建怎样的草图才能把特征建立起来，即先在脑海中有一个思路。

②确定在什么地方建立草图平面，并创建草图平面。

③为便于管理，草图命名和放置的图层要符合有关规定。

④检查和修改草图参数设置。

⑤快速手绘出大概的草图形状或将外部几何对象添加到草图中。

⑥按要求对草图先进行几何约束，然后加上尽可能少的尺寸（应当以几何约束为主，尺寸约束尽可能少）。

⑦利用草图建立所需特征。

⑧根据建模情况，编辑草图，最终得到所需模型。

5.2.2.4 草图操作流程与草绘工具条

步骤一：定草绘面：在工具栏单击，选择合适的类型和平面方法（图 5-1）。

步骤二：做绘图参考线：单击草图图标工具，在草图上做两直线，如图 5-2（a）所示，运用下的使其与系统自带的 X、Y 轴共线，并运用使之成为参考线，如图 5-2（b）所示。

步骤三：以下述工具条，如图 5-3 所示绘制草图截面基本轮廓。

步骤四：以下述工具条，如图 5-4 所示给草图约束与定位。

步骤五：以下述工具条，如图 5-5 所示给草图以封闭和完善。

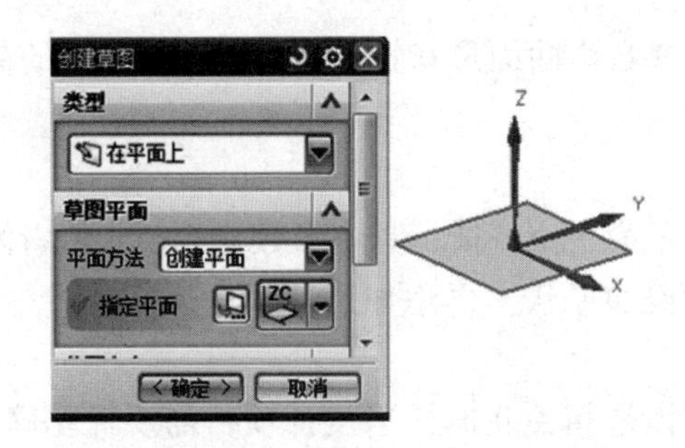

图 5-1　创建草图平面

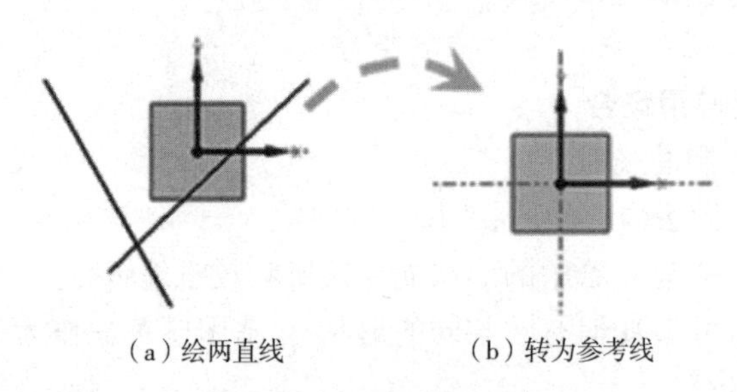

（a）绘两直线　　（b）转为参考线

图 5-2　草图操作流程

图 5-3　草图工具条

图 5-4　草图约束工具条

图 5-5　草图编辑工具条

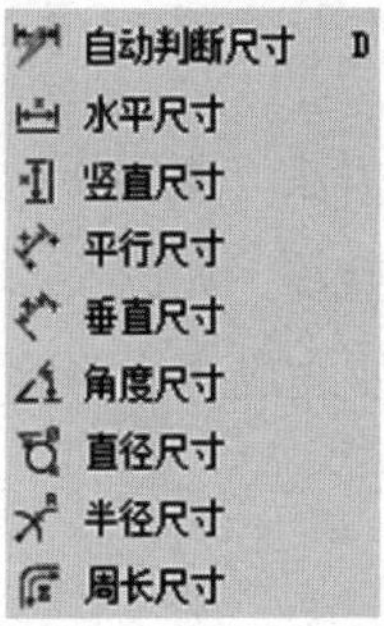

自动判断尺寸 D
水平尺寸
竖直尺寸
平行尺寸
垂直尺寸
角度尺寸
直径尺寸
半径尺寸
周长尺寸

图 5-6　尺寸定位工具条

步骤六：以下述工具条，如图 5-6 所示进行尺寸定位。

5.2.3 NX 实体建模

NX“建模”可帮助设计工程师快速进行概念设计和详细设计。它是一个基于实体建模的特征和约束，让用户可以以交互模式生成和编辑复杂的实体模型。设计时可以生成和编辑更逼真的模型，而花费的力气要比使用传统的基于线框和实体的系统少得多。

5.2.3.1 NX 实体建模介绍

（1）实体建模的优点

建模提高了用户的表达式层次，这样就可以用工程特征来定义设计，而不是用低层次的 CAD 几何体。特征是以参数形式定义的，以便基于大小和位置进行尺寸驱动的编辑。

（2）特征

①强大的面向工程的内置成型特征——槽、孔、凸台、圆台、腔体——可捕捉设计意图并提高效率。

②特征引用的图案——矩形和圆周阵列——并有单个特征位移，图案中的所有特征都与主特征关联。

（3）圆角和倒角

①固定的和可变的倒圆，可以与周围的面重叠并延伸到一个 0 半径。

②可以对任何边倒角。

③峭壁边圆角——针对那些不能容纳完整的圆角半径但仍需要圆角的设计。

（4）高级建模操作

①可以扫掠、拉伸或旋转轮廓来形成实体。

②特别强大的抽壳命令可以在几秒钟内将实体转变成薄壁设计；如果需要，内壁拓扑可以与外壁拓扑不同。

③接近完成的模制型件的拔模。

④用户定义的常用设计元素的特征（需要用“UG/用户定义的特征”来提前定义它们）。

5.2.3.2 NX 建模标准做法

（1）从草图开始

可以使用草图徒手画出曲线“轮廓”的草图并标注尺寸；然后就可以扫掠此草图（拉伸或旋转）以生成一个实体或片体；以后可以通过编辑尺寸和生成几何对象间的关系完善草图以便精确地表示设计对象；编辑草图的尺寸不仅要修改草图的几何图形，还要修改从草图生成的体。

（2）生成和编辑特征

特征建模让你可以在一个模型上生成特征，例如孔、槽和沟槽，然后你就可以直接编辑特征的尺寸并通过尺寸来定位特征。

例如，通过定义直径和长度定义一个孔，可以通过输入新值来直接编辑所有这些参数。

可以生成任何设计的实体，稍后这些实体可以定义为使用“用户定义的特征”的成型特征，这使得你可以生成自己的定制成型特征库。

（3）关联性

关联性这一术语用来表示模型各部分之间的关系。这些关系是在设计者用不同的功能生成模型时建立的。约束和关系是在模型创建过程中自动捕捉到的。

例如，一个通孔与此孔所穿过的模型上的面相关联。如果以后改变了模型，这些面

中的一个或两个都移动了，那么由于与这些面的关联，此孔将自动更新。

（4）定位一个特征

在“建模”应用程序中，你可以使用定位方式，相对于模型上你定位尺寸时所在的几何体来定位特征。该特征于是就与此几何体关联起来，并且每当你编辑该模型时它还会维护这些关联。你也可以通过改变定位尺寸的值来编辑特征的位置。

（5）参考特征

你也可以生成参考特征，如基准面、基准轴或基准坐标系，在需要时它们可以作为参考几何体。这些基准特征可以用作其他特征的构件。

任何用参考特征生成的特征都与此参考特征关联，并在编辑模型期间维护此关联。

基准面在构建草图、生成特征和定位特征时可作为参考平面。

基准轴可用来生成基准面，以便可以同心放置项目，或生成径向图案。

5.3 项目实施

5.3.1 任务1　垫片实体建模设计

5.3.1.1 任务导入

完成冲压件（图5-7）的草图、三维建模设计。

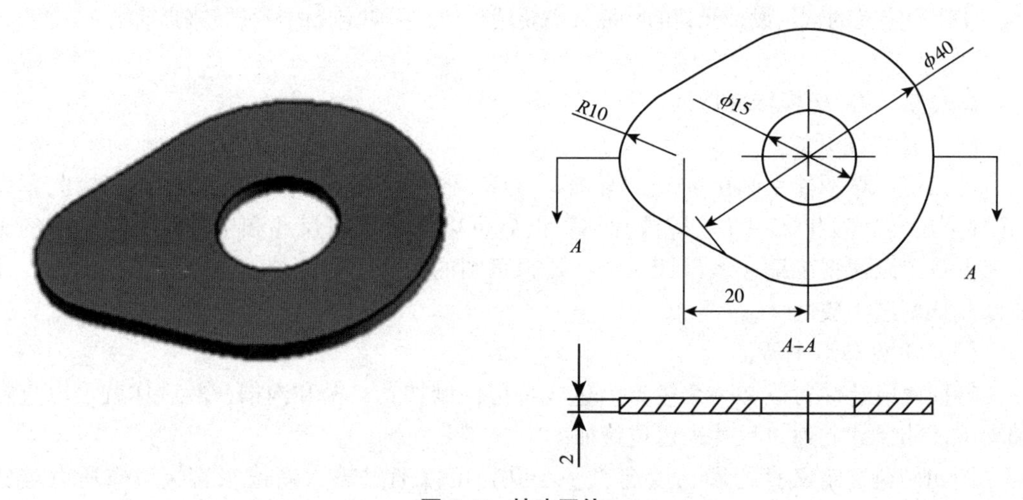

图5-7　某冲压件

5.3.1.2 任务分析

此零件结构比较简单，其设计思路可以先绘出轮廓草图，然后拉伸生成实体，最后进入到钣金界面，将实体转化为钣金件。

5.3.1.3 工作步骤

步骤一：打开 UG NX，选菜单命令【文件】/【新建】(单击图标工具)，建立以 DianPian1 为文件名、单位为 mm 的模型文件，选择好放置路径，【确定】。

步骤二：设置背景，按 Ctrl+M 组合键进入建模环境，【首选项】/【背景】，勾选【纯色】，将“普通颜色”设置为白色，【确定】。

步骤三：在工具栏单击，以“创建平面”方法创建 $X-Y$ 基准平面作为草绘面(图 5-8)。

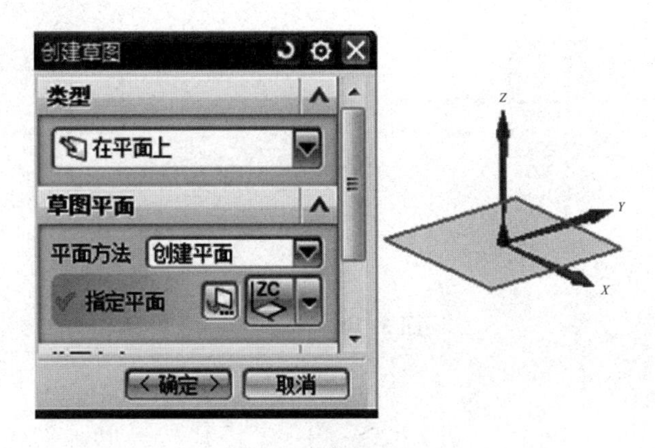

图 5-8　创建草图

①点【确定】，在图标工具栏点以“俯视图”作为正对平面。

②在绘图区选中固定基准面边框，右键，在出现的菜单命令中选“隐藏”。

③单击草图图标工具“直线”，在草图上以任意方向做两直线，如图 5-9 (a) 所示。

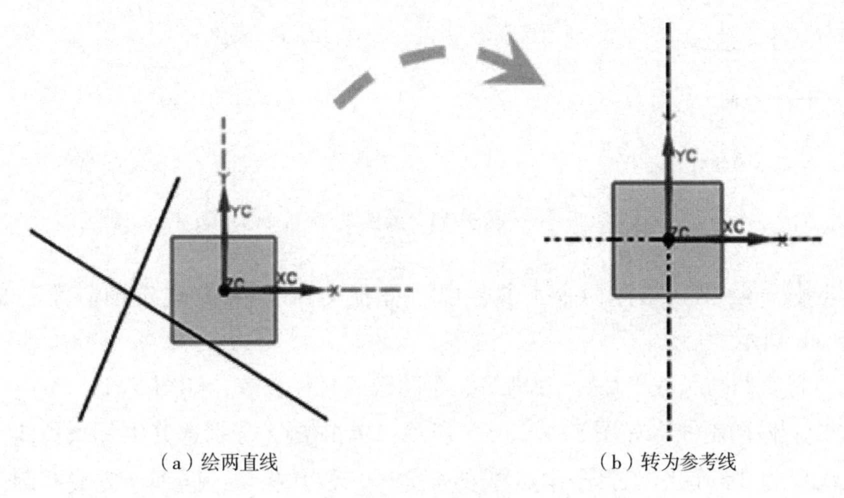

(a) 绘两直线　　(b) 转为参考线

图 5-9　草图 1

④单击▣，分别选直线与 X、Y 轴，并通过▣使此两直线分别与 X、Y 轴共线。点▣，选中此两直线，使其转化为参考线，如图 5-9（b）所示。

⑤单击▣，在 Y 轴左边适当处做一直线，如图 5-10（a）所示，单击▣，分别选此直线与 Y 轴，并通过▣使平行约束；点▣，选中此直线，使其转化为参考线；点“自动判断尺寸”▣，分别选此参考线与 Y 轴线，使其距离约束为 20，如图 5-10（b）所示。

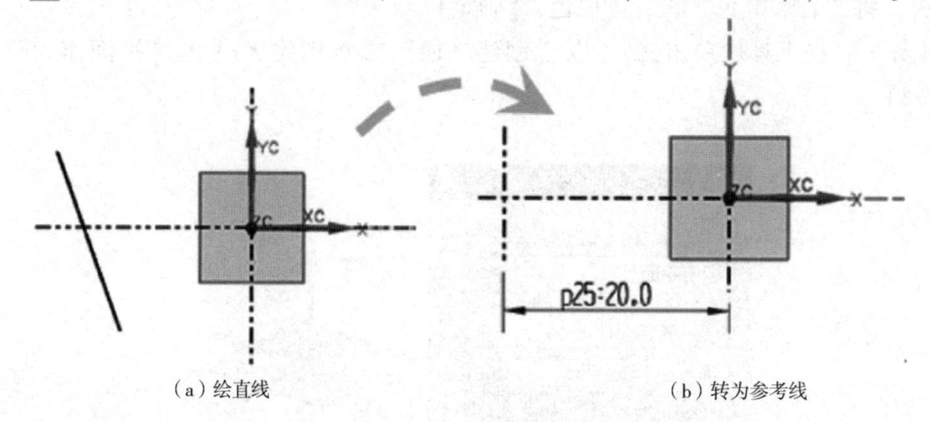

（a）绘直线　　　　（b）转为参考线

图 5-10　草图 2

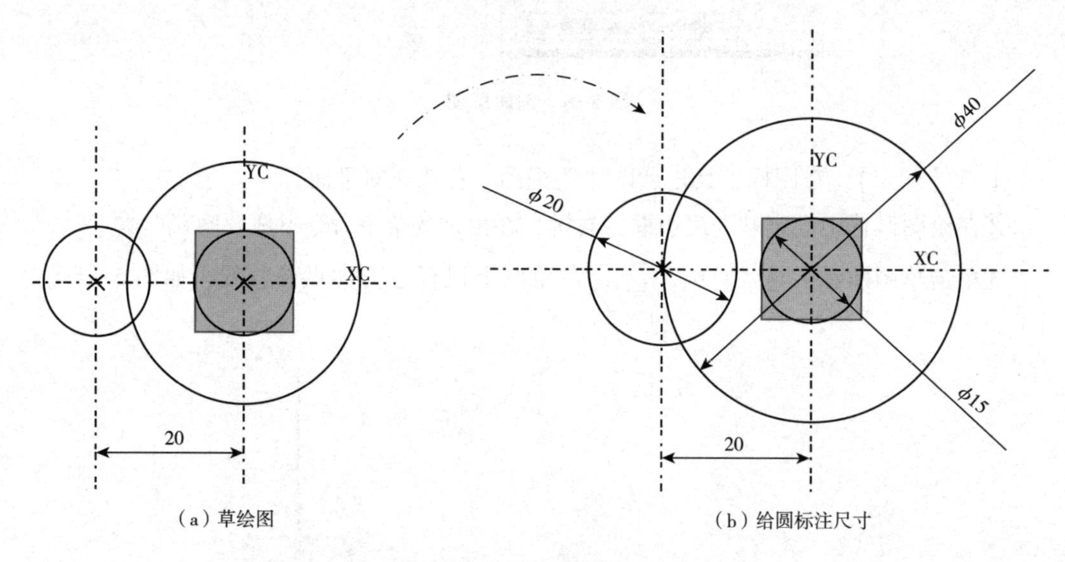

（a）草绘图　　　　（b）给圆标注尺寸

图 5-11　绘图 1

⑥单击▣“绘圆”图标命令工具，以“捕捉交点”▣方式定圆心绘三个圆，如图 5-11（a）所示。

⑦点“自动判断尺寸”▣，分别给三个圆输入直径参数，如图 5-11（b）所示。

⑧单击▣做两斜线，如图 5-12（a）所示；单击▣，分别选其中一条斜线与其中一个圆，在出现的“约束”工具条中点▣图标命令，使其相切；同理，完成两圆的两外公切线的约束，如图 5-12（b）所示。

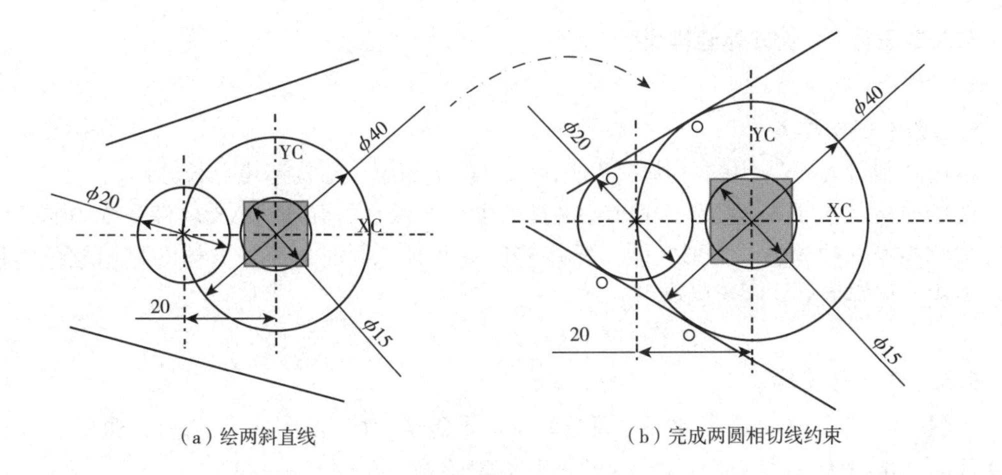

图 5-12　绘图 2

⑨单击“快速修剪”图标命令，完成草图截面曲线，如图 5-13 所示。

⑩单击“完成草图”。

步骤四：单击图标工具，出现“拉伸”对话框，进行相应设置，如图 5-14 所示。

步骤五：在图形区选内外两相连轮廓线，【确定】，生成实体，如图 5-15 所示。

步骤六；选中草图，右键，在出现的菜单中选“隐藏”命令，将草图隐藏。

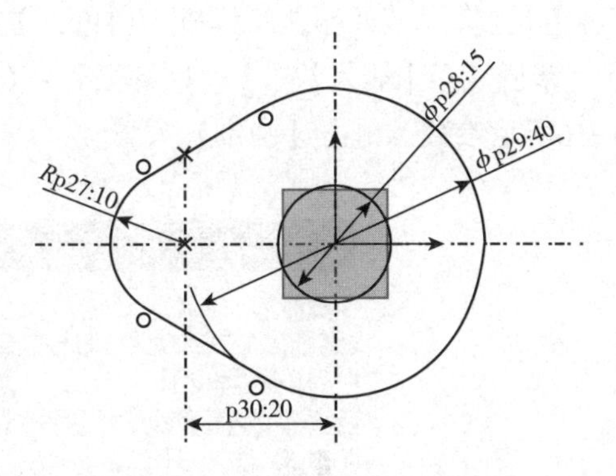

图 5-13　通过修剪，完成草绘

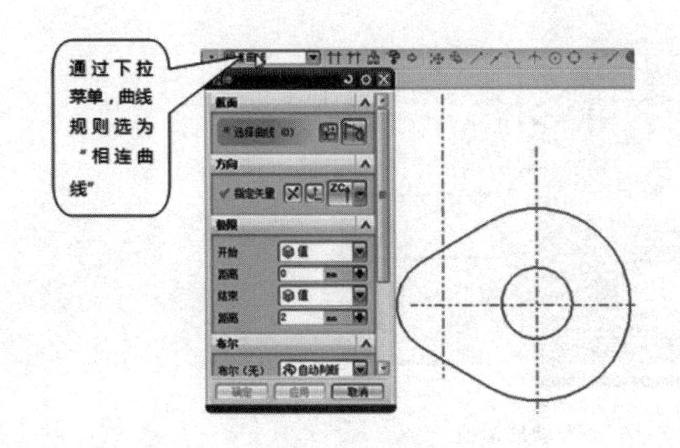

图 5-14　拉伸对话框

图 5-15　生成实体

5.3.2 任务2　长方体建模设计

5.3.2.1 任务导入

运用“设计特征”中的“块”功能在系统默认的第一层构造橙色长方体。

任务分析：本任务主要是实现NX文件的创建、保存，并通过NX软件系统中的“建模”应用在第一层构造长方形实体，要能够设置背景，同时更改长方体的显示颜色为橙色，完成后保存NX文件然后退出。

5.3.2.2 工作步骤

步骤一：进入UG，选菜单命令【文件】/【新建】（单击图标工具），建立以Exp1为文件名、单位为mm的模型文件，选择好放置路径，单击【确定】。

步骤二：设置背景：按Ctrl+M组合键进入建模环境，【首选项】/【背景】，勾选【纯色】，将“普通颜色”设置为白色，单击【确定】。

步骤三：【插入】/【设计特征】/【长方体】，弹出“块”对话框，输入如图5-16所示参数，单击【确定】。

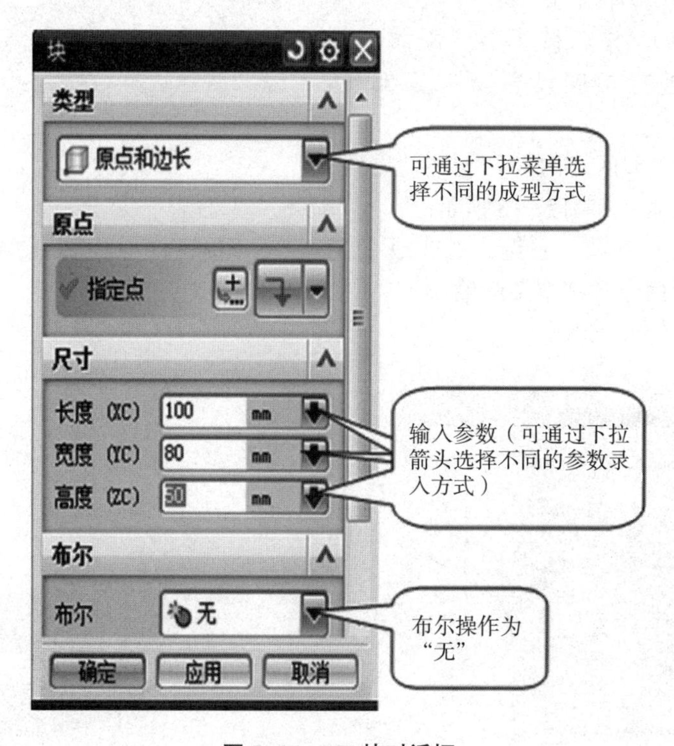

图5-16　NX块对话框

步骤四：【编辑】/【对象显示】，弹出“类选择”对话框，在绘图区选长方体，单击【确定】，弹出“编辑对象显示”对话框，如图5-17（a）所示，单击“颜色”栏后

的矩形方框，弹出“颜色”对话框，如图5-17（b）所示，在其“收藏夹”栏下选择具体的颜色种类，单击【确定】，回到“编辑对象显示”对话框，单击【确定】，完成长方体的显示颜色设置。

步骤五：保存好NX文件并退出。

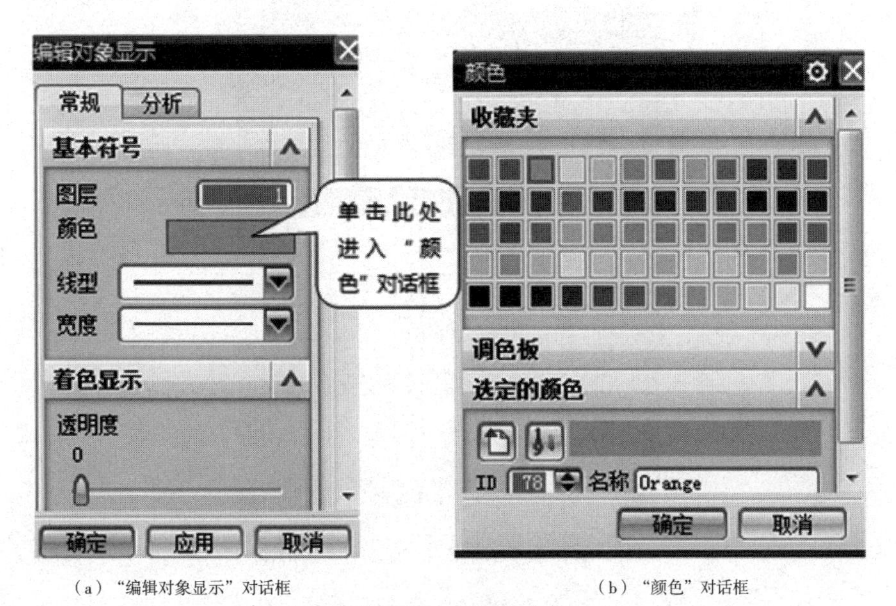

（a）“编辑对象显示”对话框　　（b）“颜色”对话框

图5-17　类选择对话框

5.3.3 任务3　在不同层上构造圆柱体

5.3.3.1 任务导入

与任务2在同一个文件中，但在第10层上构造一个圆柱体，并只显示圆柱体，且分析和查询此两个实体（长方体与圆柱体）的基本信息。

任务分析：本任务主要完成在不同层上进行不同形状的建模设计，并且要能够将实体隐藏和显示，同时要更改实体的不同颜色和显示状况，并运用分析工具来查询实体的基本信息。

5.3.3.2 工作步骤

步骤一：打开上述Exp1的NX文件。

步骤二：【格式】/【图层设置】，弹出“图层设置”对话框，在“显示”栏后的下拉菜单选择“所有图层”，将列出所有的层名在层列表中，点选10，右键，在出现的菜单栏选“工作”命令，使第10层为工作层，如图5-18所示，同时将层“1”前的钩号去掉，点【关闭】，则长方体不可见。

步骤三：【插入】/【设计特征】/【圆柱体】，弹出“圆柱”对话框，输入参数，如图5-19所示，单击【确定】。

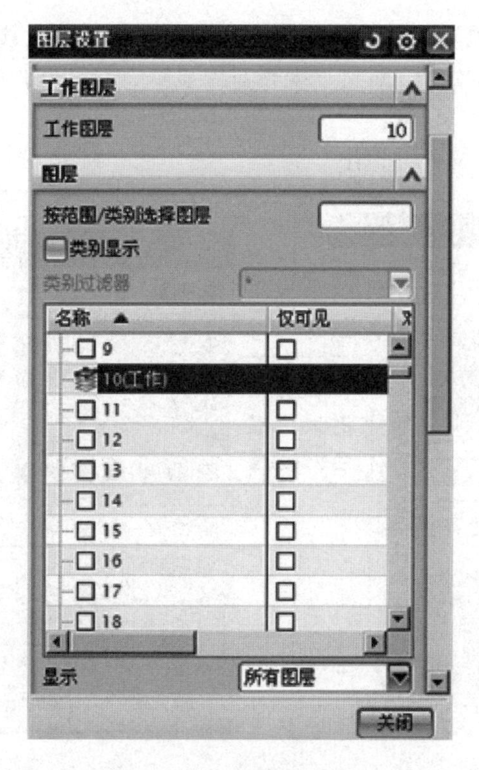

图 5-18 NX 图层设置

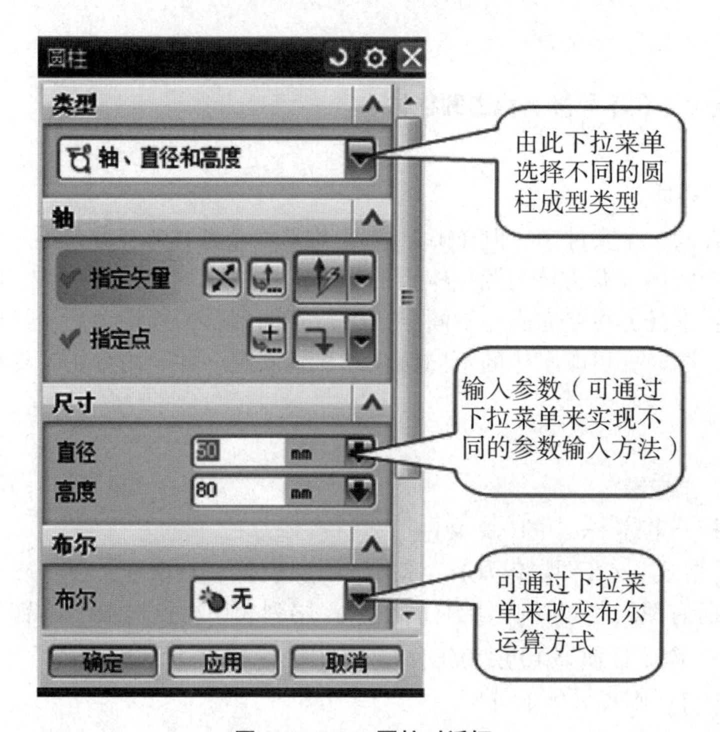

图 5-19 NX 圆柱对话框

步骤四：【编辑】/【对象显示】，弹出“类选择”对话框，在绘图区选圆柱体，单击【确定】，弹出“编辑对象显示”对话框，单击“颜色”栏后的矩形方框，弹出“颜色”对话框，在其“收藏夹”栏下选择具体的颜色种类，单击【确定】，回到“编辑对象显示”对话框，单击【确定】，完成圆柱体的显示颜色设置。

步骤五：【格式】/【图层设置】，弹出“图层设置”对话框，在“显示”栏后的下拉菜单选择“所有图层”，将列出所有的层名在层列表中，将层“1”前的钩号加上，则长方体又出现了。

步骤六：查询物体信息：【分析】/【测量距离】，通过选用不同的类型来查询物体信息，分析物体高度、各圆大小、各边长度等。

步骤七：观察物体。

①分别选择图标栏工具、、、、、进行观察。

②分别以、、、、、、等不同视角观察。

③【视图】/【布局】/【替换视图】，通过更换视图来进行观察，如图5-20所示。

图5-20 替换视图

5.3.4 任务4 内六角螺钉建模

5.3.4.1 任务导入

完成内六角螺钉的建模与造型设计。

5.3.4.2 工作步骤

步骤一：建立NeiLiuJiao的模型文件。

步骤二：设置背景。

步骤三：在工具栏单击，以“创建平面”方法创建 X-Y 基准平面作为草绘面，如图5-21所示。

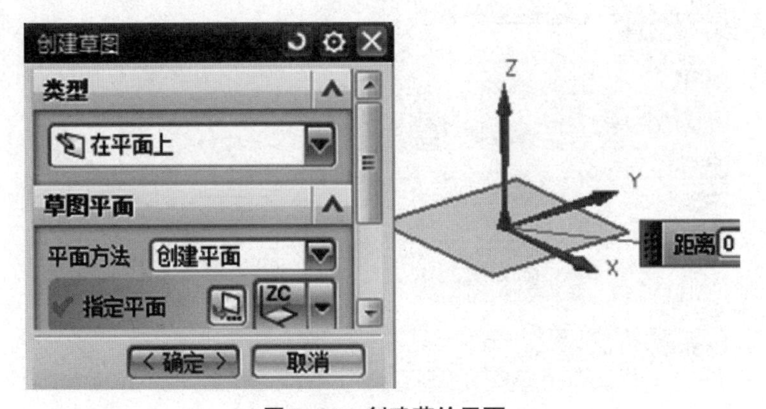

图5-21 创建草绘平面

步骤四：单击，以“俯视图”方式进行视图布局，以捕捉交点定心模式做草图，如图 5-22 所示。

步骤五：【插入】/【曲线】/【多边形】，在弹出的“多边形”对话框中输入边数 6，单击【确定】，如图 5-23 所示。

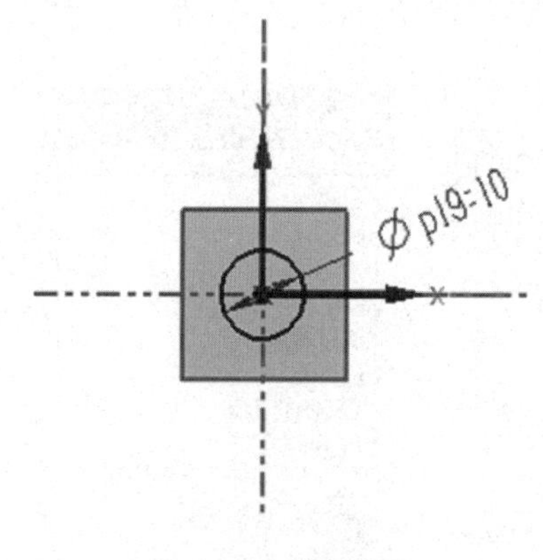

图 5-22　绘制草图

图 5-23　设置边数

步骤六：“多边形”对话框发生变化，在其中单击“外接圆半径”建模方式，单击【确定】，在对话框中进行如图 5-24 所示设置，单击【确定】。

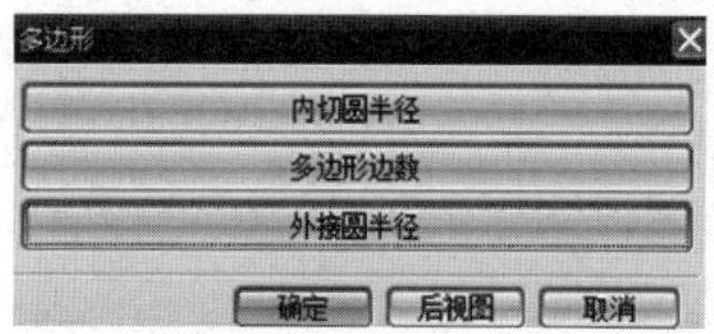

图 5-24　参数设置

步骤七：出现“点”对话框，以默认设置，单击【确定】，完成正六边形绘制，如图 5-25 所示。

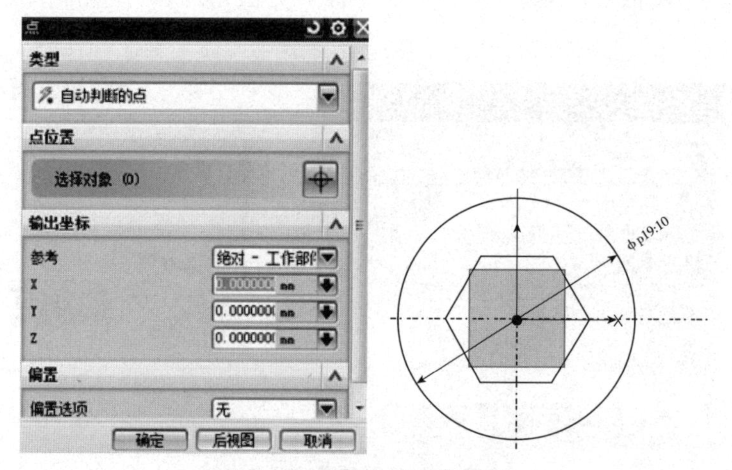

图 5-25　完成六边形的绘制

步骤八：单击“完成草图”，在图标工具栏单击“ ”图标工具，在“规则曲线”栏下选“单条曲线”，在绘图区选圆弧，并在弹出的“拉伸”对话框中做拉伸参数设置，如图5-26所示。

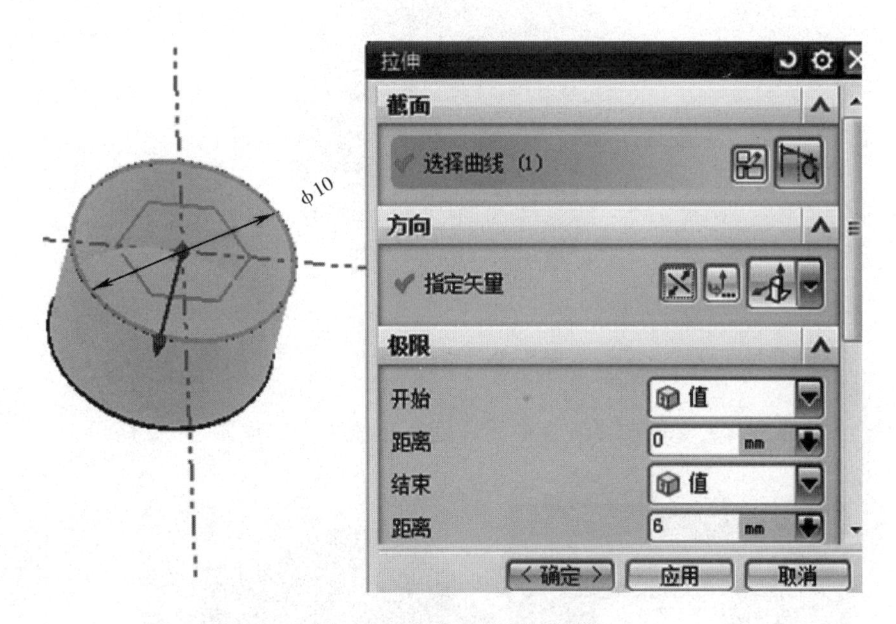

图5-26　拉伸生成圆柱基体

步骤九：点【确定】生成圆柱体；以“相连曲线”的“曲线规则”方式选择六边形为截面进行与圆柱体的求差拉伸，如图5-27所示。

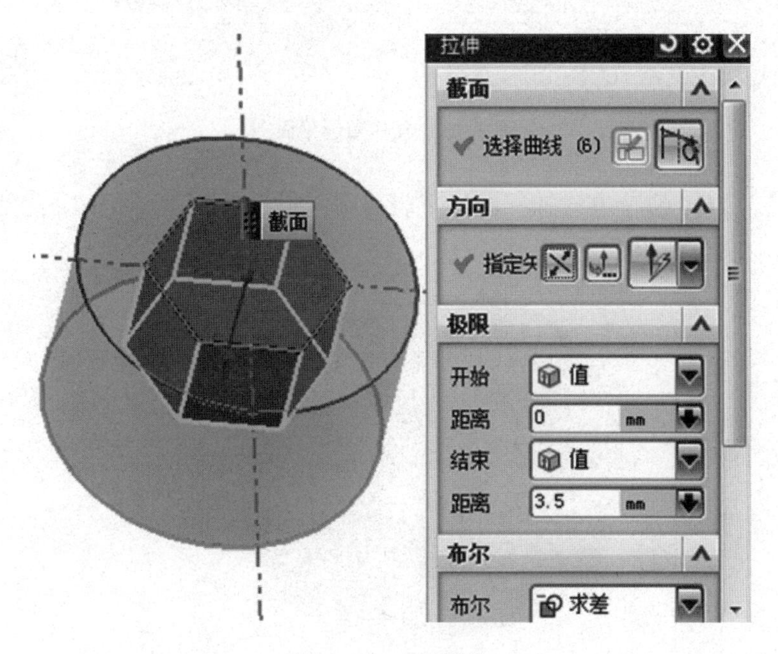

图5-27　求差拉伸

步骤十：点【确定】生成内六角上半部分，如图 5-28 所示。

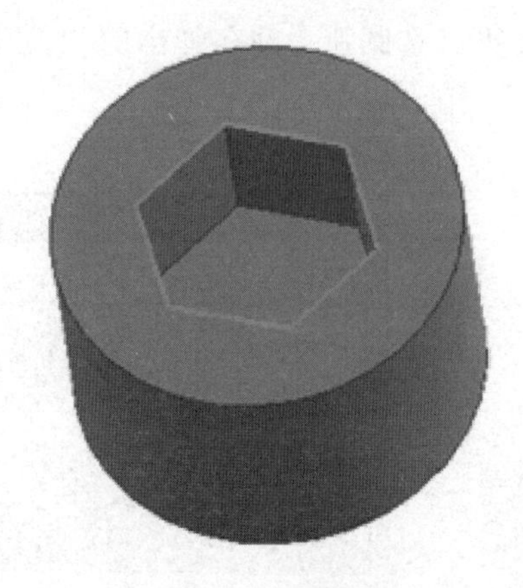

图 5-28　生成内六角

步骤十一：通过旋转选择圆柱体下表面为草绘平面，如图 5-29 所示。

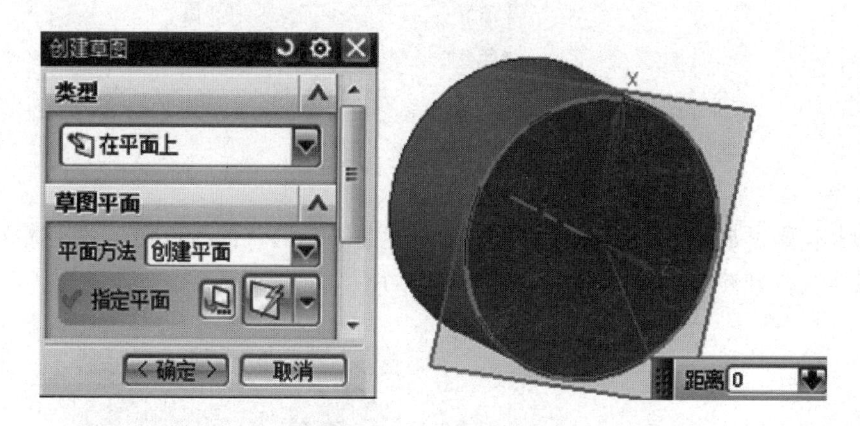

图 5-29　创建草绘平面

步骤十二：以“⊙”方式捕捉圆柱下表面圆弧中心为圆心，绘一个直径为 6 的圆，“完成草图”，如图 5-30 所示。

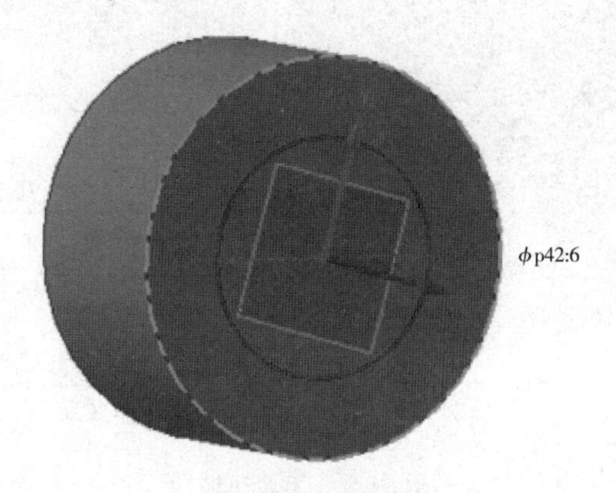

图 5-30　绘制草图

步骤十三：以此圆弧为截面曲线进行求和拉伸，距离为12，单击【确定】，如图5-31所示。

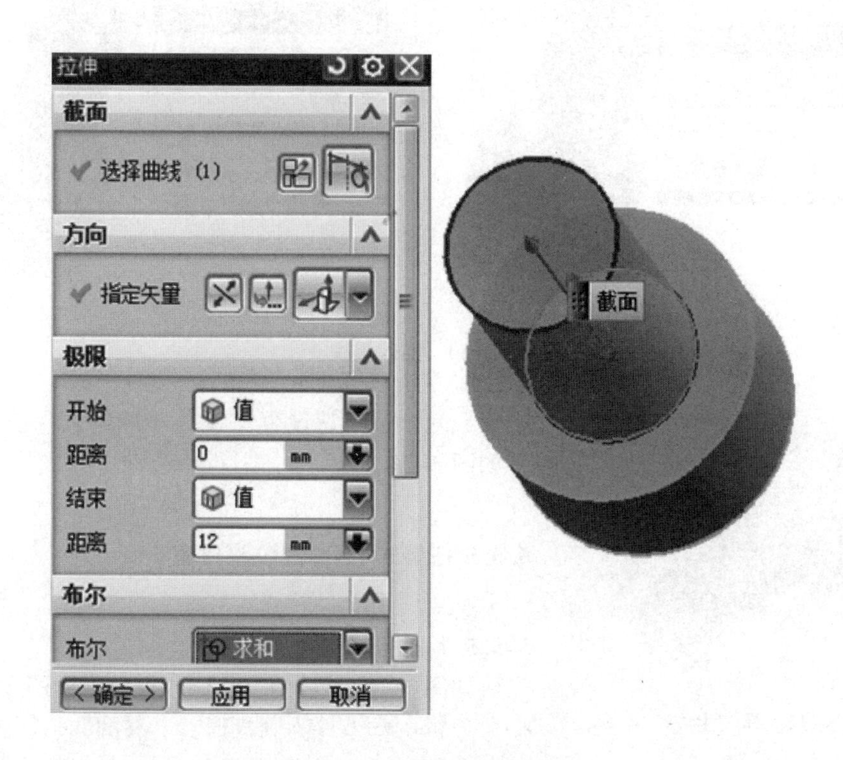

图5-31　拉伸生成螺杆基体

步骤十四：倒斜角，如图5-32所示。

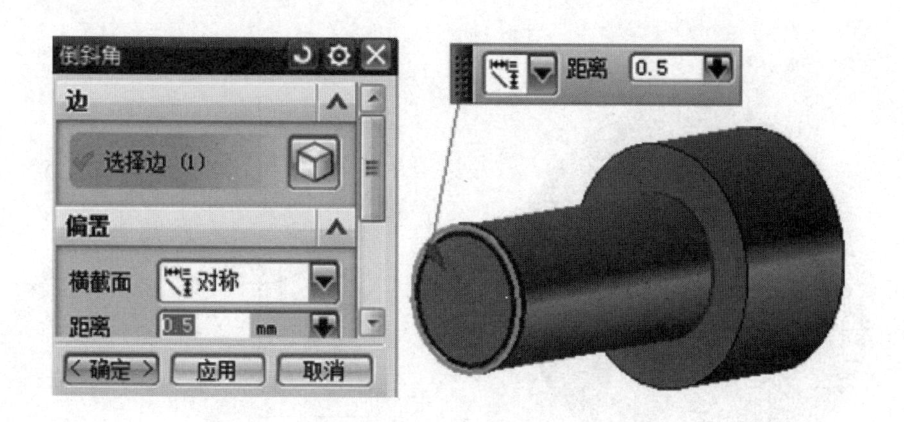

图5-32　倒斜角

步骤十五：【插入】/【设计特征】/【螺纹】，出现“螺纹”对话框后选小圆柱外表面，如图5-33左图所示；此时再点选小圆柱端面，如图5-33右图所示，单击【确定】，如图5-33所示。

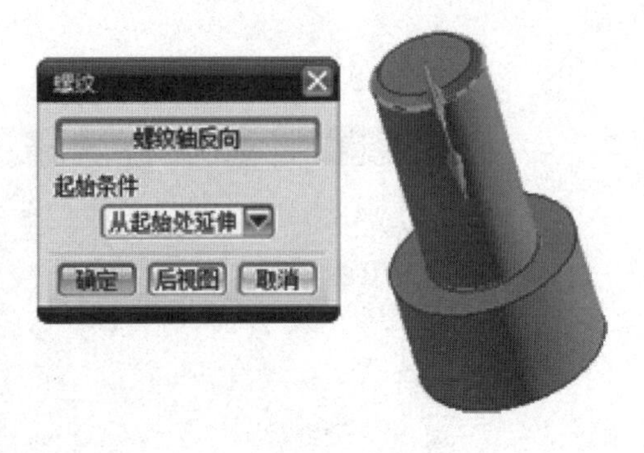

图 5-33 插入螺纹

图 5-34 螺纹生成

步骤十六：以默认设置，单击【确定】，完成螺纹的创建，如图 5-34 所示。

5.3.5 任务 5 NX 定位圈建模

5.3.5.1 任务导入

完成如图 5-35 所示的定位圈建模与工程图设计。

任务分析：本零件为圆盘形，上有圆孔、圆锥孔及台阶孔，可先通过成型特征“圆柱”生成基体，然后在其表面做草图，通过求差拉伸与拔模求差拉伸生成圆孔与圆锥孔，台阶孔可直接利用“孔”工具来成型。

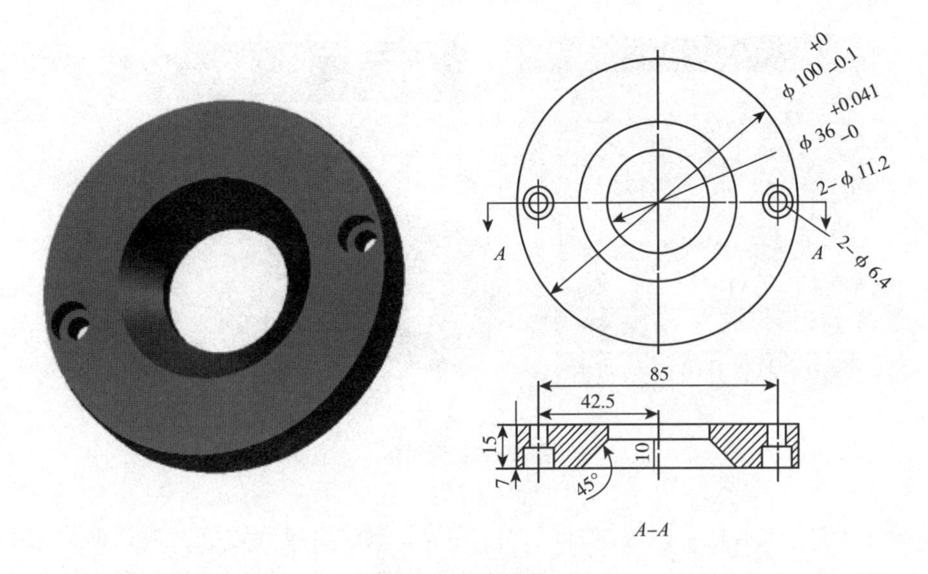

图 5-35 定位圈

5.3.5.2 工作步骤

步骤一：进入 UG，建立以 DingWeiQuan 为文件名、单位为毫米的模型文件。

步骤二：设置背景：按 Ctrl+M 组合键进入建模环境，【首选项】/【背景】，勾选【纯色】，将“普通颜色”设置为白色，单击【确定】。

步骤三：【插入】/【设计特征】/【圆柱体】，选类型为“轴、直径和高度”，“指定矢量”为 *Z* 轴，“指定点”的点类型为“自动判断的点”，点位置的输出坐标为原点坐标，单击【确定】；输入直径 100 高度 15，如图 5-36（a）所示，单击【确定】，生成圆柱，如图 5-36（b）所示。

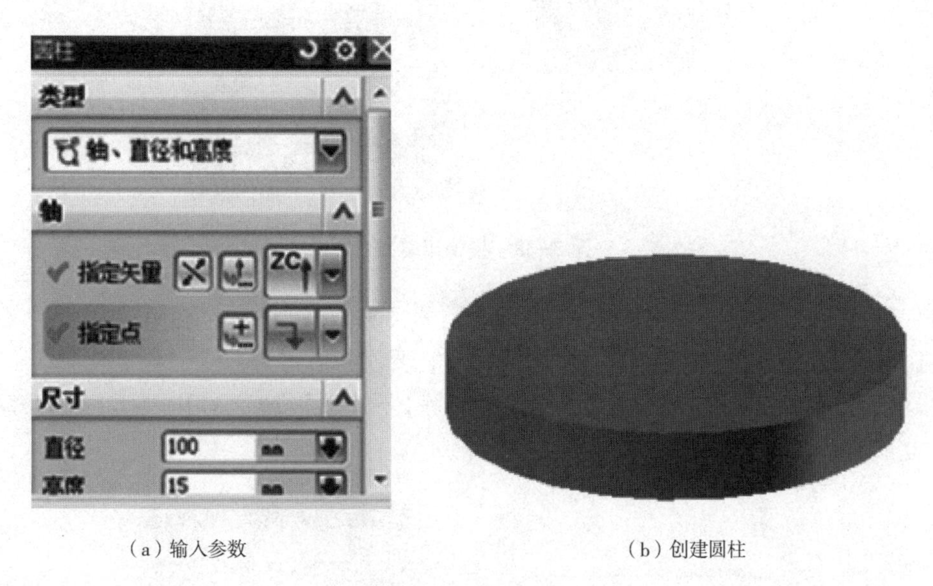

（a）输入参数　　（b）创建圆柱

图 5-36　生成圆柱

步骤四：在 *X-Y* 平面上作草图，以圆柱体下底面中心为圆心（利用⊙捕捉工具）绘一直径为 36 的圆，以此圆为截面进行拉伸与圆柱体求差，距离为 5，生成内孔台阶，如图 5-37 所示。

图 5-37　拔模求差

步骤五：以拉伸底面圆弧边沿为截面曲线进行拔模求差拉伸，如图 5-38 所示，单击【确定】。

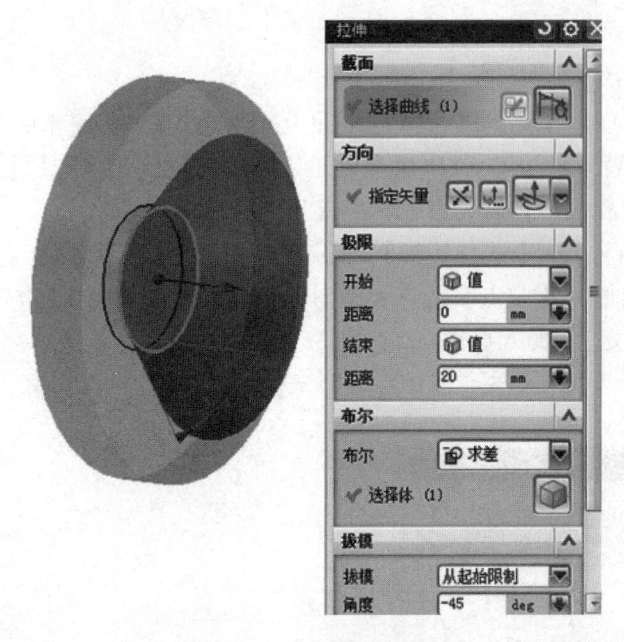

图 5-38　拔模求差拉伸

也可用内孔上边沿为对象进行拔模求差拉伸，起始值为 5，结束值 15（可“反向”来预览，选相合的情形），拔模角 45°（或-45°，要进行尝试）。

步骤六：生成沉头孔，【插入】/【设计特征】/【孔】，打开“孔”对话框，按图 5-39 所示进行参数设置。

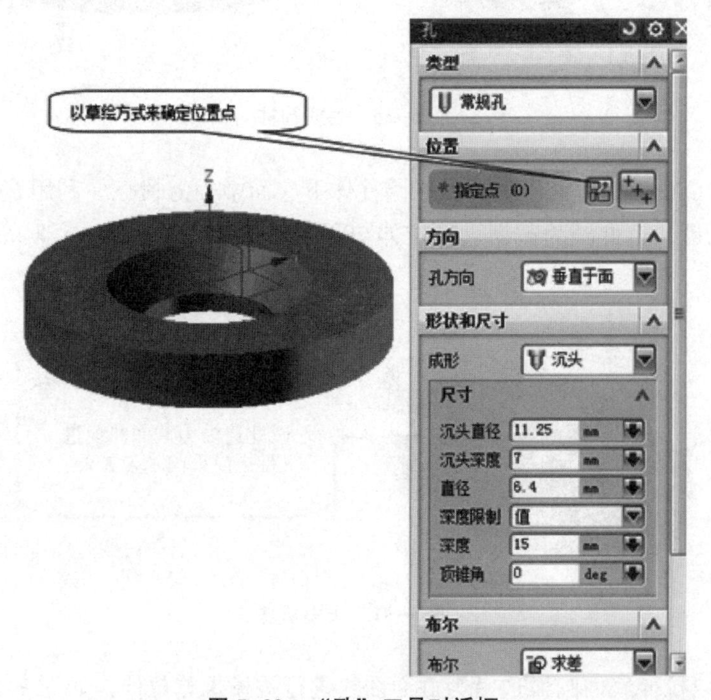

图 5-39　“孔”工具对话框

步骤七：在“孔”对话框中的“指定点”栏单击，以实物的上表面为草绘平面，单击【确定】，出现“草图点”对话框，如图5-40所示。

图5-40　创建平面

步骤八：以鼠标光标在大概位置指定一个点，然后通过尺寸约束使此点定位，如图5-41所示。点“完成草图”，回到“孔”对话框，单击【确定】，完成一个沉头孔的设计。

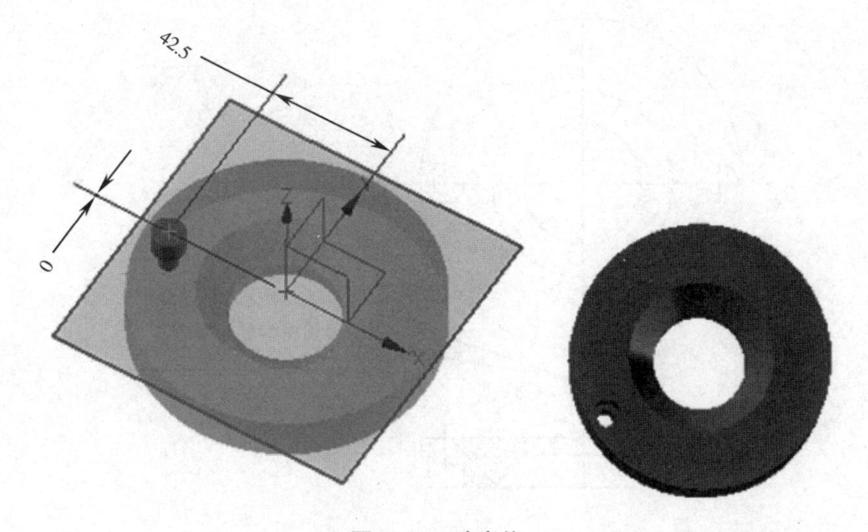

图5-41　孔定位

步骤九：【插入】/【关联复制】/【镜像特征】，出现“镜像特征”对话框，选择沉头孔特征为镜像特征，Y-Z面为镜像面进行镜像，【确定】，完成沉头孔的镜像设计。

步骤十：绘制工程图。

（1）【开始】/【制图】，进入工程图模块，单击，新建A4图纸，通过【首选项】/【可视化】/【颜色/线型】的“单色显示”栏下将“背景”改为白色，【插入】/【视图】/【基本】，以俯视图作为基本视图，在绘图区单击鼠标左键，生成主视图，如图 5-42 所示。

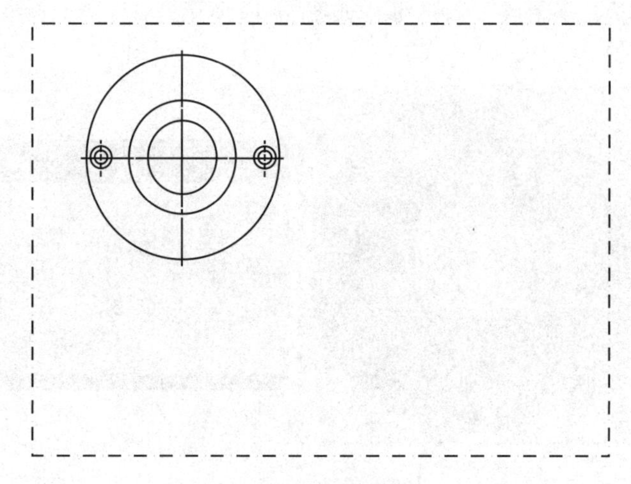

图 5-42　主视图

（2）单击“剖视图”图标命令，在绘图区点选主视图，以⊙捕捉圆中心来定义铰链线，在主视图下方绘图区空白处单击左键，生成剖面投影视图，如图 5-43 所示。

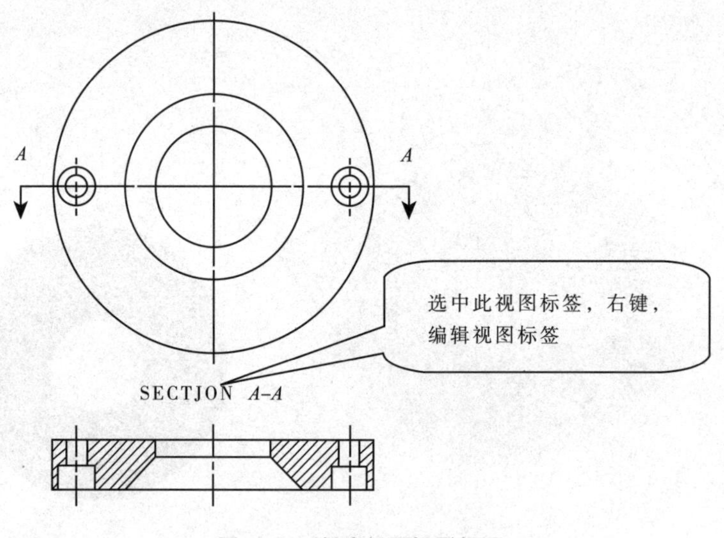

图 5-43　创建剖面投影视图

（3）编辑视图标签。选中视图标签，右键，选择“编辑视图标签”命令，出现“视图标签样式”对话框，将对话框中的“前缀”栏的内容清空，单击【确定】。

（4）尺寸标注。通过运用“、、”等工具进行尺寸标注，如图 5-44 所示。

（5）孔类尺寸及公差标注。单击图标命令，选择内孔圆，出现“直径尺寸”对话框，如图 5-45 所示，在对话框中将“值”通过下拉改为双向公差，单击，出现“尺寸标注样式”对话框，如图 5-46 所示。

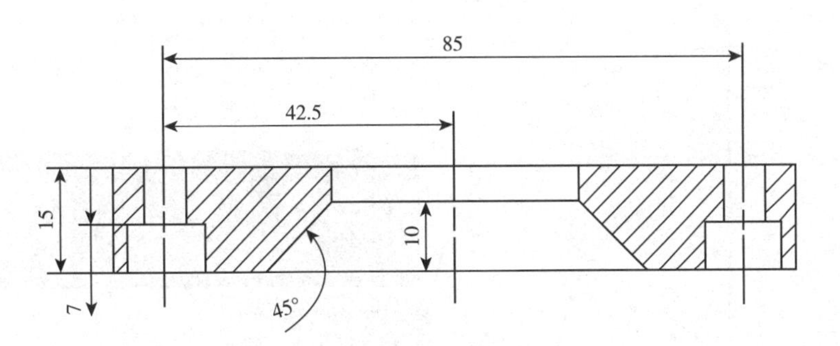

图 5-44　尺寸标注

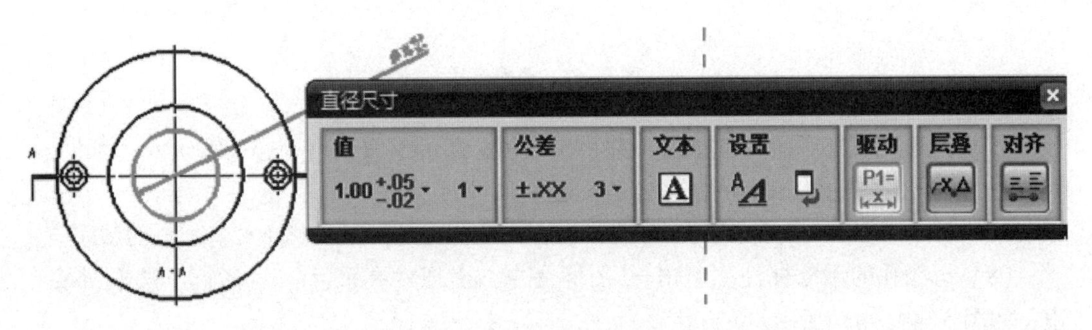

图 5-45　直径尺寸对话框

在“尺寸标注样式”对话框中将“尺寸”标注方式改为“对齐”，单击【确定】，如图 5-46 所示。

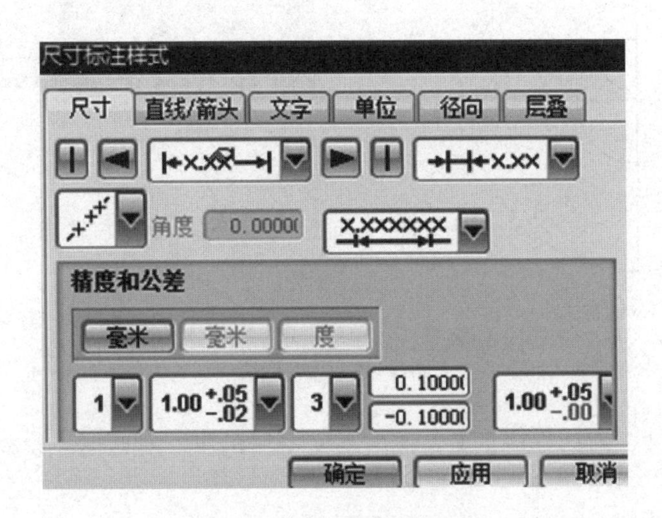

图 5-46　尺寸标注样式对话框

（6）公差标注与修改。在绘图区适当位置单击左键，并双击公差尺寸，进行上限尺寸与下限尺寸的修改，如图 5-47 所示，修改好后单击回车键确认，关掉“编辑尺寸”对话框。

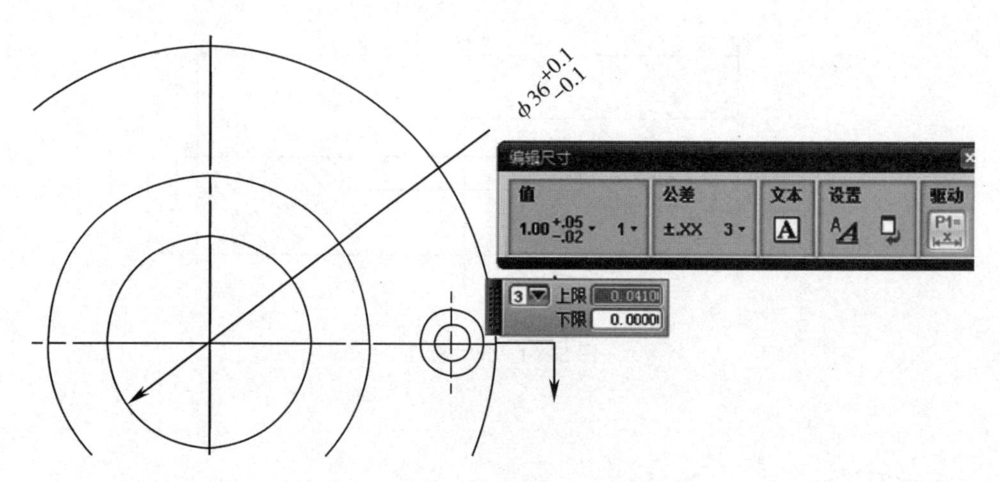

图 5-47　编辑尺寸

（7）同理完成外圆的尺寸标注，并将尺寸及公差的字符调整为合适的大小，如图 5-48（a）所示。字符大小的调整方法是，选中尺寸（公差）→右键→“样式”（出现“注释样式”对话框）→“文字”→选择“文字类型”→修改“字符大小”栏的数字。

（8）沉头孔的尺寸标注。单击图标命令，出现“孔尺寸”对话框，选取沉头孔边，如图 5-48（b）所示。

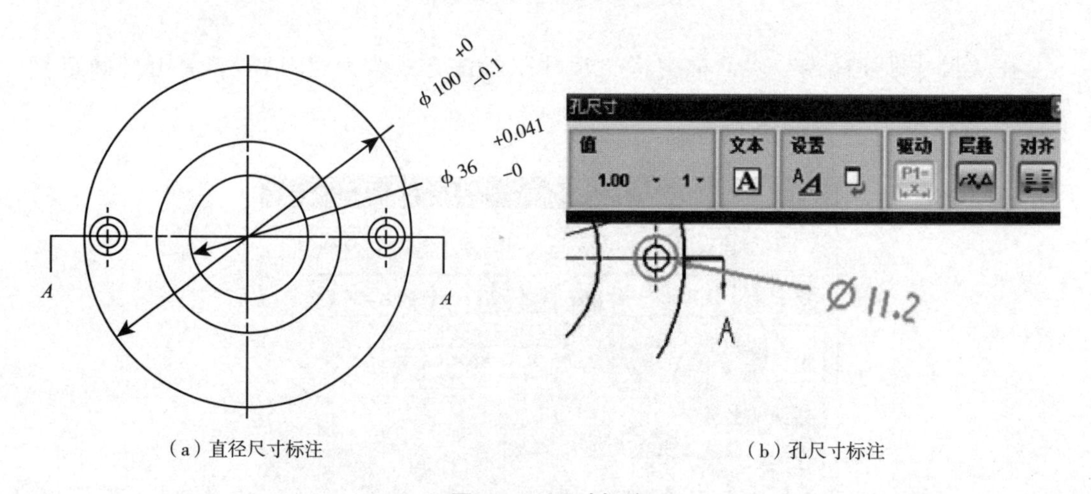

（a）直径尺寸标注　　（b）孔尺寸标注

图 5-48　尺寸标注

单击“孔尺寸”对话框中的，弹出“文本编辑器”对话框，设置前置附加文本，如图 5-49 所示。

在绘图区合适位置单击左键，完成此孔的尺寸标注；同理，完成沉头台阶小孔的标注，如图 5-50 所示。

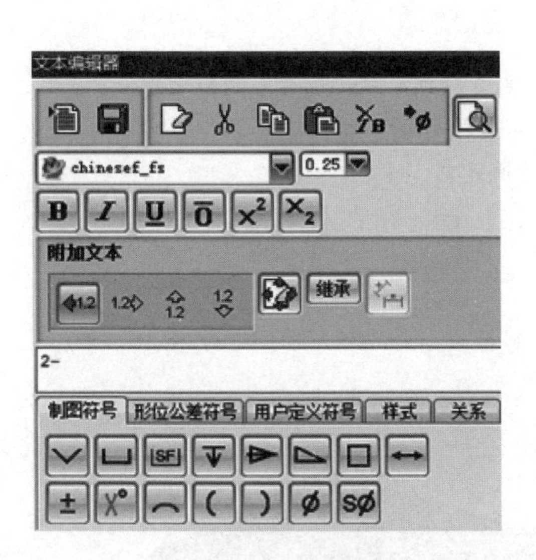

图 5-49　文本编辑器

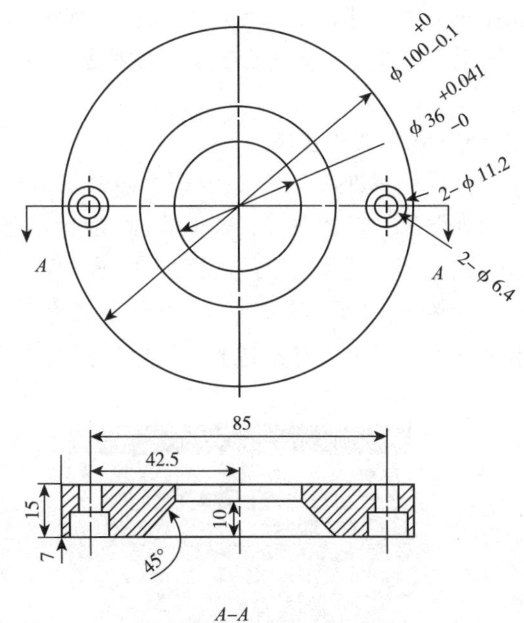

图 5-50　完成尺寸标注

5.3.6 任务6　NX 定模座板建模

5.3.6.1 任务导入

完成定模座板，如图 5-51 所示的设计。

图 5-51　定模座板

任务分析：本零件为板类零件，其上主要有一些呈对称分布的各类孔，其建模思路是：可以先以成型特征“块”功能生成板块基体，然后在其表面绘两个同心圆的草图，再分别以不同的拉伸深度来进行求差拉伸生成中间的圆孔与圆形台阶，再以“孔”工具创建一个沉头孔、小孔与螺纹孔，其他的沉头孔、小孔与螺纹孔可以通过“镜像”或“阵列”来创建，最后进行螺纹的创建。

5.3.6.2 工作步骤

步骤一：进入 NX，建立以 DingMuZuoBan 为文件名、单位为毫米的模型文件。

步骤二：设置背景，按 Ctrl+M 组合键进入建模环境，【首选项】/【背景】，勾选【纯色】，将“普通颜色”设置为白色，单击【确定】。

步骤三：【插入】/【设计特征】/【长方体】，在“块”对话框中按图 5-52 所示进行设置，单击【确定】，生成长方体。

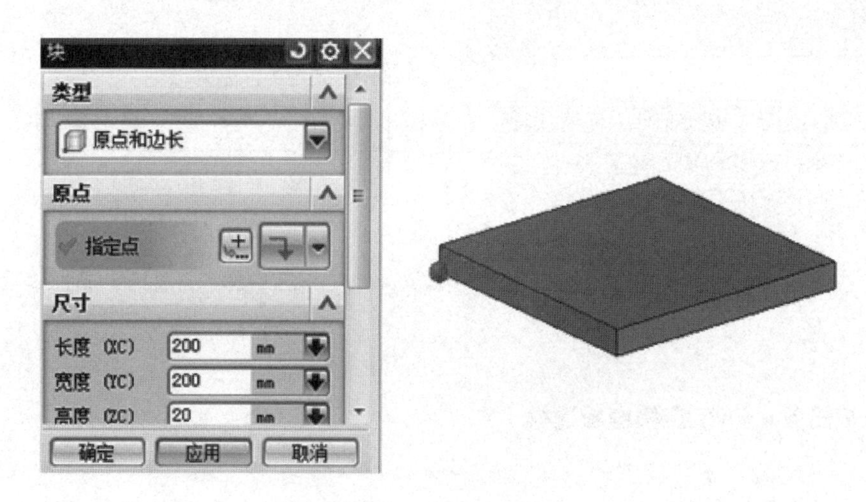

图 5-52 创建长方体

步骤四：以上表面为草绘平面进入草图（选择“现有平面”方式），以中点捕捉命令做两条垂直的中心线，并通过将其转为参考线。

步骤五：以交点捕捉命令方式建 $R50$、$R18$ 的两个同心圆，完成草图，如图 5-53 所示。

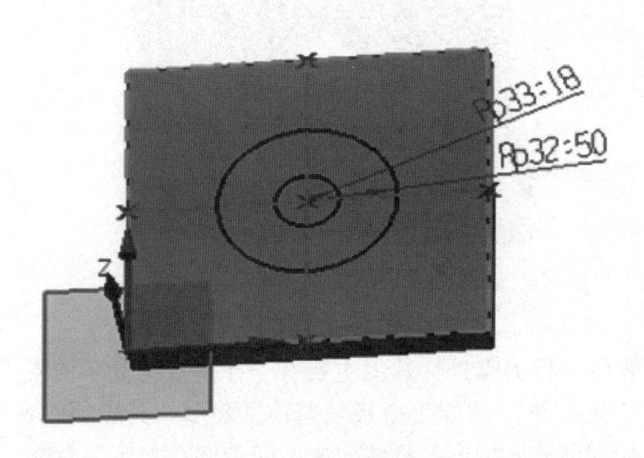

图 5-53 绘制草图

步骤六：点，在出现的“曲线规则”对话框的下拉菜单中选“单个曲线”，选小圆曲线，做与长方体“求差”的布尔运算拉伸操作（要注意拉伸方向，可通过改向，距离为大于长方体的厚度）；同理进行大圆的拉伸求差，拉伸深度为5，如图5-54所示。

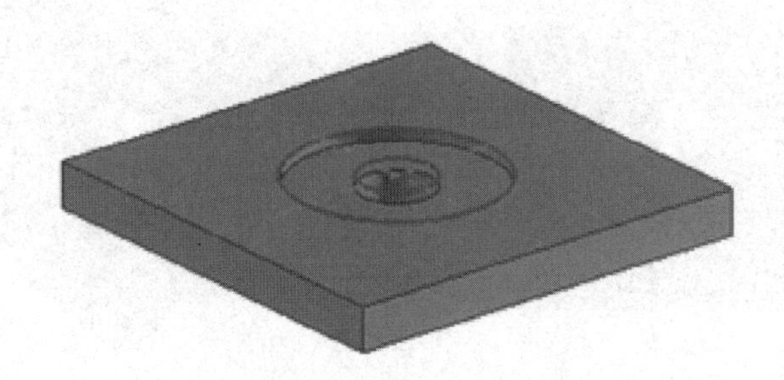

图5-54　拉伸求差后的实体

步骤七：【插入】/【设计特征】/【孔】，采用“常规孔”类型，成型形状为“简单”，输入孔径5、深度20、顶锥角0的参数与长方体布尔求差；在“孔”对话框中的“位置”栏下的“指定点”选择“绘制截面”方式，选凹表面为草图平面绘制草图，如图5-55所示。

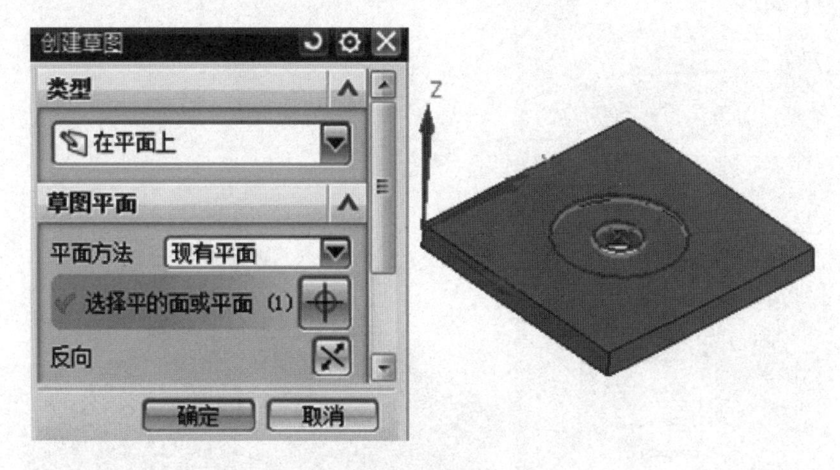

图5-55　创建草绘平面

步骤八：单击【确定】，出现“草图点”对话框，以“光标”方式在中心线附近做两个点，并通过、等尺寸约束方式使孔中心与两中心线的距离分别为0和42.5，如图5-56（a）所示，单击“完成草图”回到“孔”对话框，单击【确定】，完成两孔的设计，如图5-56（b）所示。

步骤九：在长方体上表面做一个*R*4的销孔（通孔），其定位为与两中心线的距离为38.5和60。

步骤十：在长方体上表面销孔同方向做一个沉头孔，对其进行参数设置，如图5-57所示，其定位与两中心线的距离为（53，60）。

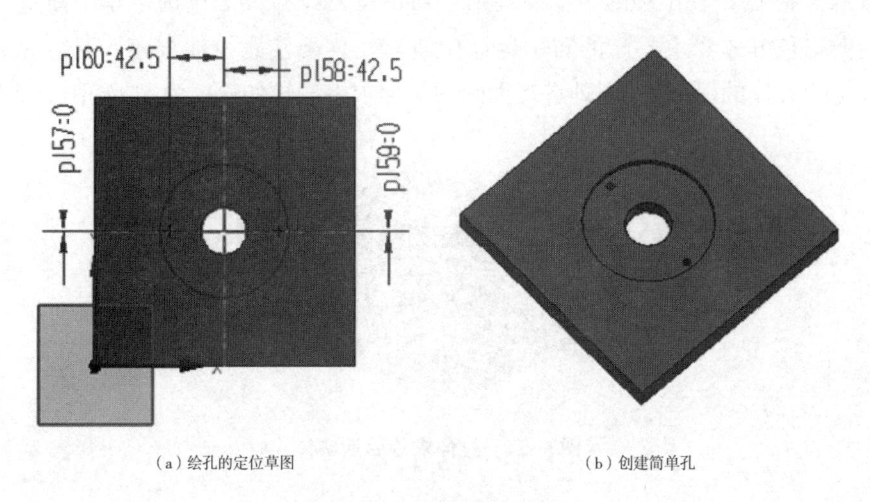

（a）绘孔的定位草图　　（b）创建简单孔

图 5-56　完成两孔设计

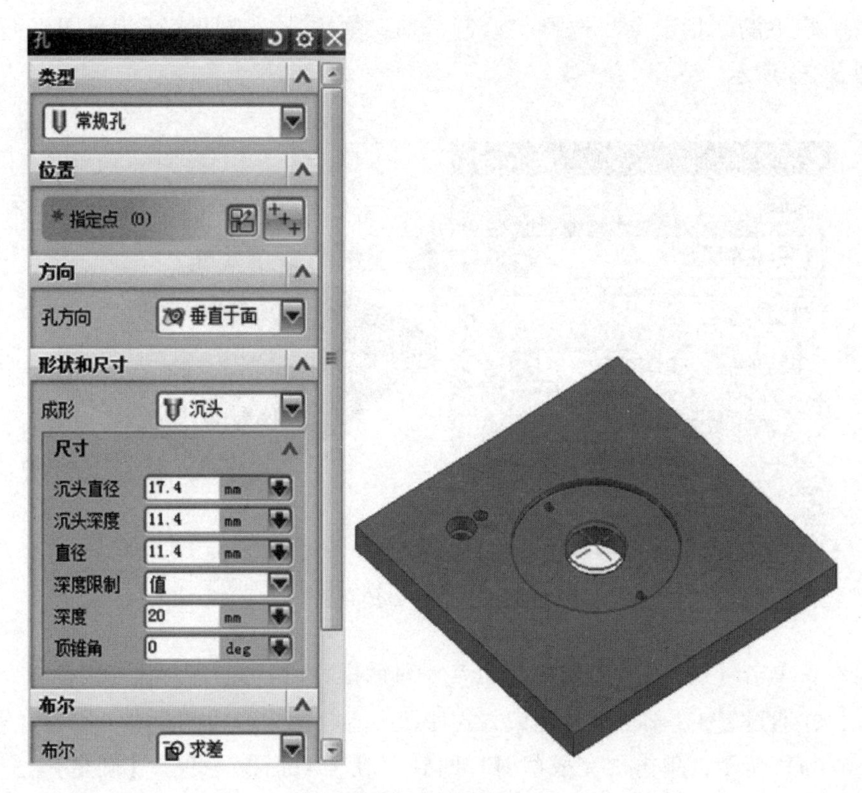

图 5-57　创建沉头孔

步骤十一：做螺纹。从菜单命令【插入】/【设计特征】/【螺纹】，以默认参数在两个孔径为 5 的孔上做两个 M6 的详细螺纹。

步骤十二：对沉头孔进行阵列。从菜单命令【插入】/【关联复制】/【对特征形成

图样】，在出现的“对特征形成图样”对话框中进行设置，如图 5-58（a）所示，并在绘图工作区选沉头孔，单击【确定】，完成沉头孔的矩形阵列复制，如图 5-58（b）所示。

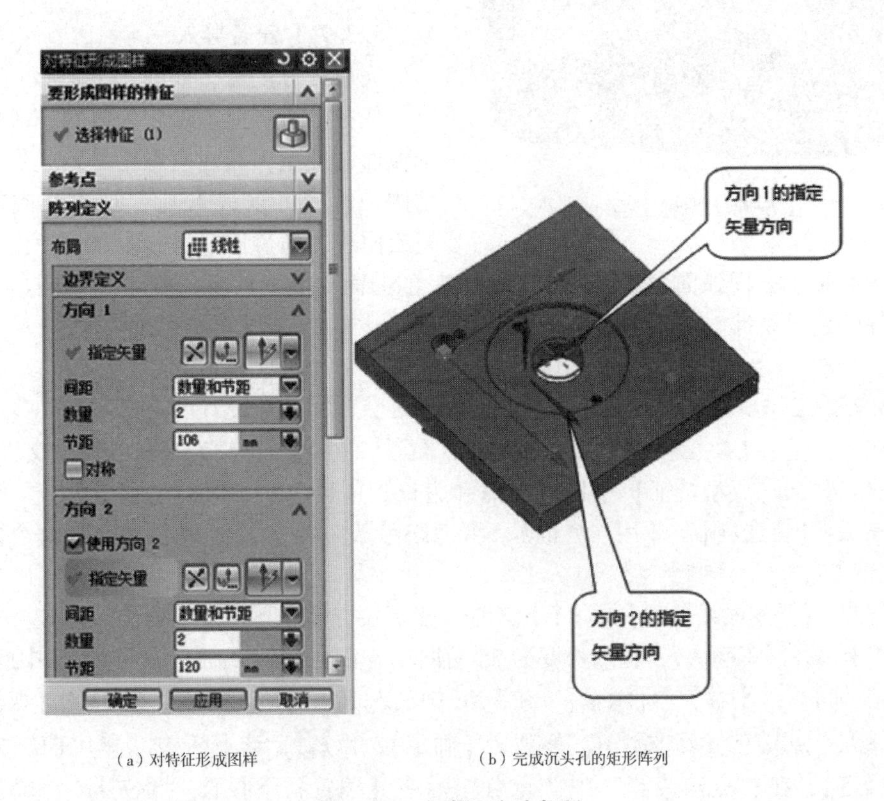

（a）对特征形成图样　　（b）完成沉头孔的矩形阵列

图 5-58　完成沉头孔复制

步骤十三：同理，完成 $R4$ 的销孔的矩形阵列复制（方向 1 的节距为 77，方向 2 的节距为 120），创建完成定模座板，如图 5-59 所示。

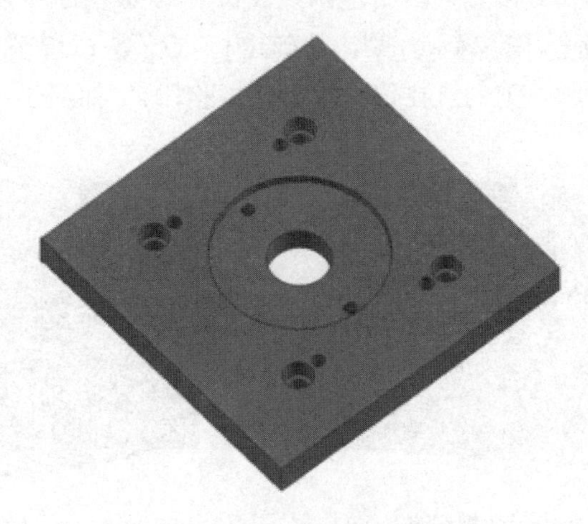

图 5-59　销孔阵列后的定模座板

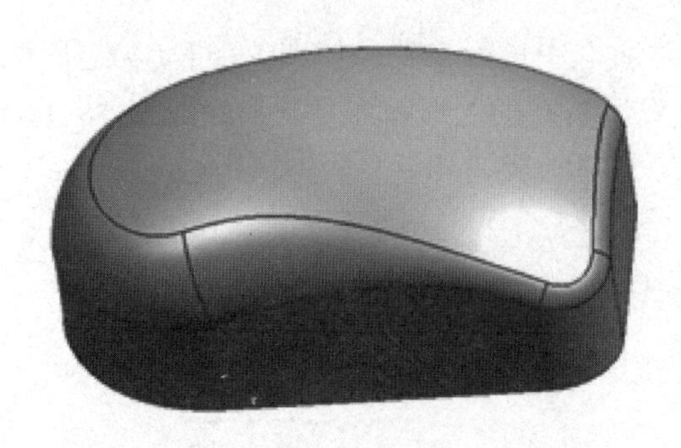
图 5-60　鼠标上盖

5.3.7 任务 7　NX 鼠标上盖建模设计

5.3.7.1 任务导入

完成鼠标上盖，如图 5-60 所示。

任务分析：此塑件较为复杂，关键点在于弧面的成型，其建模思路是：先做长方体基体，然后可以进入基本曲线（或草图），先绘曲线，通过偏置将曲线移动，由“已扫掠”命令生成上表面弧面，然后通过“扩大”的曲面功能，再由“变半径倒圆角”完成整个塑件的建模设计。

5.3.7.2 工作步骤

步骤一：进入 UG，建立以 ShuBiaoShangGai 为文件名、单位为毫米的模型文件。

步骤二：从【成型特征】中以【原点和边长】创建 100×60×60 的长方体。

步骤三：【首选项】/【用户界面】，将“跟踪条”栏下的“跟踪光标”命令前的钩号取消。

步骤四：【基本曲线】/【平行于】*Z* 轴，捕捉长方体左下角点作为参考原点（或通过输入此点坐标并回车确认），输入长度为 25 后回车（鼠标移到 *Z* 轴正方向）；选中此线段，右键，【变换】/【平移】/【增量】，在 DXC 中输入 100，【确定】/【复制】/【取消】。

步骤五：点 +XC 轴：YC --> ZC，【确定】；点，选下棱边（单个曲线方式），单击【确定】，在“点构造器”中“重置”后在【偏置】下拉选“沿矢量”，单击【确定】，选 *Z* 轴所在的棱边，输入距离为 40，单击【确定】，“反向”，单击【确定】。

步骤六：点 +XC 轴：YC --> ZC，【确定】；点，生成方式 起点，终点，圆弧上的点，选步骤四所做的线段上端点，且圆弧上的点在步骤五的偏置线上（即相切），如图 5-61 所示。

步骤七：同理做相邻侧偏置线段（但两线段长由 25 改为 30）。

步骤八：点 +XC 轴：YC --> ZC，【确定】；点，生成方式 起点，终点，圆弧上的点，选步骤六所做的线段上端点，且圆弧上的点在偏置线上（即相切），如图 5-62 所示。

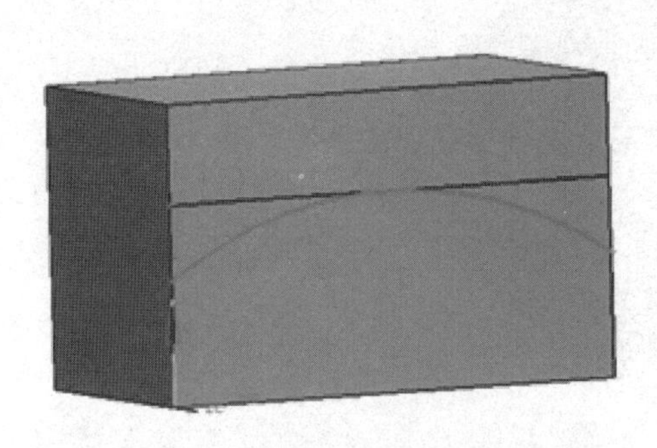
图 5-61　偏置曲线后做相切弧

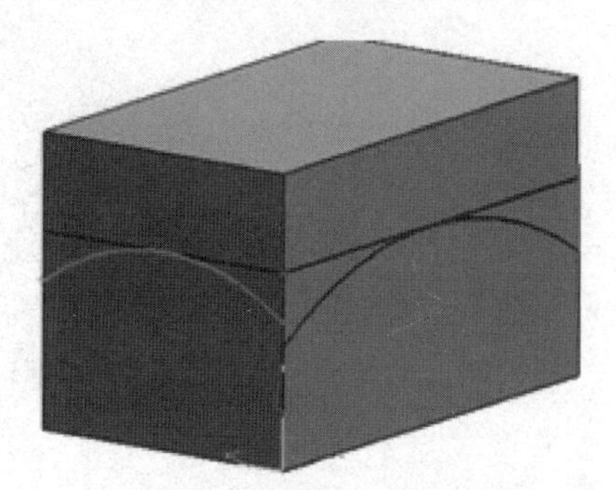
图 5-62　做另一侧相切弧

步骤九：点使坐标系还原，通过【变换】将两弧【移到】到长方体最中央。

步骤十：【曲面】/，生成两弧的截面。

步骤十一：【编辑曲面】/，生成扩大曲面，如图 5-63 所示。

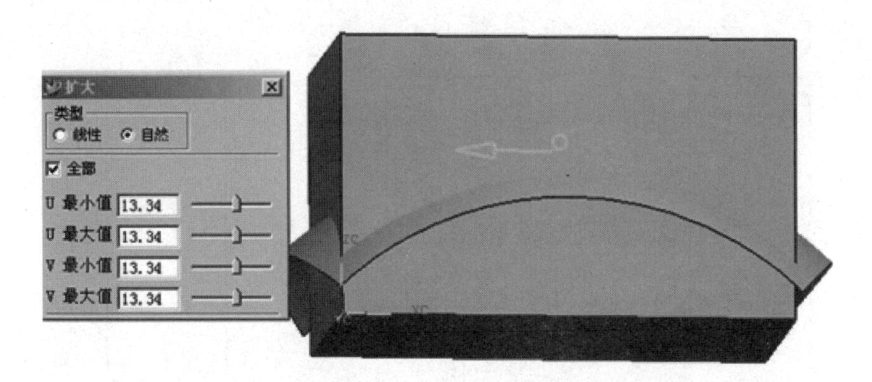

图 5-63　生成扩大曲面

步骤十二：并隐藏片体。

步骤十三：【边倒圆】，①选后端两侧竖棱，R30；选后端两侧竖棱边，R12；②采用变半径倒圆（先要选取要倒圆的位置线），如图 5-64 所示。

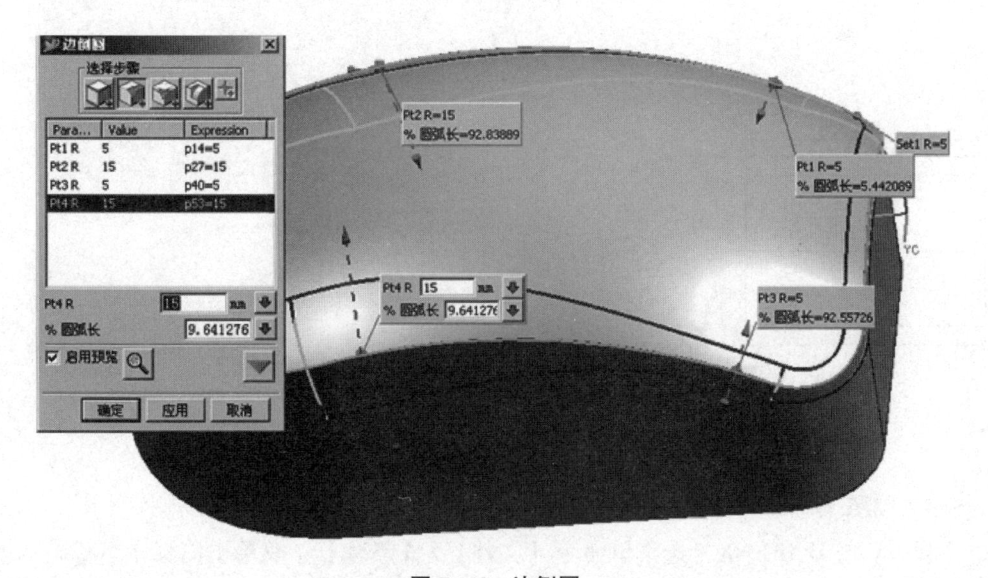

图 5-64　边倒圆

5.3.8 任务8　NX 折弯件建模

5.3.8.1 任务导入

完成钣金件的三维建模设计，如图 5-65 所示。

任务分析：此钣金件较复杂，其建模思路是：可以进入钣金模块，先绘基本轮廓草图，由此草图通过“突出块”指令功能生成板件基体，然后通过“凹坑”“冲压除料”“镜像”“法向除料”“冲孔”“折弯”等指令功能完成整个钣金件的建模设计。

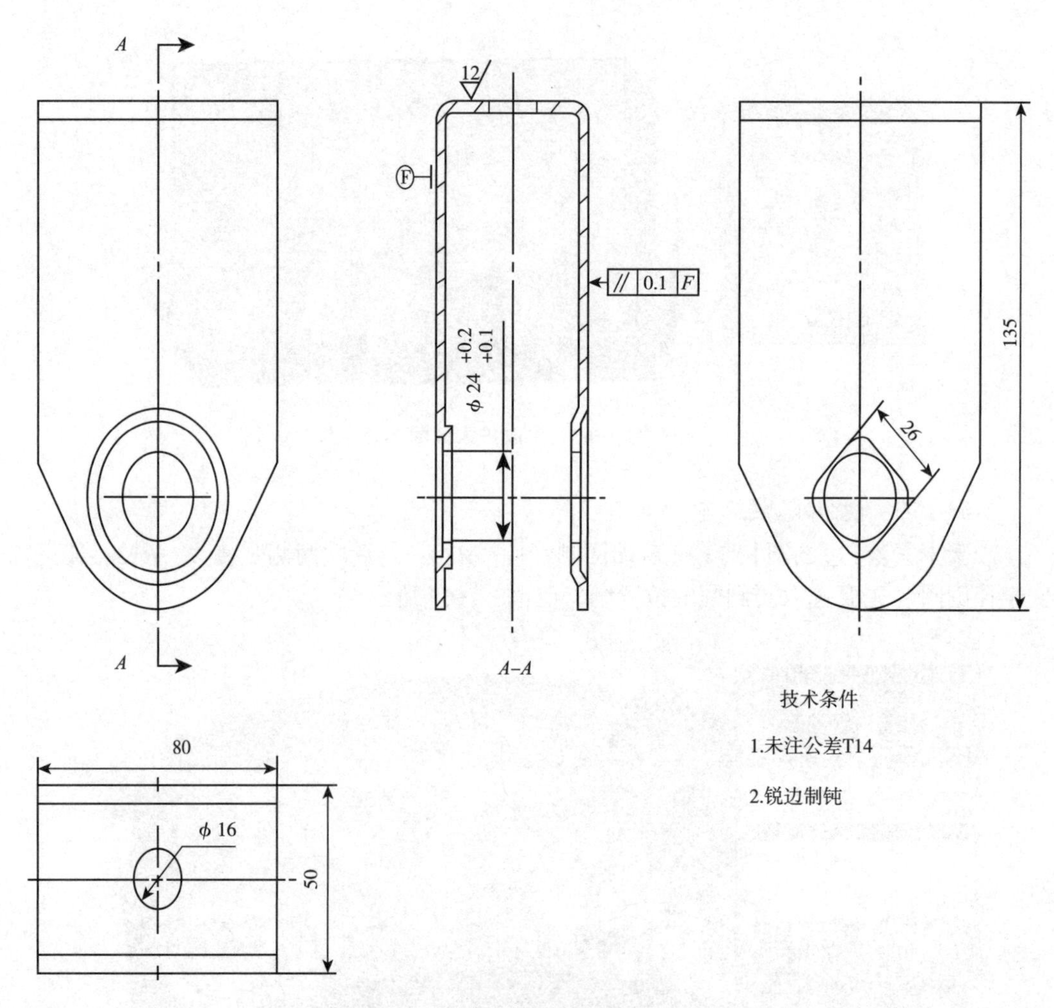

图 5–65　某钣金件建模设计工程图

5.3.8.2 工作步骤

步骤一：打开 UG NX，选菜单命令【文件】/【新建】（或单击图标工具），建立以 BanJing1 为文件名、单位为 mm 的模型文件，选择好放置路径，单击【确定】。

步骤二：设置背景。按 Ctrl+M 组合键进入建模环境，【首选项】/【背景】，勾选【纯色】将“普通颜色”设置为白色，单击【确定】。

步骤三：【开始】/【所有应用模块】/【钣金】/【NX 钣金】，进入钣金模块；在工具栏单击，以“创建平面”方法创建 $X–Y$ 基准平面作为草绘面绘制草图，如图 5–66 所示（具体方法与前述类似）。

步骤四：完成草图后单击“突出块”图标工具，在“规则曲线”中选为“相连

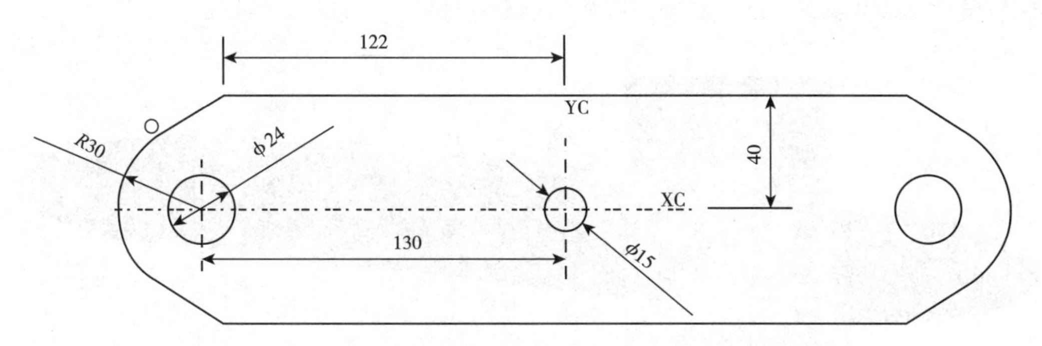

图 5-66　绘草图

曲线”，在绘图区选外层的轮廓线，单击【确定】，生成如图 5-67 所示板件。

图 5-67　生成板件

步骤五：单击“凹坑”图标工具，在弹出的“凹坑”对话框中做如图 5-68（a）所示参数设置，选图示圆弧，单击【确定】，生成一个凹坑，如图 5-68（b）所示。

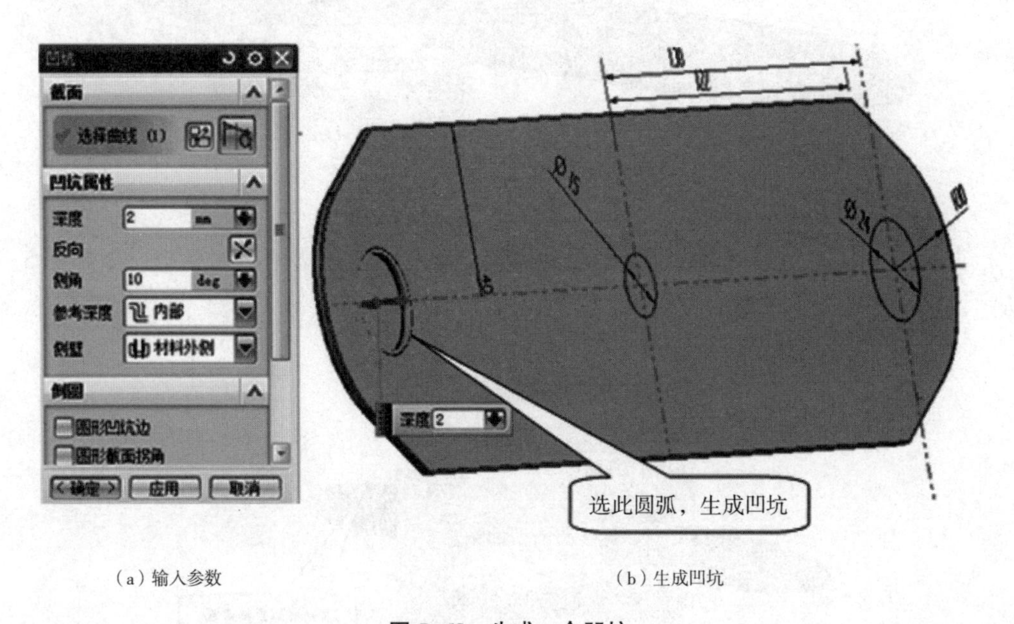

（a）输入参数　　（b）生成凹坑

图 5-68　生成一个凹坑

步骤六：同理，生成另一个“凹坑”（或通过“镜像特征”来生成）。

步骤七：单击“冲压除料”图标工具，在弹出的“冲压除料”对话框中做如

图 5-69所示参数设置，选图示中间圆弧，单击【确定】，生成一个冲孔。

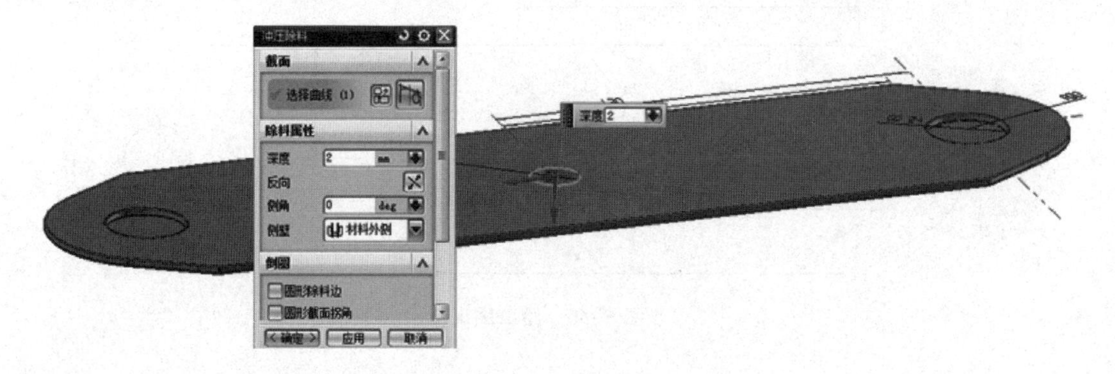

图 5-69 冲孔

步骤八：单击“突出块”图标工具▢，在弹出的对话框中做如图 5-70 所示参数设置。

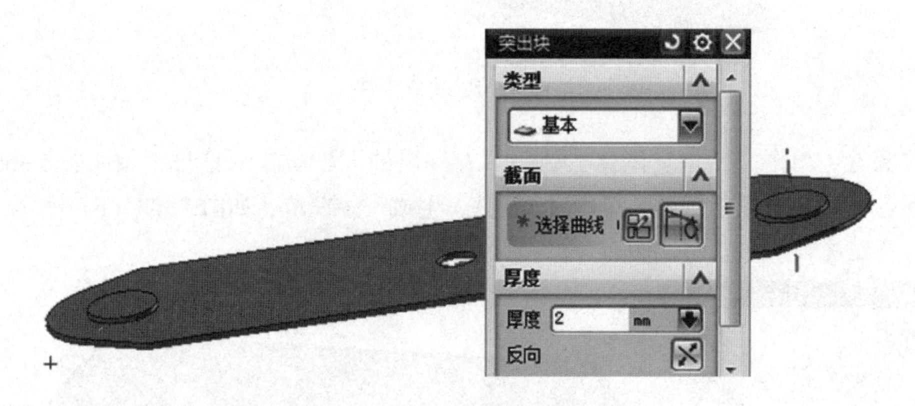

图 5-70 “突出块”对话框

步骤九：单击“选择曲线”栏后的图标▢，弹出“创建草图”对话框，做如图 5-71 所示设置，并选图示平面为草绘平面。

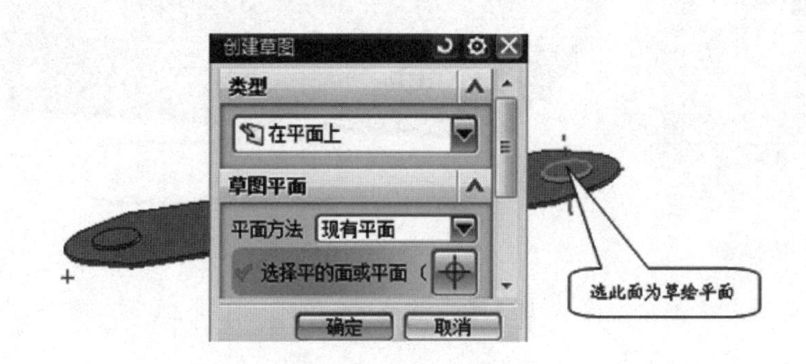

图 5-71 选择草绘平面

步骤十：通过运用“、、、”等工具完成如图5-72（a）所示草图（生成正方形，且对角点在圆的中心线上），单击【确定】，生成突出块，如图5-72（b）所示。

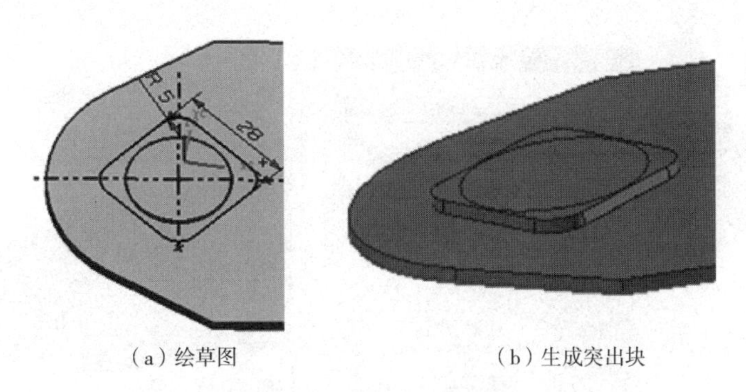

（a）绘草图　　（b）生成突出块

图5-72　生成一突出块

步骤十一：同理，或通过【插入】/【关联复制】/【镜像特征】，以 Y-Z 面为镜像平面进行镜像，生成如图5-73所示钣金件。

图5-73　镜像特征，生成另一突出块

步骤十二：【开始】/【建模】，进入建模模块，单击图标工具，选择突出块与凹坑，进行“求和”布尔运算。

步骤十三：【开始】/【所有应用模块】/【钣金】/【NX钣金】，重新进入钣金模块，单击图标工具，以突出块上表面为草绘面，运用“、”等工具做一个 ϕ22mm 的圆弧，如图5-74所示，单击“完成草图”。

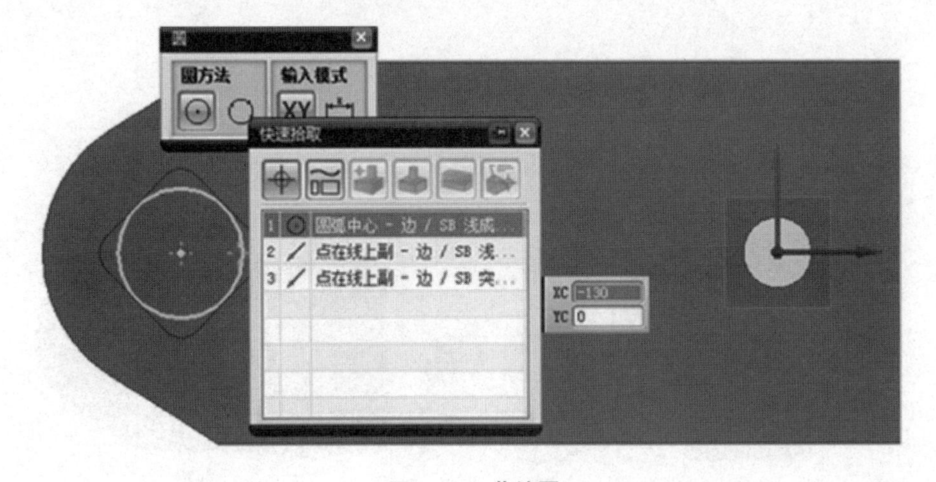

图5-74　草绘圆

步骤十四：单击“法向除料”图标工具，弹出“法向除料”对话框，做如图 5-75 所示设置，并选圆弧为截面曲线，单击【确定】，完成一个除料。

图 5-75　除料

步骤十五：同理，或通过【插入】/【关联复制】/【镜像特征】，以 Y-Z 面为镜像平面进行镜像，完成另一个除料，如图 5-76 所示。

图 5-76　镜像除料

步骤十六：单击“折弯”图标工具，弹出“折弯”对话框，做如图 5-77 所示设置。

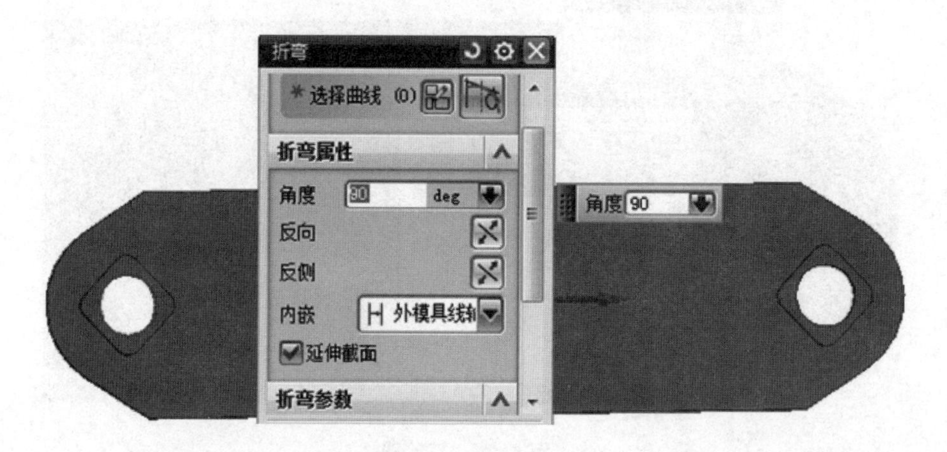

图 5-77　折弯对话框

步骤十七：点“选择曲线”栏后的图标，绘如图 5-78 所示草图。

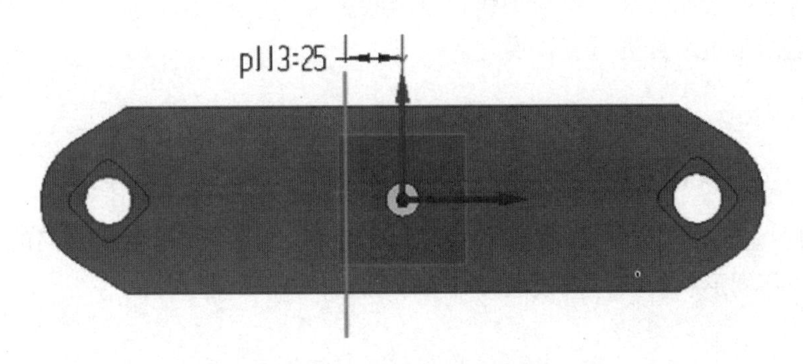

图 5-78 草绘折弯位置线

步骤十八：点“完成草图”，回到“折弯”对话框，“应用”，完成一道折弯，如图 5-79 所示。

步骤十九：同理，完成另一道折弯，其结果如图 5-80 所示。

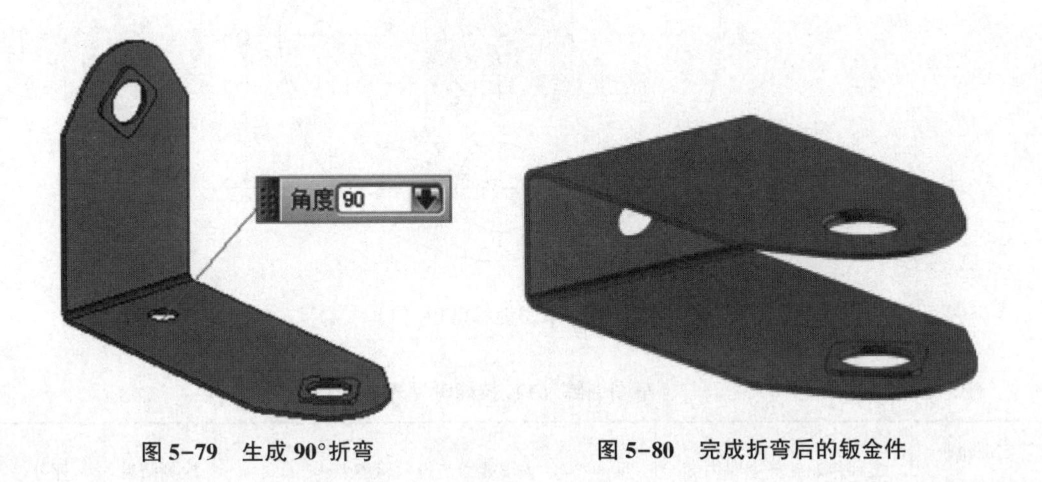

图 5-79 生成 90°折弯

图 5-80 完成折弯后的钣金件

5.4 项目总结

NX 建模设计中，草图是基础，其关键技能点主要如下：

①灵活运用各种“捕捉”工具。

②做草图时可通过按住左键不放将图形元素拖动。

③做草图时可通过左键捕捉曲线端点按住不放进行缩放和移位。

④草图一定要灵活运用“快速修剪”和“快速延伸”来使整个图元封闭且没有交叉出头而形成自相交情况（要以滚轮来放大观察两曲线相接处）。

⑤做草图时有时要注意避免“自带约束”的生成。

⑥要通过各约束命令（先几何约束再尺寸约束）使各图元完全定位（例：做圆时可

先做两中心线，然后用捕捉交点方式使其圆心确定，再通过尺寸约束使其大小确定）。

⑦要熟练掌握成型特征与特征操作指令功能。

⑧灵活运用布尔运算进行建模设计。

5.5 实战训练与考评

■Ex❶：完成较复杂草图的绘制，如图 5-81 所示，并通过运用不同的布尔运算方法拉伸，生成不同形状的实体。技能考评要求见表 5-1。

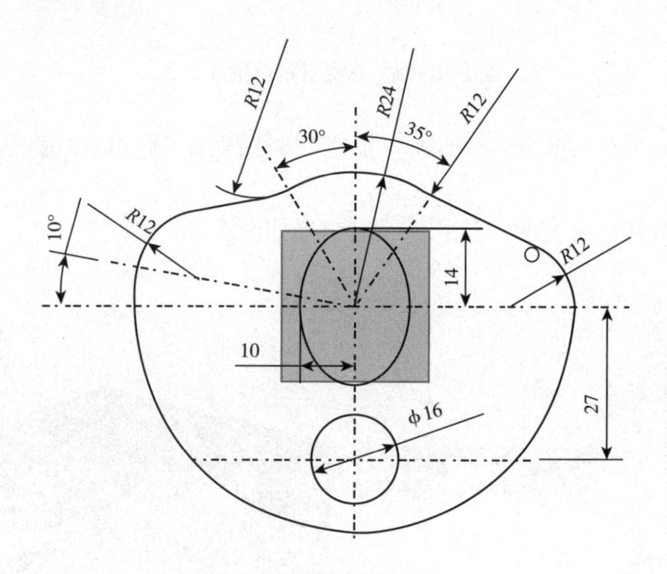

图 5-81 草图训练考评（1）

表 5-1 草图训练（1）技能考评表

实训作业任务序次	实训作业任务主要内容	关键能力与技术检测点	检测结果	评分
1	完成图 5-81 所示的草图设计	思维能力；接受新事物能力；UG NX 直线、圆弧、圆、椭圆的画法；构造参考线；快速延伸、快速剪切、倒圆等基本工具对草图进行编辑；尺寸约束、几何约束等方法对草图定位；阵列；偏置		
2	运用不同布尔运算方法，拉伸成不同形状与结构的实体	创新能力；思维能力；布尔求差；布尔求和；成型实体的修改		

■Ex❷：完成如下两个草图设计，如图 5-82 所示。技能考评要求见表 5-2。

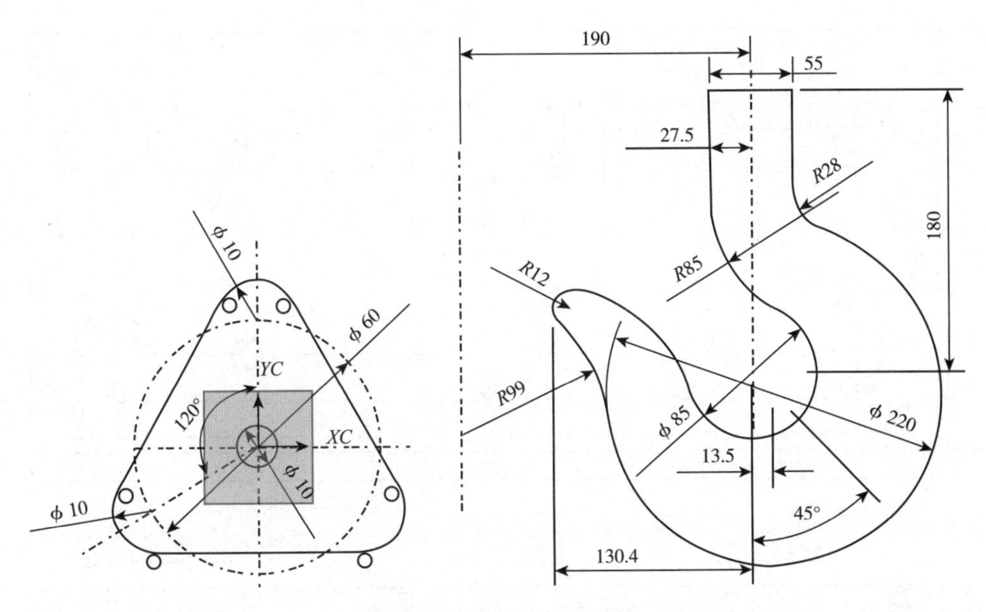

图 5-82　草图训练考评（2）

表 5-2　草图训练（2）技能考评表

实训作业任务序次	实训作业任务主要内容	关键能力与技术检测点	检测结果	评分
1	完成图 5-82 所示草图设计，并拉伸成实体	接受新事物能力；设计能力；相切圆弧的绘制与约束定位；曲线的镜像；相切直线的绘制；构造辅助线的能力；特征操作		

■*Ex*❸：对推板固定板三维建模，如图 5-83（a）所示，并生成工程图，如图 5-83（b）所示。技能考评要求见表 5-3。

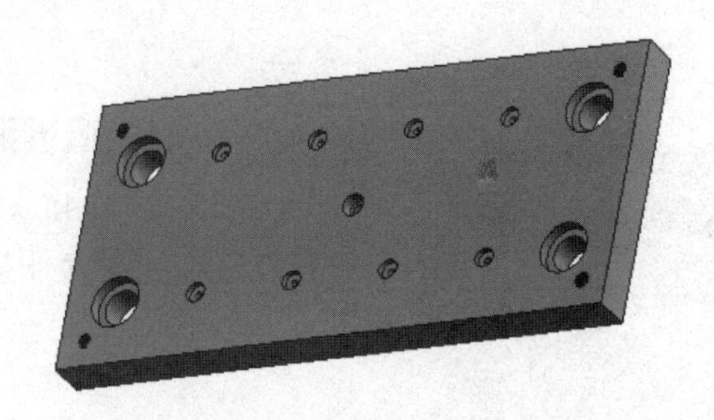

图 5-83（a）　推板固定板三维实体

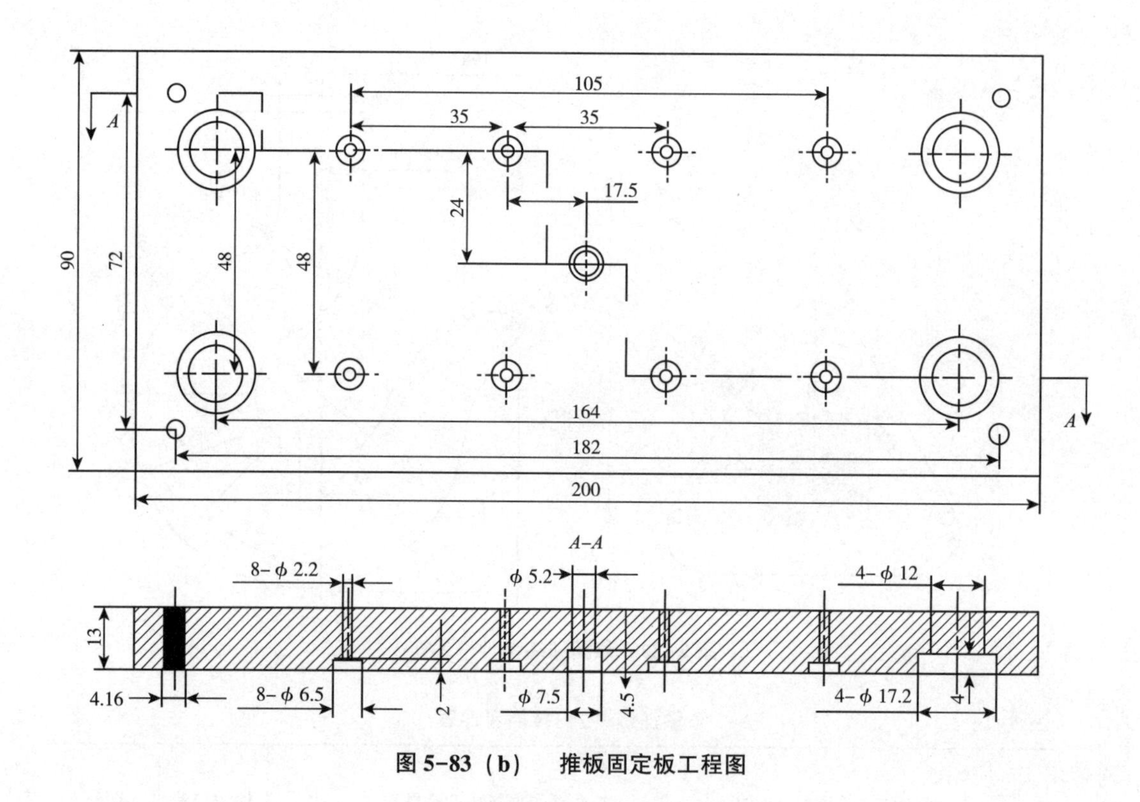

图 5–83（b） 推板固定板工程图

表 5–3 推板固定板建模设计技能考评表

实训作业任务序次	实训作业任务主要内容	关键能力与技术检测点	检测结果	评分
1	完成上述零件的三维造型设计，并出具工程图	草图的绘制、编辑和约束；实体的三维成型；拉伸、旋转等特征操作；孔的生成与阵列操作等；工程图的生成（视图生成、视图编辑、尺寸标注）		

5.6 拓展训练

完成如图 5–84 所示话筒的三维造型设计（参数自拟）。技能考评要求见表 5–4。

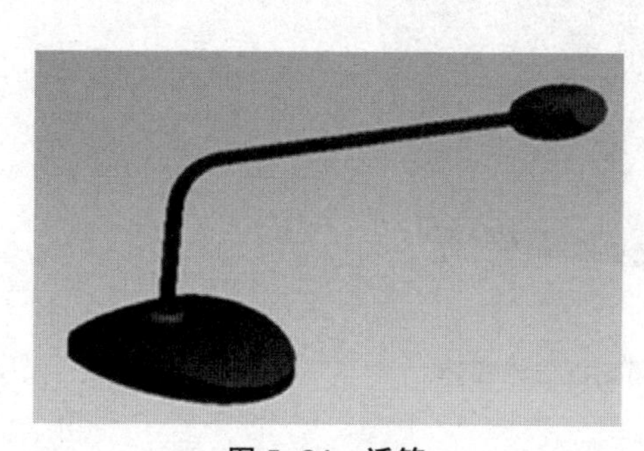

图 5–84 话筒

表 5-4　　　　话筒建模设计技能考评表

实训作业任务序次	实训作业任务主要内容	关键能力与技术检测点	检测结果	评分
1	完成上述实体产品的造型	接受新事物能力；设计能力；欣赏能力；工程应用能力；NX 草绘能力；特征操作与编辑能力等		

NX CAM

6.1 项目导读

（1）项目摘要

UG NX 加工基础模块可按照用户的需要提供加工运动仿真、加工编程、修改和编辑、刀具库管理和加工工艺样板库管理等功能。软件可实现对数控铣加工、车加工及电火花切割等加工环境的定制和选择，高效地辅助工程师完成模拟的仿真加工和加工工艺的设计。

本项目通过典型的凸凹模零件和型腔零件 NX 三维实体铣生产性案例分析与数控编程操作实战技能解析，阐明了 NX CAM 的通用过程及 NX 三维实体轮廓铣和型腔铣的特点、应用场合与编程步骤，实现了凸凹模零件和型腔零件的外轮廓凸台与内腔的粗、精加工刀轨的生成与验证，并通过后处理完成程序的编制。

（2）学习目标

通过本项目的实施，使学生学会加工工艺的分析，学会运用 NX 三维实体轮廓铣和型腔铣的有关技能技术完成凸凹模零件和型腔零件的数控编程加工。

（3）知识目标

熟悉数控加工工艺分析的方法；知道 NX 三维实体轮廓铣中几何体类型及选择方式；理解面方式选择几何体和 NX 曲线/边方式选择几何体；熟悉 NX 零件切削边界的定义方式；懂 NX 三维实体轮廓铣和型腔铣的基本操作。

（4）能力目标

能拟定合适的加工方案；掌握 NX 几何体的选择方式；能运用 NX 面方式、曲线/边方式来进行几何体的参数选择；掌握菱形凸凹模的菱形凸台表面、内腔、两端平面及内腔的粗（精）加工操作的创建；掌握型腔铣的编程方法，能运用 NX 三维实体轮廓铣进行凸凹模和型腔等典型零件的数控加工编程。

（5）素质目标

发现问题、分析问题、解决问题的思维方式与工作作风及方法；不辞辛苦的职业精神；严格按工艺操作的素养；良好的创新意识。

6.2 知识技能链接

6.2.1 NX CAM 简介

NX CAM 模块是 UG NX 的计算机辅助制造模块，该模块提供了包括铣、多轴铣、车削、线切割、钣金等加工方法的交互操作，还具有图形后置处理和机床数据文件生成器的支持。同时也提供了制造资源管理系统、切削仿真、图形刀轨编辑器、机床仿真等加工或辅助加工。

6.2.1.1 NX CAM 的特点

①提供可靠、精确的刀具路径。

②能直接在曲面及实体上加工（实现 3D 加工）。

③良好的使用者界面，允许使用者能依工作上的需要，定制使用者界面，并制定快捷键，提高操作者使用软件效率。

④提供多样性加工方式，方便 NC 程序编程师编写各种高效率的刀具路径。

⑤提供完整的刀具库及加工参数库管理功能，使新进人员能充分利用资深人员的经验，设计优良的刀具路径。

⑥提供泛用型后处理功能，产生各 NC 加工机床适用的 NC 程式（并能根据要求定制相关功能，如刀具信息、加工时间等）。

⑦制定高效的加工模板，提高加工效率。

⑧二次开发的研发，辅助编程加工。

⑨NX CAM 包含二轴到五轴铣削、线切割、大型刀具库管理、实体模拟切削及泛用型后处理器等功能。

6.2.1.2 NX 数控编程基本步骤

设置加工环境：创建模型→【应用】/【加工】→设置加工环境（选加工配置）→【初始化】。

数控编程：创建毛坯→创建父节点组→创建操作→设置加工参数→生成刀轨并校验→后置处理。

（1）根据零件形状创建毛坯

①由毛坯形状确定走刀轨迹，生成加工程序。

②毛坯可用来定义加工范围，便于控制加工区域。

③可利用毛坯来进行实体模拟，验证刀轨是否合理。

（2）创建父节点组

管理加工顺序、加工坐标系、加工对象、刀具、加工方法。

①系统自带父节点组（4 种）：程序、几何体、刀具、加工方法。

②父节点组中存在的信息会被其下属的各种操作继承。

③在“操作导航器”中进行父节点组的管理查询。

（3）创建操作

【插入】/【操作】（或单击【加工生成】工具条上图标）→【类型】（选加工方法）（若开发了其他加工方法，可通过【浏览】选项进行添加）→【子类型】（确定走刀方式）。

（4）设置加工参数

切削速度、进给量、背吃刀量、安全距离、顺/逆铣方式、进刀/退刀方式。

（5）生成刀轨并校验

①刀轨验证方式：回放、3D 动态模拟、2D 动态模拟。

②单击每一步操作对话框后的图标，就可进行刀轨的验证。

③验证：干涉、过切、尺寸要求、零件质量。

（6）后置处理

读取刀具路径文件，提取加工信息，按指定的数控机床特点及 NC 程序的格式要求进行分析处理，生成 NC 程序。

6.2.1.3 进给及其参数

数控加工时的进给过程如图 6-1 所示。

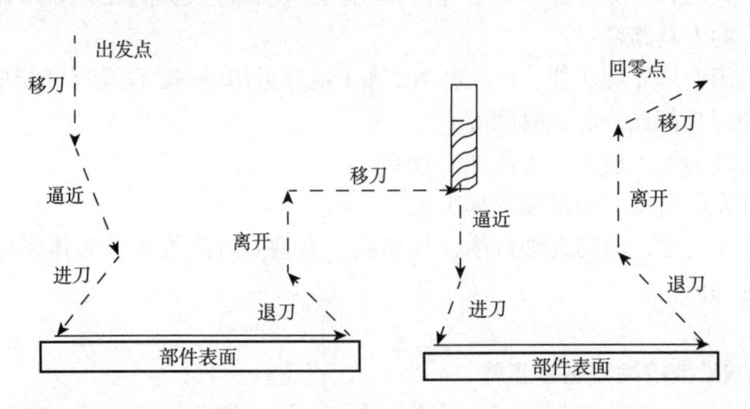

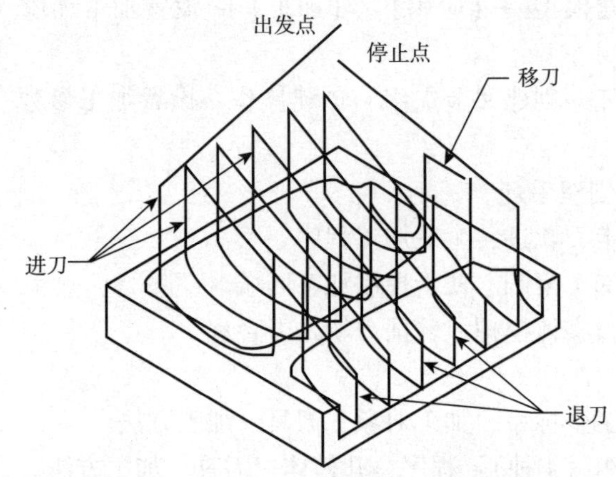

图 6-1　进给过程示意图

①“进刀”是从“进刀”位置到初始切削位置的刀具运动进给率。当刀具抬起后返回工件时，此进给率也适用于返回进给率。“进刀”进给率0将使刀具以“切削”进给率进刀。

②“切削”是刀具与部件几何体接触时的刀具运动进给率。

③“退刀”是从“退刀”位置到最终刀轨切削位置的刀具运动进给率。“退刀”进给率0将使刀具以“快进”进给率退刀（线性运动），或以“切削”进给率退刀（圆周运动）。

④“第一刀切削”是初始切削刀路的进给率。后续的刀路按“切削”进给率值进给。

注释：对于“自动车槽”，“第一刀切削”也是对整个材料每次冲削的进给率。

⑤“逼近”是刀具运动从“起点”到“进刀”位置的进给率。在使用多层“平面铣”和“型腔铣”操作中，使用“逼近”进给率来控制从一层到另一层的进给。

在“曲面轮廓铣”中，“逼近”是进刀移动之前的移动进给率。这一移动可能来自于“开始”移动或“移刀”移动。

在“钻”和“车槽”模块中，如果指定的最小安全距离是0，那么“逼近”进给率0将使刀具按“切削”进给率移动；否则使用“快进”进给率。

在其他模块中，如果指定了进刀方法，那么“逼近”进给率0将使刀具按“快进”进给率移动；否则使用“进刀”进给率。

⑥“离开”代表出孔（开槽）运动的进给率，这些运动用于清除“开”和“车钻”中的断屑。

在“曲面轮廓铣”中，“离开”是退刀移动之后的移动进给率。这一移动可能转为“移刀”移动或成为返回移动。

⑦“螺纹”目前对所有处理器都不可用，并且永久性呈灰色显示。

⑧“步进”是刀具移向下一平行刀轨时的进给率。如果刀具从工件表面抬起，则“步进”不适用。因此，“步进”进给率只适用于允许往复刀轨的模块。

⑨“返回”是刀具移至“返回点”的进给率。“返回”进给率0将使刀具以“快进”进给率移动。

⑩“侧面切削”只适用于“车槽”模块。它控制“按层往复”“从左到右”和“从右到左”切削方法的侧面切削运动。它不能控制插削和轮廓铣运动。“侧面切削”进给率不适用于插削方法。

⑪“移刀”（平面铣和型腔铣）是当“进刀/退刀”对话框上的“传送方法”选项为“先前的平面”（而不是“安全平面”）状态时，用于快速水平非切削刀具运动的进给率。

只有当刀具是在未切削曲面之上的“竖直安全距离”，并且是距任何腔体岛或壁的“水平安全距离”时，才会使用“移刀”进给率。这可以在移刀时保护部件曲面，并且刀具在移动时也不用抬至“安全平面”。

⑫在刀轨前进的过程中，不同的刀具运动类型，其“进给率”值会有所不同。进给率可以在边界级别和边界成员级别上定义。可通过以下方式输入进给率：

• 英寸/每分钟（IPM） • 英寸/转（IPR） • 毫米/分钟（MMPM） • 毫米/转（MMPR）

注释：默认的进给率是 10 IPM（英制）和 10 MMPM（公制）。

6.2.1.4 表面速度

表面速度是指刀具最外点的线速度，为每秒多少毫米（mm/s）。该速度跟主轴转速 *S*（刀具的角速度）之间是可以换算的。线速度=转速×周长。

一般 *S* 固定的情况下，刀具半径越大，表面速度越大。如果表面速度固定，则刀具半径越大，转速 *S* 越小。在 NX 中，如果编程时是根据个人经验来给出 *S* 的话，可以不用理表面速度。如果是根据刀具商给的资料和根据加工效果来定表面速度的话，输入表面速度后回车，*S* 会自动计算出来。后处理出来的刀路还是输出自动计算出来的 *S* 来控制机床转速。

6.2.2 NX 平面铣基础

平面铣是一种 2.5 轴的加工方式，它在加工过程中产生在水平方向的 *XY* 两轴联动，而 *Z* 轴方向只在完成一层加工后进入下一层时才作单独的动作。

（1）平面铣操作的创建步骤

①创建平面铣操作。

②设置平面铣的父节点组。

③设置平面铣操作对话框。

④生成平面铣操作并检验。

（2）“平面铣”对话框的理解

①指定部件边界：用于描述完成的零件，控制刀具运动范围。

②指定毛坯边界：用于描述将要被加工的材料范围。

③指定检查边界：用于描述刀具不能碰撞的区域，如夹具和压板位置。

④指定修剪边界：用于进一步控制刀具的运动范围，对刀轨做进一步的修剪。

⑤指定底面：定义最低（最后的）切削层。所有切削层都与“底面”平行生成。每个操作只能定义一个“底面”。

（3）平面铣子类型

共 15 种，如表 6-1 所示。

表 6-1　平面铣子类型（15 种）

英文	中文	说明
MILL-PLANAR	平面铣	用平面边界定义切削区域，切削到底平面
FACE-MILLING-AREA	表面区域铣	以面定义切削区域的表面铣
FACE-MILLING	表面铣	基本的面切削操作，用于切削实体上的平面
FACE-MILLING-MANUAL	表面手动铣	切削方法默认设置为手动的表面铣
PLANAR-PROFILE	平面轮廓铣	默认切削方法为轮廓铣削的平面铣
ROUGH-FOLLOW	跟随零件粗铣	默认切削方法为跟随零件切削的平面铣

续表

英 文	中 文	说 明
ROUGH-ZIGZAG	往复式粗铣	默认切削方法为往复式切削的平面铣
ROUGH-ZIG	单向粗铣	默认切削方法为单向切削的平面铣
CLEARUP-CORNERS	清理拐角	使用来自于前一操作的二维 IPW，以跟随部件切削类型进行平面铣
FINISH-WALLS	精铣侧壁	默认切削方法为轮廓铣削，默认深度为只有底面的平面铣
FINISH-FLOOR	精铣底面	默认切削方法为跟随零件铣削，默认深度为只有底面的平面铣
THREAD-MILLING	螺纹铣	建立加工螺纹的操作
PLANAR-TEXT	文本铣削	对文字曲线进行雕刻加工
MILL-CONTROL	机床控制	建立机床控制操作，添加相关后置处理命令
MILL-USER	自定义方式	自定义参数建立操作

6.2.3 NX 型腔铣的应用特点

型腔铣利用实体、曲面或曲线来定义加工区域，主要用来加工带有斜度、曲面轮廓外壁及内腔壁，常用于粗加工。常为两轴联动，铣削分层，加工后表面呈台阶状。由于同一个加工表面其斜度不同，为使粗加工后余量均匀，在分层时每一层的厚度不能一成不变，应根据加工表面的倾斜程度将之划分为若干个区域，每一区域定义不同的分层厚度，其原则是壁越陡，每一层的深度越大。

6.2.3.1 几何体的指定

在【型腔铣】加工操作里【几何体】选项卡里有：指定部件、指定毛坯、指定检查、指定切削区域和指定修剪边界五个选项。跟平面加工几何体有所不同，“平面铣”的几何体是使用边界来定义的，而“型腔铣”却是用使用边界、面、曲线和体来定义的。通常我们在几何视图中已经定义好部件和几何体，只需在创建操作的时候直接选择已定义的部件几何体。

（1）指定部件

在【型腔铣】加工操作中，所指定部件是我们最终要加工出来的形状，而这里定义的部件本身就是一个保护体，在加工中刀具路径是不会到部件几何体的，否则就是过切。在创建【型腔铣】操作中，此操作已继承了几何 WORKPIECE 的父级组关系，因此在型腔铣里不需要再指定部件。

（2）指定毛坯

在【型腔铣】加工操作中，指定毛坯是作为要切削的材料，而这里指定毛坯几何本身就是被切削的材料，实际上就是部件几何与毛坯几何的布尔运算，公共部件被保留，求差多出来的部分是切削范围。

（3）指定检查体

指定检查体是用来定义你不想触碰的几何体，就是避开你所不想加工到的位置。例如：夹住部件的夹具，就是我们不能加工的部分，就需要用检查几何体来定义，移除夹具的重叠区域将不被切削。指定检查余量值（切削参数对话框→余量）以控制刀具与检查几何体的距离（通过检查体我们还可以自己做一些辅助的线与面，把刀路做得更合理）。

（4）指定切削区域（一般情况下不需要指定切削区域）

指定切削区域是用来创建局部加工的范围，可以通过选择曲面区域、片体或面来定义“切削区域”。例如在一些复杂的模具加工中，往往有很多区域的位置需要分开加工，此时定义切削区域就可以完成指定的区域位置做加工操作。在定义切削区域的时候一定要注意：“切削区域”的每个成员都必须是“部件几何体”的子集。例如，如果你将面选为“切削区域”，则必须将此面选为“部件几何体”，或此面属于已选为“部件几何体”的体。如果你将片体选为“切削区域”，则还必须将同一片体选为“部件几何体”；如果不指定“切削区域”，则系统会将整个已定义的“部件几何体”（不包括刀具无法接近的区域）用作切削区域。当定义了切削区域时，在【切削参数】选项里→“延伸刀轨”选项卡就会起作用，否则此选项不起作用。

（5）指定修剪边界

指定修剪边界主要是用来修剪掉不想要的刀轨。修剪边界的运用可以使刀路更加优化，在使用修剪边界的同时我们需要确保工件能够完整地加工。

6.2.3.2 切削层的介绍

型腔铣可以将总切削深度划分成多个切削范围，同一个范围内的切削层的深度相同。不同范围内的切削层的深度可以不同。切削层主要是用来控制所加工模型的深度，当在【型腔铣】操作里，只有定义了“部件几何体”的时候，切削层才会启用，否则此选项将不起作用，用灰色状态显示。在【型腔铣】操作对话框里→刀轨设置→切削层，单击切削层图标并弹出【切削层】对话框，并且在模型里也显示出切削层。

（1）范围类型

分为三种：自动生成、用户定义、单个。

①自动生成：将范围设置为与任何水平平面对齐。只要没有添加或修改局部范围，切削层将保持与部件的关联性。软件将检测部件上的新的水平表面，并添加临界层与之匹配。

②用户定义：通过定义每个新的范围的底平面创建范围。通过选择面定义的范围将保持与部件的关联性，但不会检测新的水平表面，将根据部件和毛坯几何体设置一个切削范围。

③单个：将根据部件和毛坯几何体设置一个切削范围。切削层在数控加工中的灵活运用，对于加工更合理的编写刀路和更有效地加工有着重大的意义，通过切削层的定义，可以分别定义切削层，控制切削范围（如在使用型腔铣开粗的时候，一般的原则是能短刀不长刀，这就涉及使用切削层来控制加工范围，分层开粗毛杯。这样更有利于刀具的合理运用，保证加工效率）。

（2）切削层深度的设置

①不同的切削范围可以设置不同的切削深度，也可设置相同的切削深度。

②切削层深度确定的原则：越陡峭的面允许越大的切削层深度（结合切削条件，如刀具、机床等因素）；越接近水平的切削层深度应越小（保证加工后残余材料高度均匀一致，以满足精加工的需要）。

（3）切削范围的调整

①插入切削范围。通过鼠标单击可以添加多个切削范围；选择“添加新集”范围；选择一个点、一个面，或输入“范围深度”值来定义新范围的底面（如有必要，可输入新的“局部每刀切削深度”值）。（注意事项：所创建的范围将从该平面向上延伸至上一个范围的底面，如果新创建的范围之上没有其他范围，该范围将延伸至顶层。如果选定了一个面，系统将使用该面上的最高点来定位新范围的底面。该范围将保持与该面的关联性。如果修改或删除了该面，将相应地调整或删除该范围）选择“确定”接受新的范围并关闭对话框。

②编辑当前范围。通过鼠标单击可以编辑切削范围的位置。注意：最顶层与最底层之间如果有台阶面必须指定为一个切削层，否则留余量的时候这个台阶面上的余量将不等于所设定的余量。

注意：如果所有切削层都是由系统生成的（例如最初由“自动生成”创建），那么从“用户自定义”进行更改时，系统不会发出警告。只有当用户至少定义或更改了一个切削层后，系统才会发出警告。

6.2.3.3 技能提点

①编程时粗、半精、精在选择刀具时尽量分开，用同一把刀的话在精加工时实际上已经磨损了，精度肯定无法保证，必须调整。

②步进速度和进刀速度都可以根据机床刀具情况设置，一般步进速度不设置，让它走剪切的速度。把进刀速度设置得比剪切速度要慢。

③在创建的父节点组中储存加工信息，如刀具数据、几何体等在父节点组中的信息都可以被操作所继承。父节点组设定不是CAM编程所必需的工作，可以跳过，直接在建立操作时在操作对话框的组设置中进行设置。对于需要建立多个程序来完成加工的工件来说，使用父节点组方式可以减少重复性的工作。

④控制点就是控制我们下刀的位置。那么如何选择合适的控制点，这就要靠我们平时多总结加工经验。

6.3 项目实施

6.3.1 任务1　方形凸模零件上表面NX平面铣

6.3.1.1 任务导入

完成方形凸模零件，如图6-2所示上表面的2D平面铣，将毛坯上表面往下铣削10mm。

图6-2　方形凸模

6.3.1.2 工作步骤

步骤一：建模。创建方形凸模并以方形凸模上表面为草绘面创建图示矩形框，其在 X、Y 方向长 20，顶点坐标（0，0，0），如图 6-3（a）所示。通过【拉伸】底面棱边，生成毛坯，如图 6-3（b）所示（提示：高度超出工件 10，布尔运算方式为“无”而非“求和”）。

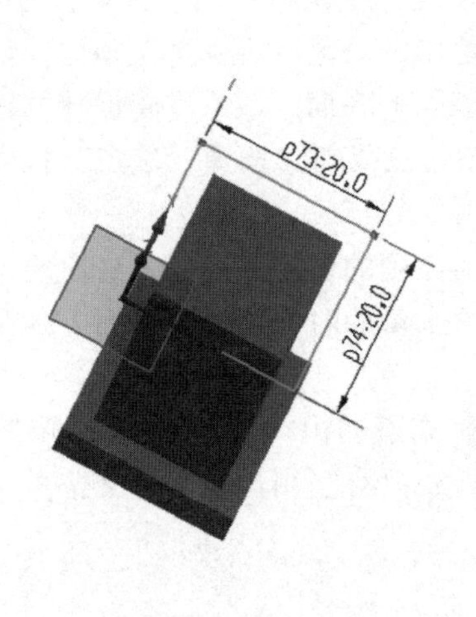

（a）凸模上表面草绘加工边界

（b）毛坯

图 6-3　建立矩形框

步骤二：【开始】/【加工】，进行加工环境设置（图 6-4），单击【确定】，进入加工模块（此时增加了【工序导航器】与【机床建造器】，可查询各父节点间的关系，可编辑、删除、添加）。

图 6-4　加工环境初始化

步骤三：根据零件加工要求确定加工方案：机床为 3 轴立式加工中心，刀具为 $\phi16mm$ 和 $\phi6mm$ 的立铣刀，分为粗、精加工两步完成。精加工余量为 0.5。

步骤四：创建刀具（组）：选 $\phi16mm$ 立铣刀进行粗加工，选 $\phi6mm$ 立铣刀进行精加工（根据零件加工要求、形状、加工范围来选择）。下面先创建 $\phi16mm$ 立铣刀：

①【插入】/【刀具】（或单击工具条上的图标工具），弹出“创建刀具”对话框，如图 6-5 所示。

②选【类型】为【mill_planar】（平面铣）。

③选【刀具子类型】为【mill】（面铣刀）。

④“刀具位置”为【GENERIC_MACHINE】。

⑤输入“名称”为“MILL16”，单击【确定】，弹出“铣刀参数”对话框，并进行相应设置，如图 6-6 所示，单击【确定】，完成刀具的创建（此时可以在工序导航器中的“机床视图”栏下找到此刀具，并可通过双击进行编辑与修改）。同理，创建 $\phi6mm$ 立铣刀。

图 6-5　创建刀具

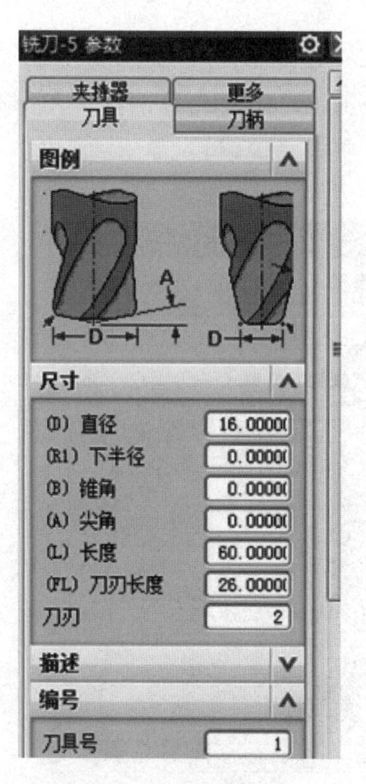

图 6-6　刀具参数设置

步骤五：创建几何体：【插入】/【几何体】（或单击工具条上的图标）。

（1）创建工作坐标系

在弹出的“创建几何体”对话框中选子类型，输入名称为 ZBX，【确定】。在弹出的“MCS”对话框中指定安全平面，如图 6-7（a）所示，单击【确定】，完成工作坐标系的创建，如图 6-7（b）所示。

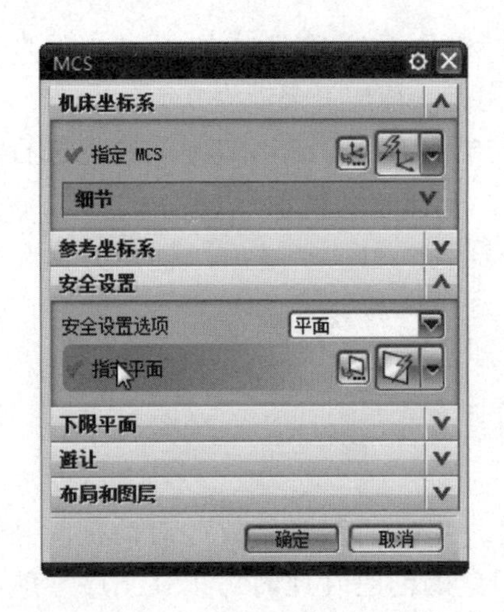

（a）MCS对话框

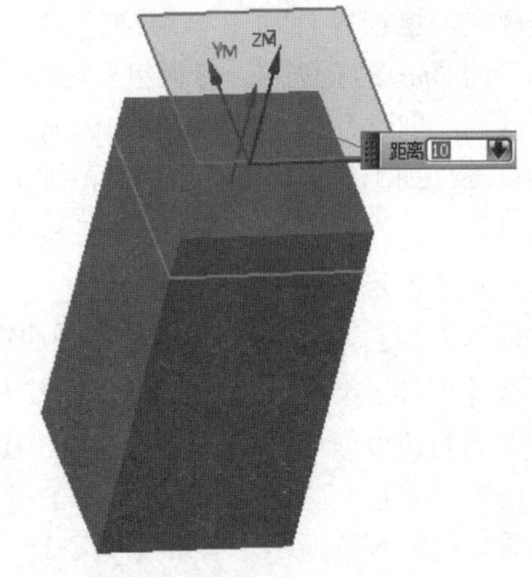

（b）指定安全平面

图 6-7 创建工作坐标系

（2）创建工件（毛坯）

单击工具条上的图标，在弹出的“创建几何体”对话框中做如图 6-8（a）所示设置，单击【确定】；弹出“工件”对话框如图 6-8（b）所示。

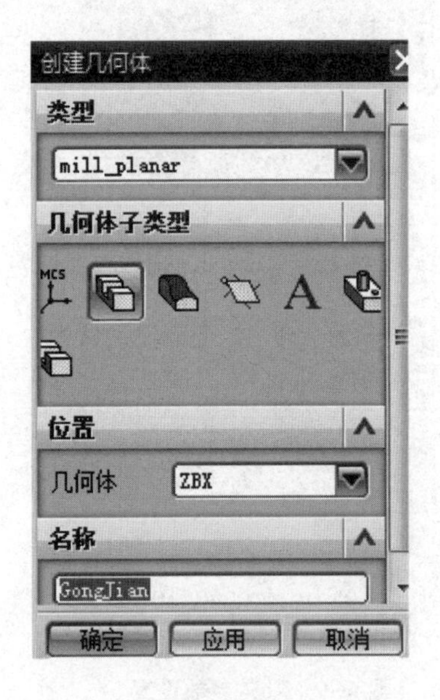

（a）选择几何体类型与子类型

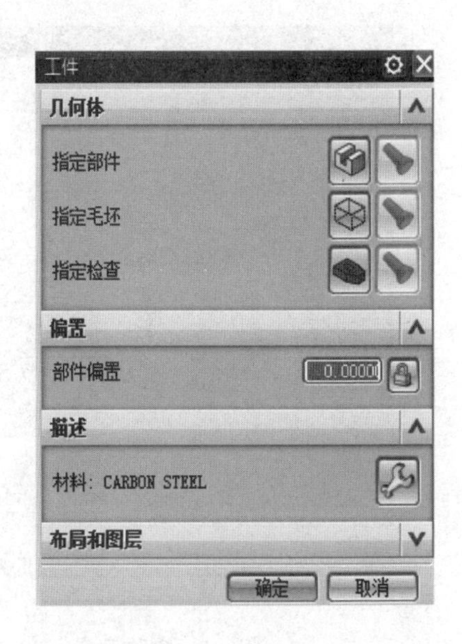

（b）“工件”对话框

图 6-8 创建工件

①指定毛坯：在“工件”对话框中单击“指定毛坯”工具，弹出“毛坯几何体”对话框，在绘图区选择毛坯体，单击【确定】，回到“工件”对话框，如图 6-9（a）所示。

②指定部件：在返回的“工件”对话框中单击“指定部件”工具，弹出“部件几何体”对话框，在“部件导航器”区域通过右键将毛坯体隐藏，在绘图区选方形凸模，单击【确定】，回到“工件”对话框，单击【确定】，完成工件（毛坯）的创建，如图6-9（b）所示。

步骤六：创建加工方法（设置粗加工、半精加工、精加工等工序及零件的余量、公差、指定加工参数及刀路显示的方式等，应根据零件实际工艺要求设置加工方法）。

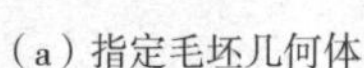

（a）指定毛坯几何体

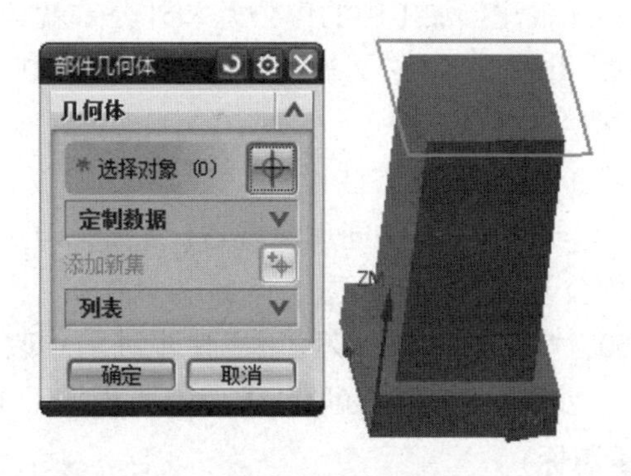

（b）指定工件几何体

图6-9　创建加工方法

（1）粗加工方法设置

【插入】/【方法】（或单击工具条上的图标）→出现【创建方法】对话框→选【类型】为【mill_planar】→选【位置】为【METHOD】→【名称】为“CJG”（粗加工）→【确定】，在弹出的【铣削方法】对话框中设置，如图6-10（a）所示。

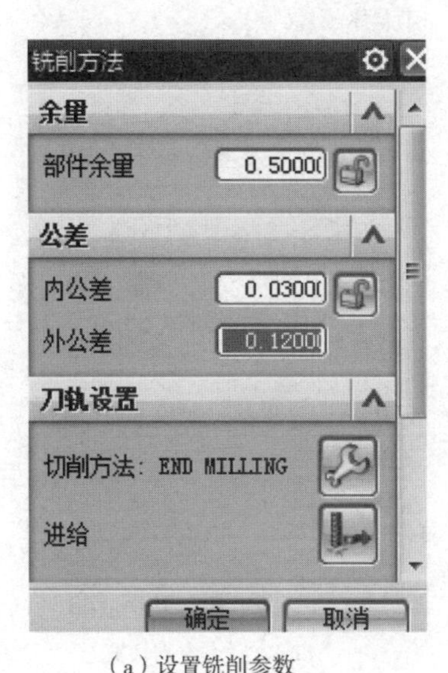

（a）设置铣削参数

（b）设定进给率

图6-10　粗加工方法设置

①【部件余量】（指该工序为后续加工留的余量，由工艺要求设置），此处设为“0.5”。

②【内公差】此处设为“0.03”。

③【外公差】此处设为“0.12”。在“铣削方法”对话框中单击“进给”工具，弹出“进给”对话框，做图示设置，如图6-10（b）所示，单击【确定】，回到“铣削方法”对话框，单击【确定】，完成粗加工方法的创建。

（备注：加工中的内公差和外公差就是刀具在主轴旋转时切入工件与切出工件时的偏差，粗加工时内公差在0.03，外公差在0.12，精加工时内外公差全为0.03，数值越小代表精度越高）。

（2）精加工方法设置

与粗加工方法同理设置，【名称】改为“JJG”（精加工），【部件余量】改为“0”，【内公差】与【外公差】均设为“0.03”；同时在“进给”对话框中将“切削”项改为150，“进刀”“第一刀切削”“步进”均改为100。

步骤七：创建方形凸模上表面粗加工工序：【插入】/【操作】（或单击工具条上的图标）。

（1）弹出【创建工序】对话框［图6-11（a）］

①选【类型】为【mill_planar】→②【子类型】为【FACE_MILLING】→③【程序】为【NC_PROGRAM】→④【使用几何体】为【GONGJIAN】→⑤【使用刀具】为【MILL16】→⑥【使用方法】为【CJG】→⑦【名称】为【CXPM】→【确定】，弹出“面铣”对话框，如图6-11（b）所示。

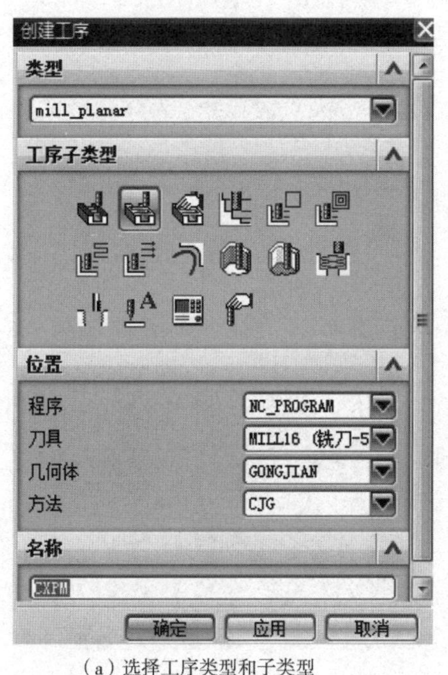

（a）选择工序类型和子类型

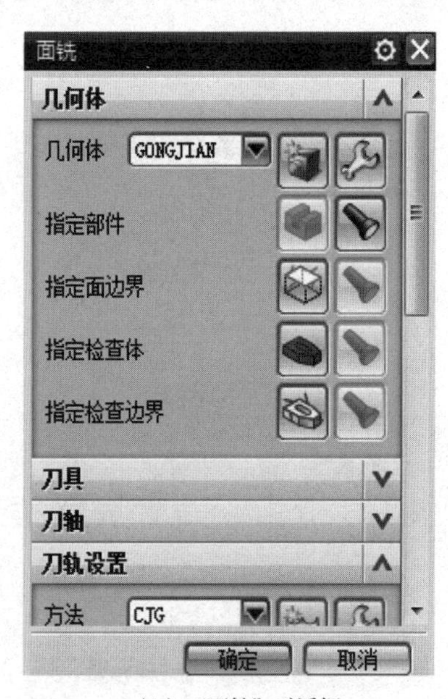

（b）“面铣”对话框

图6-11　创建表面粗加工工序

（2）在【面铣】对话框中设置

①单击“指定面边界”，弹出“指定面几何体”对话框，【过滤器类型】为→选择矩形的4条边→【创建下一个边界】→【确定】，如图6-12所示。

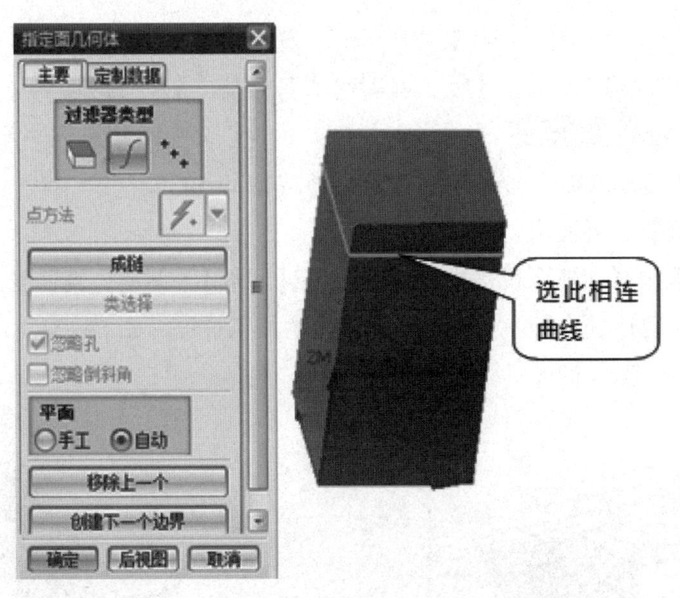

图6-12　指定面几何体

②返回【面铣】对话框，单击“进给率与速度”按钮，进行设置，如图6-13所示，单击【确定】。

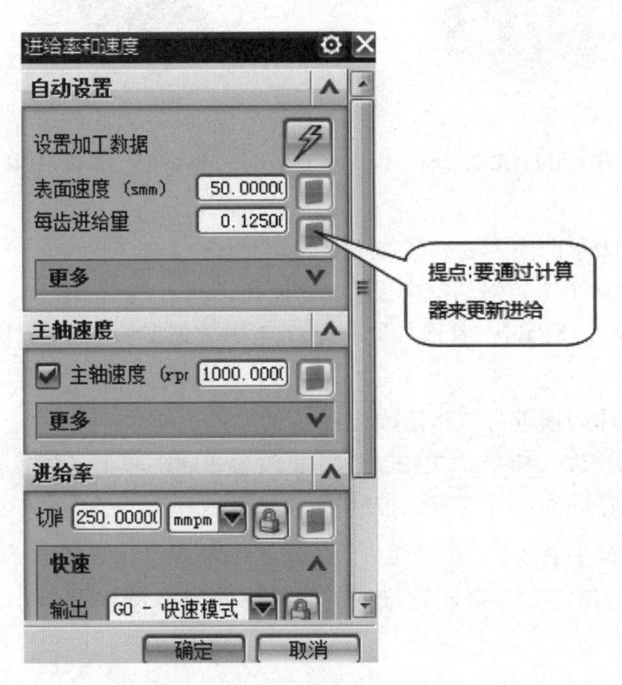

图6-13　进给率和速度设置

③返回【面铣】对话框，在【机床控制】下“开始刀轨事件”栏单击，在弹出的“用户定义事件”对话框中将“Coolant On”添加进来，【确定】；同理，在【机床控制】下“结束刀轨事件”将“Coolant Off”添加进来。

④返回【面铣】对话框，选【切削方式】为（往复走刀），设置行距为刀具直径的75%，【毛坯距离】为10，【每一刀的深度】为3，【最终底面余量】设为0.5；将“刀轴”改为“+ZM 轴”。

单击“生成刀具轨迹”图标，生成刀轨（图6-14）。

（3）刀轨验证（可视化）

单击，弹出【刀轨可视化】对话框→选【回放】，调整仿真速度到合适→单击播放▼→单击【确定】。可通过“3D 动态”来显示加工过程（图6-15）。

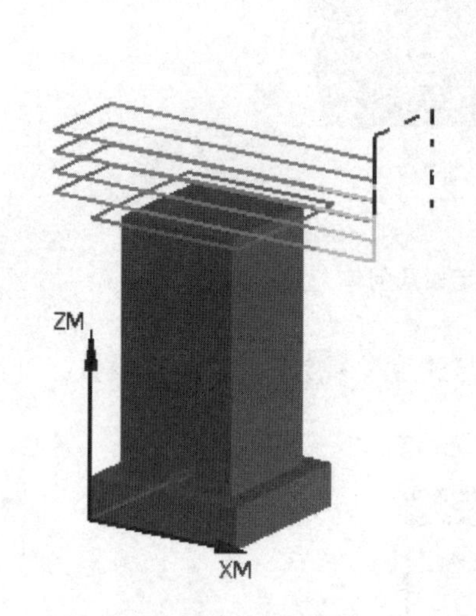

图6-14　生成刀轨

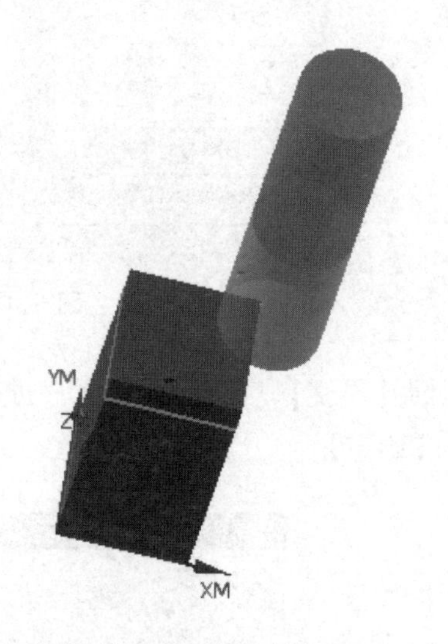

图6-15　刀轨3D动态验证

步骤八：创建方形凸模上表面精加工工序。

• 在弹出【创建工序】对话框中设置：【使用刀具】为【MILL6】，【使用方法】为【JJG】，【名称】为【JXPM】，其他如同粗加工工序类似设置，单击【确定】，弹出“面铣”对话框。

①与粗加工工序同理进行“指定面边界”的设置。

②“进给率和速度”中将“主轴转速”更改为2000，单击【确定】。

③与粗加工工序同理进行【机床控制】的设置。

④选【切削方式】为（往复走刀），设置行距为刀具直径的50%，【毛坯距离】为0.5，【每一刀的深度】采取默认设置，【最终底面余量】设为0；将“刀轴”改为“+ZM 轴”。

• 单击“生成刀具轨迹”图标，生成刀轨，并通过工具进行刀轨仿真与验证。

6.3.2 任务2　方形凸模零件凸台外轮廓平面铣

6.3.2.1 任务导入

完成凸模零件的凸台外轮廓平面铣。

6.3.2.2 工作步骤

步骤一：与前述方法类似，创建直径为 5 的立铣刀（命名为 MILL5），如图 6-16 所示。

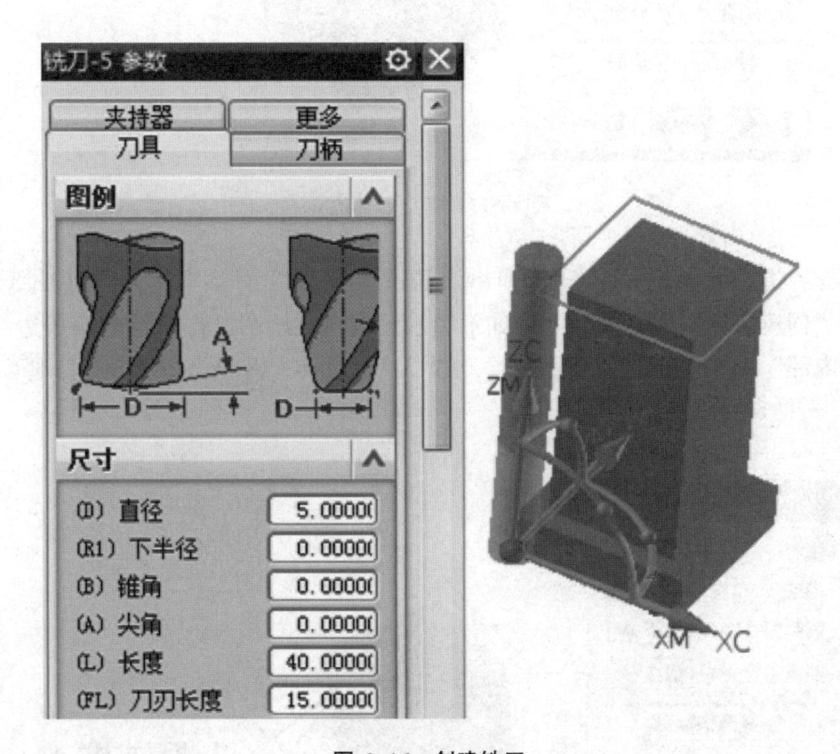

图 6-16　创建铣刀

步骤二：创建粗铣方形凸模零件的凸台外轮廓工序。

①【插入】/【操作】（或单击工具条上的图标）→出现【创建工序】对话框→选【类型】为【mill_planar】→【子类型】【PLANAR-MILL】→【程序】为【NC-PROGRAM】→【使用几何体】为【GONGJIAN】→【使用刀具】为【MILL5】→【使用方法】为【CJG】→【名称】为【CXWLK】→【确定】。

②在弹出的“平面铣”对话框中点击“指定部件边界”按钮，在弹出的“边界几何体”对话框中选择【曲线/边】模式，弹出“创建边界”对话框，并做如下图示设置，在绘图区选凸模的上表面四条棱边（注意材料侧为“内部”），单击“创建下一个边界”，单击【确定】，返回“平面铣”对话框，如图 6-17 所示。

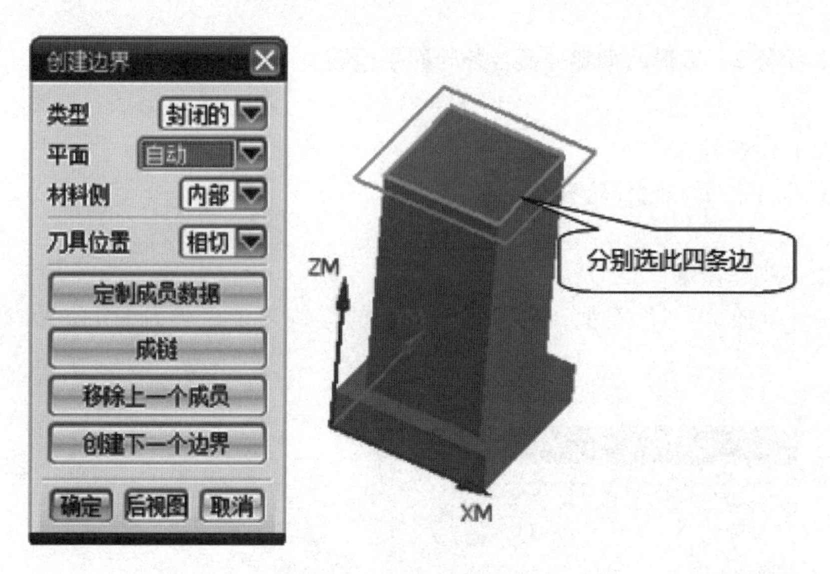

图 6-17 指定部件边界

③单击“指定毛坯边界”，弹出“边界几何体”对话框，选择【曲线/边】模式，弹出“创建边界”对话框，并做如下图示设置，在绘图区选草绘的四条边（注意材料侧为“内部”），单击“创建下一个边界”，如图 6-18 所示，单击【确定】，返回“平面铣”对话框。

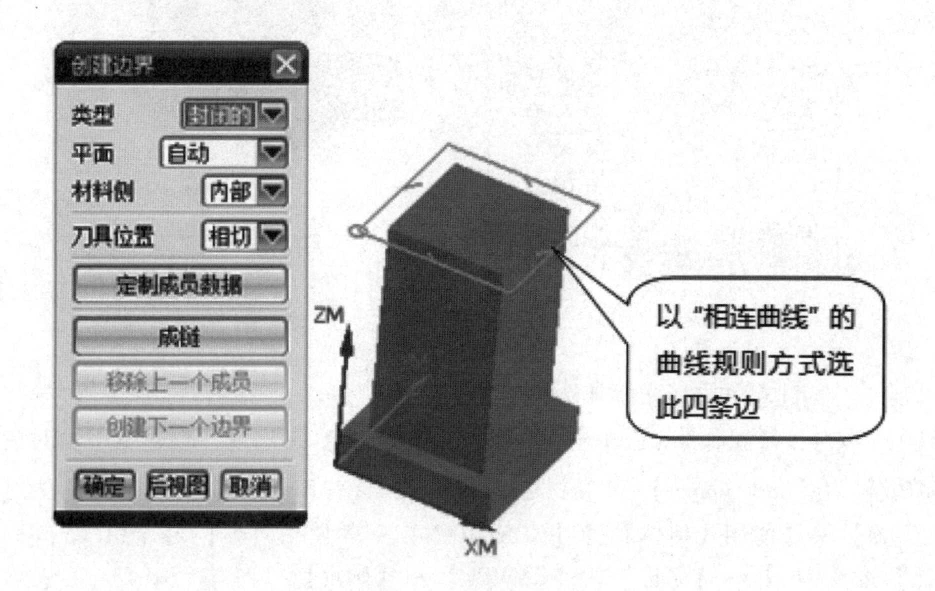

图 6-18 指定毛坯边界

④单击“指定底面”按钮，弹出“平面”对话框，如图 6-19 所示，选底面，偏置距离为加工余量 0.5。

⑤单击【确定】，返回“平面铣”对话框；单击“切削层”按钮，在弹出的“切

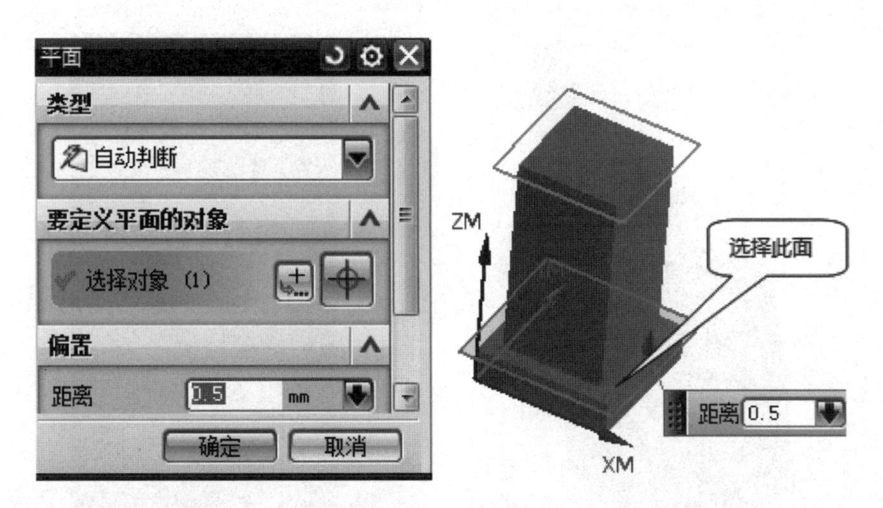

图 6-19　选底平面

削层”对话框中设置“每刀深度”为 2，单击【确定】，返回“平面铣”对话框。

⑥与前述方法类似，分别完成“进给率和速度”与“机床控制”栏下的相应设置，单击【确定】，返回“平面铣”对话框。

⑦进行刀轨设置，如图 6-20 所示，然后单击“生成刀具轨迹”图标，生成刀轨。

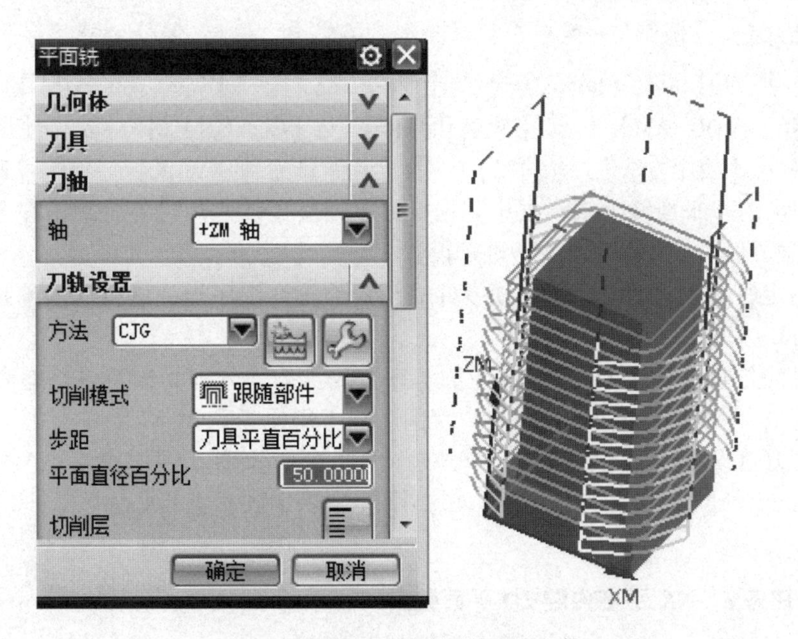

图 6-20　进行刀轨设置并生成刀轨

⑧刀轨验证（可视化）：单击，弹出【刀轨可视化】对话框→选【回放】，调整仿真速度到合适→单击播放▼→单击【确定】。可通过“3D 动态”，如图 6-21（a）所示与“2D 动态”，如图 6-21（b）所示来显示加工过程。

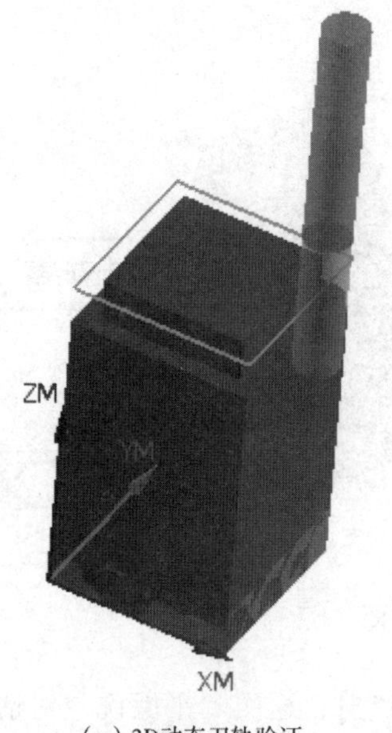

（a）3D动态刀轨验证

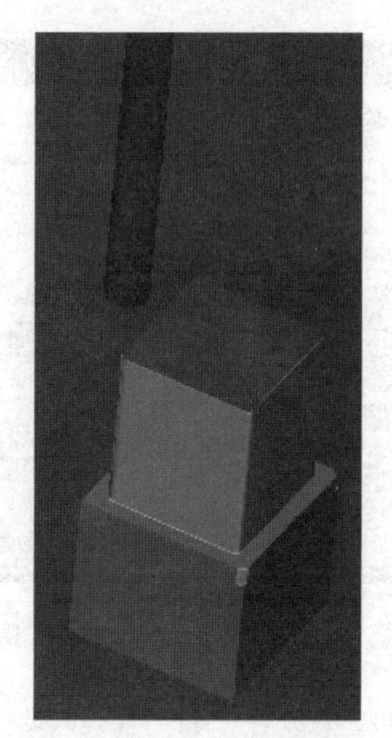
（b）2D动态刀轨验证

图 6-21　刀轨验证

步骤三：创建精铣方形凸模零件的凸台外轮廓工序。

①【插入】/【操作】（或单击工具条上的图标）→出现【创建工序】对话框→①选【类型】为【mill_ planar】→②【子类型】【PLANAR-MILL】→③【程序】为【NC_PROGRAM】→④【使用几何体】为【GONGJIAN】→⑤【使用刀具】为【MILL5】→⑥【使用方法】为【JJG】→⑦【名称】为【JXWLK】→单击【确定】。

②在弹出的“平面铣”对话框中与粗铣方形凸模零件的凸台外轮廓工序方法一样给“指定部件边界”“指定毛坯边界”进行设置。

③“指定底面”与粗铣方形凸模零件的凸台外轮廓工序类似进行底面选择，但偏置距离更改为0。

④与粗铣方形凸模零件的凸台外轮廓工序方法类似，分别完成“进给率和速度”与“机床控制”栏下的相应设置（注意：“切削层”不用设置）。

⑤进行刀轨设置（与粗铣方形凸模零件的凸台外轮廓工序方法类似），然后单击“生成刀具轨迹”图标，生成刀轨；单击，进行刀轨仿真与验证。

6.3.3 任务3　NX平底内腔2D平面铣

6.3.3.1 任务分析

本次工作任务为凹模内腔加工，且为平底、直壁，运用NX2D线廓平面铣即可实现本次加工。

6.3.3.2. 工作步骤

步骤一：建模，完成上述二维草图的创建。

步骤二：【开始】/【加工】，进行加工环境设置，选择mill_planar，单击【确定】，进入加工模块。

步骤三：单击“创建工序”按钮，在弹出的“创建工序”对话框中做如图6-22所示设置，单击【确定】。

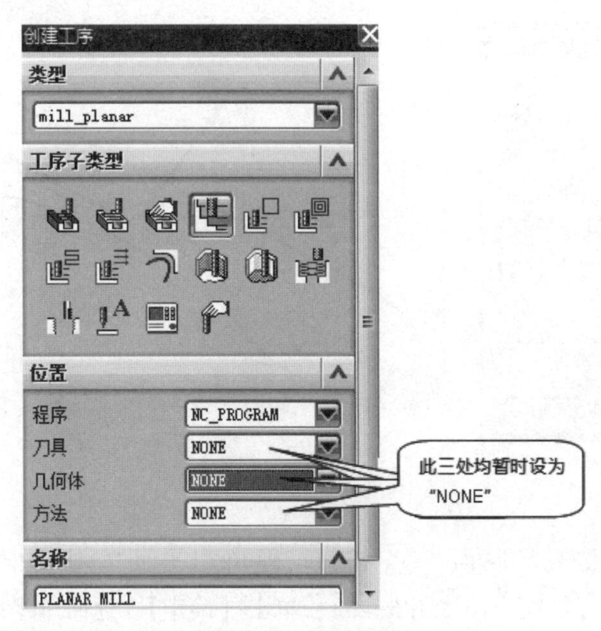

图6-22　创建工序

步骤四：在弹出的“平面铣”对话框中，如图6-23所示，单击“几何体”栏后的“新建”按钮，弹出“新建几何体”对话框，“子类型”选，其余以默认设置，单击【确定】，弹出“MCS”对话框，以默认设置，单击【确定】，返回“平面铣”对话框。

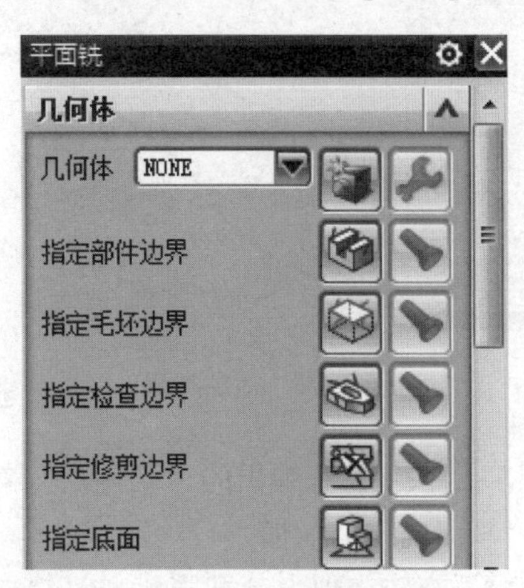

图6-23　指定平面铣几何体

步骤五：同理，分别单击“刀具”栏后的“新建”按钮和“方法”栏后的“新建”，如前类似方法进行相应设置，完成刀具（平底刀 D8）与加工方法的创建。

步骤六：在“平面铣”对话框中单击“指定部件边界”按钮，在弹出的“边界几何体”对话框中选择【曲线/边】模式，弹出“创建边界”对话框，在绘图区选二维线廓周边，材料侧改为“外部”，单击“创建下一个边界”，如图 6-24 所示，单击【确定】，返回“平面铣”对话框。

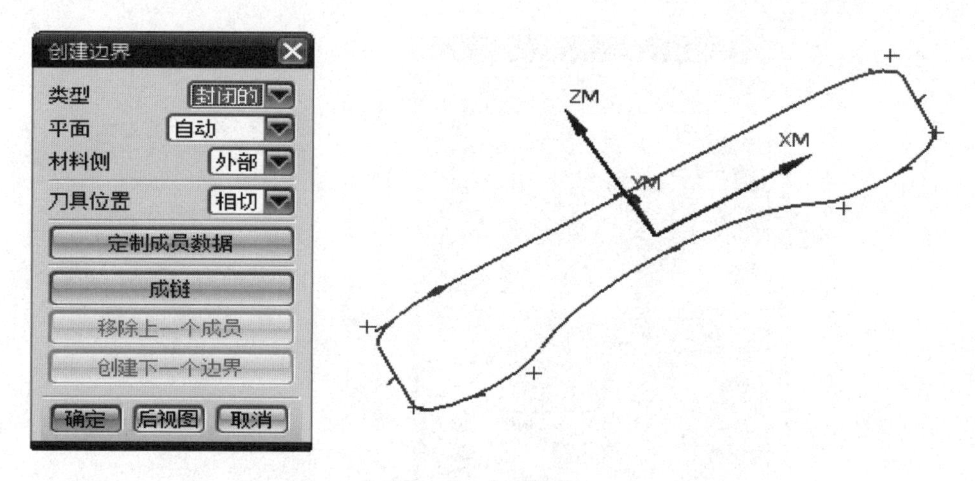

图 6-24　创建边界

步骤七：单击“指定底面”按钮，弹出“平面”对话框，在“类型”选“XC-YC 平面”，并向下偏置 10（图 6-25）；单击【确定】，返回“平面铣”对话框。

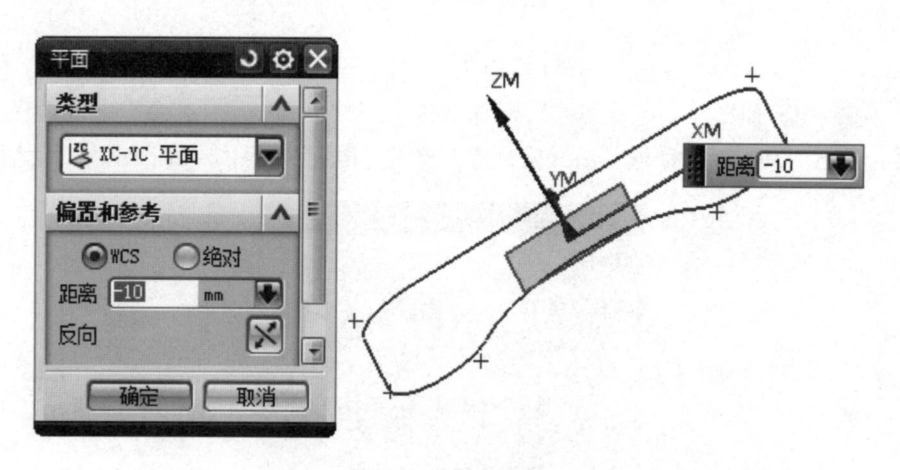

图 6-25　指定底面

步骤八：单击“切削层”按钮，在弹出的“切削层”对话框中设置“每刀深度”为 4，单击【确定】，返回“平面铣”对话框。

步骤九：与任务 2 中的设置方法类似，分别完成“进给率和速度”与“机床控制”

栏下的相应设置，单击【确定】，返回“平面铣”对话框。

步骤十：做图示设置，如图6-26所示，然后单击“生成刀具轨迹”图标，生成刀轨。

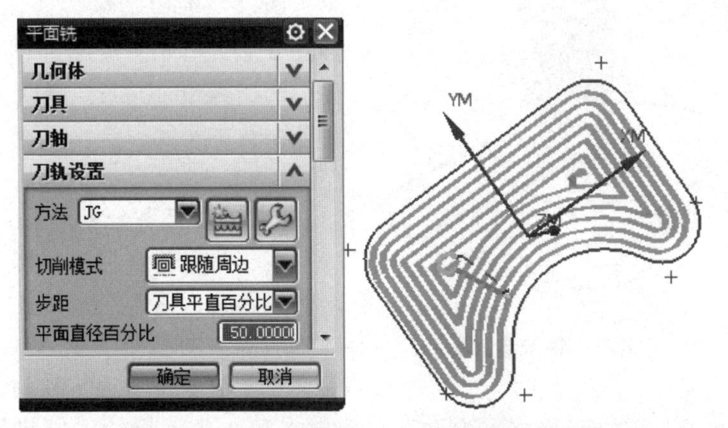

图6-26 进行“平面铣”刀轨设置并生成刀轨

6.3.4 任务4 菱形凸凹模CAM

某菱形凸凹模的三维实体（图6-27）和工程图（图6-28），试对其进行铣削加工。

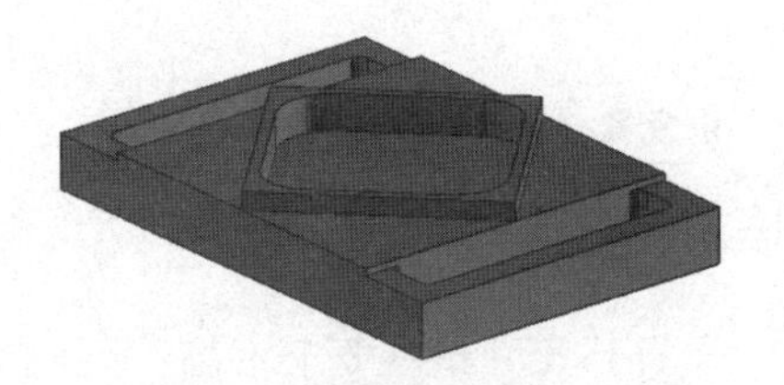

图6-27 菱形凸凹模三维实体

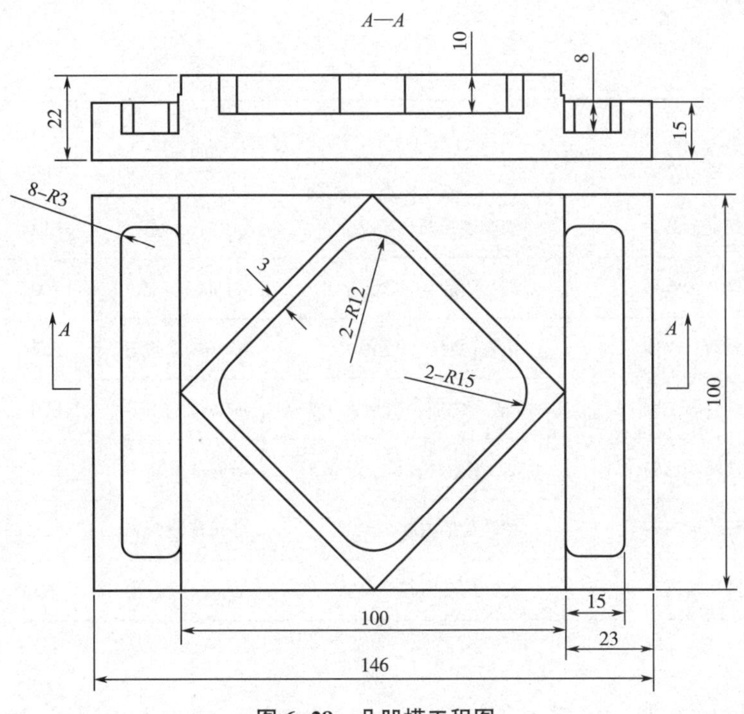

图6-28 凸凹模工程图

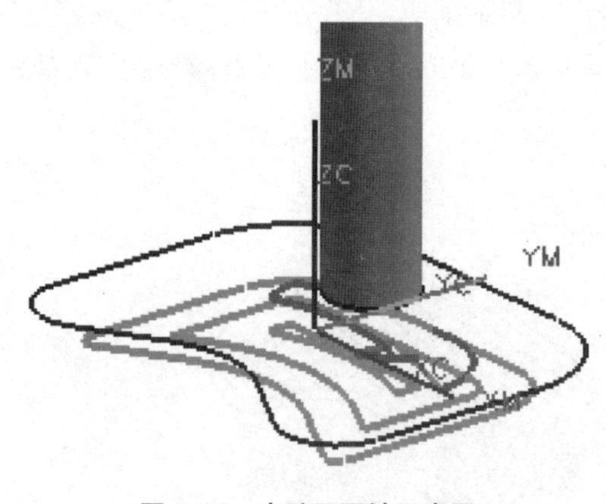

图 6-29　内腔平面铣示意图

6.3.4.1 任务导入

图示二维线廓的平底内腔的平面铣，如图 6-29 所示，要求：创建 2D 加工程序，凹槽深度 10mm，侧壁为直壁，刀具为 ϕ8mm 的平底刀。

6.3.4.2 任务分析

本凸凹模需要加工的部位有上下表面与四周侧面、菱形凸台外轮廓表面、菱形凸台内腔、两台阶平面及两端矩形内腔，模具零件精度要求通常较高，本任务的关键是菱形凸台内腔、台阶面及台阶矩形内腔的粗（精）加工操作的创建与动画仿真验证，并生成程序单。

6.3.4.3 工作步骤

步骤一：加工前的准备工作。

（1）工艺分析

其外形尺寸精度要求不高，因此可以在普通机床上加工出 146mm×100mm×22mm 的长方体作为毛坯，在数控机床上四个侧面及上、下表面都可不用加工，其工序安排如表 6-2所示。

表 6-2　工序安排表

工序号	工序名称	工步内容	所用刀具	主轴转速/(r/min)	进给速度/(mm/min)
1	铣销菱形凸台	铣削菱形凸台至尺寸	ϕ10*mm* 立铣刀	1000	150
2	粗铣两台阶面	粗铣两台阶面，留余量 0.5	ϕ10*mm* 立铣刀	800	200
3	精铣两台阶面	精铣两台阶面至尺寸	ϕ6*mm* 立铣刀	1200	100
4	粗铣菱形内腔	粗铣菱形内腔，留余量 0.5	ϕ10*mm* 立铣刀	800	200
5	粗铣两端内腔	粗铣两端内腔，留余量 0.5	ϕ6*mm* 立铣刀	800	200
6	精铣菱形内腔	精铣菱形内腔至尺寸	ϕ6*mm* 立铣刀	1200	100
7	精铣两端内腔	精铣两端内腔至尺寸	ϕ4*mm* 立铣刀	1200	100

（2）建毛坯

为能看到动画仿真，创建一个 146mm×100mm×22mm 的长方体毛坯，要与零件重合创建（通过底边反拉伸），不是布尔求和。可【编辑】→【对象显示】选毛坯，拖动

【透明度】滑条将其设为半透明（也可分为不同层），如图 6-30 所示。

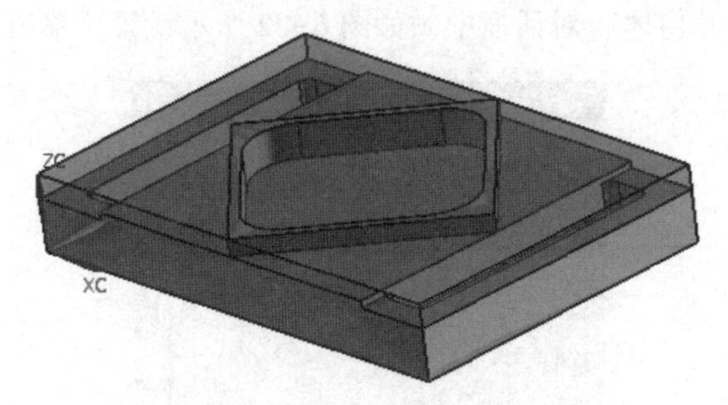

图 6-30　凸凹模毛坯图

步骤二：加工环境初始化。

【开始】/【加工】，进行加工环境设置，选择 mill_planar，【确定】，进入加工模块。

步骤三：创建刀具（组）。

【插入】/【刀具】（或单击工具条上图标工具），弹出“创建刀具”对话框；选【类型】为【mill_planar】（平面铣），选【刀具子类型】为【mill】（立铣刀），“刀具位置”为【GENERIC_MACHINE】，输入“名称”为“LXD10”，单击【确定】，弹出“铣刀参数”对话框，设参数为：直径 10，调整记录器（补偿寄存器）为 1，刀具号为 1，单击【确定】，完成刀具的创建，如图 6-31 所示。同理，创建 $\phi6mm$ 立铣刀与 ϕ4mm 立铣刀（只需更改相应参数）。

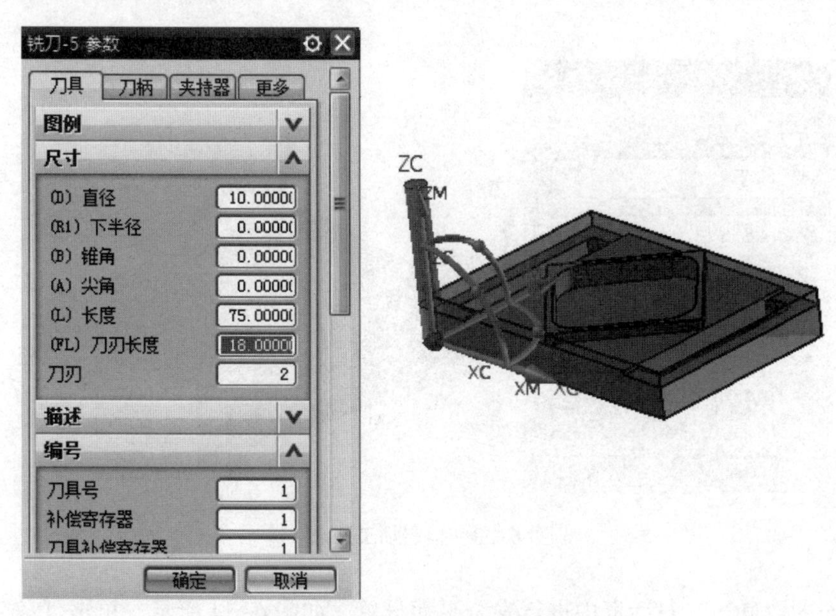

图 6-31　设置刀具参数并创建刀具

步骤四：创建几何体。

【插入】/【几何体】（或单击工具条上的图标）。

（1）创建坐标系

在弹出的“创建几何体”对话框中做如图 6-32 所示设置，单击【确定】。

图 6-32　创建几何体

在弹出的“MCS”对话框中单击“指定 MCS”栏后的“”按钮，弹出“CSYS”对话框，在“操控器”栏下的“指定方位”后单击“”按钮，在弹出的【点构造器】中输（73，50，20）（设置加工坐标系原点在零件上表面中心处），单击【确定】，如图 6-33 所示。

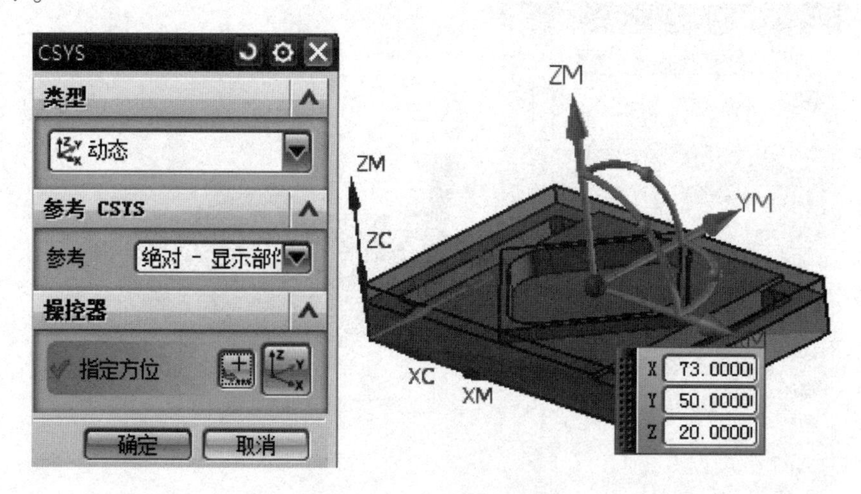

图 6-33　指定加工原点

在返回的“MCS”对话框中进行安全平面设置，如图 6-34 所示，单击【确定】。

（2）创建工件（毛坯）

单击工具条上的图标，在弹出的“创建几何体”对话框中做如图 6-35（a）所示设置，单击【确定】；弹出“工件”对话框，如图 6-35（b）所示。

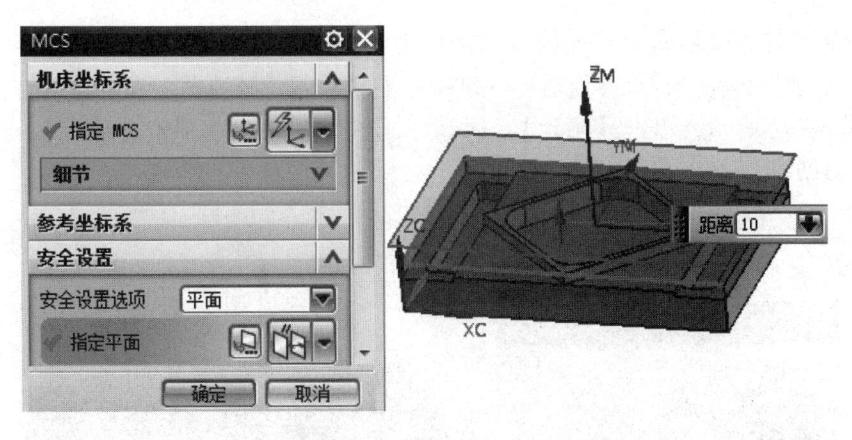

图 6-34 指定安全平面

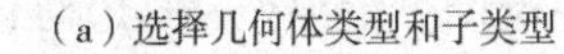

（a）选择几何体类型和子类型

（b）“工件”对话框

图 6-35 创建工件

①指定毛坯：在“工件”对话框中单击“指定毛坯”工具，弹出“毛坯几何体”对话框，在绘图区选择毛坯体，如图 6-36 所示，单击【确定】，回到“工件”对话框。

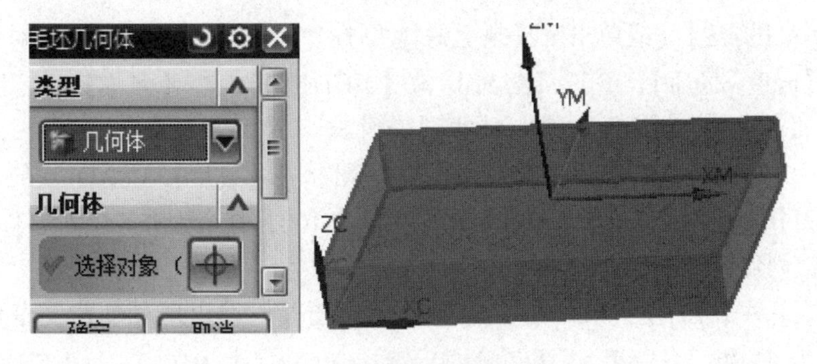

图 6-36 指定毛坯几何体

②指定部件：在返回的“工件”对话框中单击“指定部件”工具，弹出“部件几何体”对话框，在“部件导航器”区域通过右键将毛坯体隐藏，在绘图区选凸凹模零件，如图 6-37 所示，单击【确定】，回到“工件”对话框，单击【确定】，完成工件（毛坯）的创建。

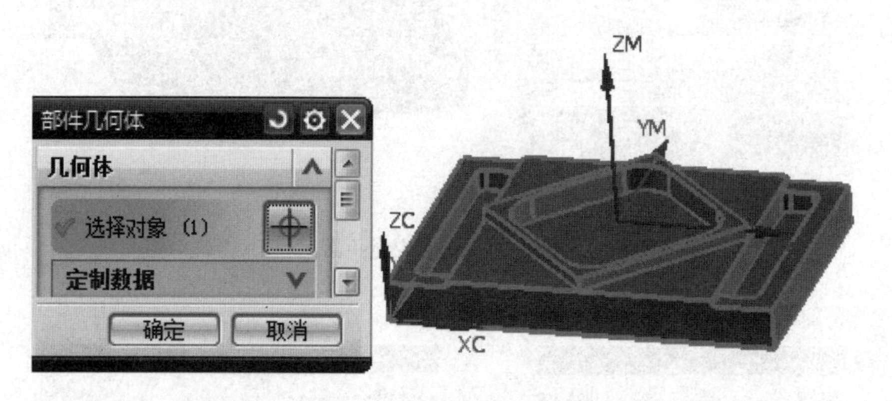

图 6-37　指定部件几何体

步骤五：创建加工方法。

（1）第一道工序××（铣削）方法设置

【插入】/【方法】（或单击工具条上的图标）→出现【创建方法】对话框→选【类型】为【mill_planar】→选【位置】为【METHOD】→【名称】为“××”（铣削）→【确定】，在弹出的【铣削方法】对话框中设置：①【部件余量】：“0”；②【内公差】：默认；③【外公差】：默认→选对话框中图标→【进给】对话框→在“更多”栏下设置【进刀】【第一刀切削】【步进】【剪切】为 150，其余为 0→【确定】。

（2）粗加工（第 2、4、5 道工序）加工方法设置

【插入】/【方法】（或单击工具条上的图标）→出现【创建方法】对话框→①选【类型】为【mill_planar】；②选【位置】为【METHOD】；③【名称】为“CJJ”→【确定】→在【铣削方法】对话框中设置【部件余量】：“0.5”；【内公差】：默认；【切出公差】：默认→选对话框中图标→【进给】对话框→在“更多”栏下设置【进刀】【第一刀切削】【步进】【剪切】为 200，其余为 0→【确定】。

（3）精加工方法（第 3、6、7 道工序）设置

【插入】/【方法】（或单击工具条上的图标）→出现【创建方法】对话框→①选【类型】为【mill_planar】；②选【位置】为【METHOD】；③【名称】为“JJG”（精加工）→【确定】→在【铣削方法】对话框中设置：【部件余量】：“0”；【内公差】：“0.03”；【切出公差】：“0.03”→选对话框中图标→【进给】对话框→在“更多”栏下设置【进刀】【第一刀切削】【步进】【剪切】为 100，其余为 0→【确定】。

步骤六：创建铣削菱形凸台工序。

①【插入】/【工序】（或单击工具条上的图标）→出现【创建工序】对话框→选【类型】为【mill_planar】→【子类型】【PLANAR_MILL】→【程序】为【NC_

PROGRAM】→【使用几何体】为【GONGJIAN】→【使用刀具】为【LXD10】→【使用方法】为【XX】→【名称】为【XLXTT】→单击【确定】；在弹出的【平面铣】对话框中单击【指定部件边界】→弹出【边界几何体】对话框→在【模式】下选【面】模式（同时勾选【忽略孔】和【忽略岛】）→选零件（菱形）表面→【确定】，如图6-38所示。

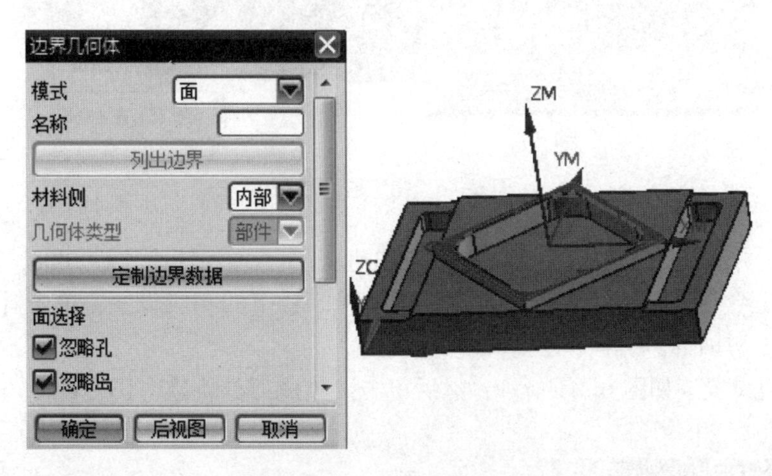

图 6-38　指定边界几何体

②在返回的【平面铣】对话框中单击第二个图标，用来指定毛坯边界→单击【选择】→弹出【边界几何体】对话框→显示隐藏毛坯，选上表面以定义毛坯边界，如图6-39所示→单击【确定】。

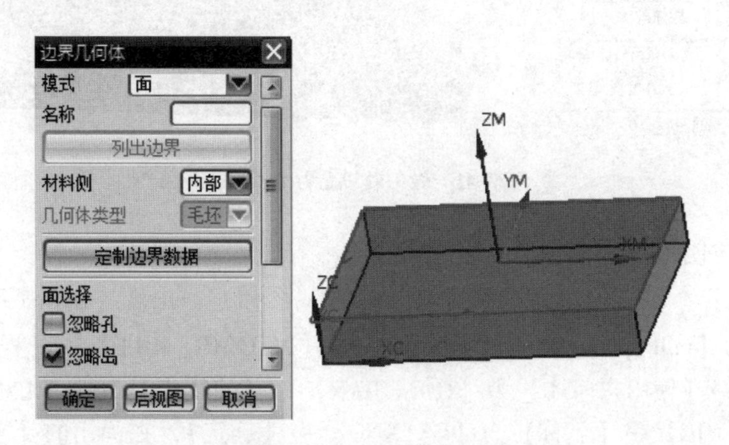

图 6-39　指定毛坯边界

③在返回的【平面铣】对话框中单击第六个图标来指定铣削底面→弹出【平面】对话框中，选座子上表面为铣削底面，如图6-40所示→单击【确定】。

④在返回的【平面铣】对话框单击“切削层”按钮，在弹出的“切削层”对话框中设置“每刀深度”为2，单击【确定】，返回“平面铣”对话框。

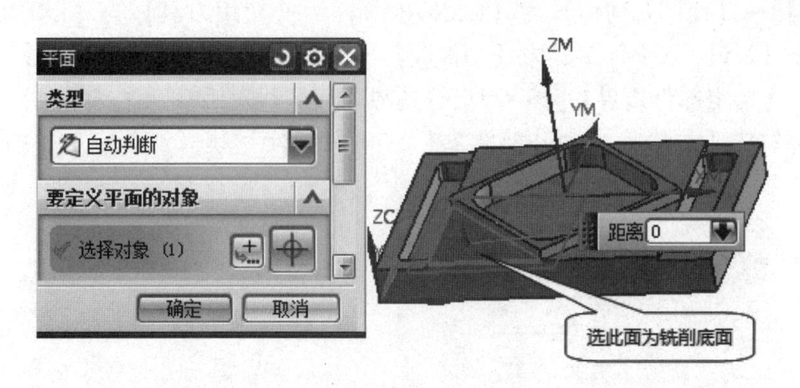

图 6-40　指定铣削底面

⑤与前述方法类似，分别完成“进给率和速度”（“主轴转速”输 1000，然后单击其后的“生成进给与速度”计算器）与“机床控制”栏下的相应设置，单击【确定】，返回“平面铣”对话框。

⑥做刀轨设置，如图 6-41 所示，然后单击“生成刀具轨迹”图标，生成刀轨。

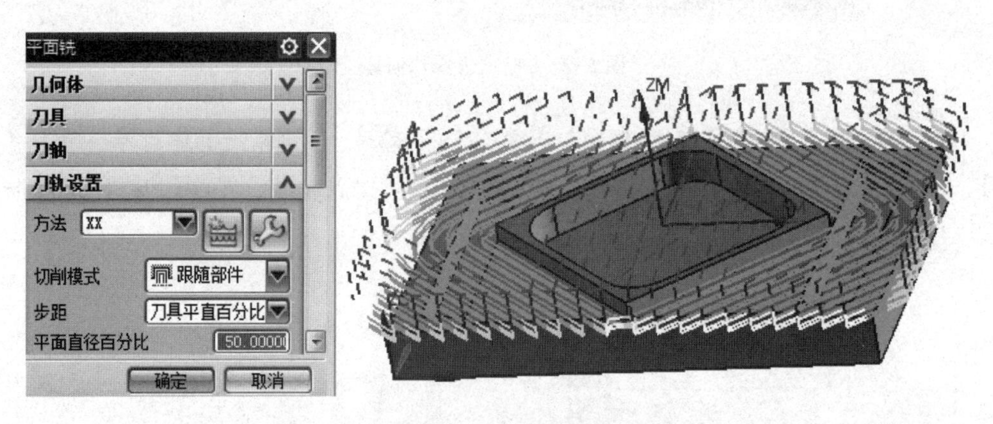

图 6-41　做刀轨设置并生成刀轨

步骤七：创建粗铣菱形内腔工序。

①【插入】/【工序】（或单击工具条上的图标）→出现【创建工序】对话框→选【类型】为【mill_planar】→【子类型】【PLANAR_MILL】→【程序】为【NC_PROGRAM】→【使用几何体】为【GONGJIAN】→【使用刀具】为【LXD10】→【使用方法】为【CJG】→【名称】为【CXLXNQ】→【确定】，在弹出的【平面铣】对话框中单击【指定部件边界】→弹出【边界几何体】对话框→在【模式】下选【曲线/边】模式（注意：材料侧改为外侧）→选零件内腔棱边曲线→【创建下一个边界】→单击【确定】，如图 6-42 所示。

②在返回的【平面铣】对话框中单击第六个图标来指定铣削底面→弹出【平面】对话框中，选“菱形内腔”底平面为铣削底面，【偏置】输“0.5”（为精加工留 0.5 余量）→【确定】。

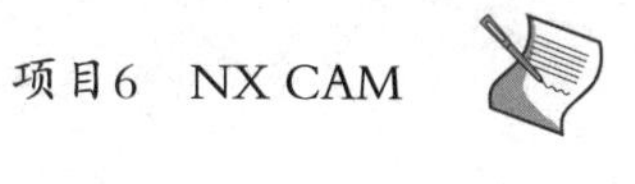

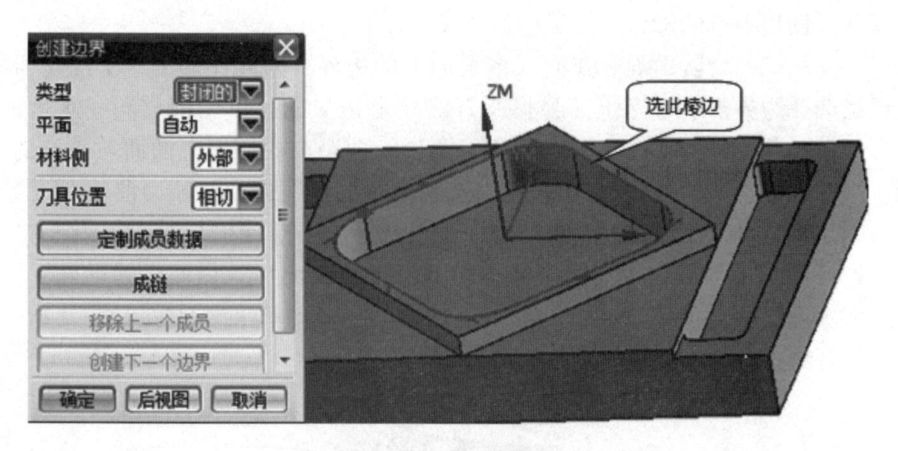

图 6-42　创建边界

③在返回的【平面铣】对话框单击“切削层”按钮，在弹出的“切削层”对话框中设置“每刀深度”为 2，单击【确定】，返回“平面铣”对话框。

④与前述方法类似，分别完成“进给率和速度”（“主轴转速”输 800，然后单击其后的“生成进给与速度”计算器）与“机床控制”栏下的相应设置，单击【确定】，返回“平面铣”对话框。

⑤做刀轨设置，如图 6-43 所示，然后单击“生成刀具轨迹”图标，生成刀轨。

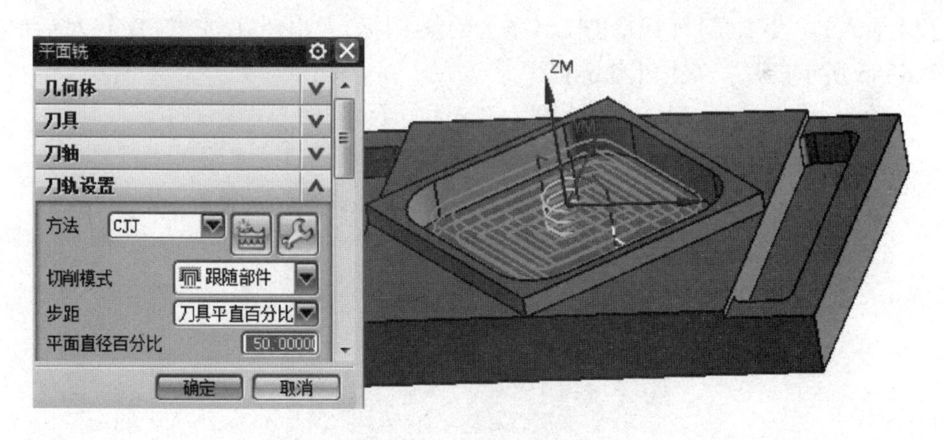

图 6-43　生成刀具轨迹

步骤八：创建精铣菱形内腔工序。

①【插入】/【工序】，弹出【创建工序】对话框，【使用刀具】改为【LXD6】→【使用方法】更改为【JJG】→【名称】更改为【JXLXNQ】，其他的设置与粗铣菱形内腔工序相同。

②指定“菱形内腔”底平面为铣削底面，但【偏置】值更改为“0”。

③与前述方法类似，分别完成“进给率和速度”（“主轴转速”输 1200）与“机床控制”栏下的相应设置。

④刀轨设置与粗铣菱形内腔工序一致。

步骤九：创建粗铣两端台阶面工序。

因该零件两端的台阶面没有在同一水平面上的边界，因此在加工这个部位时无论是选择面还是选择边界都不好操作（会将所有的菱形边一同往下切削成同一水平面），为使操作方便，对此零件做辅助面。回到【建模】绘两个与要切削去的面域重合的矩形→【插入】/【曲线】/【直线】，将两端的内腔表面轮廓曲线连成封截面曲线→【插入】/【曲面】/【有界平面】（或在工具条选项中调出）→单击【确定】（创建两个有界平面）（图 6-44）→回到【加工】模块（备注：也可用“直纹面”来做两个辅助面）。以 ZBX 为父系组再次创建“几何体”（名称为 GONGJIAN1），方法与前类似，但在“指定部件”时要在绘图区将凸凹模零件及所创建的两个辅助面都选中。

图 6-44　创建辅助平面

①【插入】/【工序】（或单击工具条上的图标），出现【创建工序】对话框，并做如图 6-45 所示设置，单击【确定】。

图 6-45　创建工序

②在出现的【面铣】对话框中单击“指定面边界”栏后的按钮，弹出“指定面几

何体”对话框，“过滤器类型”选，在绘图区分别选两端台阶面和有界平面，如图6-46所示，单击【确定】。

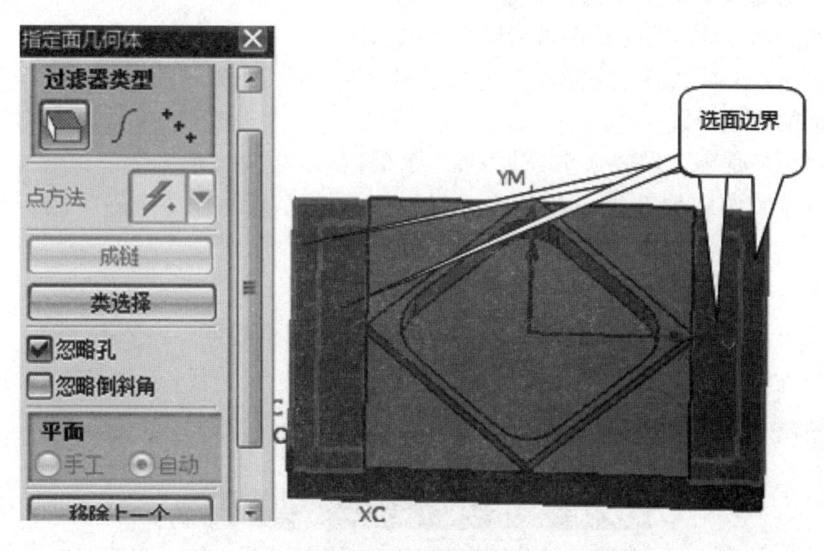

图6-46 指定边界

③与前述方法类似，分别完成“进给率和速度”（“主轴转速”输800）与“机床控制”栏下的相应设置，单击【确定】，返回“平面铣”对话框。

④将“毛坯距离”设为3（即为台阶面到菱形凸台外轮廓底面之距）。

⑤做刀轨设置，如图6-47所示，然后单击“生成刀具轨迹”图标，生成刀轨。

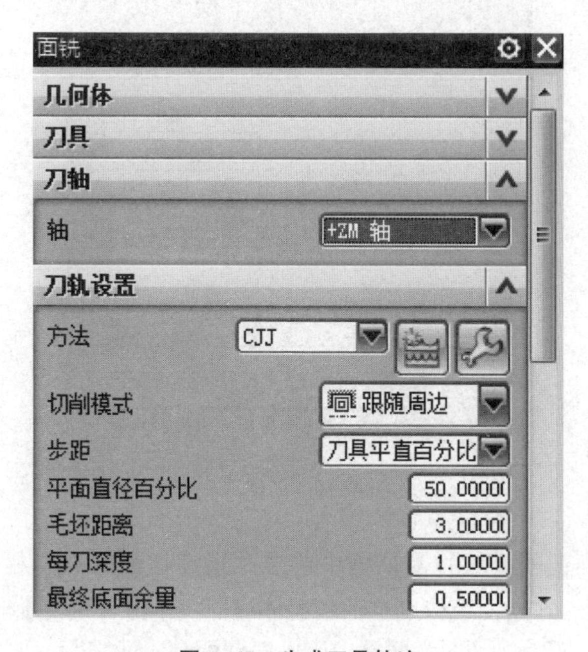

图6-47 生成刀具轨迹

步骤十：创建精铣两端台阶面工序。

①【插入】/【工序】，弹出【创建工序】对话框，选刀具为 LXD6，方法为 JJG，其他设置与粗铣两端台阶面工序相同。

②“指定面边界”与粗铣两端台阶面工序相同。

③与前述方法类似，分别完成“进给率和速度”（“主轴转速”输 1200）与“机床控制”栏下的相应设置。

④将“毛坯距离”设为 0.5（即为加工余量）。

⑤刀轨设置与粗铣两端台阶面工序类似，单击“生成刀具轨迹”图标，生成刀轨。

步骤十一：创建粗铣两端内腔工序。

为免影响，将创建的两辅助面（有界平面或直纹面）隐藏。

①【插入】/【工序】（或单击工具条上的图标），出现【创建工序】对话框，并做如图 6-48 所示设置，单击【确定】。

图 6-48　创建工序

②在出现的【面铣削区域】对话框中单击“指定切削区域”栏后的按钮，弹出“切削区域”对话框，在绘图区分别选两端腔体底面，单击【确定】。

③“毛坯距离”设为 8（即为两端内腔底面到两台阶面之距）。

④与前述方法类似，分别完成“进给率和速度”（“主轴转速”输 800）与“机床控

制”栏下的相应设置，单击【确定】，返回“平面铣”对话框。

⑤做“刀轨设置”如图 6-49 所示，然后单击“生成刀具轨迹”图标，生成刀轨。

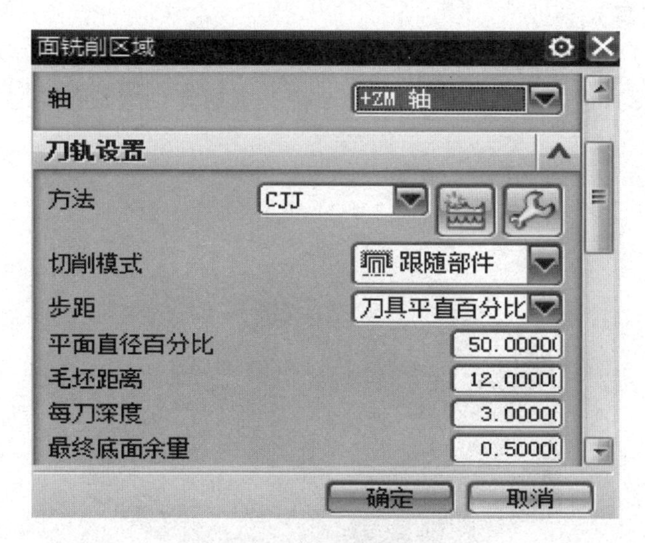

图 6-49 设置参数

步骤十二：创建精铣两端内腔工序。

①【插入】/【工序】，弹出【创建工序】对话框，选刀具为 LXD4，方法为 JJG，其他设置与粗铣两端内腔工序相同。

②“指定面边界”与粗铣两端内腔工序相同。

③与前述方法类似，分别完成“进给率和速度”（“主轴转速”输 1200）与“机床控制”下的相应设置。

④将“毛坯距离”设为 0.5（即为加工余量）。

⑤刀轨设置与粗铣两端小平面工序类似，单击“生成刀具轨迹”图标，生成刀轨。

步骤十三：观看全部操作的动画模拟。

打开【工序导航器】→在其中选共同的几何体“GONGJIAN”或选其父本组“ZBX”→工具条中的→去掉【刀轨生成】4 个复选框前的钩→单击【确定】→→【可视化刀轨轨迹】中选【动态】→调整仿真速度后【播放】按钮。

备注：在【工序导航器】中选中对象→右键，可进行编辑，在【程序次序视图】下可以通过拖动来改变加工顺序。

步骤十四：后处理生成加工程序。

打开【工序导航器】→在其中选共同的几何体“GONGJIAN”或选其父本组“ZBX”→工具条中的→【后处理】对话框中选【可用机床】为【MILL-3-AXIS】→选程序文件的存储路径→单击【确定】。

6.3.5 任务5　NX 垫板加工

6.3.5.1 任务导入

加工台阶垫板如图 6-50 所示，零件 6 个孔，每个台阶厚 12mm，其中 4 个孔为盲孔，有效深度分为“28mm” 和“18mm”，其余 2 个孔为通孔，所有孔径均为“8mm”，生成钻孔加工程序。

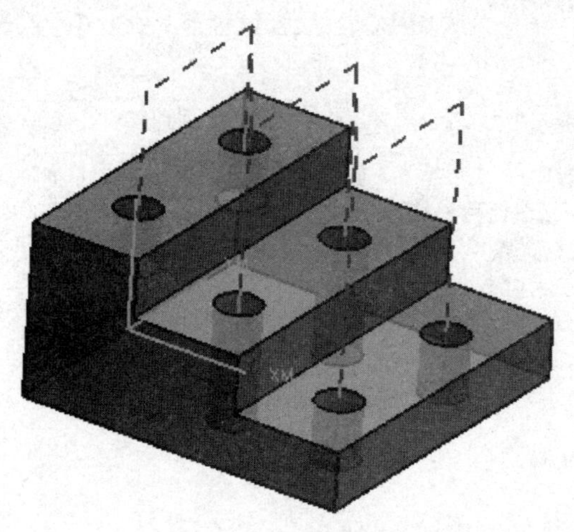

图 6-50　台阶垫板

6.3.5.2 任务分析

本垫板所需加工的部位有台阶表面和 6 个孔，和各孔的参数并不完全相同，在此需要用到“参数组”的设置。

6.3.5.3 工作步骤

步骤一：加工前的准备工作。

工艺分析：在数控机床上加工铣削四个侧面及上、下表面（方法与前述章节类似，在此省略）。两台阶面与所有的孔的加工安排在立式加工中心上完成，其工序划分如表 6-3所示。

表 6-3　工序安排表

工步号	工步内容	所用刀具	主轴转速/(r/min)	进给速度/(mm/min)
1	粗铣台阶面，留 0.5 余量	$\phi18mm$ 立铣刀	800	250
2	精铣台阶面到尺寸	$\phi6mm$ 立铣刀	1200	100
3	钻所有的 $\phi8mm$ 孔	$\phi8mm$ 麻花钻	800	150

步骤二：建毛坯。

为能看到动画仿真，创建一个长方体毛坯，要与零件重合。可【编辑】→【对象显示】选毛坯，拖动滑条将其设为半透明，如图 6-51 所示，也可分为不同层。

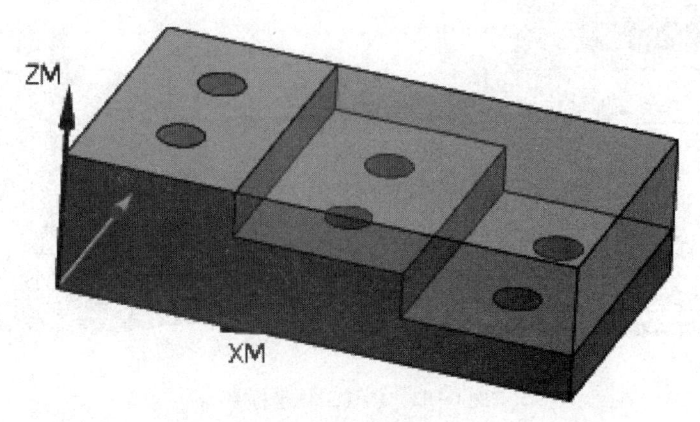

图 6-51 建毛坯

步骤三：进入加工环境。

【开始】/【加工】→选【cam_general】→选 mill_planar →单击【确定】。

步骤四：创建刀具组。

（1）ϕ18*mm* 立铣刀与 ϕ6mm 立铣刀

【插入】/【刀具】（或单击工具条上的图标工具），弹出“创建刀具”对话框；选【类型】为【mill_planar】（平面铣），选【刀具子类型】为【MILL】（立铣刀），“刀具位置”为【GENERIC_MACHINE】，输入“名称”为“LXD18”，【确定】，弹出“铣刀参数”对话框，设参数为：直径 18，调整记录器（补偿寄存器）为 1，刀具号为 1，【确定】，完成 ϕ18mm 立铣刀的创建；同理，将直径改为 6，调整记录器（补偿寄存器）为 2，刀具号为 2，完成“名称”为“LXD6”的 ϕ6mm 立铣刀的创建。

（2）麻花钻

【插入】/【刀具】（或单击图标），选【类型】为【DRILL】（钻刀），选【子类型】为（麻花钻刀），刀具【名称】为“Z8”，设参数为：直径 8，刀具号为 3→单击【确定】。

步骤五：创建几何体。

【插入】/【几何体】（或工具条上的图标）。

（1）创建坐标系

选【类型】为【mill_planar】；选【子类型】中的图标；选【位置】为【GEOMETRY】，【名称】为“ZBX”→单击【确定】→出现“MCS”对话框，单击“指定 MCS”栏后的按钮，弹出“CSYS”对话框，通过“输入坐标”方式将加工坐标系调整到毛坯中心，如图 6-52 所示，单击【确定】，返回“CSYS”对话框。

进行安全平面设置，如图 6-53 所示，考虑到装夹的安全性，在此设为 20，单击【确定】。

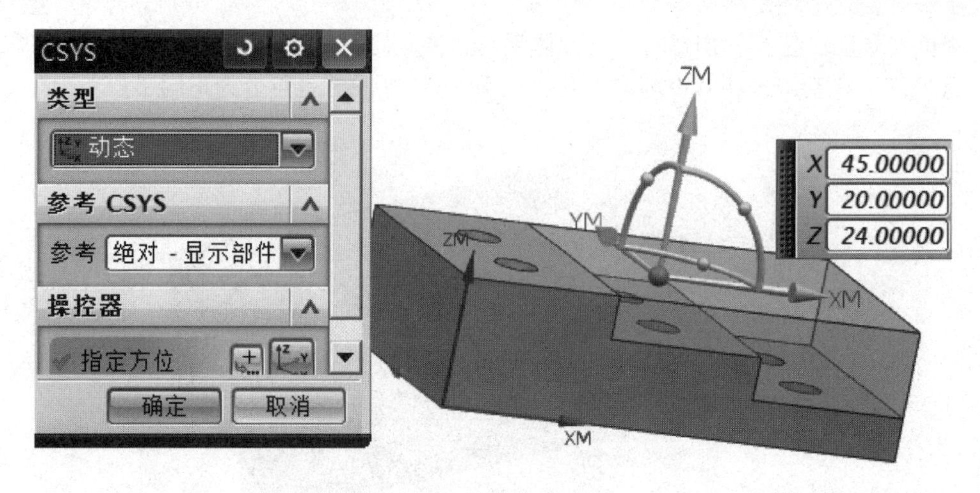

图 6-52 创建工作坐标系

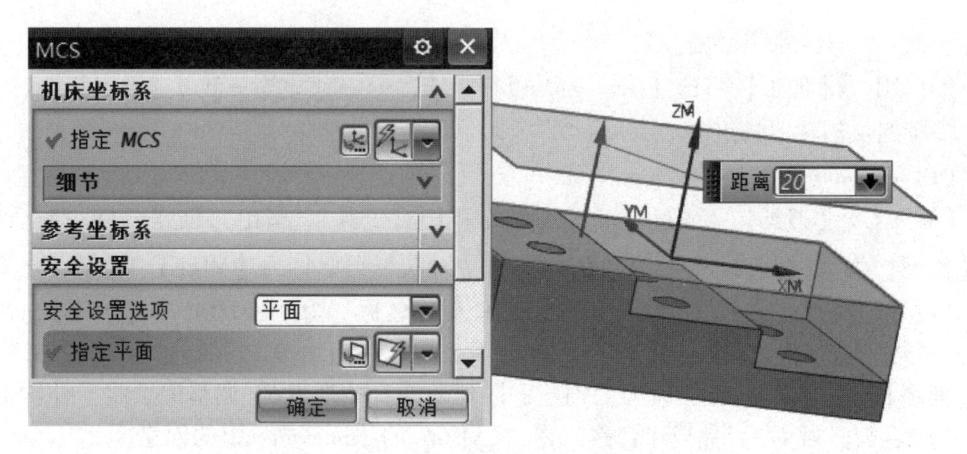

图 6-53 创建安全平面

（2）创建部件与毛坯

再次选择【插入】/【几何体】，选【类型】为【mill_planar】；选【子类型】中的图标；选【位置】为【ZBX】，【名称】为“GongJian1”→单击【确定】→出现“工件”对话框，分别指定部件与毛坯（方法与前述章节类似，毛坯为通过底边拉伸的长方体）。

步骤六：创建加工方法。

（1）铣削

①创建铣削粗加工方法。

【插入】/【方法】（或单击工具条上的图标）→出现【创建方法】对话框→选【类型】为【mill_planar】→选【位置】为【METHOD】→【名称】为“CJG”（粗加工）→单击【确定】，在弹出的【铣削方法】对话框中设置，如图 6-54（a）所示。

【部件余量】（指该工序为后续加工留的余量，由工艺要求设置）：此处设为“0.5”。

【内公差】此处设为“0.03”。

【外公差】此处设为“0.12”。

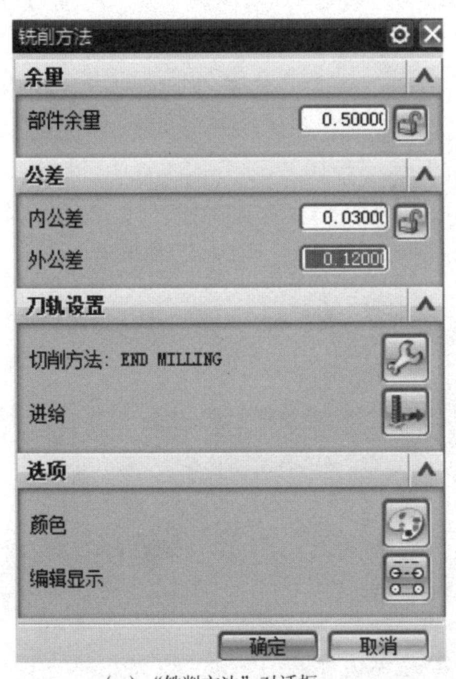

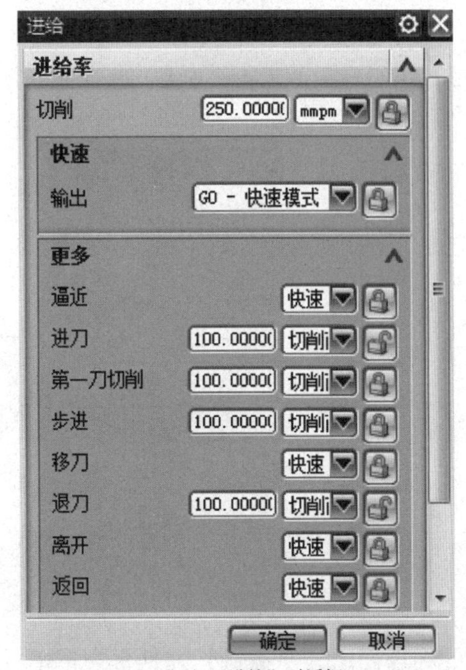

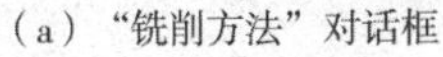
（a）“铣削方法”对话框　　（b）“进给”对话框

图6-54　创建铣削方法

在“铣削方法”对话框中单击“进给”工具，弹出“进给”对话框，做如图6-54（b）所示设置，单击【确定】，回到“铣削方法”对话框，单击【确定】，完成粗加工方法的创建。

②创建铣削精加工方法。

与粗加工方法同理设置，【名称】改为“JJG”（精加工），【部件余量】改为“0”，【内公差】与【外公差】均设为“0.03”，主轴转速设为1200，进给速度设为100。

（2）创建钻加工方法

【插入】/【方法】（或单击工具条上的图标）→出现【创建方法】对话框→选【类型】为【DRILL】→选【位置】为【DRILL_METHOD】→【名称】为“ZX”（钻削）→单击【确定】，弹出【钻加工方法】对话框，单击“进给”栏后的按钮，主轴转速设为800，进给速度设为150，单击【确定】，返回【钻加工方法】→单击【确定】，完成钻削加工方法的创建。

步骤七：创建加工工序。

（1）创建铣削粗加工工序

①【插入】/【工序】（或单击工具条上的图标）→出现【创建工序】对话框→选【类型】为【mill_planar】→【子类型】【PLANAR_MILL】→【程序】为【NC_

PROGRAM】→【使用几何体】为【GONGJIAN】→【使用刀具】为【LXD18】→【使用方法】为【CJG】→【名称】为【CX】→单击【确定】；在弹出的【平面铣】对话框中单击【指定部件边界】，弹出【边界几何体】对话框→在【模式】下选【面】模式（同时勾选【忽略孔】和【忽略岛】）→选零件上面的两表面，如图 6-55 所示→单击【确定】。

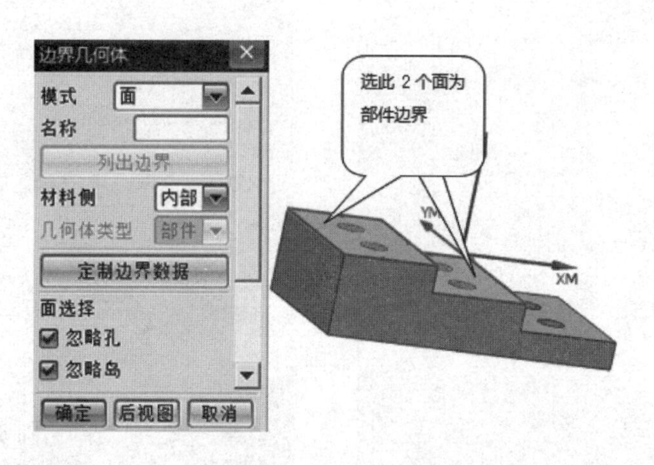

图 6-55 创建部件边界

②在返回的【平面铣】对话框中单击【指定毛坯边界】，弹出【边界几何体】对话框→在【模式】下选【面】模式→选毛坯上表面→单击【确定】，返回【平面铣】对话框，单击【指定底面】，并做如图 6-56 所示设置，单击【确定】，返回【平面铣】对话框。

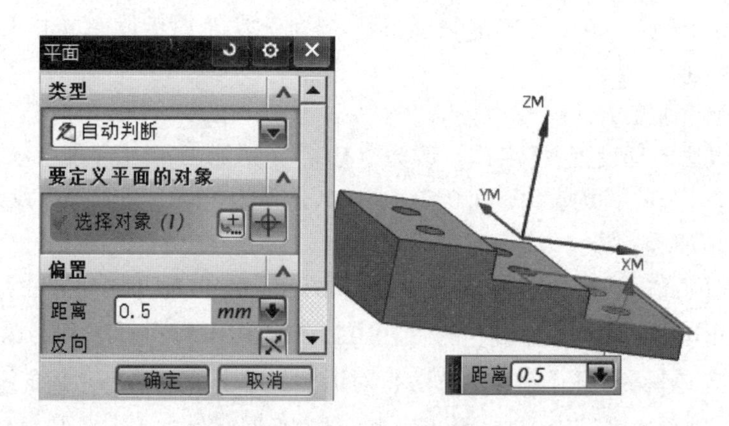

图 6-56 指定切削面

③单击“切削层”按钮，将切削深度设为恒定的数值 3，单击【确定】；与前面章节所述类似，进行“进给和速度”及“机床控制”的相应设置。

④单击“”，生成刀轨，如图 6-57（a）所示；单击“”，确认刀轨，并进行 3D 与 2D 仿真进行验证，如图 6-57（b）所示。

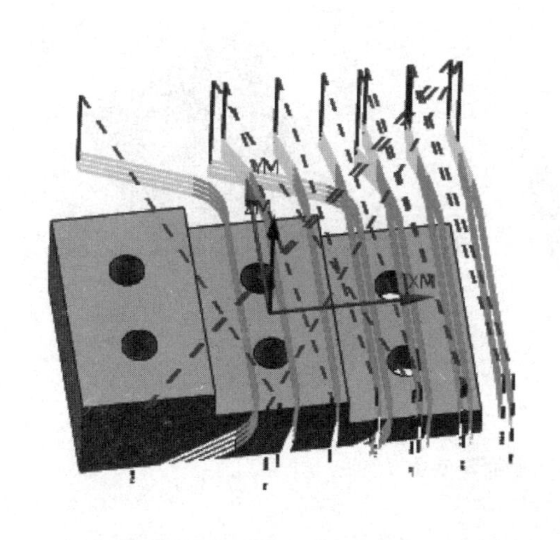

（a）生成刀轨

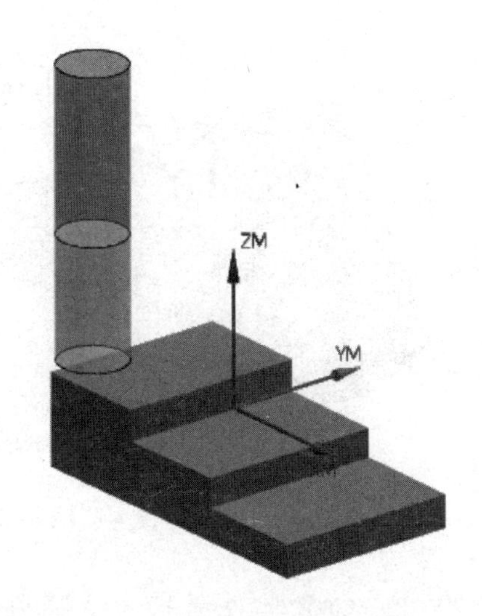

（b）刀轨的3D验证

图 6-57　生成刀轨并验证

（2）创建铣削精加工工序

与粗加工工序的创建方法类似，仅需将【使用刀具】改为【LXD6】，【使用方法】改为【JJG】，【指定底面】时偏置距离改为 0 即可。

（3）创建钻削工序

①【插入】/【工序】（或单击工具条上的图标）→出现【创建工序】对话框→选【类型】为【DRILL】→【子类型】→【程序】为【NC_PROGRAM】→【使用几何体】为【GONGJIAN】→【使用刀具】为【Z8】→【名称】为【DRILLING】→单击【确定】，弹出【钻】对话框。

②单击“指定孔”栏后的按钮，弹出“点到点几何体”对话框，单击“选择”→“Cycle 参数组 - 1”→“参数组 1”，选取最上层表面上的孔，单击【确定】，返回到“点到点几何体”对话框，将其设为第一组参数组的孔；单击“选择”→“否”→“Cycle 参数组 - 1”→“参数组 2”，选取中间层表面上的孔，单击【确定】，返回到“点到点几何体”对话框，将其设为第二组参数组的孔；单击“选择”→“否”→“Cycle 参数组 - 2”→“参数组 3”，选取最下层表面上的孔，单击【确定】，返回到“点到点几何体”对话框，将其设为第三组参数组的孔；单击【确定】，返回【钻】对话框。

③分别通过单击“”和“”来指定顶面与底面，如图 6-58 所示。

④在【循环类型】栏下选“标准钻”，单击其后的“编辑参数”按钮，弹出“指定参数组”对话框，默认的为第 1 参数组，单击【确定】，弹出“CYCLE 参数”对话框，单击“Depth -模型深度”，弹出“Cycle 深度”对话框，选择“模型深度”，单击【确定】，返回“CYCLE 参数”对话框，单击“Rtrcto - 无”，在弹出的对话框中单击“自动”，返

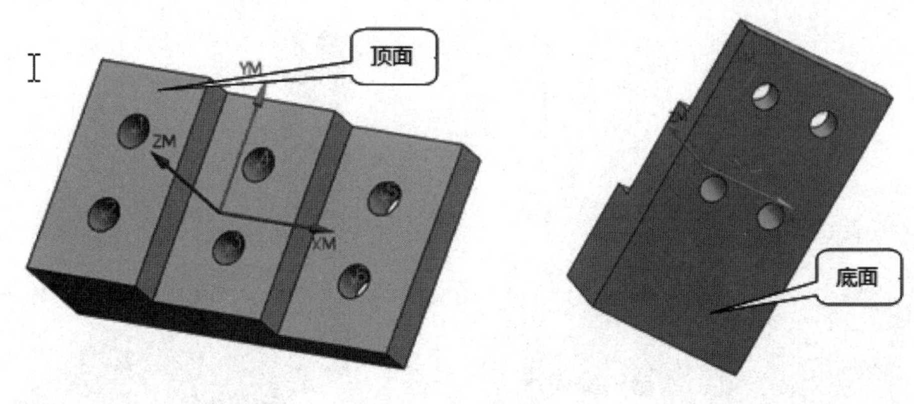

图 6-58　指定顶面与底面

回“CYCLE 参数”对话框，设置好第 1 组参数；再单击“Depth -模型深度”，弹出“Cycle 深度”对话框，单击“刀肩深度”并将深度设为 18，单击【确定】，返回“CYCLE 参数”对话框，单击“Rtrcto - 无”，在弹出的对话框中单击“自动”，返回“CYCLE 参数”对话框，设置好第 2 组参数；再单击“Depth (Shouldr) - 24.0000”，弹出“Cycle 深度”对话框；单击“穿过底面”，返回“CYCLE 参数”对话框，单击“Rtrcto - 无”，在弹出的对话框中单击“自动”，返回“CYCLE 参数”对话框，设置好第 3 组参数；单击【确定】，返回“钻”对话框。

⑤与前述章节方法类似，进行“进给和速度”与“机床控制”的相应设置。

⑥单击“”，生成刀轨；单击“”，确认刀轨，并进行 3D 与 2D 仿真验证。

6.4　项目总结

NX 数控编程在加工中应用广泛，通过本项目的学习，重点要求掌握的关键技能点主要如下：

①几何体的创建与定义。

②加工方案的拟定。

③NX 三维实体轮廓铣和型腔铣的子类型及边界几何体的确定。

④父节点组（制定操作类型、程序、使用几何体、使用刀具，并制定操作名称）的创建。

⑤操作（每个操作即为一个工序）的创建。

6.5　实战训练与考评

■*Ex*：某凸凹模的三维实体如图 6-59（a）所示，其工程图如图 6-59（b）所示。利用 3D 平面铣对其进行数控加工编程设计。技能考评见表 6-4。

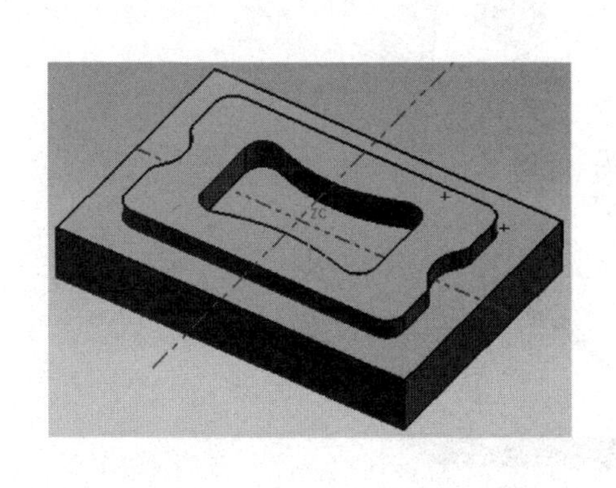

(a) 凹凸模三维实体

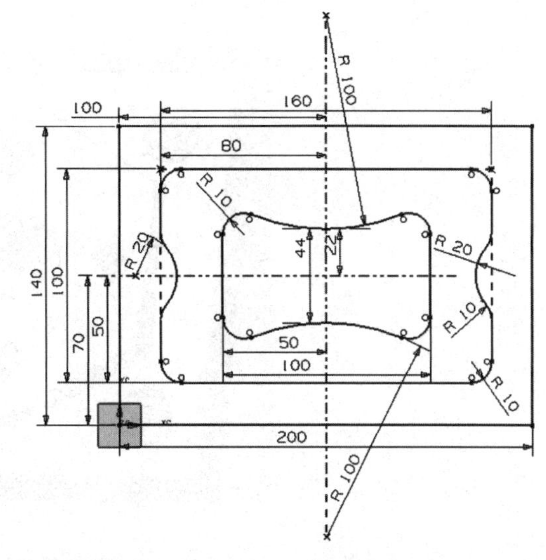

(b) 凹凸模工程图

图 6-59 凹凸模

表 6-4 三维实体平面铣技能考评表

实训作业任务序次	实训作业任务主要内容	关键能力与技术检测点	检测结果	评分
1	拟定加工工艺方案	分析能力；工艺拟定能力		
2	生成刀轨	创建刀具；创建几何体；创建加工方法；创建工序；刀轨仿真（2D/3D）；生成动画；生成程序单		

6.6  拓展训练

凸模加工：在正方体毛坯上铣削平面、凸台，钻孔、倒角、攻丝，如图 6-60 所示。技能考评要求见表 6-5。

表 6-5 凸模加工数控编程技能考评表

实训作业任务序次	实训作业任务主要内容	关键能力与技术检测点	检测结果	评分
1	拟定加工工艺方案	学习能力；工艺拟定能力		
2	生成刀轨	创建刀具；创建几何体；创建加工方法；创建工序；刀轨仿真（2D/3D）；生成动画；生成程序单		

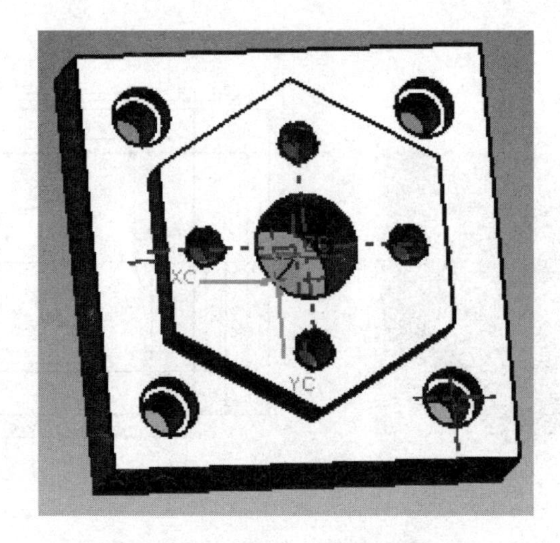

图 6-60　孔加工技能考评三维实体

参考文献

[1] 石皋莲，吴少华 . UG NX CAD 应用案例教程 [M] . 北京：机械工业出版社，2010.

[2] 赵松涛 . UG NX 实训教程 [M] . 北京：北京理工大学出版社，2009.

[3] 李元园 . UG NX4 实例应用篇 [M] . 北京：人民邮电出版社，2008.

[4] 周华，蔡丽安，周爱梅 . UG NX6 数控编程（基础与进阶）[M] . 北京：机械工业出版社，2008.

[5] 柳静 . 浅谈数控仿真软件在数控机床教学中的应用 [J] . 中国科技信息，2008，13：282-282.

[6] 郭晟 . 异形面型芯数控加工与仿真研究 [J] . 机械设计与制造，2014，2：150-152.

[7] 郭晟，阳彦雄 . NX8.0 在壳体模具型腔设计与数控加工中的应用 [J] . 制造业自动化，2014（6）：43-46.

[8] 张宪明，刘俊宏，等 . 工程 CAD 应用技术 [M] . 北京：机械工业出版社，2016.

[9] 王隆太，等 . 机械 CAD/CAM 技术 [M] . 北京：机械工业出版社，2013.

[10] 葛学滨，刘蕙，等 . CAXA 电子图板 2016 基础与实例教程 [M] . 北京：机械工业出版社，2017.

[11] 许玢 . 贾雪艳，等 . CAXA 电子图板 2013 标准教程 [M] . 北京：清华大学出版社，2013.

[12] 吴勤保，等 . CAXA 电子图板 2011 项目化教学实用教程 [M] . 西安：西安电子科技大学出版社，2011.

[13] 曾红，史彦敏，李卫民，等 . CAXA 电子图板基础教程 [M] . 北京：机械工业出版社，2002.